내연기관 및 전기자동차

INTERNAL COMBUSTION ENGINES AND ELECTRIC VEHICLES

구민사

저자약력 | **김규희**
두원공과대학교 자동차과 교수

내연기관 및 전기자동차

초 판 인쇄 | 2022년 2월 15일
초 판 발행 | 2022년 2월 28일
초 판 2쇄 발행 | 2023년 2월 28일

지 은 이 | 김규희
발 행 인 | 조규백
발 행 처 | **도서출판 구민사**
(07293) 서울특별시 영등포구 문래북로 116 604호(문래동 3가, 트리플렉스)
전 화 | (02) 701－7421(~2)
팩 스 | (02) 3273－9642
홈페이지 | www.kuhminsa.co.kr

신고번호 | 제2012-000055호(1980년 2월 4일)
I S B N | 979-11-6875-026-5 [93550]

값 21,000원

Preface

그 동안 새로운 기술의 발전으로 종래의 기계적 기능에 전자제어기술과 신기술을 접목시켜 기계식의 제어로는 불가능했던 공연비나 점화시기 제어가 가능하게 되었고, 이의 최적 값의 설정도 가능할 수 있게 되어 환경, 연비, 화석 연료의 사용 비중을 낮추고, 저연비, 저 배출가스의 실현가능한 정화기술, 고출력 및 전 영역에 걸친 풍부한 토크특성을 갖춘 고성능 경량화 개발이 연구에 연구를 거듭해왔다.

그 중 자동차에서 심장부라 할 수 있는 내연기관 부분에서도 컴퓨터의 발달로 자동차 내연기관은 큰 동력을 제어하기 손쉬워 자동차의 동력원으로 사용되어 청성기관을 지향하며 비약적으로 발전을 거듭하여 오늘날에 이르렀고, 출력과 성능 면에 있어서도 자동차용 내연기관으로서 부여된 요구를 그 나름대로 충족시키고 있다.

이 책은 이러한 점을 감안하여 자동차 내연기관 및 전기자동차에 대하여 다음과 같은 내용을 수록하여 집필하였다.

- 내연기관의 효율과 성능에 대하여 기술하였다.
- 내연기관 본체에 대하여 기술하였다.
- 윤활장치의 구조와 특성에 대하여 기술하였다.
- 냉각장치의 구조와 특성에 대하여 기술하였다.
- 흡배기 장치 및 배출가스에 대하여 기술하였다.
- 연료 및 연료장치(전자제어 연료분사장치, LPG, LPI, 디젤기관, 커먼레일)에 대하여 기술하였다.
- 하이브리드 자동차, 전기자동차, 수소전지 자동차에 대하여 기술하였다.

머리말

끝으로 본서를 엮음에 있어서 필자는 독자여러분에게 보다 쉽고 알찬 내용으로 엮고자 노력하였으나 미비한 점이나 오류가 다수 있을 것으로 생각되므로 서슴없는 지도와 편달을 바라며, 계속적인 보충과 보완을 해 나갈 것임을 약속드리며 진심으로 감사를 드립니다.

이 지면을 통하여 이 책을 집필하는데 도움을 주신 많은 지인 여러분께 감사드리고 도서출판 구민사 조규백 대표님과 임직원 여러분들에게도 고마움을 표합니다.

저자 씀

Contents

I 내연기관

목차

Contents

Ⅱ 전기자동차

내연기관(内燃機關)

I

I

내연기관(內燃機關)

열기관을 크게 두 가지로 나누면 연료를 어디에서 태우느냐에 따라 외연기관과 내연기관으로 나눌 수 있다. 연료를 태우는데 기관의 바깥에서 태우면 외연 기관, 기관의 내부에서 태우면 내연 기관이라 한다.

외연기관은 외부에서 물을 끓여 그 수증기를 사용하는 것이기 때문에 기관이 크고, 열이 동력으로 바뀔 때 열효율이 떨어진다. 내연 기관은 연소가 탈 때 발생하는 고온 고압의 연소가스를 사용하는 것이기 때문에 기관을 작게 만들 수 있고, 열효율도 높다.

상업적으로 성공한 최초의 내연 기관은 1859년경 에티엔 르누아르가 만들었으며 최초의 현대적인 내연 기관은 니콜라우스 오토가 1876년에 만들었다.

니콜라우스 오토

최초 내연기관

1 자동차 기관의 개요

01 자동차의 역사

자동차의 역사를 보면 기원전 4000년 말기의 이집트 및 메소포타미아 문명에서 원시적인 수레와 원통형 바퀴가 발명되었다. 운반용 바퀴로 4륜 마차는 수메르인과 아카드인 마차는 기원전 1700년경 유라시아 대륙의 힉소스족과 이집트인에 의해 발명되었으며 피봇식 조향장치는 기원전 680년경에 4마리의 말이 끄는 마차 경주를 그리스 올림픽에 채택 한 로마인들에 의해 발명된 이후 오늘날의 자동차와 기관이 만들어지기까지에는 많은 세월이 흐르게 되었다. 그 과정을 연도별로 살펴보면 다음과 같다.

히크소스족 마차(기원전 1700년경)

- 1480년

  인류 최초로 인위적인 동력으로 만들어진 자동차는 레오나르도 다빈치가 만든 태엽 자동차였다.

레오나르도 다빈치의 태엽 자동차

- 1630년

이탈리아 조반비 브랑카는 보일러에서 노즐을 통해 분출되는 증기를 이용한 터빈 원리를 발견하고 이 힘으로 바퀴를 돌릴 수 있는 기계장치를 발견하였다.

- 1673년

네덜란드의 호이겐스(C. huyghens)는 프랑스에서 실린더 내의 화약을 연소시키면서 동력을 얻는 화약 기관을 발명하였다.

- 1680년

포르투칼의 벨피스트(verbiest)는 증기를 이용해 1시간 정도 달릴 수 있는 증기자동차와 유사한 증기 터빈 자동차를 만들었다.

- 1690년

프랑스의 드니파팡은 실린더의 피스톤이 수증기를 압축하여 왕복 운동하는 대기압 증기기관을 설계하였다.

- 1698년

영국의 토머스 서베리가 증기의 팽창력과 대기의 압력을 교대로 움직이는 증기기관을 발명하였다.

- 1712년

영국의 토머스 뉴커먼(T. newcomn)이 서베리의 증기기관을 상용화하였으나 열효율이 0.5%로 낮았다.

- 1769년

프랑스 파리 출신의 엔지니어로 당시 육군 대위였던 니콜라스-요셉 퀴뇨(N. J. cughot)가 만든 세계 최초의 자동차로 4인승 3륜 증기 포차를 제작했다.

조셉퀴노의 증기포차(1771년)

• 1776년

스코틀랜드 출신의 제임스 와트(J. watt)는 볼턴과 함께 증기압 조정이 가능한 단일 작동 방식의 증기기관을 발명하였고, 이후 1782년 윌리엄 머독과 함께 유성기어와 원심 거버너를 사용하는 복동 증기기관을 발명하였다.

• 1803년

프랑스의 필립 르봉 당 베르상은 가스 공기를 예비 압축시키고 불꽃 점화가스 기관을 발명하였고 그해 영국의 리챠드 트레비 딕은 자동차용의 고압 증기기관을 개발하여 13km/h의 속도로 런던 시내에서 주행하였고 최초의 택시로 이용되었다.

• 1805년

스위스의 이작크 지바트(I. jebat)는 세계 최초로 볼타 전지를 이용한 전기불꽃 기관을 개발했다.

• 1823년

영국의 골드 워즈 거니 경이 약 18km/h로 운행할 수 있는 증기기관 버스를 제작하였다.

• 1824년

레오나르도 사디 카르노(L. S carnot)는 카르노 사이클 이론을 발표했다.

• 1866년

루터 형제에 의해 회전 피스톤 컴프레서인 루터 수퍼차저(rooter super chrger)를 발명했다.

• 1867년

프랑스 르노아르(P. lenoir)는 가스를 이용한 복동식 내연기관을 발명했다.

• 1868년

독일의 조셉 라벨은 석유와 가솔린을 이용해 보일러를 가열시키는 최초의 증기 자동차를 만들었다.

• 1877년

조지 베일리 브레이튼(G.B brayton)은 2 스트로크 방식의 브레이튼 복동식 기관을 발명하였다.

• 1876년

독일의 니콜라우스 아우구스트 오토는(N. A. aotto) 단기통 4행정 화염 점화방식의 기관을 개발하였다.

• 1880년

영국의 클라크(S. D. clerk)가 2행정 가스기관을 최초로 발명하였다.

오토의 4행정 기관(1876)

• 1883년

독일의 다임러(G. daimler)와 마이바하는 칸슈타트의 4행정 기관 연구 공장 설립하였고 이후 1989년에 V형 2기통 기관의 코일 점화방식 560cc, 1.5ps 기관을 발표했다.

• 1885년

독일의 로버트 보쉬(R. bosch)사 설립되어 자석식 점화장치를 생산했다.

• 1896년

독일의 다이믈러와 이마하가 가솔린기관을 사용한 최초의 트럭을 생산하였다.

• 1897년

독일의 루돌프 디젤(R. diesel)이 최초의 디젤기관을 개발하였다.

• 1908 ~ 1927년

포드 모델 T-브래스 기와 빈티지기에 가장 많이 생산된 자동차. 모델 T는 유성 톱니바퀴식 변속기와 페달로 동작하는 제어 시스템이 장착되어 있다.

• 1910 ~ 1920년

부가티 타입 13-진보적인 기술과 디자인을 가진 자동차 경주용 모델이다. 이후로 유사 모델인 타입 15, 17, 22, 23이 제작되었다.

• 1922 ~ 1939년

오스틴 7-오스틴 7은 전 세계 수많은 자동차 제조 회사들이 이 차의 틀을 라이선스 받아 여러 모델들을 제작했을 정도로 유명한 오스틴 자동차 회사의 자동차이다.

• 1924 ~ 1929년

부가티 타입 35-타입 35는 전시대를 통틀어 가장 성공적인 경주용 자동차이다. 이 자동차는 5년 동안 여러 자동차 경주 대회에서 무려 1,000번 이상의 우승을 차지했다.

• 1927 ~ 1931년

포드 모델 A-포드 모델 T의 성공 후 포드 자동차 회사는 포드 모델 A를 발표함으로써 과거의 영광을 이어갈 수 있었다. 포드 모델 A는 4백만 대가 생산되면서 빈티지기 동안 가장 성공적인 모델이 되었다.

1927년식 포드 모델 T

• 1930년

캐딜락 V-16-빈티지기에 만들어진 최고급 모델로 V16 기관이 장착되었다. 이 모델은 부가티 르와이얄(Bugatti Royale)과 함께 전설적인 최고급 모델이 되었다.

• 1934 ~ 1940년

부가티 타입 57-첨단 기술과 세련된 디자인 접목된 자동차이다.

• 1934 ~ 1956년

시트로엥 트락숑 아방(프랑스어 : Citroën Traction Avant)-일체 구조식 차체 기술과 전륜구동 방식으로 대량 생산된 최초의 자동차이다. 자동차 기술 역사에 있어 걸작으로 대표되는 자동차이다.

시트로엥 트락숑 아방

• 1936 ~ 1955년

MG T 시리즈-스포츠 자동차로 유럽 자동차 경주 대회에 자주 출전했던 자동차이다. 전쟁 중에는 미군이 군용으로 이용하기도 했다.

• 1938 ~ 2003년

폴크스바겐 비틀-자동차 역사상 가장 유명한 자동차 중 하나로 알려져 있다. 전쟁 이전기의 디자인을 가지고 있지만, 현대까지 계속 사용되고 있다.

• 1948 ~ 1971년

모리스 마이너(Morris Minor)-전 세계로 보급된 대표적인 전쟁 이후기의 자동차이다.

• 1949 ~ 1968년

올즈모빌 88(Oldsmobile 88)-고압축 V8 기관이 장착된 모델로 대량생산되어 고성능 자동차인 머슬카 시대를 열었던 자동차이다.

• 1958 ~ 1967년

쉐보레 임팔라(Chevrolet Impala)-전쟁 이후기를 풍미했던 아름다운 자동차이다. 판매도 크게 이루어졌던 자동차이다.

• 1959 ~ 2006년

미니(Mini)-40년 동안 소형 차의 대명사가 이 모델이다. 전 시대를 거쳐 가장 유명한 자동차 중 하나가 되었다.

1955년식 모리스 마이너

1957년식 미니 쿠퍼

• 1961 ~ 1975년

재규어 E-타입(Jaguar E-type)-재규어 자동차를 구한 모델이다. 가격이 저렴하면서도 뛰어난 성능으로 인해 14년 동안 70,000대 이상이 팔렸다. 이로 인해 1960년대 스포츠 자동차의 대표적인 디자인이 되기도 했다.

• 1962 ~ 1977년

BMC ADO16-영국에서 크게 인기를 끈 전륜구동 모델이다. 그러나 BMC의 과도한 배지 엔지니어링으로 인해 브랜드 가치를 떨어뜨리기도 했다.

• 1962 ~ 1964년

페라리 250 GTO(Ferrari 250 GTO)-최초의 슈퍼카이다. 이 모델은 1960년대 초반 각종 자동차 경주 대회를 휩쓸었다.

• 1964 ~ 1970년

포드 머스탱-머슬카이면서 포니카의 시대를 연 대표적 자동차이다.

• 1969년

닷선 240Z(Datsun 240Z)-일본 최초의 스포츠 자동차 중 하나로 미국에서 폭발적인 판매를 기록한 자동차이다. 저렴하면서도 잘 만들어진 이 모델로 인해 일본은 자동차 산업을 크게 발전시킬 수 있었다.

• 1974년 ~

폭스바겐 골프(VW Golf)-폭스바겐의 대표적인 해치백 소형차이다. 직렬 4기통 기관에 5명의 태울 수 있다.

1963년식 재규어 E-타입

폭스바겐

• 1975 ~ 1976년

캐딜락 시리즈 70(Cadillac Fleetwood Seventy-Five)-처음에 생산된 가장 큰 자동차 중 하나이다. 크고 비효율적인 기관을 가진 이 모델은 1970년대 중반 미국 자동차 산업의 문제를 보여준 대표적인 모델이 되고 말았다.

• 1976년 ~

혼다 어코드(Honda Accord sedan)-1990년대 미국에서 포드 토러스를 밀어내고 가장 유명해진 자동차이다. 이 모델을 계기로 아시아 자동차 제조업체들이 고급 세단 시장에 진입하는 계기가 되었다.

• 1983년 ~

크라이슬러 미니밴(Chrysler minivans)-2-박스 미니밴으로 스테이션 웨건을 시장에서 밀어내는 데 일조를 한 모델이다. 이 모델을 계기로 오늘날의 크로스오버 SUV가 등장하기 시작했다.

• 1986년 ~

포드 토러스(Ford Taurus)-1980년대 후반에 미국 시장에서 인기를 끌었던 전륜구동 세단이다. 이 모델은 CAD로 설계되어 주목을 받기도 했다.

• 1992년~

지프 그랜드 체로키(Jeep Grand Cherokee)-4륜 구동의 전형적인 고급 SUV 모델이다. 이 모델은 크게 비싼 가격이 아님에도 V8 기관과 고급 인테리어를 갖춰 인기를 끌었다.

포드 토러스

지프 그랜드 체로키

02 자동차용 기관 일반

(1) 열기관의 분류

열기관(heat engine)이란 열에너지를 기계적 일로 바꾸는 장치로서 열에너지를 공급하는 방식에 따라 내연기관(內燃機關)과 외연기관(外燃機關)으로 구분한다.

1) 내연기관(internal combustion engine)

내연기관(內燃機關)은 기관 내부에서 연소가 이루어지며 혼합기 자체가 함유하고 있는 화학적 에너지를 스파크 점화인 가솔린기관(Gasoline engine), 압축 착화인 디젤기관(diesel engine), 그리고 연속 점화인 가스 터빈 기관(Gas Turbine Engine)에 의해 열에너지로 바꾸어 그 연소가스가 팽창할 때의 일을 직접 이용한 기관이다.

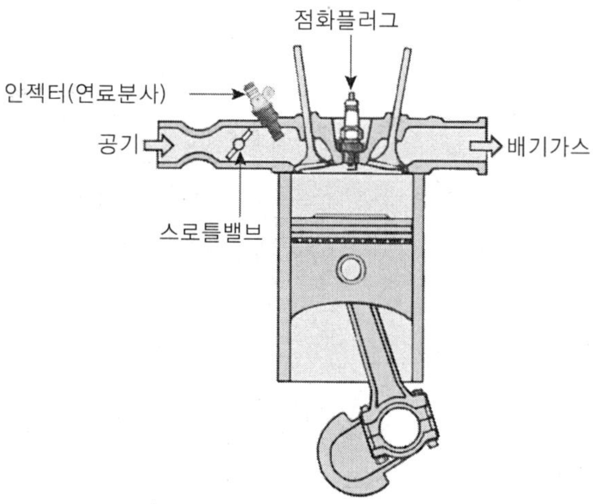

(a) 가솔린 기관

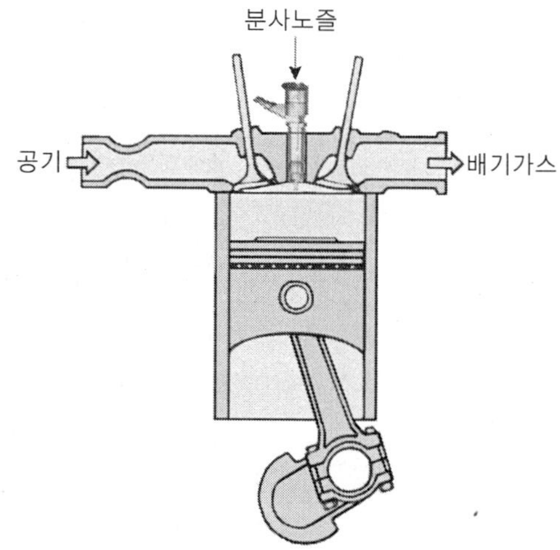

(b) 디젤 기관

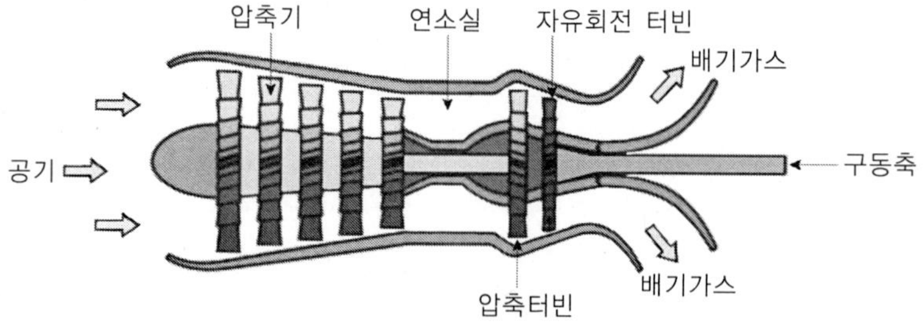

(c) 가스터빈 기관

내연기관

2) 외연기관(external combustion engine)

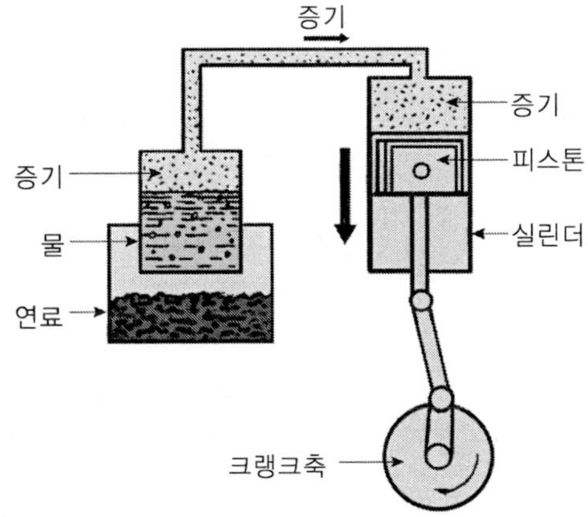

외연 기관

외연기관(外燃機關)은 연료의 연소를 밀폐된 공간(실린더) 밖에서 행하는 것으로 증기기관이 대표적이며 외부에서 연소가 이루어지므로 석탄, 나무 등 고체연료의 사용이 가능하여 사용연료의 범위가 넓다. 그리고 증기터빈과 현재 개발 중인 스티어링 기관(stirling engine)이나 증기기관이 외연 기관에 속한다.

(2) 자동차 내연기관의 분류

1) 자동차용 내연기관의 종류

① 가솔린 기관(Gasoline Engine)

가솔린 기관은 가솔린(휘발유) 과 공기를 혼합하여 연소실에서 압축하고, 점화플러그의 불꽃점화에 의하여 연소되어 동력을 얻는 기관으로 디젤 기관에 비해 착화성이 좋고, 발화온도가 낮아 낮은 압축비에도 구동이 가능하여 디젤 기관에 비해서 진동이 적고, 차량은 안락하지만, 압축비가 낮아 연비 및 열효율이 낮고, 점화 수단으로 점화플러그를 사용하기 때문에, 전기 계통이 복잡하고 고장율 역시 높다. 또한 연료의 발화점이 낮아, 연료 취급에 주의를 해야 한다.

② GDI 기관(Gasoline Direct Injection Engine)

GDI 기관은 가솔린을 실린더에 직접 분사하는 기관으로 고성능 연료 분사기를 통해 실린더에 직접 연료를 분사시켜, 즉각 공기와 혼합시키기 때문에 연료 분사 시점에서 폭발 행정과 정확히 일치가 되어 고출력과 연비가 향상되고, 동급 배기량 수준에서 GDI 기관은 마력과 토크가 크다.

③ LPG 기관(Liquefied Petroleum Gas Engine)

LPG 기관은 석유나 천연가스를 정제하는 과정에서 얻어지는 프로판과 부탄가스를 상온에서 고압으로 가압한 액화석유가스를 연료로 사용하는 기관으로 고압 용기에 들어있는 LPG를 기화기를 통해 기관에 흡입시킨다.

가솔린 기관에 비해 연소실이나 윤활유의 오염이 적어, 기관의 수명이 길고, 배기가스 속 유해가스의 함량이 적다. 높은 옥탄가로 인해 노킹 발생이 적어지고, 기화가 쉬워 연소가 균일하며 소음이 적다. 하지만 연료 탱크를 고압 용기로 만들어야 하기 때문에, 차량의 무게가 증가하고, 증발 잠열(혼합기의 온도가 강하가 되면 기화기 결빙이 발생해 서리나 얼음의 형태가 생김)로 인해, 겨울철 시동에 문제가 생겨 곤란한 상황이 생기기 쉽다. 또한 , LPG 취급이 어렵고, 베이퍼라이저 내의 타르를 자주 배출시켜줘야 하고, 연료가 기체 상태여서 제적 효율이 저하하고, 출력은 가솔린 기관에 비해 저하한다.

④ LPI 기관(Liquid Propane Injection System Engine)

LPI 기관은 LPG를 연료펌프로 고압의 액상으로 유지하면서 기관의 흡기 매니폴드에 있는 인젝터를 이용하여 전자적인 신호에 따라 액체 상태로 각 실린더로 분사되면서 연소가 일어난다. 각 실린더 별 제어가 가능하기 때문에 기관의 성능이 더욱 최적화된다. 이 차이로 인해 연비 성능이 획기적으로 개선되고, 겨울철에 시동이 잘 안 걸리는 문제도 해결이 된다.

⑤ CNG 기관(Compressed Natural Gas Engine)

천연가스를 원료로 하는 기관으로 기체 상태인 압축천연가스를 원료로 하기 때문에, 매연이나 미세먼지가 전혀 없고 소음 발생도 절반 수준으로 적다.

연료인 천연가스는 고압(200kgf/cm^2)으로 압축되어 가스 용기에 저장되며, 압축된 가스는 용기로부터 연료 배관을 거쳐 감압밸브에서 사용 압력으로 감압된 후, 공기와 혼합되어 기관 내부로 공급한다.

⑥ 디젤 기관(Diesel Engine)

디젤 기관은 고온의 압축된 공기에 연료(경유)를 분사해서 자연 발화시키는 압축 착화 방식을 이용한다.

⑦ 하이브리드 기관(Hybrid Engine)

가솔린이나 디젤 같은 액체 연료를 사용하는 기관에 전기 모터를 이용한 구동방식인 기관이다. 가속할 때에는 기관이 가동하고 전기모터가 보조 동력으로 작동하기에 가속성을 증가시키고, 정차 시에는 두 기관이 멈춰, 공회전으로 인한 낭비 연료가 없고, 연료 효율이 좋고 출발과 저속 주행 시에는 전기모터만 가동이 되어서 소음이 없다.

2) 기계학적인 사이클에 의한 분류

기계학적 사이클이란 피스톤과 크랭크샤프트가 왕복운동과 회전운동을 하며 흡입, 압축, 폭발, 배기 4과정을 이루는 과정을 기계학적 사이클이라 말한다. 4행정 1사이클(4stroke 1cycle), 2행정 1사이클(2stroke 1cycle)로 분류할 수 있다.

3) 점화방식에 의한 분류

① 스파크 점화식 기관(SI기관 : spark ignition type engine)

연료와 공기의 혼합기를 압축하여 전기 스파크에 의해 점화 연소시키는 방식으로 가솔린기관과 LPG 기관이 이에 해당된다.

② 압축 착화식 기관(CI기관 : compression ignition type engine)

순수한 공기만을 압축하여 500~550℃ 정도의 고온으로 만들고 압력을 가진 연료를 분사하여 자연 착화시키는 것으로 디젤기관이 이에 해당된다.

③ 소구 점화(hot bulb)방식

저급 연료(석유등)를 사용하는 기관에서 가열 플러그를 두어 가열된 플러그(소구)에 연료를 분사하여 연소시키는 방식으로 세미디젤기관이라고도 한다.

4) 실린더 수에 의한 분류

단기통 기관(single cylinder), 2기통 기관(two cylinder), 3기통 직렬형 기관(3 cylinder straight engine), 4기통 직렬형 기관(4 cylinder straight engine), 6기통 직렬형 기관(6 cylinder straight engine), 6기통 V형 기관(6 cylinder V-type engine), 8기통 직렬형 기관(8 cylinder straight engine), V—8기통 기관(V-8 engine)

5) 냉각방식에 의한 분류

① 수냉식 기관(water coolant type engine)

열에너지를 기계적 에너지로 바꾸면서 뜨거워진 기관을 물로 냉각하며 뜨거워진 물은 라디에이터로 보내어 냉각하는 방식으로 냉각 효율을 높이기 위해 냉각액을 혼합 사용하고 있다.

② 공냉식 기관(air coolant type engine)

뜨거워진 기관을 대기 중의 공기로 직접 냉각하는 방식으로 2륜 차나 2행정 사이클 산업기계용 기관이 이에 해당한다.

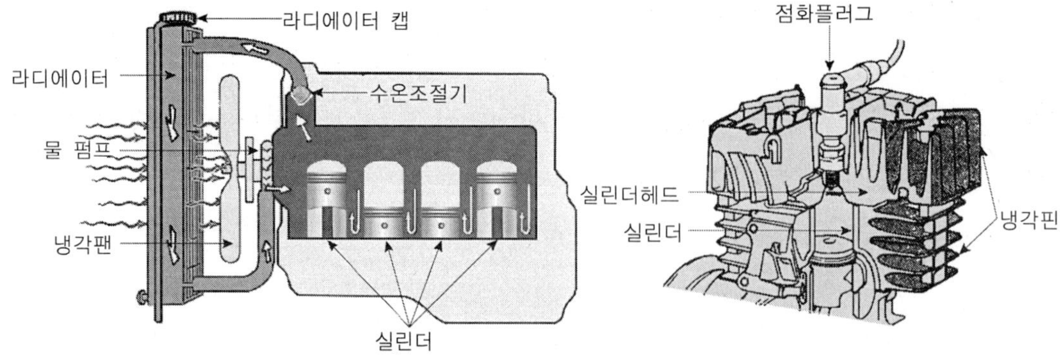

(a) 수냉식 기관　　　(b) 공랭식 기관

냉각방식에 의한 분류

6) 실린더 배열에 의한 분류

① 직렬형 기관(straight engine)

실린더가 일렬로 수직 배열한 형식으로 기통수에 따라 다르지만 4기통인 경우 크랭크축이 3개(혹은 5개)의 베어링에 의해 크랭크케이스에 지지되며 크랭크축의 위상각은 180°이다.

② V형 기관(V-type engine)

직렬형 기관 두 개조를 V형으로 설치하였으며 V의 각도는 기관의 설계에 따라 약간씩 다르지만 보통 90°(또는 120°)을 이루고 있다.

③ 성형 기관(radial engine)

별 모양으로 실린더가 배치되었다 하여 성형기관이라고 하는데 방사선상으로 배열되었다. 크랭크샤프트 핀도 하나고 샤프트도 하나로 항공기에 사용되고 있다.

④ 수평 대향형 기관(horizontally opposed engine)

피스톤을 수평면에 있게 한 것으로 보통 자동차 바닥 밑에 설치되는 기관으로 사용되기도 한다.

(a) 직렬형　　(b) V형　　(c) 성형　　(e) 수평 대향형

실린더 배열에 의한 분류

7) 밸브 배열에 의한 분류

① I-헤드 기관형(I—head engine type)

흡입과 배기밸브가 실린더헤드에 설치되어 있는 형식으로 OHC(over head cam shaft)기관이라고도 한다. 두 개의 밸브가 하나의 캠축으로 구성되는 방식을 SOHC(single over head cam shaft), 두 개의 캠축에 의해 밸브가 구동되는 방식을 DOHC(double over head cam shaft)라 한다. I 헤드형 기관은 고 압축비를 실현할 수 있고, 열효율과 냉각 효율이 양호하며 헤드의 구조가 복잡한 특징이 있다.

② L-헤드 기관형(L—head engine type)

흡입·배기밸브 모두가 실린더블록 옆 부분에 설치되어 있는 형식으로 SV(side valve)형이라 고도 부르며 일부 구형 차량에 사용되었다. L헤드형은 구조가 간단하나 압축비를 높이는 데 한계가 있다.

③ F-헤드 기관형(F—head engine type)

흡입밸브는 실린더헤드(cylinder head)에 배기밸브는 실린더블록 옆 부분에 설치되어 있는 형식으로 두 밸브를 따로따로 설치할 수 있으므로 흡입·배기밸브 직경을 크게 할 수 있어 흡입 효율과 배기 효율을 높일 수 있어 출력을 높일 수 있는 장점이 있으나 구조가 복잡하고 압축비를 높이는 한계가 있다.

④ T-헤드 기관형(T-head engine type)

T 헤드형 기관은 실린더를 중심으로 양쪽으로 설치되어 T 형식을 이루고 있다. 흡·배기 효율을 높일 수 있으나 구조가 복잡하고 압축비를 높이는 한계가 있다.

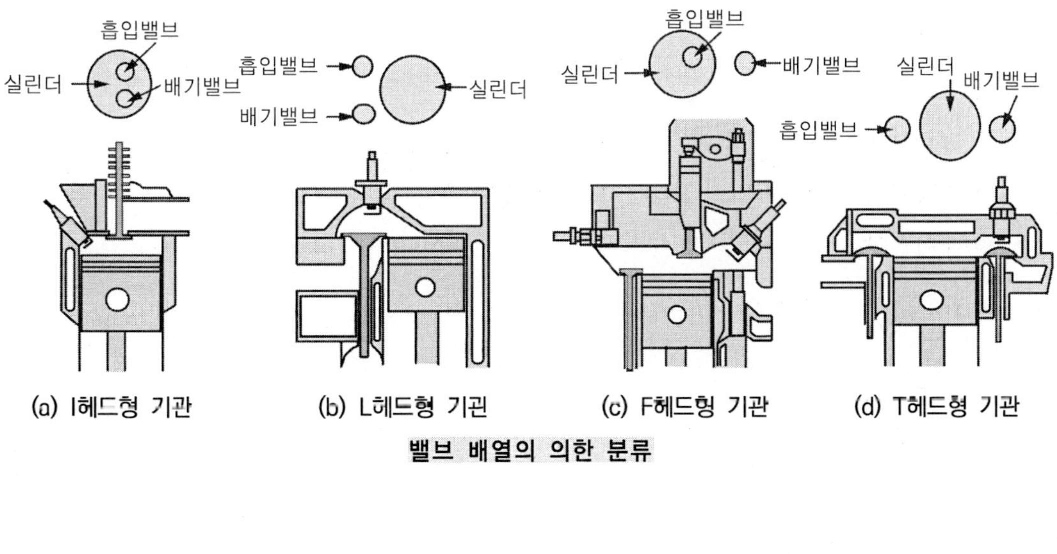

(a) I헤드형 기관 (b) L헤드형 기관 (c) F헤드형 기관 (d) T헤드형 기관

밸브 배열의 의한 분류

8) 실린더 행정 및 내경에 의한 분류

피스톤의 행정(L)과 실린더의 내경(D)에 의해 실린더 크기가 결정되고 기관의 출력이나 배기량이 정해진다. 행정과 내경비는 피스톤의 행정과 실린더의 내경과의 비로서 기관의 성능이 동일한 배기량이라도 행정과 내경비의 크기에 의해서 좌우된다.

① 장 행정기관(under square engine)

장 행정기관은 행정과 내경비(L/D > 1.0)가 1.0 이상인 기관으로서 피스톤의 행정이 실린더 내경보다 큰 기관이며. 기관의 회전속도가 느리고 회전력(torque)이 크며, 실린더 벽에 가해지는 피스톤 측압(側壓)이 작은 특징이 있다. 또한 피스톤의 행정이 실린더 내경보다 크기 때문에 내구성과 유연성이 있는게 장점이라면 기관의 높이가 높아지는 것이 단점이라 할 수 있다.

② 정방 행정기관(square engine)

정방 행정기관은 행정·내경비가 같은(L/D = 1.0) 기관으로서 피스톤의 행정과 실린더 내경 크기가 동일하여. 기관의 회전속도 및 회전력이 장 행정기관과 단 행정기관의 중간 정도이다.

③ 단 행정기관(over square engine)

단 행정기관은 행정·내경비가 1.0 이하인(L/D < 1.0) 기관으로서 피스톤의 행정이 실린더 내경보다 작다.

㉠ 단 행정기관의 장점

- 피스톤의 평균속도를 높이지 않고 기관의 회전속도를 빠르게 할 수 있다.
- 단위 실린더 체적당 기관의 출력을 크게 할 수 있다.
- 흡·배기밸브의 지름을 크게 할 수 있어 효율을 증대시킨다.
- 기관의 높이를 낮게 할 수 있다.

㉡ 단 행정기관의 단점

- 기관의 회전속도가 빠르기 때문에 피스톤이 과열된다.
- 내경이 크기 때문에 폭발압력이 높아 베어링에 가해지는 하중이 크다.
- 베어링이 커지기 때문에 기관의 길이가 길어진다.
- 표면적이 크게 되어 탄화수소의 배출량이 많아진다.

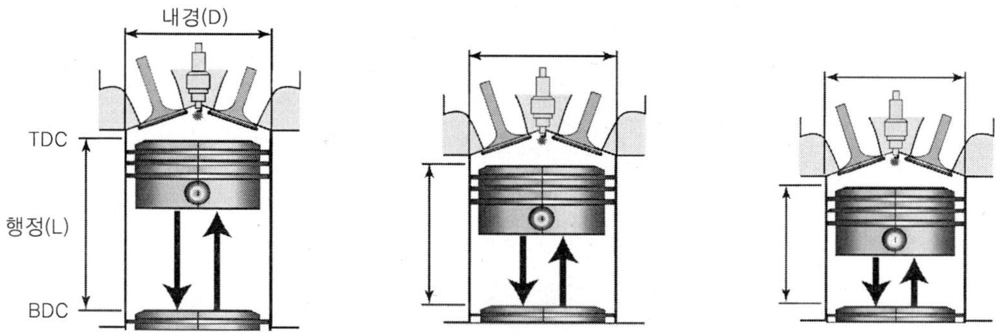

(a) 장행정 기관　(b) 정방행정 기관　(c) 단행정 기관

행정과 내경 비에 따른 분류

> **참고　피스톤의 측압과 평균속도**
>
> 1. 측압(thrust)
>
> 피스톤이 작동할 때 실린더 벽(wall)에 가하는 압력으로서 피스톤이 압축행정 또는 폭발행정을 할 때 실린더 벽에 압력을 가하면서 작동을 하게 된다.
>
> 2. 피스톤 평균속도
>
> 피스톤이 시간당 행정을 왕복 이동한 거리로서 보통 12~13m/sec 이다. 피스톤 평균속도는 피스톤의 행정에 비례하므로 동일한 기관의 회전수에서는 행정이 짧을수록 피스톤의 평균속도는 늦어진다.

(3) 기타 기관

1) 로터리기관(rotary engine)

로터리기관은 피스톤에 상당하는 로터가 왕복운동 대신 회전운동을 하는 기관으로서, 왕복운동 기관과 같이 피스톤과 밸브의 왕복운동에 의한 에너지 손실이나 진동이 적으며, 구조가 간단하고 경량화 할 수 있고, 회전 또한 부드럽고 소음도 적은 것이 특징이다. 연료 소비율은 왕복 운동형 기관에 비해 좋지 못하고 로터의 수명이 짧은 것이 단점이다.

로터리기관의 구조

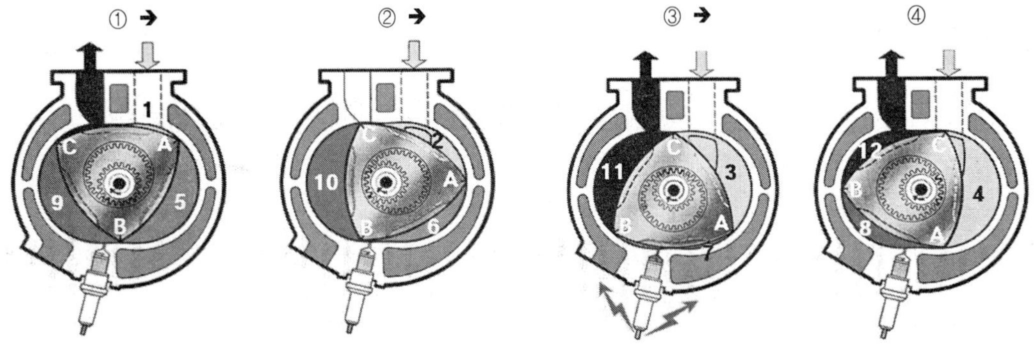

1~4 : 흡입 사이클, 5~7 : 압축 점화, 8~10 : 팽창 사이클, 11~1 : 배기 사이클

로터리기관의 작동

로터의 회전은 완전한 원운동 회전이 아니고 타원형의 하우징(housing)과 그 내벽을 따라서 삼각형의 로터가 편심운동을 하고, 이때 하우징과 로터의 윗면의 홈이 연소실을 형성한다. 가스는 벽면의 포트(port)와 로터의 회전으로 출입된다. 하우징과 로터 사이에는 A-B, B-C, C-A로 구성된 3개의 연소실 공간이 있어 왕복형 기관의 3기통에 해당한다.

2) 스털링기관(stirling engine)

스털링기관은 외연기관에 속하며 일정량의 가스가 실린더에 봉입되어 있다. 가스가 가열되거나 냉각되면서 압력이 증가되거나 감소됨에 따라 피스톤이 왕복운동을 하며 동력을 얻는 기관을 말한다. 스털링기관은 이상적으로 가장 높은 효율을 가지고 있으며, 등온팽창, 등적냉각, 등온압축, 등적가열의 4개 과정으로 구성된다.

① 등적가열

먼저 가열 원인 버너 등으로 밀폐용기를 가열함

② 등온팽창

용기 내의 작동 가스가 팽창하여 피스톤을 밀게 된다.

③ 등적냉각

버너를 떼어 내어 용기를 냉각 시킨다.

④ 등온압축

작동가스가 수축하여 피스톤을 끌어당긴다.

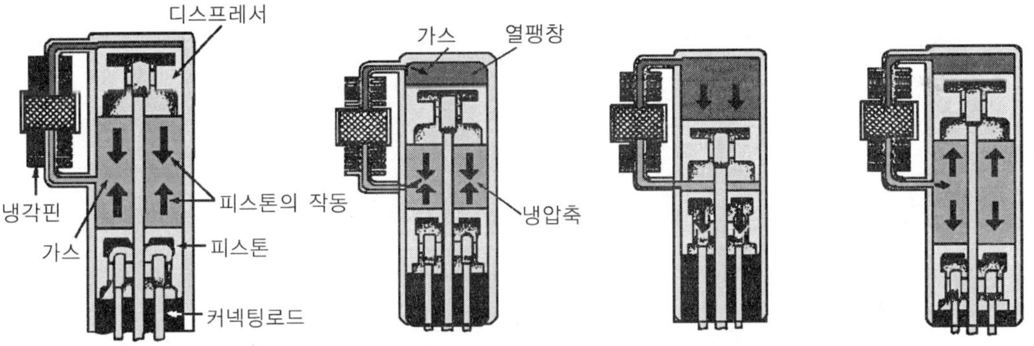

(a) 압축 (b) 팽창 (c) 작동 (d) 흡입

스털링기관의 구조와 작동

(5) 내연기관의 작동

왕복형 기관이란 피스톤의 왕복운동으로 연소실에서 발생한 열에너지를 기계적 에너지로 바꾸는 열기관을 말하며 피스톤의 왕복운동을 회전운동으로 바꾸기 위한 커넥팅로드 및 크랭크축이 설치되어 하나의 크랭크샤프트 기구를 이룬다. 크랭크축은 피스톤의 왕복운동으로 회전하며 피스톤이 1번 왕복하면 크랭크축이 1회전한다.

1) 상사점과 하사점(TDC(top dead center), BDC(bottom dead center)

피스톤은 일정 거리를 왕복운동하며 피스톤이 맨 위로 올라갔을 때 운동의 멈춤 점을 상사점이라 하고 피스톤이 맨 아래로 내려와 운동의 멈춤 점을 하사점이라 한다.

2) 행정(stroke)

피스톤이 운동한 거리로 상사점에서 하사점 간의 거리를 행정이라 한다.

3) 사이클(cycle)

피스톤이 실린더 내를 왕복 운동하여 흡입, 압축, 폭발, 배기의 전 과정을 마쳤을 때를 1사이클(주기)이라고 하는데 크랭크축이 1사이클(주기)을 2회전에 완성하는 기관을 4행정 기관이라 하고, 크랭크축 1회전에 1사이클을 완성하는 기관을 2행정 기관이라고 한다.

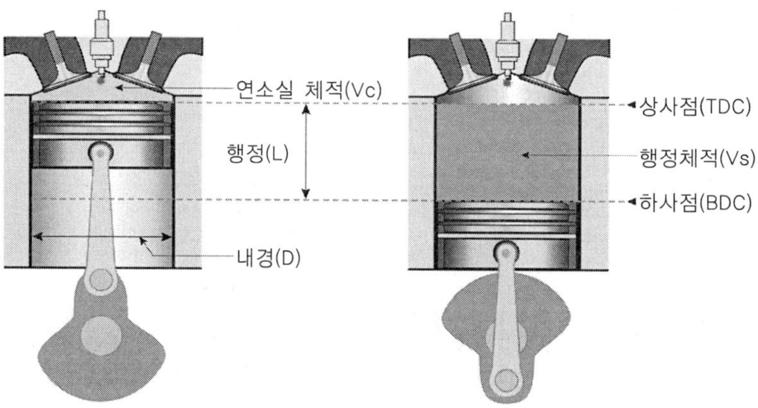

행정체적과 연소실 체적

03 4행정과 2행정 사이클 기관

(1) 4행정 사이클 기관

1) 4행정 사이클 기관의 장·단점

① 장점

㉠ 각 행정이 완전히 구분되고 압축비가 높다.

㉡ 각 부분의 열적 부하가 적다.

㉢ 체적효율이 높고, 연료 소비율이 적다.

② 단점

㉠ 밸브기구가 복잡하며 충격이나 소음이 크다.

㉡ 가격이 비싸며 마력당 중량이 무겁다.

㉢ 동력 회전수가 적어 실린더 수가 적으면 사용이 곤란하다.

2) 4행정 기관의 작동

흡입, 압축, 동력, 배기의 4개 과정을 피스톤이 4행정을 완성하는 사이클로써 가솔린기관 및 LPI 기관, 디젤기관 등이 이 방식을 사용하고 있다.

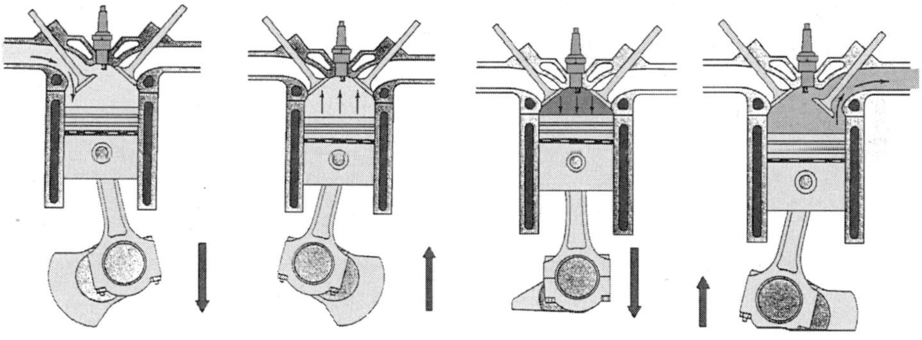

(a) 흡기행정 (b) 압축행정 (c) 동력행정 (d) 배기행정

4행정 기관의 작동

① 흡기행정(intake stroke)

피스톤이 상사점에서 하사점으로 움직이기 시작하면 흡입밸브가 열려 가솔린기관에서는 공기와 연료가, 디젤기관은 공기가 실린더 내에 흡입된다. 또한 최근의 가솔린기관 중 직접 분사방식은 공기만 흡입된다.

② 압축행정(compression stroke)

흡기행정이 끝나고 피스톤이 하사점에서 상사점으로 움직이며 흡입된 혼합기와 공기를 압축하는 행정으로 이때에는 흡기밸브, 배기밸브가 모두 닫혀있고 압축행정 끝에서의 압력은 가솔린기관의 경우 8~11kgf/cm²이고, 디젤기관인 경우 30~35kgf/cm²가 되며 이때의 압축 온도는 가솔린기관인 경우 120~140℃, 디젤기관인 경우 500~550℃에 달한다. 또한 압축행정 말 피스톤이 상사점에 이르기 조금 전에 점화 불꽃을 일으키거나 디젤기관은 노즐에서 연료 분사가 이루어져 연소가 시작된다.

③ 동력행정(power stroke)

이 행정을 팽창행정이라고도 하며 피스톤은 연소에 의한 폭발압력에 의하여 상사점으로부터 하사점으로 향하며 이때의 폭발압력은 가솔린기관인 경우 35~50kgf/cm^{2}이 되고, 디젤기관은 60~90kgf/cm^{2}의 높은 압력이 된다. 이 압력은 피스톤을 밀어 커넥팅로드를 통하여 크랭크축을 회전시키는 기관의 동력을 발생시키는 행정이다.

④ 배기행정(exhaust stroke)

피스톤은 다시 하사점에서 상사점으로 향하고 배기밸브는 열리며 연소가스를 실린더 밖으로 배출한다. 이때 배기밸브는 피스톤이 상사점을 조금 지나 하사점으로 향할 때 닫히고 흡기밸브는 피스톤이 하사점을 향하기 조금 전에 열려 흡기에 의한 배기를 도와주는 역할을 한다.

3) 4행정 사이클 기관의 밸브 개폐 시기(valve timing) 선도

밸브 개폐 시기는 기관의 흡입, 압축, 폭발, 배기 중 크랭크축의 회전 각도를 나타내는 것으로 기관의 종류와 크기, 부하, 회전수, 연소실 모양의 밸브상태 등에 따라 개폐 시기가 달라진다.

가솔린기관의 흡기밸브는 상사점 전 6°에서 열리고 하사점 후 40° 부근에서 닫게 함으로써 흡입관성을 이용할 수 있어 많은 혼합기를 실린더 내 흡입할 수 있다. 또한 배기밸브는 하사점 전 31° 부근에서 열려 상사점 후 9° 부근에서 닫히며 배기밸브는 팽창행정이 끝나기 전 피스톤이 하사점에 도달하기 전에 열리어 피스톤이 상사점을 지나도 잠시 동안 열어 둔다. 이것을 밸브의 오버랩이라고 하는데 가스의 유동 관성을 이용하여 완전한 배기가 이루어지도록 한 것이다.

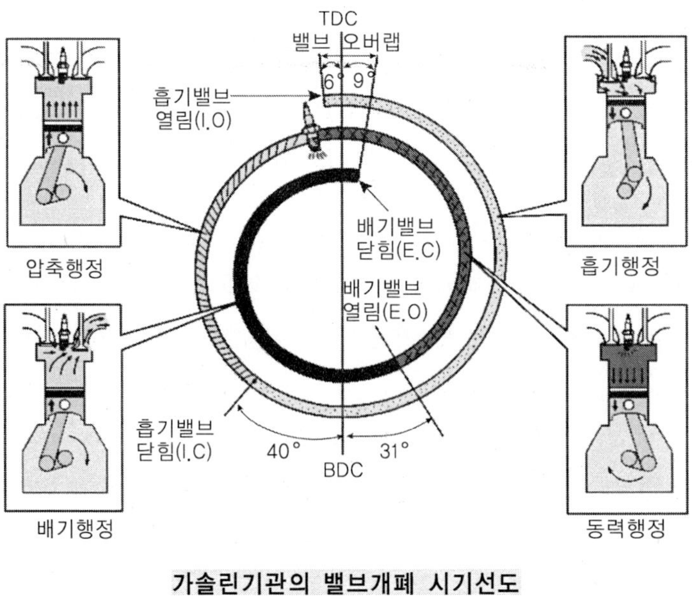

가솔린기관의 밸브개폐 시기선도

> 참고 **밸브 오버랩(valve over lap)**
>
> 배기행정 말 흡기밸브는 피스톤이 상사점에 도달하기 전에 미리 열리고 배기밸브는 피스톤이 상사점을 지나 흡기행정 초 하사점으로 향할 때 어느 시점까지 열려 있어 흡기밸브와 배기밸브가 동시에 열려 있는 상태를 밸브오버랩이라 한다. 이는 신선한 흡기가 배기가스의 배출을 도와 실린더 안에 연소된 잔류가스가 남아 있지 않게 하여 흡기 효율을 증대시킬 목적으로 하고 있다.

> 참고 **블로다운(blow-down) 현상**
>
> 배기밸브가 하사점전에 열리는 순간 실린더 내의 높은 압 때문에 연소가스를 배출하고 실린더 내의 압력과 대기 압력이 거의 같은 압력이 되는 현상을 말한다.

(2) 2행정 사이클 기관

1) 2행정 사이클 기관의 장·단점

① 장점

㉠ 4행정 사이클 기관에 비하여 1.6~1.7배의 출력이 있다.

㉡ 실린더 수가 적어도 회전이 원활하다.

㉢ 밸브장치가 간단하며 소음이 적다.

㉣ 회전력 변동이 적다.

㉤ 마력당 중량이 적고 값이 싸다.

② 단점

㉠ 배기가 불완전하고 유효행정이 짧다.

㉡ 연료소비율이 많아 평균 유효압력과 효율을 높이기가 어렵다.

㉢ 저속 운전이 어렵고 역화가 일어나기 쉽다.

㉣ 피스톤 및 피스톤링의 소손이 빠르다.

2) 2행정 기관의 작동원리

2행정 기관은 1880년 영국의 클라크(D. clerk)에 의해 고안되었으며 크랭크축이 1회전할 때마다 동력 행정을 하게 되어 구조가 간단하고 소형 경량으로 제작할 수 있어 2륜 차나 경자동차의 소형 기관과 디젤기관에 주로 사용되고 있다. 2행정 사이클 기관은 크랭크축이 1회전하는 동안 피스톤이 하강 및 상승행정을 하므로 2행정을 진행하는 동안 1사이클을 완성한다. 또한 일반적으로 2행정 기관은 흡입 및 배기밸브가 없이 실린더의 흡입 구멍 또는 배기 구멍을 피스톤이 상·하운동하며 개폐 작용을 하여 흡입 및 배기 작용을 한다. 그러나 자동차에 사용되는 2행정 디젤기관에서 배기는 포핏형 밸브를 사용하기도 한다.

① 상승 행정

상승 행정 시에는 피스톤이 하사점(BDC)을 지나 다시 상승 행정이 되어도 잠시 동안은 압축행정을 하지 못하다가 피스톤이 소기구와 배기구를 닫게 되면 압축이 시작되며 이때 크랭크실에서는 혼합기의 흡입이 이루어진다.

② 하강 행정

하강 행정은 압축되어 있는 혼합기에 점화하면 혼합기는 폭발 팽창하여 피스톤을 아래로 이동시키고 하강 행정 말에는 배기와 소기가 이루어진다.

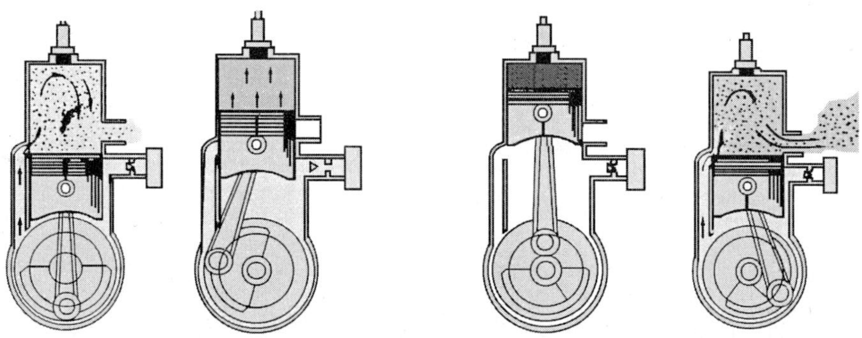

(a) 상승행정(흡입, 소기, 압축) (b) 하강행정(폭발, 배기, 소기)

2사이클 기관의 작동

③ 소기작용(scavenging)

피스톤은 하강 운동을 하면 배기구가 먼저 열리고 연소 시 발생된 자신의 압력으로 배기구를 통해 배기가스가 빠져나가며 블로 다운 현상이 일어난다. 이어 소기구가 열리고 크랭크실 내에 미리 압축되었던 혼합기가 실린더 안으로 밀려들어오면서 소기작용을 실시하게 된다. 크랭크실에 압축된 혼합기가 실린더 내부로 밀려들어오면서 연소실 내부의 연소 가스를 밀어내는 작용을 말한다. 소기의 방식에는 그림과 같이 횡단소기, 루프소기, 단류소기 등이 있다.

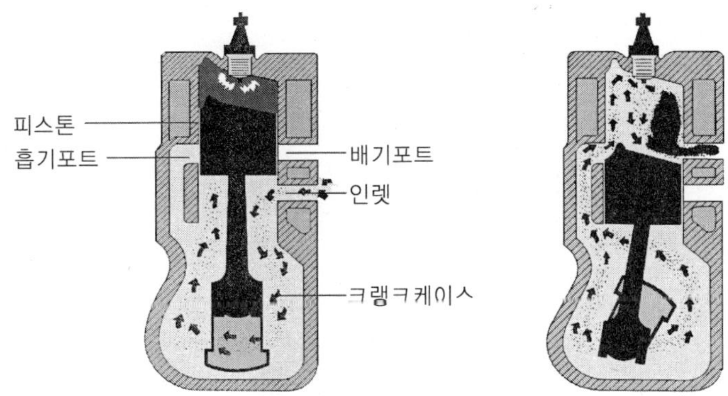

(a) 소기작용

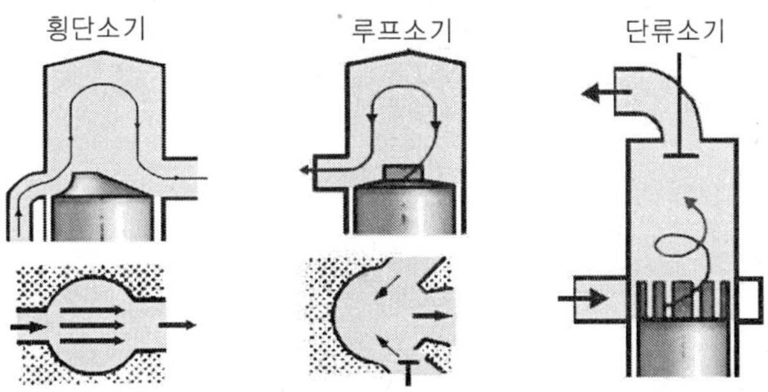

(b) 소기방식 종류

소기작용 및 소기방식 종류

④ 2행정 사이클 기관 밸브 개폐 시기 선도

2행정 사이클 기관은 피스톤이 상사점에 가까워지면 연소되어 크랭크축이 회전하고, 피스톤이 하강행정이 시작되면 배기 구멍이 열려 배기가 시작되고 곧이어 하사점 전 47°전에서 소기 구멍이 열리어 새로운 혼합기가 실린더 내로 유입된다. 피스톤이 하사점을 지나 다시 상승 행정이 시작되고 하사점 후 47°부근에서 소기 구멍이 막히며 곧이어 배기구가 막히면 다시 압축을 시작하며 상사점 전에서 폭발이 일어나 연소가 시작된다.

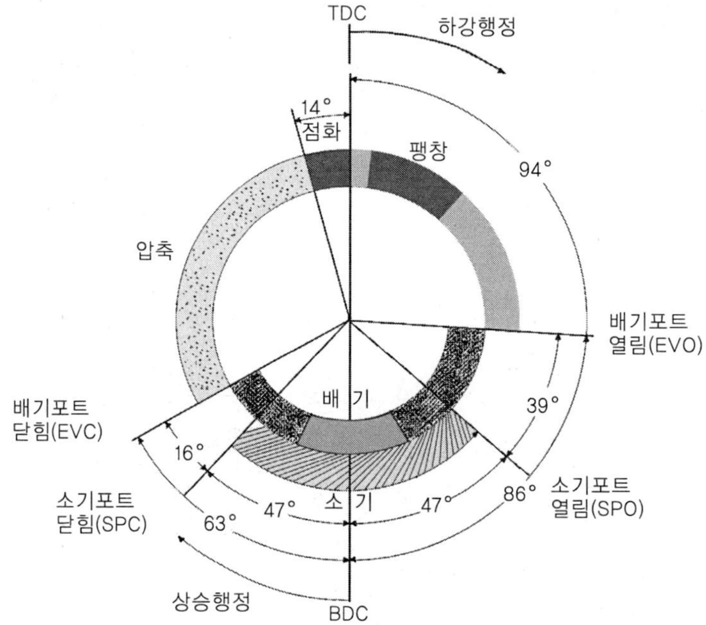

2행정 기관의 밸브 개폐 시기 선도

04 기관의 성능

(1) 내연기관 사이클

1) 오토 사이클(otto cycle : 정적 사이클)

오토 사이클은 가솔린기관이나 가스기관의 이론 사이클로 2개의 단열과정과 2개의 정적 과정으로 이루어진다.

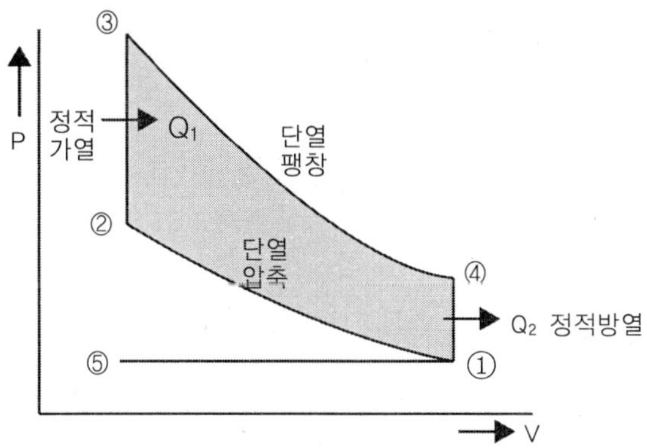

오토 사이클의 P—V 선도

① 오토 사이클의 P-V 상태도

- 1-2 과정 : 압축과정(Q = 0 : 단열압축)
- 2-3 과정 : 연소과정(V = C : 정적연소)
- 3-4 과정 : 팽창과정(Q = 0 : 단열팽창)
- 4-1 과정 : 배기과정(V = C : 정적배기)

② 오토 사이클의 열효율

$$공급열량(Q_1) = GC_V(T_3 - T_2)$$
$$방출열량(Q_2) = GC_V(T_4 - T_1)$$

C_V : 등적비열, T : 절대온도(1, 2, 3, 4점의 절대온도)

$$이론적\ 열효율(\eta_0) = \frac{일로\ 변한\ 에너지}{공급에너지} = \frac{Q_1 - Q_2}{Q_1} = 1 - \frac{T_4 - T_1}{T_3 - T_2}\ (과정\ 생략)$$

> 참고 **오토 사이클의 효율**
>
> $$\eta_o = 1 - \left(\frac{1}{\epsilon}\right)^{k-1}$$
>
> [ϵ : 압축비, k : 비열비]

2) 디젤 사이클(diesel cycle : 정압 사이클)

디젤 사이클은 공기만을 압축하여 압축 공기 온도가 600℃ 이상이 되었을 때 연료를 분사하여 자연 착화하여 연소하며 2개의 단열과정과 1개의 정압(등압)과정 1개의 정적(등적)과정으로 사이클을 이룬다.

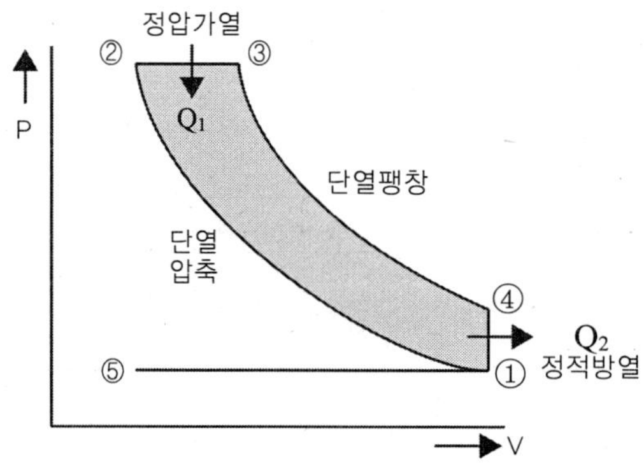

디젤 사이클의 P—V선도

① 디젤 사이클의 P-V 선도

- 1-2 : 단열 압축과정($PV^K = C$)
- 2-3 : 정압과정($P_2 = P_3$ = 일정 : 연소)
- 3-4 : 단열 팽창과정($PV^K = C$)
- 4-1 : 배기과정($V_4 = V_1$ = 일정)

공기가 실린더 내에 흡입되어 1 → 2까지 단열압축하고 2에서 연료를 분사하여 2 → 3 정압연소 시켜 3에서 연소가 끝나고 3 → 4까지 단열팽창 하여 4 → 1까지 등적하에서 배기한다.

② 디젤 사이클의 효율

$$공급열량(Q_1) = C_P(T_3 - T_2)$$
$$방출열량(Q_2) = C_V(T_4 - T_1)$$

C_P : 등압비열, C_V : 등적비열, T : 절대온도(1, 2, 3, 4점의 절대온도)

$$이론적\ 열효율(\eta_d) = \frac{일로\ 변한\ 에너지}{공급에너지} = \frac{Q_1 - Q_2}{Q_1}$$

참고 디젤 사이클의 효율

$$\eta_d = 1 - \left(\frac{1}{\epsilon}\right)^{k-1} \cdot \frac{\sigma^{K-1}}{K(\sigma - 1)}$$

[ϵ : 압축비, σ : 단절비(정압 팽창비), K : 비열비]

3) 사바데 사이클(sabathe cycle : 복합사이클)

사바데 사이클은 정적(등적) 사이클과 정압(등압) 사이클을 합성시킨 사이클로 고속디젤 사이클이라고도 한다. 이 사이클은 연료의 일부는 정적하에서 연소하고 나머지는 정압하에서 연소한다.

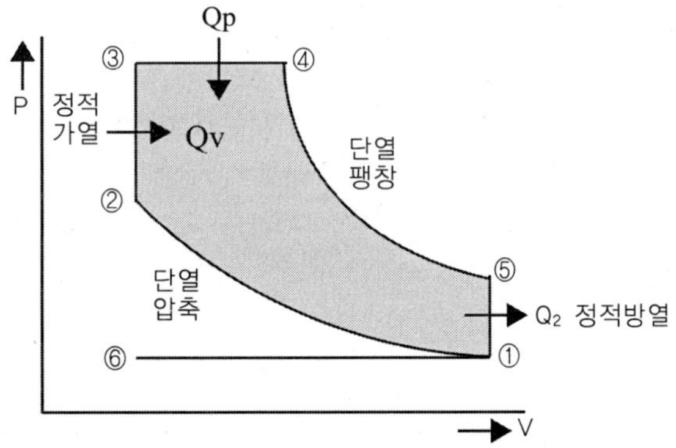

사바데 사이클의 P—V선도

① 사바데 사이클의 P-V 상태

- 1-2과정 : 압축과정(Q = 0 단열압축)
- 2-3과정 : 연소과정(V = C 정적연소)

- 3-4과정 : 연소과정(P = C 정압연소)
- 4-5과정 : 팽창과정(Q = 0 단열팽창)
- 5-1과정 : 배기과정(V = C 정적배기)

② 사바데 사이클의 열효율

공급열량 $Q_1 = Q_1 + Q_2$

$Q_1' = Q_v(T_3 - T_2)$

$Q_1'' = Q_p(T_4 - T_3)$

방출열량 $Q_2 = C_v(T_5 - T_1)$

$\therefore$ 이론적 열효율$(\eta_s) = \dfrac{\text{일로 변한 에너지}}{\text{공급에너지}} = \dfrac{Q_1 - Q_2}{Q_1}$

참고 사바테 사이클의 효율

$$\eta_s = 1 - \left(\frac{1}{\epsilon}\right)^{k-1} \frac{\sigma^k \rho - 1}{(\rho - 1) + k\rho(\sigma - 1)}$$

[ϵ : 압축비, k : 비열비, σ : 체절비(단절비), ρ : 압력비]

참고 각 사이클 열효율의 비교

1. 오토, 디젤, 사바데 사이클 공히 압축비가 높아지면 효율은 높아진다.
2. 압축비가 동일할 때 폭발비가 증가할수록, 단절비가 낮을수록 효율은 높아진다. 따라서 압축비가 동일할 때 오토 > 사바데 > 디젤 사이클이다.
3. 허용 최고 온도와 압력에 비해 비교하면 디젤 > 사바데 > 오토사이클이다.
4. 실제 사이클은 가솔린의 압축비가 낮으므로 사바데 > 디젤 > 오토사이클의 순서가 된다.

(2) 실린더 체적과 압축비(compression ratio)

1) 실린더 체적(piston displacement)

자동차의 크기를 표현하는 데는 배기량으로 표시되며 배기량은 실린더의 체적에 따라 변하여 기관의 성능과 밀접한 관계가 있다. 실린더 안지름을 Dcm 피스톤의 상사점에서 하사점 간의 거리를 L이라 하면 배기량은 다음 식으로 표현된다.

① 1기통일 때 실린더 배기량

$$V = \frac{\pi}{4}D^2L(CC)$$

D : 내경[cm], L : 행정거리[cm], N : 실린더수

② 총 배기량

$$V = \frac{\pi}{4}D^2L(CC)$$

$$V = \frac{\pi}{4}D^2L \times N[cc]$$

③ 분당 배기량

$$V = \frac{\pi}{4}D^2L(CC)$$

$$V = \frac{\pi}{4}D^2L \times N \times R(CC)$$

기관회전수 2사이클 기관일 때 : R, 4사이클 기관일 때 : $\frac{R}{2}$

2) 압축비(compression ratio)

실린더 총 체적과 연소실 체적의 비는 기관 성능에 큰 영향을 미치며 피스톤이 실린더 하사점에 있을 때 실린더 총 체적과 피스톤이 상사점에 있을 때 실린더 체적(연소실 체적)과의 비를 압축비라 한다.

$$\epsilon = \frac{V_t}{V_s} = \frac{V_s + V_c}{V_c} = \frac{V_s}{V_c}$$

$$V_s = V_c(\epsilon - 1), \ V_c = \frac{V_s}{\epsilon - 1}$$

참고 압축비의 정의와 높이는 방법

1. 압축비의 정의
   기관은 실린더 내의 흡입한 가솔린과 공기의 혼합기를 상승하는 피스톤에 의해 연소실 내에 압축한 후 점화플러그의 불꽃으로 착화시켜 폭발시키므로 압축비가 클수록 출력이 커진다는 성질을 가진다.
2. 압축비를 높이는 방법
   압축비를 높이면 출력이 상승되는 이유는 고압축을 위하여 큰 힘을 필요로 하지만 폭발 시에 얻어지는 팽창력은 그 이상으로 크기 때문이다. 자동차 경주 등에 있어서 기관의 튠업(tune up)의 하나로 압축비를 높이는 방법이 있으나 이 방법은 실린더헤드와 블록 사이에 있는 개스킷의 두께를 얇은 것으로 교환하기도 하고, 실린더 헤드를 깎아내기도 하며 피스톤의 형상을 볼록한 것으로 바꾸기도 하지만 어느 것이나 연소실 용적을 작게 하여 압축비를 높이는 것이다. 그러나 역시 노킹과 같은 문제가 대두되므로 한계가 있다.

(3) 내연기관의 마력(horse power)

마력(馬力)은 기관의 힘을 나타내는 단위로 단위시간에 한 일의 양을 말한다.

$$1PS = 75kgf \cdot m/s = 736(W : \text{와트}) = 632.3kcal/h$$

1) 지시마력(indicated horse power)

실린더 내에서 연료가 연소하여 실제 발생한 마력으로 힘을 지압계로 측정하여 지압 선도로 나타내어 계산한 마력이며 지시마력 또는 도시마력이라고 한다. 지시마력을 IPS라 하면 다음 식으로 유도된다.

$$IPS = \frac{P_{mi} \times A \times L \times N \times R}{75 \times 60} = \frac{P \times V \times N \times R}{4{,}500}[PS]$$

P_{mi} : 지시평균 유효압력[kgf/cm^2] N : 실린더 수, A : 실린더 단면적, R : 기관회전수

L : 행정거리[m] 2사이클인 경우 = R, V : 배기량[cc] 4사이클인 경우 = $\frac{R}{2}$

2) 제동마력(brake horse power, 정미마력, 축마력)

제동마력은 지시마력에서 기계적 손실을 뺀 마력을 말한다.

$$BPS = \frac{2\pi TR}{75 \times 60} = \frac{TR}{716}[PS]$$

$$BPS = IHP - FPS[PS]$$

$$BPS = \eta_m \times IHP[PS]$$

T : 회전력[m-kgf], FPS : 마찰마력, R : 회전수[rpm], η_m : 기계효율[%]

3) 마찰마력(friction horse power)

여기서 마찰이란 피스톤이 왕복 운동할 때 피스톤 링이 실린더 벽에 마찰하여 발생하는 마찰력을 말하며 기관에서 발생된 동력 중 실제 사용되는 동력은 30~40% 정도에 불과하며 나머지는 손실이 된다. 이 손실 중 마찰손실은 10%를 차지하며 나머지는 배기 손실과 기타 손실이 된다.

$$FPS = IPS - BPS$$

FPS : 마찰마력, IPS : 지시마력, BPS : 제동마력

$$FPS = \frac{Fr \times Z \times N \times S}{75} = \frac{F \times S}{75}[PS]$$

F : 총 마찰력[kgf], Z : 실린더 당 링의 수, Fr : 링 1개당 마찰력[kgf]

S : 피스톤 평균속도[m/s], N : 실린더 수

4) 연료 마력(petrol horse power)

연료 마력은 연료의 발열량, 소비량, 비중, 사용시간 등을 측정하여 측정하는 마력으로 연료의 발열량에 따라 크게 좌우된다.

$$PPS = \frac{60 \times C \times W}{632.3 \times t} = \frac{C \times W}{10.5 \times t} [PS]$$

$$PHP = \frac{60 \times C \times W}{2,545 \times t} = \frac{C \times W}{42.4 \times t} [HP]$$

PPS : 미터마력에서의 연료마력, PHP : 영마력에서의 연료마력

C : 기관저위 발열량[kcal/kgf, BTU/ℓb], W : 연료의 중량[kgf = ℓ×비중, ℓb]

t : 측정시간(분)

(4) 평균 유효압력

실린더의 압축 시 압력으로 1사이클의 일을 행적 용적으로 나눈 것으로 배기량, 회전속도 차이 등을 비교할 때 사용된다.

1) 지시평균 유효압력(indicated mean effective pressure)

$$P_{mi} = \frac{P_{me}}{\eta_m} [kgf/cm^2]$$

P_{me} : 제동 평균 유효압력[kgf/cm²], η_m : 기체효율[%]

2) 제동 평균 유효압력(brake mean effective pressure)

① 4행정 사이클일 때

$$P_{me} = \frac{4\pi T}{10 \times V} [kgf/cm^2]$$

T : 회전력[m-kgf], V : 총배기량[ℓ]

② 2행정 사이클일 때

$$P_{me} = \frac{2\pi T}{10 \times V} [kgf/cm^2]$$

(5) 기계효율(mechancial efficiency)과 체적효율

1) 기계효율(mechancial efficiency)

실린더 내에서 실제 발생된 지시마력에서 기관의 운전 중 손실에 의해 발생된 정미마력과의 관계이다.

$$\eta_m = \frac{BPS}{IPS} \times 100[\%]$$

IPS : 지시마력[PS], BPS : 제동마력[PS]

$$\eta_m = \frac{P_{me}}{P_{mi}} \times 100[\%]$$

P_{mi} : 지시평균 유효압력, P_{me} : 제동평균 유효압력

2) 체적효율(volumetric efficiency)

체적효율이란 실린더 내로 들어갈 수 있는 공기량과 실제 실린더 내로 들어간 공기량의 비를 말하며 중량비로도 표현한다. 실린더의 흡기 효율은 기관 성능에 중요한 부분이며 최근 과급기를 사용하여 체적효율을 좋게 하는 기관이 늘고 있다.

$$\text{체적효율}(\eta_v) = \frac{\text{실제 흡입된 공기량(중량)}}{\text{실린더 체적이 차지할 수 는 공기량(중량)}} \times 100[\%]$$
$$= \frac{\text{흡기량}}{\text{실린더 배기량}} \times 100[\%]$$

(6) 기관의 성능곡선

기관은 제동마력과 회전력(torque)과 연료 소비율에 의하여 결정되며 이 3가지 요소에 의한 성능곡선으로 표현된다. 가솔린기관의 성능곡선은 기관 회전속도가 중속일 때 연료 소비율이 가장 적고 축 토크가 가장 높은 상태를 보여주고 있다. 따라서 기관 운전 시 기관의 특성을 고려하여 가장 경제적인 운전이 필요하다.

1) 기관 토크(torque)

기관의 회전력이란 피스톤의 왕복운동은 크랭크축의 회전운동으로 변환되며 이 회전력의 기관의 힘의 척도이기도 한다.

$$BPS = \frac{2\pi TR}{75\times60} = \frac{TR}{716}$$

위 식에서 기관 회전력은

$$T = \frac{BPS\times716}{R}[m\text{-}kgf]$$

T : 회전력[m-kgf], BPS : 제동마력[PS], R : 기관회전수[rpm]

이다.

2) 가솔린기관의 성능 곡선도

가솔린기관에서 운전 중에 축출력(제동마력), 축 토크, 연료소비율과의 관계를 나타내는 선도이다. 선도에 따르면 중속에서는 흡입 기간이 길어 체적효율이 향상되므로 최고 압력이 높아져 축출력이 가장 크며, 고속, 저속에서는 중속에 비해 출력이 저하한다.

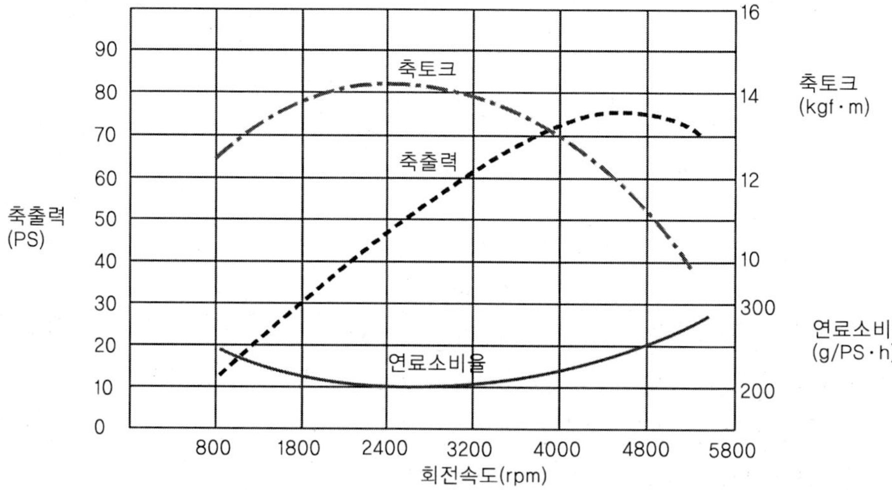

가솔린기관의 성능 곡선도

> 참고 기관이 고속과 저속에서 토크가 저하하는 이유
>
> 1. 고속에서 토크가 저하하는 이유
>   - 기계손실이 증가하므로
>   - 연소속도에 피스톤 속도가 따르지 못하므로 피스톤을 하강시키는 힘이 감소하므로
> 2. 저속에서 토크가 저하하는 이유
>
>   흡입행정에서 공기의 유입 관성 효과가 감소하여 체적효율이 저하하기 때문이다.

3) 연료 소비율

① 시간 마력당 연료 소비량(specific fuel comsumption)

기관이 일정한 일을 할 때 어느 정도 연료를 사용하는 가를 나타내는 단위이며 연료 소비는 최대 회전력을 나타내는 중속 시 가장 적다.

$$SPC = \frac{\text{시간당 연료소비량}}{PS}[g/ps\text{-}h]$$

② 주행거리 당 연료 소비율(D.F.C)

$$DFC = \frac{\text{소비량}}{\text{주행거리}}[\ell/km]$$

(7) 피스톤 평균속도

기관이 회전하고 있을 때 피스톤의 속도는 상사점 및 하사점에서 0이 되며 중간 부근에서 최대가 된다. 따라서 피스톤의 속도를 평균한 값을 피스톤 평균속도라 한다.

$$V = \frac{2L \cdot N}{60} = \frac{L \cdot N}{30}[m/s]$$

V : 피스톤 평균속도, L : 행정거리(m), N : 기관 회전속도(rpm)

2 내연기관 본체

기관의 구성은 기관 본체 주요부인 실린더헤드, 실린더블록, 피스톤 및 커넥팅로드 어셈블리, 크랭크축, 플라이휠, 밸브 및 밸브 개폐 기구 등으로 구성되어 있고, 냉각장치, 윤활장치, 흡·배기장치, 전기장치 등으로 구성되며 또한 실린더블록 주위에 에어컨 압축기, 발전기, 기동전동기, 파워 스티어링 펌프 등의 보조 장치가 설치되어 있다. 기관의 구비조건은 다음과 같다.

① 정미 마력당 중량이 가볍고 고장이 적을 것
② 저속에서 고속까지 회전 범위가 넓을 것
③ 출력 변화와 운전성능이 좋을 것
④ 연료 소비량이 적고 값이 저렴할 것
⑤ 진동 및 소음이 적을 것
⑥ 다루기가 쉽고 점검수리가 용이할 것

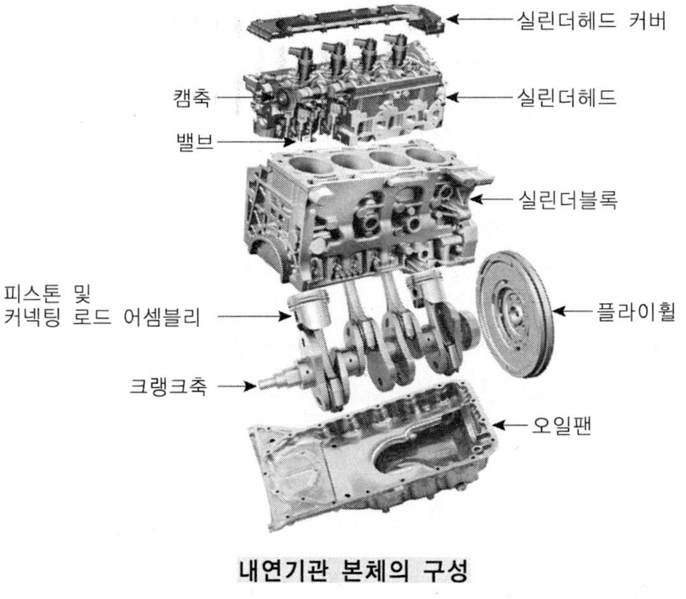

내연기관 본체의 구성

01 실린더헤드(Cylinder Head)

(1) 실린더헤드 개요

실린더헤드는 실린더블록 위에 실린더헤드 개스킷(cylinder head gasket)을 사이에 두고 헤드 볼트로 고정된다. 실린더헤드의 안쪽 면은 연소실을 형성하며, 횡으로 혼합기가 연소실에 들어가는 흡기 포트(intake port) 와 연소 가스를 배출하는 배기 포트(exhaust port) 가 있고, 위에는 밸브 구동 시스템과 점화플러그(가솔린 기관의 경우) 또는 예열 플러그 및 분사 노즐(디젤 기관의 경우)과 인젝터(DLI, 커먼레일) 및 밸브의 설치 구멍이 설치되어 있다.

(a) 위쪽(밸브 개폐기구 설치부위)

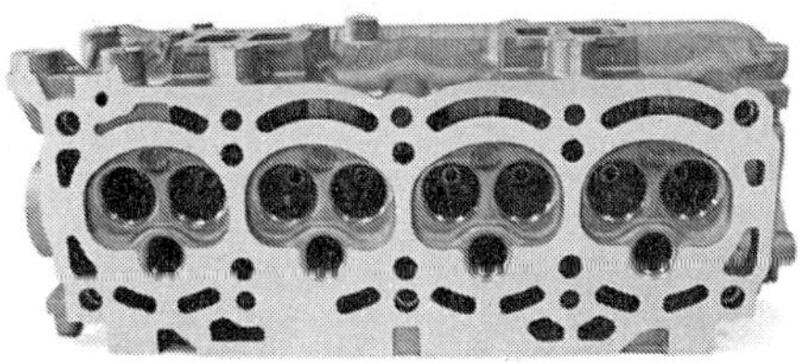

(b) 아래쪽(실린더 블록 접촉 방향)

실린더헤드

(2) 실린더헤드 재질

실린더헤드는 기관 작동 시 2,000℃ 이상의 고온과 35kgf/cm^2 이상의 고압을 받으므로 고온에서 강도가 높고 열팽창이 작으며 주조나 기계가공이 좋은 재료가 사용되어야 하므로 실린더헤드의 재질은 주철 또는 알루미늄 합금을 사용하는데 최근에는 알루미늄 합금을 많이 사용한다.

(3) 흡배기 통로의 배치방식에 의한 분류

① 횡류식 실린더 헤드(Cross flow cylinder head)

흡배기 통로가 서로 반대 방향에 배치된 형식이다.

② 역류식 실린더 헤드(Counter flow cylinder head)

흡배기 통로가 모두 같은 방향에 배치된 형식이다. 가스 유동 거리가 아주 짧아져 과급에 용이하고, 흡기를 가열하기 쉬워 디젤기관에서 주로 적용된다.

(a) 횡류식 실린더 헤드

(b) 역류식 실린더 헤드

흡배기 통로의 배치방식에 의한 분류

참고 실린더 헤드 볼트 체결 방법

실린더 헤드 볼트를 체결할 때는 가운데에서 밖으로 나선형 또는 대각선으로 2~3회 나누어서 조이며 마지막으로 체결할 때에는 반드시 토크 렌치를 사용하여 규정 토크로 조여야 한다.

참고 실린더 헤드를 떼어내는 방법

1. 연질 해머로 두들겨 떼어내는 방법
2. 호이스트를 이용하여 자중에 의해 떼어내는 방법
3. 기관 자체 압축 압력을 이용하여 떼어내는 방법

참고 실린더헤드의 균열 점검방법

타진법, 자기 탐상법, 육안 검사법, 염색 탐상법, 형광 탐상법

02 연소실(Combustion Chamber)

피스톤이 상사점에 있을 때 실린더 최소 체적의 상태를 연소실이라 하며 실린더헤드와 피스톤으로 형성되어 있다. 압축과정에서는 연소실의 형상에 따라 내부에 발생하는 혼합기의 소용돌이와 흐름의 상태가 변화한다. 효율적으로 연소시키기 위하여 와류(swirl)와 스퀴시(squish) 등을 이용하여 효과적으로 연료와 공기가 섞일 필요가 있다.

> 참고 와류와 스퀴시 및 텀블플로
>
> 1. 와류(swirl)
>   와류라는 것은 흘러들어가는 소용돌이를 말하여 인덕션 터블런스(induction turbulence)라고도 한다. 흡기다기관을 둥글게 하여 흡입단계에서 혼합가스가 소용돌이를 일으켜 연료와 공기를 잘 혼합시켜서 연소효율을 높인다.
> 2. 스퀴시(squish)
>   스퀴시라는 것은 "찌그러뜨리다"는 뜻으로 압축 터블런스(compress ion turbulence)라고도 부르며, 피스톤에 의해 압축을 받는 혼합가스가 연소실의 모양에 따라 압축되면서 생기는 소용돌이를 말한다. 스퀴시도 연료와 공기를 잘 혼합시켜서 연소 효율을 높인다.
> 3. 텀블플로(tumble flow)
>   흡입 행정시 발생되는 실린더 축방향의 세로 맴돌이 흐름으로 주로 4밸브 엔진에서 작용한다.

(1) 연소실의 구비조건

① 압축 끝 행정에서 강한 와류를 일으키도록 할 것
② 엔진출력을 높일 수 있는 구조일 것
③ 연소실 내의 표면적은 최대한으로 최소가 되도록 설계할 것
④ 가열되기 쉬운 돌출부는 제거할 것
⑤ 노킹을 일으키지 않는 형상일 것
⑥ 밸브 면적을 크게 하여 흡·배기효율을 높일 것
⑦ 열효율이 높으며 배기가스에 유해한 성분이 적을 것
⑧ 화염 전파 거리(점화플러그의 중심 전극에서 연소실 끝 부분까지의 거리)를 최대한 짧게 할 것
⑨ 와류(스월)와 스퀴시 그리고 텀블플로를 일으킬 수 있는 구조일 것

(2) 연소실의 종류

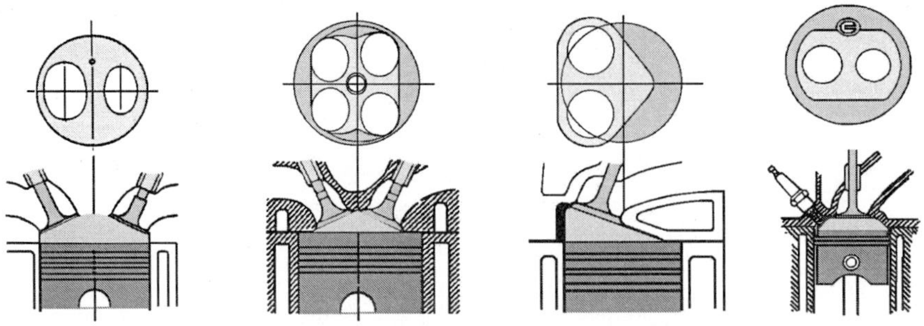

(a) 반구형 연소실 (b) 쐐기형 연소실 (c) 욕조형 연소실 (d) 지붕형 연소실

연소실형식

1) 반구형 연소실(Semi-Spherical Type)

반구형(펜트루프) 타입은 반구 형태의 연소실 모양을 가지며 스파크 플러그를 가운데로 두고 양쪽으로 흡·배기 밸브가 위치해 있다.

① 연소실이 간단하여 체적당 표면적이 작아 열 손실이 적기 때문에 열효율이 높다.
② 점화플러그의 설치 위치가 알맞아 화염 전파 거리가 짧다.
③ 스퀴시가 없어 압축 행정 시에 와류가 발생되지 않아 높은 옥탄가의 연료가 필요하다.
④ 지름이 큰 밸브의 설치가 용이하여 체적효율을 높일 수 있다.
⑤ 고속 안정성이 좋은 DOHC나 SOHC 밸브기구에 적합하다.
⑥ 흡기 포트를 오프셋 시켜 혼합기의 와류(스월) 현상이 촉진되어 단위체적당 출력을 높일 수 있다.
⑦ 스퀴시가 없기 때문에 혼합 가스의 냉각이 나쁘다.

2) 쐐기형 연소실(Wedge Type)

쐐기형 타입은 스파크 플러그를 시작으로 기울어진 면을 따라 한쪽으로 점점 가늘어지는 모양을 가지고 흡·배기 밸브는 기울어진 면과 일직선을 이루는 형태로 장착이 된다.

① 연소실의 체적이 작으며, 고 압축비를 얻을 수 있다.
② 스퀴시에 의해서 와류 작용이 양호하고 혼합기가 완전히 연소된다.
③ 혼합기가 스퀴시에 의해서 냉각되기 때문에 노킹의 발생이 적다.

④ 혼합기의 연소속도가 낮아 압력 상승이 완만하여 작동이 유연하다.
⑤ 밸브의 경사가 20° 전후이므로 흡·배기포트의 굴곡이 적다.
⑥ 스퀴시에 의해서 카본의 퇴적물이 발생된다.

3) 욕조형 연소실(Bath Tub Ttype)

욕조형 타입은 욕조를 거꾸로 뒤집은 형태의 연소실 모양을 가지게 되어 불리게 된 이름이다. 흡·배기 밸브는 펜트 루프 타입과 달리 수직으로 장착되고 나란히 배열되어 상대적으로 간단한 작동 형태를 보이는 것이 특징이다.

① 밸브기구가 간단하며, 지름이 큰 밸브를 설치할 수 있다.
② 스퀴시를 일으킬 수 있어 혼합기의 와류가 촉진된다.
③ 점화플러그의 배치가 용이하며, 고 압축비를 얻을 수 있다.

4) 지붕형 연소실(Pentroof Type)

펜트루프 방식은 반구형에 비해 밸브 장착 면이 서로 각진 형태의 삼각형 지붕 모양을 가지는 특징이 있다. 특히 펜트루프 타입은 반구의 중앙에 스파크 플러그가 위치하여 연소 불꽃의 전파 속도가 가장 빠르다.

① 연소실 중앙부에 점화플러그가 설치되어 화염 전파거리가 짧고 압축 행정 시에 와류가 얻어진다.
② DOHC 밸브기구에 적합하며 밸브 면적이 커 체적효율이 좋다.
③ 크랭크축 방향으로 밸브가 설치되므로 밸브기구가 간단하다.
④ 흡입밸브 2개 및 배기밸브 2개의 4밸브로 설치하는 것이 가능하다.
⑤ 압축비를 높이기 위해 도움형 피스톤을 사용하기 때문에 열적 부하가 많다.
⑥ 피스톤의 중량이 증대되어 관성력이 커진다.

5) 스월 연소실(Swirl Combustion Chamber)

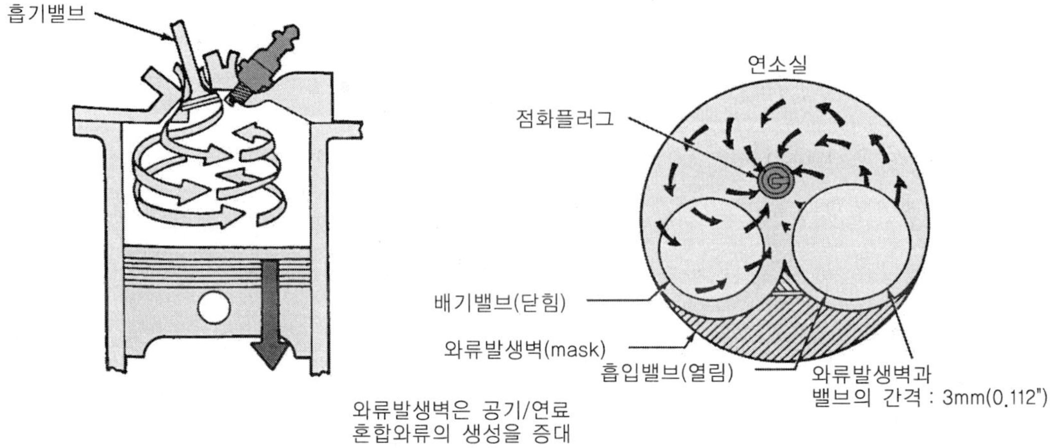

스월 연소실

근래에 와서는 린번(lean burn)기관의 필수적인 핵심기술로 등장하고 있다. 이러한 스월을 강하게 유발시키는 연소실이 스월 연소실인데 혼합기에 강한 스월을 일으키기 위해 복잡한 형상의 연소실을 갖고 있다.

03 실린더헤드 개스킷(Cylinder Head Gasket)

(1) 실린더헤드 개스킷 개요

실린더헤드 개스킷은 실린더헤드와 실린더블록 사이에서 수밀, 유밀, 기밀을 유지하여 성질이 다른 냉각수, 윤활유, 연소 배기가스를 밀봉(sealing)하여야 하며 헤드 개스킷은 내열성과 내압성이 요구된다.

(2) 실린더 헤드 개스킷 재질

실린더헤드 개스킷은 고온고압에 견딜 수 있는 재료로 만들며 재질에 따라 종류에는 구리판이나 강철판으로 석면을 감싸서 제작한 보통 개스킷, 강철판의 양쪽 면에 흑연을 혼합한 석면을 압착하고 표면에 다시 흑연을 발라서 제작하며 높은 열 및 높은 부하, 높은 압축에 잘 견디는 스틸 베스토 개스킷(steel besto gasket) 그리고 강철판으로만 얇게 제작한 스틸 개스킷(steel gasket) 등이 사용되고 있다.

실린더헤드 개스킷

04 실린더 블록(Cylinder Block)

(1) 실린더 블록의 개요

실린더블록은 엔진의 기초 구조물이며, 위쪽에는 실린더헤드가 설치되고, 아래쪽 중앙부에는 크랭크축 베어링을 사이에 두고 크랭크축이 설치된다. 내부에는 피스톤이 왕복운동을 하는 실린더가 마련되어 있으며, 이 실린더의 냉각을 위한 물 재킷이 둘러싸고 있다.

실린더블록

(2) 실린더 블록의 구조

블록 내부에는 냉각수가 순환하는 물 통로(water jacket)도 있고, 또 주위에는 밸브 개폐 기구의 설치부(I-헤드형에서는 캠축, 밸브 리프터, 푸시로드 등)와 실린더 아래쪽에는 개스킷을 사이에 두고 오일 팬이 설치되어 윤활유가 담겨지며 아래 크랭크 실을 이룬다.

(3) 실린더 블록의 구비조건

① 기관의 기초 구조물이므로 강도와 강성이 클 것
② 기관 부품 중에서 가장 크기 때문에 작으며 가벼울 것
③ 구조가 복잡하기 때문에 주조 및 기계 가공이 쉬울 것
④ 실린더 벽의 내마멸성이 클 것
⑤ 실린더가 마멸되었을 때 분해 정비가 쉬울 것

(4) 실린더 블록의 종류

실린더 블록은 상면(Top View)의 형상에 따라 다음과 같이 분류한다.

① 클로즈드 데크(closed-deck) 블록

실린더 헤드와 접촉하는 실린더 블록의 상면이 실린더의 원통부분, 엔진오일과 냉각수의 통로 등을 제외하고 나머지 부분이 완전히 밀폐된 형태

② 오픈 데크(open-deck) 블록

실린더 헤드와 접촉하는 실린더 블록의 상면에서 실린더 주위의 냉각수 재킷을 모두 개방한 형식으로 실린더 블록의 강성이 낮기 때문에 연한 재질의 두꺼운 헤드 개스킷을 사용한다.

클로즈드 데크 블록

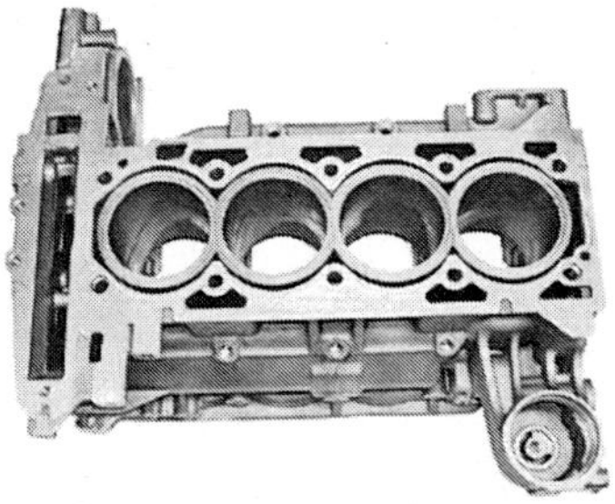
오픈 데크 블록

(5) 실린더 블록의 재질

실린더블록의 재질은 규소(Si), 망간(Mn), 니켈(Ni), 크롬(Cr) 등을 포함하는 특수 주철이나 보통 주철 또는 알루미늄합금으로 실린더와 함께 일체 주조하여 만든다. 그러나 실린더 라이너(cylinder liner)를 사용하는 경우에는 보통 주철이나 알루미늄 합금으로 되어 있다.

(6) 워터 재킷(water jacket)

실린더 블록은 주조할 때에, 실린더 주변을 코어라고 하는 모래로 만들어진 것으로 둘러싸서, 중공 부분을 만든다. 이 부분을 워터 재킷(물 재킷)이라고 부르고, 이 사이에 냉각수를 통과시켜, 혼합기 연소에 의해 뜨거워진 실린더 헤드 및 실린더를 운전에 적합한 온도까지 떨어뜨린다.

(7) 실린더(Cylinder)

1) 실린더의 개요

실린더는 피스톤 행정의 약 2배의 길이로 원통형이며 실린더블록과 일체로 주조되거나 라이너 방식이 있다.

2) 실린더 라이너(Cylinder Liner)

① 실린더 라이너의 개요

실린더 라이너는 실린더블록과 실린더를 별개로 사용할 수 있도록 설계되었으며 라이너는 강제 또는 보통 주철이나 특수주철이 사용되고 라이너의 종류에는 건식과 습식 라이너가 있다.

② 라이너식 실린더의 장점

㉠ 라이너를 원심 주조할 수 있기 때문에 가장 좋은 재료를 선정할 수 있다.
㉡ 특수 주철을 사용하여 원심 주조할 수 있고 실린더 면의 도금이 쉽다.
㉢ 실린더가 마멸되었을 때 보링을 하지 않아도 된다.
㉣ 실린더에 알맞은 금속의 조직으로 할 수 있다.

③ 건식 라이너(Dry Liner or Dry Type Sleeve)

건식 라이너는 냉각수가 직접 라이너와 접촉하지 않고 실린더블록을 거쳐 냉각되는 형식으로 라이너의 두께는 2~4mm로써 비교적 얇다. 건식 라이너 삽입 시 2~3톤의 힘이 필요하다.

④ 습식 라이너(Wet Liner)

습식 라이너는 라이너 바깥 둘레에 냉각수와 직접 접촉하여 냉각되는 형식으로 열팽창과 냉각수의 누설을 고려하여 2~3개의 고무제 실링이 라이너 하단부에 끼워져 있다. 라이너의 두께는 보통 6~10mm로 라이너의 상·하 2개소는 실린더블록에 끼워지며 열처리로 경도를 크게 한 특수 주철로 원심 주조하여 만들며 고속 디젤엔진에 주로 사용된다. 습식 라이너는 교환하기가 쉬우며 보링 할 필요가 없고 마멸 방지를 위한 크롬 도금하기가 용이한 이점이 있다.

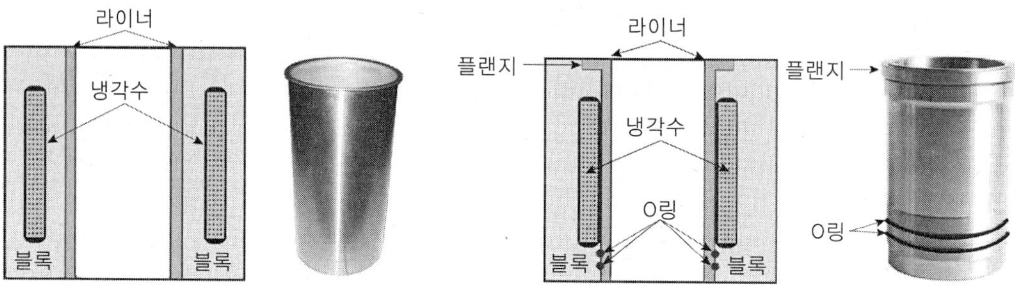

(a) 건식 라이너 (b) 습식 라이너

실린더 라이너 형식

3) 실린더 벽의 마모

피스톤의 왕복운동으로 인하여 피스톤 링과 실린더 벽의 마모가 일어난다. 주로 실린더 상부에서 가장 마모가 심하고 상부 중에서도 스러스트 방향이 가장 마모가 크다.

그 이유는 실린더 상부는 연소실과 근접해 있어 고온·고압에 노출되어 있으며 기관 오일의 연소로 윤활이 불량하고, 또한 피스톤이 상하 왕복운동을 하는 과정에서 스러스트 면이 실린더 벽을 때리는 피스톤 슬랩(piston slap) 현상이 일어나는데 톱 링(top ring, 제1압축 링)이 피스톤 링의 호흡작용에 의해서 측압을 가장 크게 받기 때문에 마찰력이 증대되어 실린더의 상부를 마모시키기 때문이다. 이때 실린더 블록 상부에 마모 턱(ridge)이 발생하는 데 피스톤을 실린더 내에서 분리할 때 톱 링이 마모 턱에 걸려 빠지지 않기 때문에 리지 리머(ridge reamer)로 마모 턱을 제거하여야 한다.

4) 실린더 보링

실린더 보링의 한계는 실린더 벽 마모량을 기준으로 하는데 실린더 안지름이 70mm 이하일 때는 0.15mm 이상이고 70mm 이상일 때는 0.20mm 이상 마모되어야 보링 작업을 한다. 그 이하로 마모되었을 때는 피스톤 링만 교환하더라도 일정한 효과를 볼 수 있다. 예를 들어 마모되지 않았을 경우의 표준 안지름이 80mm인 실린더가 마모되어 최대 마모 치수가 80.25mm라고 가정하면 실린더 안지름이 70mm 이상의 경우를 적용할 경우 최대 마모량이 0.25mm로 0.20mm를 초과했기 때문에 보링을 하여야 한다. 우선 최대 마모 치수에다 0.20mm를 더 가공한다. 이 0.20mm는 진원으로 절삭하기 위한 가공 여유라 한다.

그러면 80.25mm + 0.20mm = 80.45mm가 되지만 제작회사에서 규정한 오버 사이즈(over size, o/s)에는 0.25mm, 0.50mm, 0.75mm, 1.00mm, 1.25mm(실린더 안지름 70mm 이하), 1.50mm(실린더 안지름 70mm 이상)이므로 현재 필요한 피스톤 바깥지름은 80.45mm이나 이 크기는 생산되지 않으므로 실린더 안지름을 80.50mm(o/s : 0.50mm)로 가공하여 o/s 0.50mm를 사용하면 된다. 또한 보링 치수의 차이는 0.02mm 이내이고 실린더간 보링 치수의 차이는 0.05mm 이내가 되어야 한다. 보링 후 바이트 자국을 없애기 위하여 숫돌을 사용하여 연마하는 호닝(honing)작업을 하고 호닝값은 0.005mm 이하이어야 한다.

참고 **호닝(honing)**

숫돌 다듬질의 일종으로, 혼(hone)이라는 숫돌을 장치한 공구를 사용하여 원통의 내면을 고속 정밀 연마하는 공작법이다.

5) 실린더와 피스톤의 간극이 클 경우 증상

실린더와 피스톤의 간극이 클 경우 압축 압력 저하, 연소가스 누출(블로 바이), 오일 누출 등 이 발생되면 다음과 같은 현상이 나타난다.

① 기관 출력 저하 또는 기관 기동 곤란

② 실린더 이상음 발생

③ 연료소비량 및 오일 소비량 증가

(8) 크랭크케이스(Crank Case)와 오일 팬(Oil Pan)

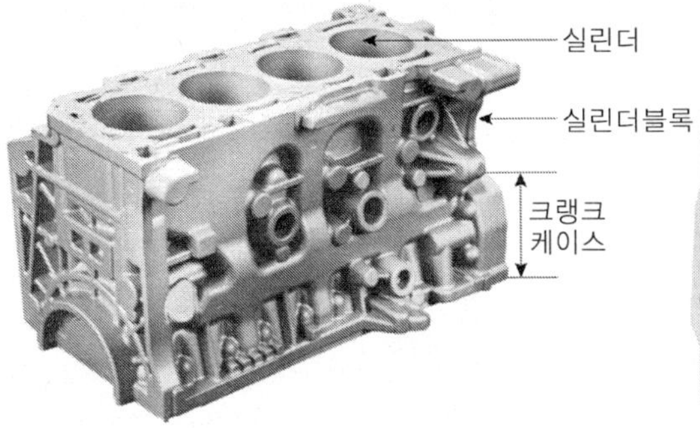

(a) 크랭크 케이스

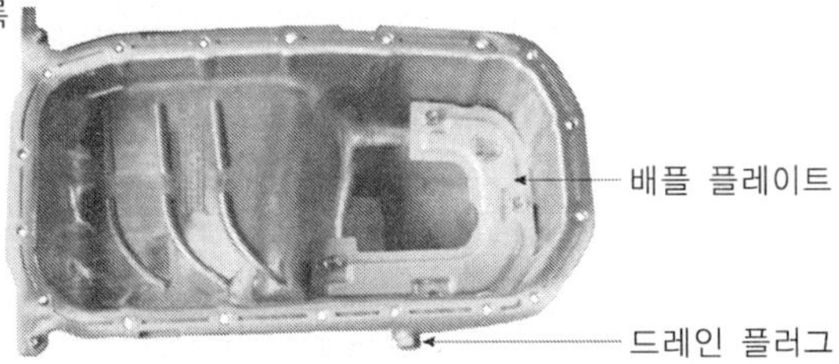

(b) 오일 팬

크랭크케이스 및 오일 팬

1) 크랭크케이스

크랭크케이스는 크랭크축이 설치되는 실린더 아래 부분과 오일 팬으로 구성되어 있다. 크랭크케이스 양단에는 크랭크축과 캠축을 지지하는 베어링이 끼워져 있고 또한 실린더블록의 강성을 높이기 위해 실린더블록 안팎에 리브(rib)가 설치되어 있다.

2) 오일팬

강철판 또는 경합금(알루미늄)을 프레스 성형하여 만들거나 플라스틱 복합재를 사용하기도 한다. 오일 팬은 개스킷을 사이에 두고 실린더 블록에 결합되어 엔진오일이 담겨 있다. 오일 팬은 오일의 유동을 방지하기 위하여 칸막이(baffle plate)가 설치되어 있다.

05 피스톤 및 커넥팅로드 어셈블리

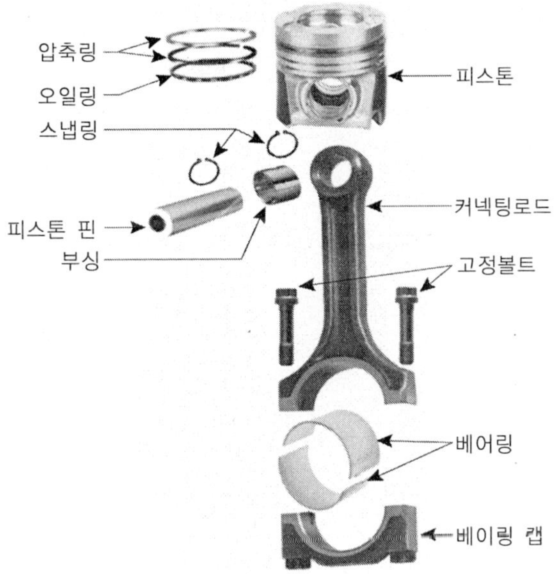

피스톤 및 커넥팅로드 부품도

(1) 피스톤(Piston)

1) 피스톤 개요

피스톤은 연소될 때 2000~2500℃의 고온과 50~60kgf/cm^{2}의 고압을 받고 있다. 그러나 실린더 헤드나 실린더 블록처럼 냉각수 또는 공기와 직접적으로 접촉하지 못하기 때문에 내열성과 고온에서의 기계적 강도를 요구한다. 피스톤에 각인되는 사항은 조립 방향, 피스톤 핀 치수, 피스톤 구분, 피스톤 번호, 피스톤 헤드의 치수 등이 있다.

2) 피스톤이 갖추어야 할 조건

① 가벼울 것(비중이 작을 것)

② 열전도성이 좋을 것

③ 고온에서 충분한 기계적 강도를 가질 것

④ 연소 가스 압력을 유효하게 이용할 수 있는 구조이면서 넓은 온도 범위에서도 기밀성을 유지할 것

⑤ 각 피스톤의 무게가 동일할 것(각 피스톤의 무게 차이 2%(5g) 이내, 각 피스톤 커넥팅로드 조립체의 무게 차이 2%(30g) 이내)

3) 피스톤의 구조

피스톤은 실린더 안지름보다 약간 작은 지름으로 연소실의 일부를 구성하는 헤드부와 피스톤 링을 끼우는 링부분, 피스톤 핀을 끼우는 보스 부분과 스커트 부로 나뉜다.

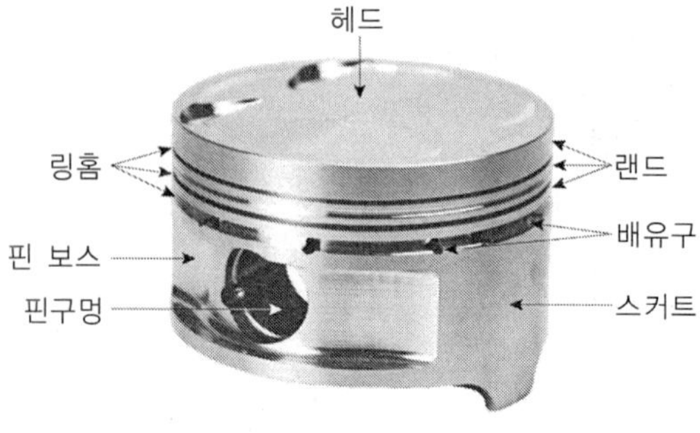

피스톤의 구조

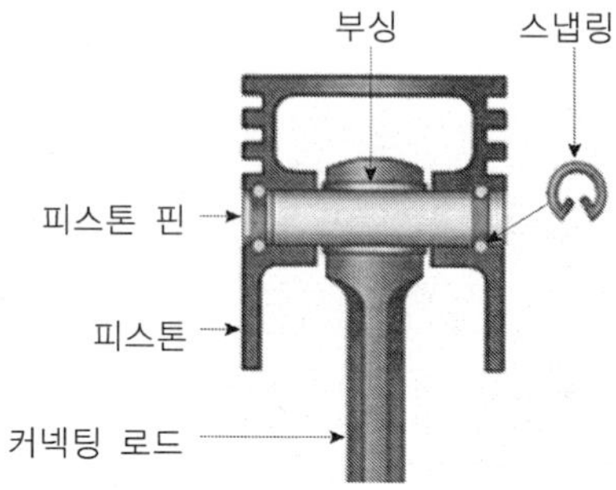

피스톤 및 커넥팅 로드 조립상태

① 피스톤헤드(Piston Head)

피스톤헤드는 연소실의 일부를 구성하고 고온, 고압을 받으며 냉각수나 외기에 의한 냉각을 할 수 없어 실린더에 비해 그 팽창 비율이 훨씬 크다. 따라서 피스톤의 설계 시 온도 변화에 따른 팽창 비율을 고려하여 피스톤 헤드는 스커트 부분의 지름보다 약간 작고 피스톤 왕복 운동 시 측압을 받는 측압부가 핀보스 부분보다 지름이 약간 크게 설계되어지며 헤드 윗부분에는 혼합기의 와류를 좋게 하기 위해 홈이 파여져 있다.

② 피스톤 링 랜드(Piston Ring Land)

피스톤 링을 끼우는 부분을 링 홈이라 하고 홈과 홈 사이를 랜드(land)라고 하며 또한 오일링을 끼우는 홈에는 과도한 오일을 피스톤 안으로 빼내기 위한 배유구가 있으며 피스톤헤드 아래 부분에는 동력 행정 시 발생하는 고온의 열이 링 지대로 전달되는 것을 막기 위하여 히트댐(heat dam)을 두기도 한다.

③ 피스톤 핀 보스(Piston Pin Boss)

피스톤 핀이 설치되는 부분으로 비교적 다른 부분보다 강성을 위하여 두껍게 되어 있고 피스톤 핀이 끼워져 피스톤에서 동력을 커넥팅로드에 전달할 수 있게 한다.

④ 피스톤 스커트(Piston Skirt)

스커트 부는 피스톤이 왕복운동할 때 측압을 받는 일을 하며 피스톤이 받는 열을 방출하는 역할을 한다. 또한 스커트 부는 피스톤 헤드부보다 지름이 크게 되어 있다.

4) 피스톤의 재질

① 특수 주철 피스톤

특수 주철 피스톤은 가격이 싸고 가공성도 우수하며 고온에서의 기계적 강도도 크고 열팽창이 작아(같은 온도에서 알루미늄 합금의 약 1/2배) 피스톤 간극을 적게 할 수 있으므로 피스톤의 슬랩 현상이나 블로바이 현상이 적다. 피스톤의 비중이 크기 때문에 관성이 증대되어 고속용 엔진에는 적합하지 않다.

② 알루미늄합금 피스톤

알루미늄합금 피스톤은 주철 피스톤에 비하여 열전도성이 양호하며 비중이 작다. 따라서 피스톤 헤드의 온도가 낮게 되므로 고속·고압축비 엔진에 적합하며, 출력을 증대시킬 수 있는 장점이 있다.

㉠ 구리계 Y합금 피스톤

Cu 3.0~3.5% + Mg 1.2~1.8% + Ni 1.7~2.3% 나머지는 Al의 합금이다.

㉡ 규소계 로우엑스(Lo-Ex) 피스톤

Cu 0.8~1.5% + Mg 0.7~1.3% + Ni 1.0~2.5% + Si 11~13% + Fe 0.7% 나머지는 Al의 합금이다.

㉢ 고규소 합금 피스톤

Cu 0.8~1.5% + Mg 0.8~1.3% + Ni 0.8~1.3% + Si 23~26% + Fe 0.7% 나머지는 Al의 합금이다.

5) 피스톤의 형상과 종류

① 솔리드 피스톤(Solid Piston)

피스톤이 통형으로 되어 있다.

② 스플릿 피스톤(Split Piston)

피스톤 스커트와 링 지대 사이에 가늘게 가공한 홈을 두어 스커트로 열이 전달되는 것을 제한하고, 열팽창을 적게 하기 위한 형식이다. 홈의 모양에는 U형, T형, I형 등이 있다.

③ 인바 스트럿 피스톤(Invar Strut Piston)

온도 변화에 따른 변형을 감소시키기 위하여 열팽창률이 매우 적은 인바강을 기둥 또는 링 모양으로 스커트 윗부분에 넣고 일체 주조한 형식이다.

④ 오토 서믹 피스톤(Auto Thermic Piston)

피스톤 핀 보스부의 알루미늄 합금 시 인바강편을 일체 주조하여 만든 형식이다.

⑤ 옵셋 피스톤(Off Set Piston)

피스톤 핀의 중심을 피스톤 좌우 어느 한쪽으로부터 1.0~2.5mm 정도 편심 시킨 피스톤으로 피스톤 슬랩을 감소시킬 수 있다.

⑥ 슬리퍼 피스톤(Slipper Piston)

측압을 받지 않는 스커트 부분을 떼어낸 모양이다.

⑦ 캠 연마 피스톤(Cam Ground Piston)

보스부는 작게 만들고, 스러스트부는 직경이 크게 제작된 타원형 피스톤이다. 이때 장경과 단경의 차이는 대략 0.125~0.325mm이다.

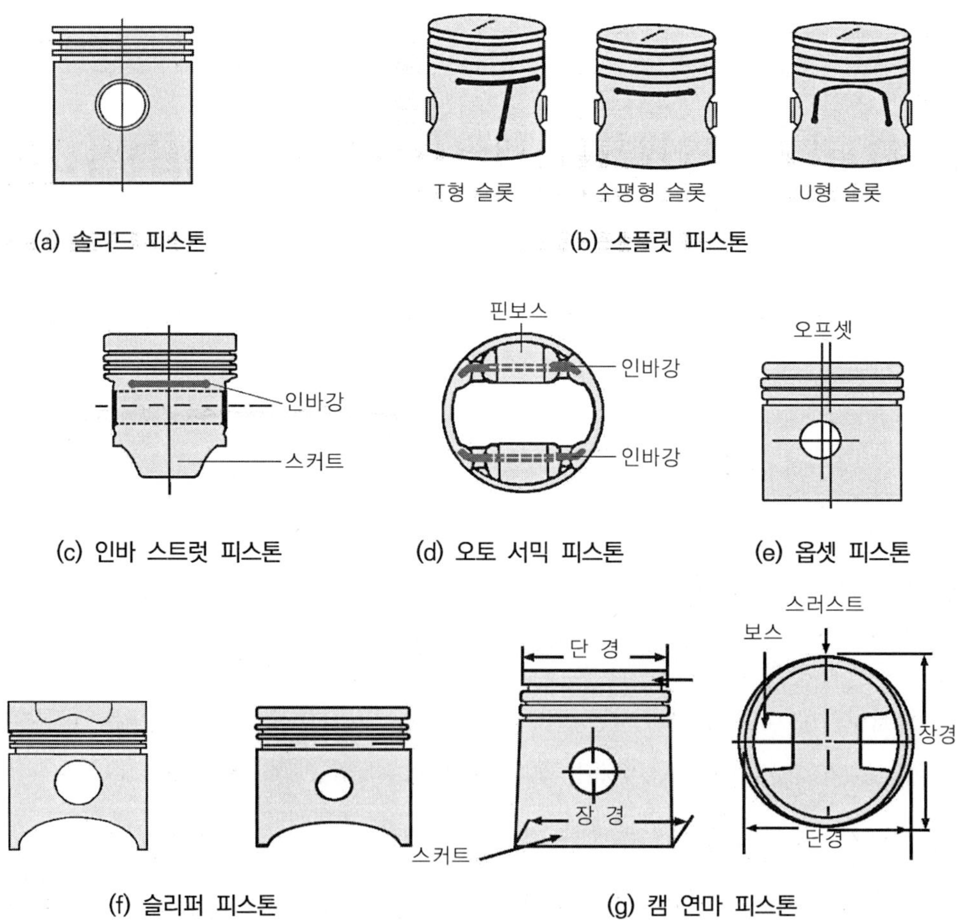

피스톤의 종류

6) 피스톤헤드의 모양

① 편평형(flat head type)

제작이 용이하고 열을 받는 면적이 적기 때문에 일반적으로 많이 사용된다.

② 돔형 및 쐐기형(convex type & wedge type)

피스톤헤드를 볼록하게 하여 반구형 연소실에 적합하게 되어 있으며, 고 압축비를 얻을 수 있지만 가공이 복잡하고 피스톤의 중량이 증가한다.

③ 밸브 노치형(notched valve type)

고압축비 엔진에서 흡·배기밸브와 피스톤헤드의 접촉을 피하고 밸브의 양정을 충분하게 할 수 있도록 한다.

④ 불규칙형(Irregular Type)

2행정 사이클 엔진에서 혼합기의 와류 작용을 촉진시키고 잔류가스를 배출시키며, 압축비를 높인다.

⑤ 오목형(concave type)

피스톤헤드 면을 반구형으로 오목하게 하여 열 손실이 최소가 되도록 한 것으로 온도 분포가 균일하지만 제작이 어렵고 혼합기 와류의 효과가 적다.

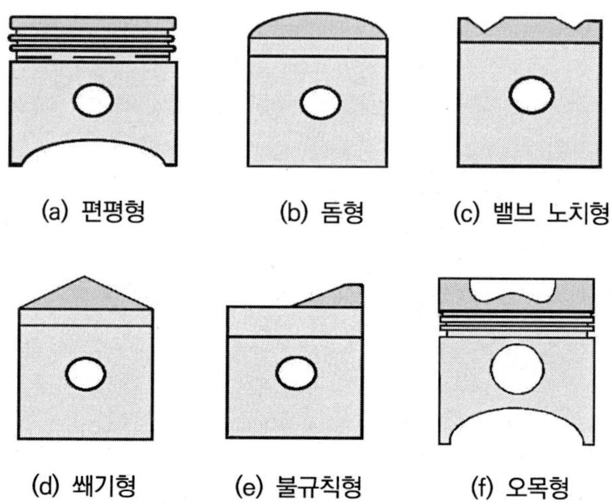

피스톤헤드의 종류

참고 피스톤 간극

냉간시에 열팽창을 고려하여 간극을 둔다. 경합금의 피스톤의 경우 실린더 내경의 0.05%를 피스톤 간극으로 설정한다.

1. 피스톤 간극이 클 경우 증상
   - 블로바이 현상이 발생된다.
   - 압축 압력이 저하된다.
   - 기관의 출력이 저하된다.
   - 오일이 희석되거나 카본에 오염이 된다.
   - 연료 소비량이 증대된다.
   - 피스톤 슬랩 현상이 발생된다.
2. 피스톤 간극이 적을 경우 증상
   - 실린더 벽에 형성된 오일의 유막이 파괴되어 마찰 및 마멸이 증대된다.
   - 마찰열에 의해 소결 현상이 발생된다.

(2) 피스톤 링(Piston Ring)

1) 피스톤 링 개요

피스톤 링은 피스톤 헤드 부위의 링 지대에 압축 링이 2개, 오일 링이 1개 정도 장착되어 있다. 압축 링은 기밀을 유지하고 오일 링은 윤활막을 일정하게 유지하는 오일 제어 작용을 한다.

피스톤 링의 종류

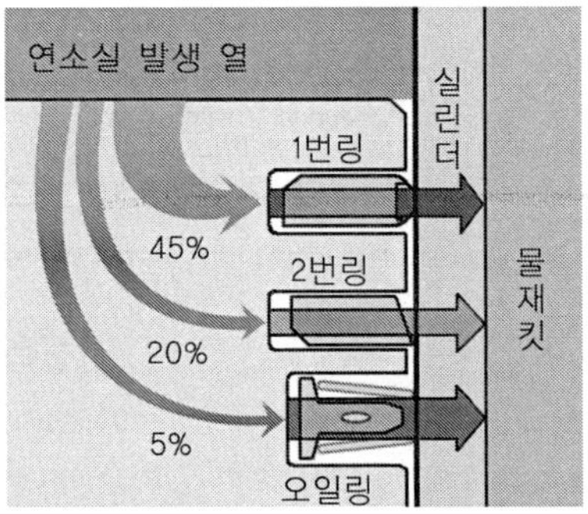

피스톤링 열 전달

피스톤 링의 기밀 작용, 오일 제어 작용, 냉각 작용을 피스톤 링의 3대 작용이라고 한다. 피스톤 링을 피스톤에 조립할 때는 각인된 쪽이 실린더 헤드 쪽으로 향하도록 하고 링 이음부는 크랭크축 방향과 축의 직각방향(측압 쪽)을 피해서 120~180° 방향으로 서로 엇갈리게 조립하여야만 이음 간극으로 블로바이 현상이 발생되는 것을 방지할 수 있다.

> 참고 피스톤 링의 3대 작용
>
> 1. 기밀 작용
>   피스톤 압축 행정 시 실린더 벽과 밀착하여 연소실에서 압축 및 팽창가스가 크랭크실로 새는 것을 방지한다.
> 2. 오일 제어작용
>   피스톤과 실린더 벽에 윤활된 윤활유 중 여분의 오일을 긁어내려 최소한의 유막을 형성하여 윤활유가 연소실로 들어가 연소되어 소비되는 것을 방지한다.
> 3. 열전도 작용
>   연소 시 피스톤헤드가 받는 고온의 열을 실린더 벽에 전달하여 피스톤의 냉각을 돕는다.

2) 피스톤 링의 구비조건

① 내열성 및 내마모성이 좋을 것

② 적당한 장력과 면압을 가질 것

③ 열전도성이 양호할 것

④ 고온 고압에 대하여 장력의 변화가 적을 것

⑤ 마찰이 적어 실린더 벽을 마멸시키지 않는 형상일 것

⑥ 실린더와의 길들임성이 좋을 것

⑦ 연소 생성물에 의하여 부식되지 않을 것

3) 피스톤 링의 재질

내마모성, 내충격성, 내열성이 요구되어 실린더 벽의 재질보다 다소 경도가 낮은 특수 주철과 내마모성이 3~7배의 크롬(Cr) 도금 링이 사용된다.

크롬 도금 링은 주로 마모가 심한 1번 링과 오일 링의 접촉면에 사용되고 크롬 도금한 실린더에는 크롬 도금 링을 사용하면 안 된다. 피스톤 링에는 오일의 흡수력이 좋은 주석 또는 흑연을 도금하여 링의 오일 흡수로 실린더 벽과의 길들임성을 좋게 하고 소손을 방지하는 링을 사용하는 기관도 있다.

4) 피스톤링의 종류

① 압축링(Compression Ring)

압축 링은 주로 피스톤과 실린더 벽 사이의 기밀을 유지하며, 가장 상부에 장착되는 링을 제1압축 링 또는 톱 링(top ring)이라 한다. 그 아래에 장착되는 링을 제2압축 링이라 한다. 압축링 종류에는 플레인 형, 테이퍼 페이스 형, 이너 베벨 형, 언더컷 형, 홈 형, 테이퍼 형, 인 스텝 형이 있다.

② 오일링

오일링은 1~2개가 설치되며 실린더 벽에 뿌려진 과잉의 오일을 긁어내리는 일을 한다. U-플렉스 링 또는 오일링의 유연성을 향상시키기고 장력을 증대시키기 위해 익스팬더(expender)링을 사용하기도 한다.

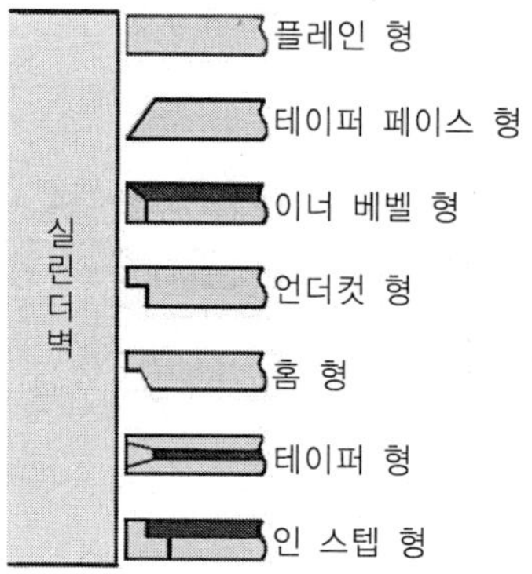

압축링의 종류

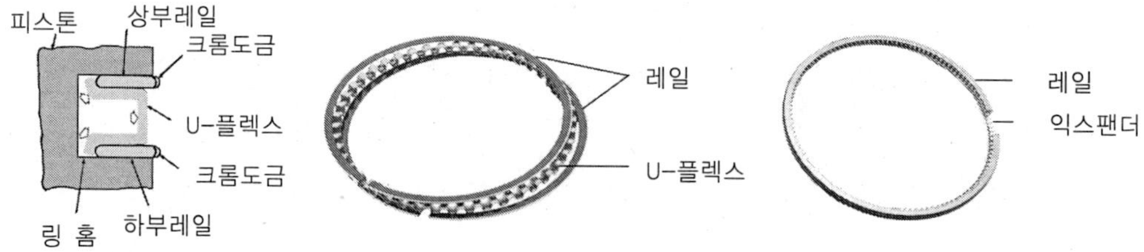

(a) U-플렉스 링 (b) 익스팬더 링

오일링

5) 피스톤링 이음부

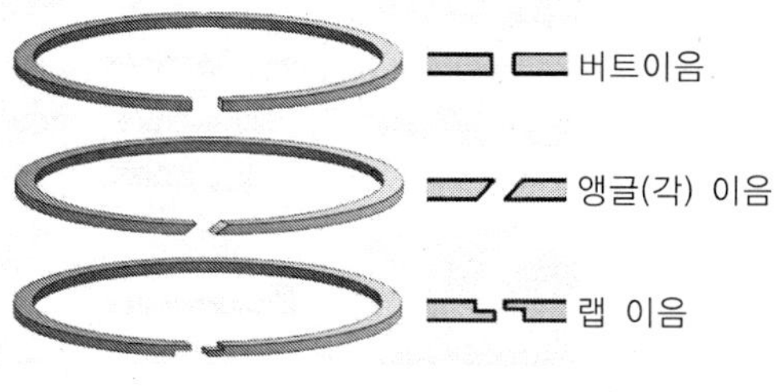

피스톤 링 이음의 종류

링 이음부는 실린더에 피스톤 링을 설치하였을 때 거의 밀착될 정도로 되는 간극을 말한다. 이음부의 종류에는 버트 이음(butt joint, 직절 이음), 앵글 이음(angle joint, 각 이음), 랩 이음(lap joint, 계단 이음) 및 실이음(seal joint) 등이 있다.

6) 피스톤 링의 작용

피스톤이 상사점에서 하사점으로 이동하기 시작하면 피스톤 링은 실린더의 마찰력에 의해서 링홈의 위쪽으로 밀려 링홈의 윗면과 접촉되어 하사점으로 이동하면서 실린더 벽에 비산되어 있는 오일을 긁어내린다. 또한 피스톤이 하사점에서 상사점으로 이동하기 시작하면 피스톤 링은 실린더의 마찰력으로 링홈의 아래쪽으로 밀려 링 홈의 아래 면과 접촉되어 상사점으로 이동한다.

이때 기관이 고속으로 작동하면 상사점에서 하사점으로 하사점에서 상사점으로 피스톤의 작동 위치가 변환될 때 링이 떨림 현상이 발생되는 현상을 링의 플러터(flutter) 현상이라고 한다.

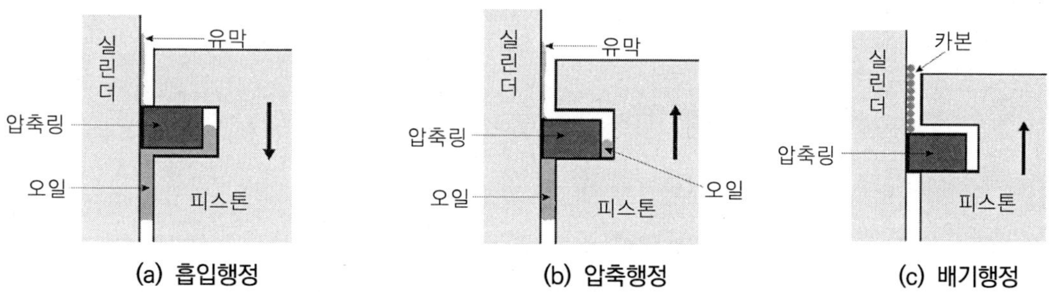

압축링의 작용

오일 링은 압축링 아래에 설치되며 실린더 벽을 윤활하는 오일을 U-플렉스 링은 상하의 사이드 레일을 실린더 벽 쪽으로 밀어 기관 오일 중 여분의 오일을 긁어내리는 작용을 원활하게 하고 긁어진 오일은 U-플렉스에 있는 구멍을 거쳐 오일 링 홈 안쪽에 형성되어 있는 구멍(히트댐의 역할도 함)을 통하여 오일 팬으로 배출된다.

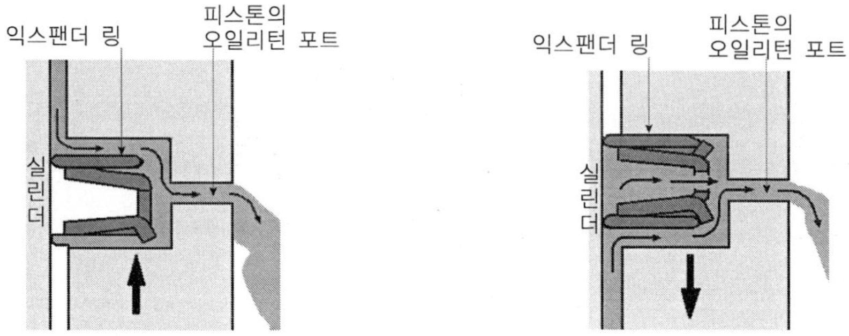

(a) 피스톤 상승 (b) 피스톤 하강

오일 링의 작용

7) 특수 링의 종류

① 동심형 링

동심원을 이루며 링의 폭이 일정하며 보통 많이 사용한다.

② 편심형 링

실린더 벽에 전 둘레에 걸쳐서 면압을 일정하게 하기 위하여 링의 폭에 변화시킨 형식으로 그다지 많이 사용되지는 않는다.

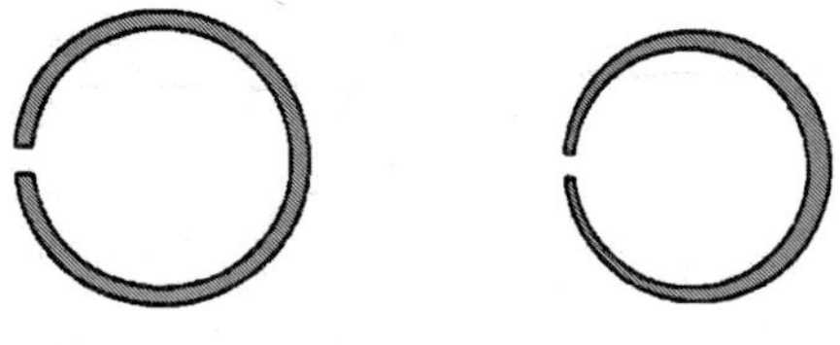
(a) 동심형 링 (b) 편심형 링

특수링의 종류

(3) 피스톤 핀(Piston Pin)

피스톤과 커넥팅로드 소단부(small end)를 연결할 때 피스톤 핀을 사용한다. 피스톤 핀은 폭발 압력에 의해 반복되는 큰 하중을 받으므로 상당한 기계적 강도가 필요하며 피스톤과 일체로 실린더 내를 고속으로 왕복운동하기 때문에 가벼워야 되므로 주로 파이프 모양의 핀을 사용한다.

피스톤에 피스톤 핀을 끼울 때 가열하여 피스톤이 팽창하였을 때 핀과 핀 구멍 간극이 적당하게 되어 핀의 끼움을 쉽게 하고 냉각 시 핀의 빠짐을 방지하기 위함이며, 이때 알루미늄 합금제 피스톤의 경우 피스톤을 히터로 100℃ 정도 가열한 후 끼워야 한다.

재질로는 탄소강이나 니켈 - 크롬(Ni-Cr)강을 주로 사용한다. 피스톤 핀의 설치방법에는 고정식, 반 부동식(요동식), 전 부동식의 3가지가 있다.

(a) 고정식 (b) 반 부동식 (c) 전 부동식

피스톤 핀의 설치방법

1) 고정식(Stationary Type)

커넥팅로드 소단부에 동합금 부시를 끼우고 핀을 피스톤 보스 양쪽에서 억지 끼워 맞춤으로 고정하여 커넥팅로드 소단부가 핀 바깥 둘레에서 움직이게 한 형식이다.

2) 반 부동식(Semi-Floating Type)

요동식이라고도 하며 고정식과 반대로 피스톤 핀이 커넥팅로드 소단부에 고정되는 형식으로 커넥팅로드 소단부에 피스톤 핀을 끼우고 억지 끼워 맞춤으로 고정한다.

3) 전 부동식(Full Floating Type)

피스톤핀 양쪽에 스냅링으로 핀을 고정하고 핀이나 커넥팅로드가 자유로운 상태로 커넥팅로드 소단부에 핀이 끼워져 사용된다.

(4) 커넥팅 로드(Connecting Rod)

1) 커넥팅 로드 개요

커넥팅 로드는 피스톤의 왕복운동을 크랭크축의 회전운동으로 바꾸어 주는 역할을 하며 폭발 가스 압력과 상하 왕복운동에 의한 가속력에 의해 압축 응력, 인장 응력, 굽힘 응력 및 비틀림 응력을 받고 있기 때문에 기계적 강도를 가지고 있어야 하며 또한 관성력을 작게 하기 위해서는 가벼워야 한다.

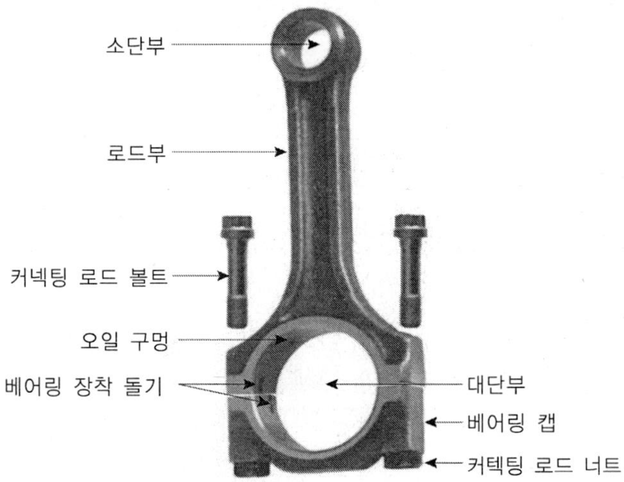

커넥팅로드의 구조

피스톤 핀이 장착되는 부위를 소단부(small end)라 하며 크랭크 핀과 연결되는 부위를 대단부(big end)라 한다. 또한 커넥팅로드 대단부 경사면에는 오일 분출 구멍(spit holes)을 두어 피스톤 핀과 보스 부위를 윤활한다.

2) 커넥팅로드 재질

커넥팅로드 재질은 크롬(Cr)강, 크롬—몰리브덴(Cr-Mo)강을 사용하여 단면을 I 또는 H형으로 형타 단조(forging)한 형식 또는 합금분말을 이용하여 소결, 단조한 형식 등이 있다. 스포츠카에는 밀도가 낮고 강도가 큰 티탄 합금강이 주로 사용되며, 소형 고속형 기관에서는 고강도 알루미늄 합금이 사용되기도 한다.

3) 커넥팅 로드 길이

소단부 중심과 대단부 중심사이의 거리가 커넥팅 로드 길이인데 피스톤 행정의 1.5~2.3배 정도로 한다.

06 크랭크축과 베어링 및 플라이휠

(1) 크랭크축(Crank Shaft)

1) 크랭크축의 구조

크랭크축은 연소실에서 발생한 폭발 압력이 피스톤과 커넥팅로드를 경유하여 기관의 회전력으로 변환시키는 중요한 축이다. 크랭크축은 보통 일체 구조로 단조나 주조로써 제작되며 크랭크 핀(핀 저널), 크랭크 암, 크랭크저널(메인 저널) 등이 일체로 되어 있고 회전 균형을 유지하기 위한 크랭크 암에 밸런스 웨이트(평형추)가 부착되어 있다.

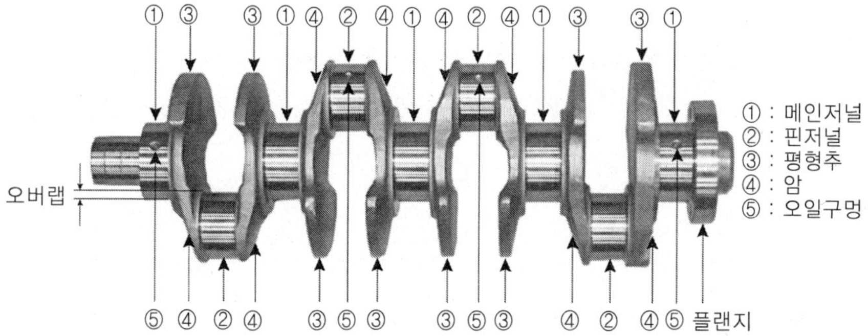

크랭크축의 구조

최근에는 기관의 고속화 경향으로 피스톤 행정과 실린더 안지름 비율이 작아지는 단 행정 엔진 제작으로 인하여 메인 저널과 크랭크 핀의 중심거리가 짧아짐에 따라 고속에서 충분한 강도와 강성을 얻기 위해 메인 저널과 핀 저널의 일부분을 중첩되게 한다. 이것을 오버랩(over lap)이라 한다.

V-6기관 크랭크축

2) 크랭크축의 구비조건

① 정적 및 동적 평형이 잡혀 있어야 한다.

② 강도와 강성이 충분하여야 한다.

③ 내마멸성이 커야 한다.

3) 크랭크축 진동 댐퍼

① 진동 댐퍼(torsional vibration damper)

크랭크축은 주기적으로 반복되는 고압의 폭발 가스 압력, 피스톤-커넥팅 로드 조립체와 크랭크축의 관성력에 의해 진동이 발생되고 굽힘 모멘트와 비틀림 모멘트에 의한 진동과 비틀림 충격을 흡수하기 위해 크랭크축 앞쪽에 토셔널 바이브레이션 댐퍼(torsional vibration damper, 비틀림 진동 방지기)를 설치하여 비틀림과 진동을 흡수하고 있다.

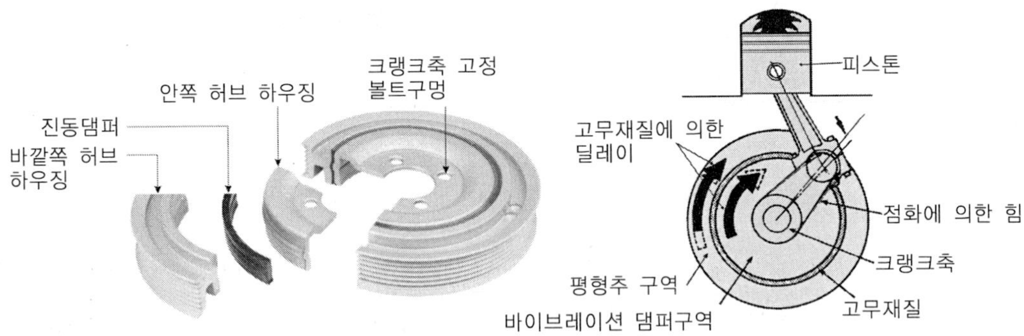

토셔널 바이브레이션 댐퍼

② 보상축(counter balance shaft)

그 외에도 크랭크축에 평형추를 설치하여 이 부분의 일정 중량을 드릴로 파내어 평형을 잡는다. 또한 최근에는 실린더 블록에 보상축을 설치하여 서로 반대 방향으로 회전시키면 실린더 블록을 양쪽으로 팽팽하게 잡아당기는 상태로 되어 크랭크축을 포함한 실린더 블록의 진동을 억제할 수 있다. 최근의 무배전기(DLI) 차량은 크랭크 앵글 로터가 함께 조립되어 있다.

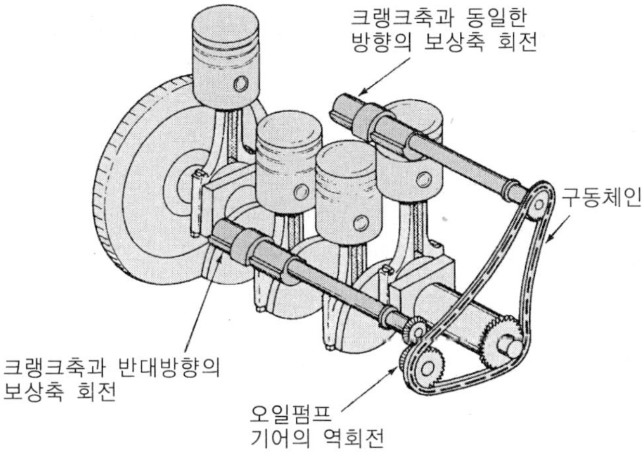

4기통 기관의 진동보상을 위한 보상 회전축

③ 크랭크축 비틀림 진동발생의 관계

㉠ 기관의 회전력 변동이 클수록 크다.

㉡ 크랭크축의 길이가 길수록 크다.

㉢ 크랭크축의 강성이 적을수록 크다.

㉣ 기관의 회전속도가 느릴수록 크다.

㉤ 기관의 주기적인 회전력 작용에 의해 발생한다.

4) 크랭크축의 재질

크랭크축의 재질은 중탄소강(고 탄소강), 크롬-몰리브덴강, 니켈-크롬강 등의 단조품 또는 미하나이트 주철, 구상 흑연 주철을 사용한 주조품을 사용하는데 주철은 진동 흡수성이 우수하다.

5) 크랭크축 점검

크랭크축은 메인저널 또는 핀저널을 외측마이크로미터로 측정하며 진원도, 편 마멸 등을 측정하여 수정 한계값 이상인 경우는 수정 또는 교환한다. 수정 한계값은 크랭크축 지름이 50mm 이상은 1.5mm 이상, 50mm 이하인 경우는 1.0mm 이상이다. 저널의 언더사이즈 기준값은 0.25mm, 0.50mm. 0.75mm, 1.00mm, 1.25mm, 1.50mm의 6단계가 있다.

크랭크축 저널을 연마 수정하려면 언더 사이즈값 = 측정값 - 0.2mm(진원 절삭량)를 하여 크랭크축을 연마하고 크랭크축 저널의 표준 베어링보다 두꺼운(언더사이즈) 베어링을 사용한다.

6) 점화순서(Firing Order)

크랭크축의 형식은 실린더 수와 실린더의 배열, 메인 베어링의 저널 수, 점화순서 등에 따라 다르며 실린더의 수에 따라 크랭크축의 크랭크 핀의 위상각이 결정된다.

참고 **크랭크 위상각, 동력의 중복도 구하는 공식**

1. 크랭크 위상각

4행정 사이클 엔진은 2회전할 때 1회 폭발하며 위상각 = $\frac{360 \times 2}{N}$이고, N은 기통수가 된다.

2. 동력의 중복도(power over lap)

엔진의 동력행정의 중복도는 기통수가 많을수록 커지게 되며 다음 식으로 구할 수 있다.

$$\text{동력 중복도} = \frac{\text{동력 행정기간} \times \text{실린더 수} - 720}{\text{기통수}}$$

그리고 점화순서나 착화 순서는 맨 앞쪽에 있는 실린더부터 제1실린더, 제2실린더, 제3실린더라 부른다. 4기통 엔진의 크랭크축은 어느 것이나 크랭크 암이 동일 평면상에 있다. 즉, 1번 실린더와 2번 실린더는 정반대 위치인 180°의 위상각을 가지며 2번과 3번, 1번과 4번 실린더는 실린더 각도가 같다. 점화시기 결정시 고려 사항은 다음과 같다.

- 연소가 같은 간격으로 일어나게 한다.
- 크랭크축에 비틀림 진동이 일어나지 않게 한다.
- 혼합기가 각 실린더에 균일하게 분배되게 한다.
- 인접한 실린더에 연이어 점화되지 않게 한다.

① 4실린더 엔진(4cylinder engine)

크랭크축의 위상각은 180°, 점화순서는 1 - 2 - 4 - 3 또는 1 - 3 - 4 - 2이다. 그리고 메인 저널의 수는 2점식, 3점식, 5점식이 있다.

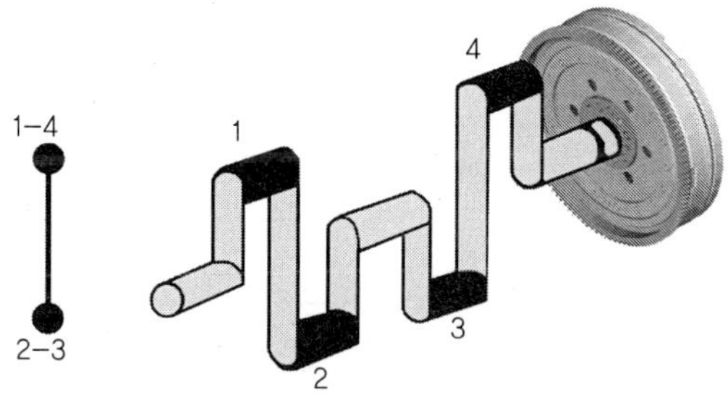

4실린더 엔진의 점화순서

4실린더 엔진의 점화순서 및 작동행정과의 관계

• 점화순서 : 1 – 3 – 4 – 2

회전각도 / 실린더 No.	1회전		2회전	
	0~180°	180~360°	360~540°	540~720°
1	폭발	배기	흡입	압축
2	배기	흡입	압축	폭발
3	압축	폭발	배기	흡입
4	흡입	압축	폭발	배기

• 점화순서 : 1 – 2 – 4 – 3

회전각도 / 실린더 No.	1회전		2회전	
	0~180°	180~360°	360~540°	540~720°
1	폭발	배기	흡입	압축
2	압축	폭발	배기	흡입
3	배기	흡입	압축	폭발
4	흡입	압축	폭발	배기

② 6실린더 엔진(6 cylinder engine)

크랭크축의 위상각은 120°이고, 6기통 엔진은 6개의 크랭크 핀을 가지며 점화순서 중 인접 실린더에서 폭발이 연속되지 않는 점화순서로 우수식은 1 - 5 - 3 - 6 - 2 - 4를 좌수식은 1 - 4 -

2 - 6 - 3 - 5를 사용한다. 저널의 수는 직렬형 6기통일 경우 7점식이다. 6기통 엔진의 크랭크축 각도는 120°이므로 120°회전마다 1회 동력 행정이 일어나며 크랭크축이 2회(720) 회전하는 동안 6회의 동력 행정을 한다.

크랭크축을 앞에서 보았을 때 3번과 4번 크랭크 핀이 우측에 있으면 우수식, 좌측에 있으면 좌수식이 된다.

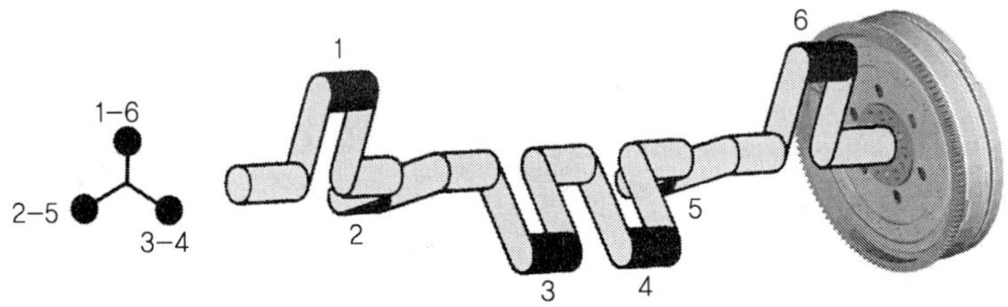

우수식 6실린더 엔진의 점화순서

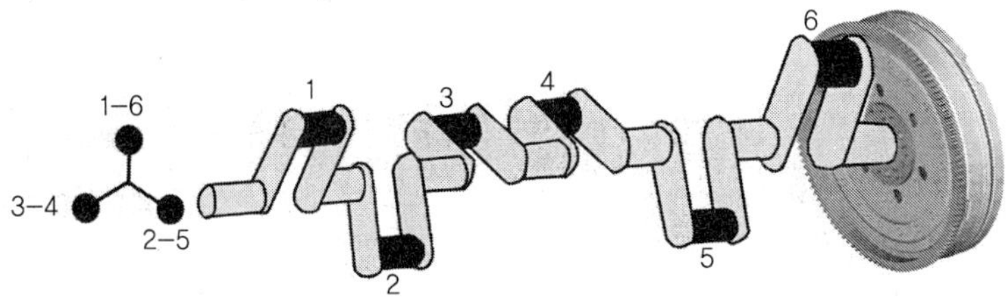

좌수식 6실린더 엔진의 점화순서

6실린더 엔진의 점화순서 및 작동행정과의 관계

• 우수식 : 1 - 5 - 3 - 6 - 2 - 4

<table>
<tr><th rowspan="2">회전각도 / 실린더 No.</th><th colspan="8">1회전</th><th colspan="8">2회전</th></tr>
<tr><th colspan="4">0° 60° 120° 180°</th><th colspan="4">180° 240° 300° 360°</th><th colspan="4">360° 420° 480° 540°</th><th colspan="4">540° 600° 660° 720°</th></tr>
<tr><td>1</td><td colspan="4">폭발</td><td colspan="4">배기</td><td colspan="4">흡입</td><td colspan="4">압축</td></tr>
<tr><td>2</td><td colspan="2">배기</td><td colspan="4">흡입</td><td colspan="4">압축</td><td colspan="4">폭발</td><td colspan="2">배기</td></tr>
<tr><td>3</td><td colspan="1">흡입</td><td colspan="4">압축</td><td colspan="4">폭발</td><td colspan="4">배기</td><td colspan="3">흡입</td></tr>
<tr><td>4</td><td colspan="1">폭발</td><td colspan="4">배기</td><td colspan="4">흡입</td><td colspan="4">압축</td><td colspan="3">폭발</td></tr>
<tr><td>5</td><td colspan="2">압축</td><td colspan="4">폭발</td><td colspan="4">배기</td><td colspan="4">흡입</td><td colspan="2">압축</td></tr>
<tr><td>6</td><td colspan="4">흡입</td><td colspan="4">압축</td><td colspan="4">폭발</td><td colspan="4">배기</td></tr>
</table>

• 좌수식 : 1 - 4 - 2 - 6 - 3 - 5

<table>
<tr><th rowspan="2">회전각도
실린더 No.</th><th colspan="6">1회전</th><th colspan="6">2회전</th></tr>
<tr><th colspan="3">0° 60° 120° 180°</th><th colspan="3">180° 240° 300° 360°</th><th colspan="3">360° 420° 480° 540°</th><th colspan="3">540° 600° 660° 720°</th></tr>
<tr><td>1</td><td colspan="3">폭발</td><td colspan="3">배기</td><td colspan="3">흡입</td><td colspan="3">압축</td></tr>
<tr><td>2</td><td>흡입</td><td colspan="3">압축</td><td colspan="3">폭발</td><td colspan="3">배기</td><td colspan="2">흡입</td></tr>
<tr><td></td><td colspan="2">배기</td><td colspan="3">흡입</td><td colspan="3">압축</td><td colspan="3">폭발</td><td>배기</td></tr>
<tr><td></td><td colspan="2">압축</td><td colspan="3">폭발</td><td colspan="3">배기</td><td colspan="3">흡입</td><td>압축</td></tr>
<tr><td>5</td><td>폭발</td><td colspan="3">배기</td><td colspan="3">흡입</td><td colspan="3">압축</td><td colspan="2">폭발</td></tr>
<tr><td>6</td><td colspan="3">흡입</td><td colspan="3">압축</td><td colspan="3">폭발</td><td colspan="3">배기</td></tr>
</table>

③ V형 6실린더 엔진

V형 실린더 엔진은 좌우의 실린더 중심선이 60°의 각도를 이루는 V형과 90°의 각도를 이루는 V형이 있다. 점화순서는 1 - 2 - 3 - 4 - 5 - 6이다. V형 6실린더 엔진의 실린더 배열은 오른쪽에는 홀수, 왼쪽에 짝수의 실린더가 60°의 각도를 두고 배열되어 있다. V형 엔진도 직렬 6실린더 엔진과 마찬가지로 크랭크축 회전 각도 120°마다 점화 폭발하므로 오른쪽 3개의 실린더와 왼쪽 3개의 실린더로 나누어 점화순서를 정한다.

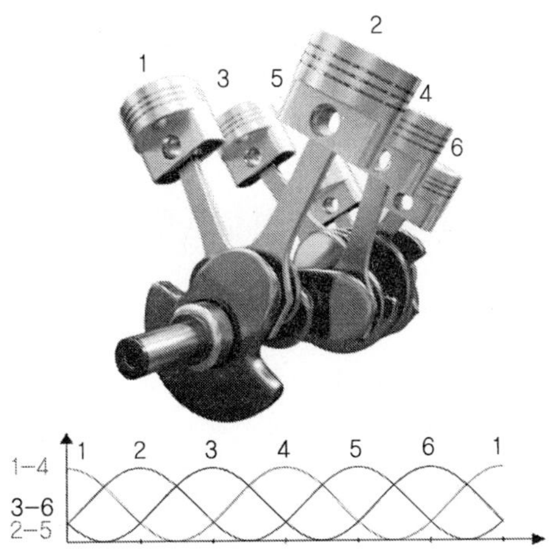

60° V형 6실린더 엔진의 실린더 배열

<table>
<caption>60° V형 6실린더 엔진의 점화순서 및 작동행정과의 관계</caption>
<tr><th rowspan="2">회전각도
실린더 No.</th><th colspan="6">1회전</th><th colspan="6">2회전</th></tr>
<tr><th colspan="3">0° 60° 120° 180°</th><th colspan="3">180° 240° 300° 360°</th><th colspan="3">360° 420° 480° 540°</th><th colspan="3">540° 600° 660° 720°</th></tr>
<tr><td>1</td><td colspan="3">폭발</td><td colspan="3">배기</td><td colspan="3">흡입</td><td colspan="3">압축</td></tr>
<tr><td>2</td><td colspan="2">압축</td><td colspan="3">폭발</td><td colspan="3">배기</td><td colspan="3">흡입</td><td>압축</td></tr>
<tr><td>3</td><td>흡입</td><td colspan="3">압축</td><td colspan="3">폭발</td><td colspan="3">배기</td><td colspan="2">흡입</td></tr>
<tr><td>4</td><td colspan="3">흡입</td><td colspan="3">압축</td><td colspan="3">폭발</td><td colspan="3">배기</td></tr>
<tr><td>5</td><td colspan="2">배기</td><td colspan="3">흡입</td><td colspan="3">압축</td><td colspan="3">폭발</td><td>배기</td></tr>
<tr><td>6</td><td>폭발</td><td colspan="3">배기</td><td colspan="3">흡입</td><td colspan="3">압축</td><td colspan="2">폭발</td></tr>
</table>

④ 8기통 엔진(8 Cylinder Engine)

크랭크축의 위상각은 직렬형 및 V-8기통은 90°이다. 그리고 점화순서는 다음과 같다. 그리고 저널의 수는 직렬형은 9점식이고, V-8기통은 5점식이다.

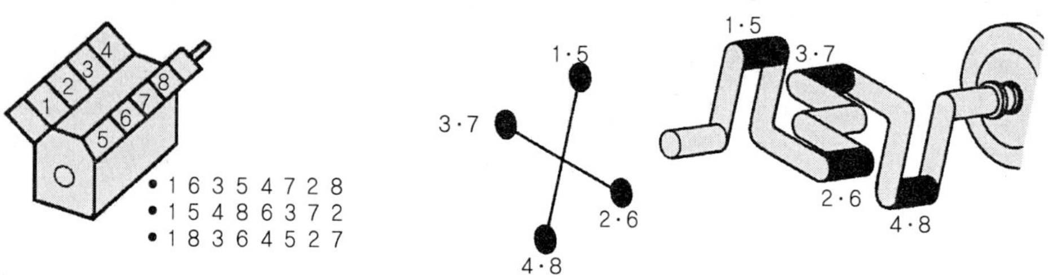

(a) 점화 순서 (b) 크랭크축

8 실린더 점화순서와 크랭크축

(2) 기관 베어링(Engine Bearing)

1) 기관 베어링 개요

크랭크축의 저널 부분과 크랭크 핀 부분에는 일반적으로 분할형(split type)을 사용하고 커넥팅 로드 소단부나 캠축의 저널 부분은 원통형의 삽입식 베어링인 부싱형(bushing type)이 사용된다.

메인 베어링 중에서 크랭크축의 축 방향 추력을 받는 스러스트 베어링은 측면에 스러스트 면이 있어 축방향 유격(crank shaft end play)을 제어한다. 스러스트 베어링은 일반적으로 가운데 장착되는데 일부 기관은 크랭크축 끝단에 설치되는 경우도 있다. 또한 메인 베어링 측면에 스러스트 심(thrust shim)을 붙여 사용하기도 한다.

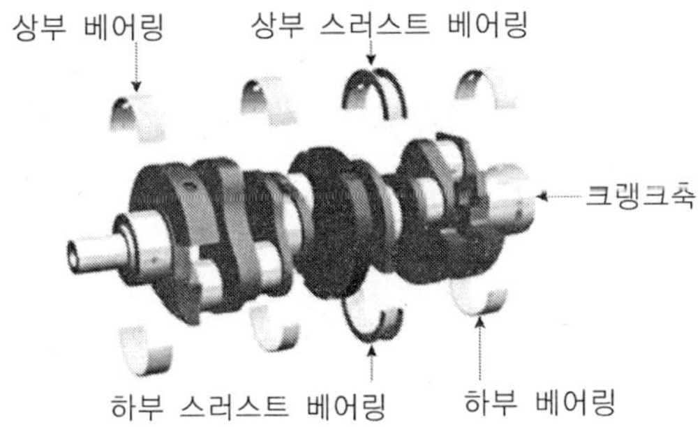

기관 베어링의 구성

(a) 스러스트 베어링 (b) 스러스트 심

크랭크축 스러스트 베어링 및 스러스트 심

2) 베어링의 구비조건

부하부담능력, 내피로성, 매입성, 순응성, 내식성, 내마멸성이 있다.

3) 엔진 베어링 구조

베어링의 구조를 살펴보면 탄소강 또는 구리합금의 셀(back plate 또는 shell)에 베어링 금속을 코팅하여 사용하는데 베어링의 가운데에는 오일구멍(oil holes)이 있고 원둘레 방향으로는 오일 홈(oil grooves)이 파져 있다. 실린더 블록의 오일 통로를 흐르는 엔진 오일은 베어링의 오일구멍을 통하여 유입되어 크랭크축이 회전할 때 발생하는 원심력에 의해 오일 홈을 통하여 분배된다.

그리고, 베어링의 두께는 중앙부의 두께로 나타내며 베어링 양 끝단 두께가 중앙부보다 약간 얇게 되어 있다.

엔진 베어링의 단면

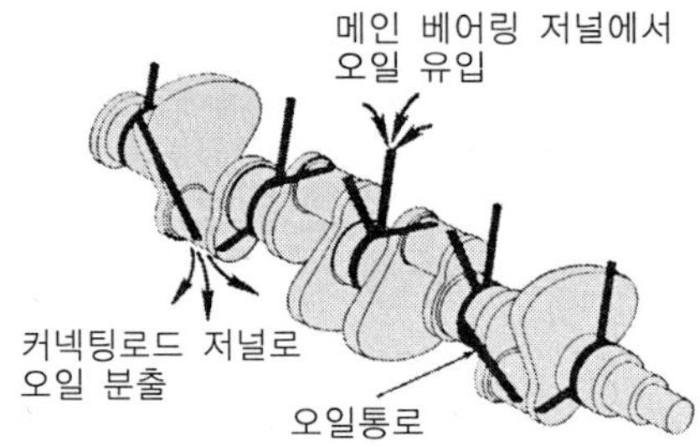

크랭크축 윤활

4) 베어링의 재질

엔진 베어링은 탄소강이나 구리합금으로 되어 있는 셀(back plate, 또는 shell)에 배빗메탈, 켈밋합금, 알루미늄 합금을 0.2~0.5mm 정도 코팅하여 사용한다.

① 배빗 메탈(Babbit Metal)

배빗 메탈은 주석(Sn 80~90%), 안티몬(Sn 3~12%), 구리(Cu 3~7%)가 표준 조성이다. 매입성, 길들임성, 내식성은 우수하나 기계적 강도(고온 강도)가 낮고 내피로성, 내열성이 약하여 고속·고부하 기관에는 적합하지 않다.

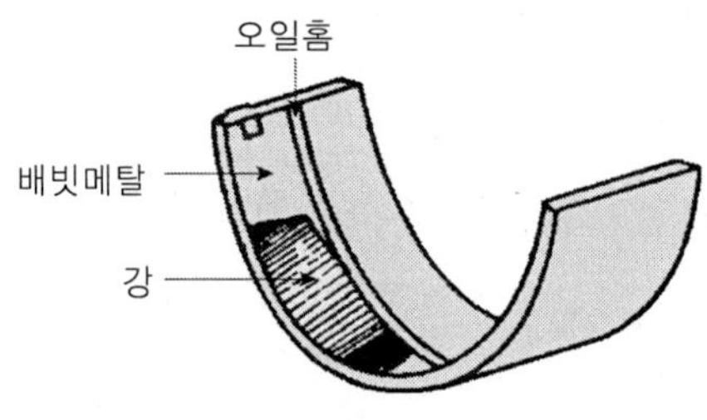

배빗메탈

② 켈밋 합금(Kelmet Alloy)

구리(Cu)가 60~70%, 납(Pb)이 30~40%로 구성되며 주석(Sn)이 소량 첨가된다. 내열성, 열전도성, 하중 부담 능력이 우수하여 고속·고 하중 기관에 적합하다. 그러나 길들임성, 매입성이 불량하다.

③ 알루미늄 합금

최근에 사용되는 베어링 금속으로서 주 금속은 알루미늄(Al)인데 납(Pb)이 소량 함유되어 있다. 한편 주석(Sn)과 구리(Cu)를 약간 첨가하여 베어링 강도를 증가시킨다. 고속·고 부하에 강하기 때문에 자동차 기관 베어링으로 가장 널리 사용되고 있다.

④ 트리메탈(Tri Metal)

배빗메탈과 켈밋 메탈, 강 등의 3개 층으로 베어링을 만들어 서로의 장·단점을 보완하며 강성, 매입성, 길들임성, 열전도율 등을 좋게 한 형식이다.

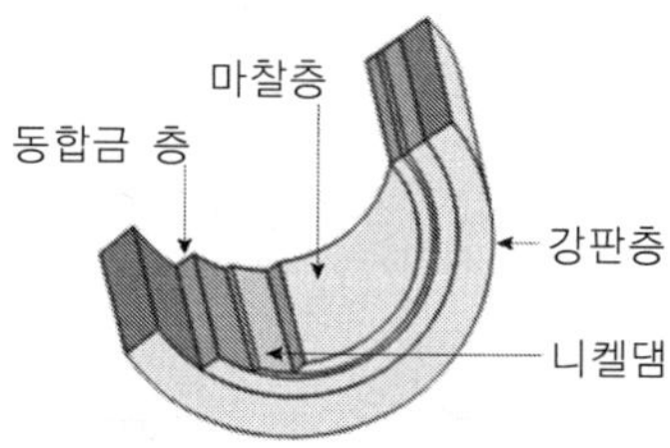

트리메탈

5) 크러시(Crush)와 스프레드(Spread)

① 베어링 크러시(Bearing Crush)

베어링 크러시는 베어링을 하우징에 끼웠을 때 베어링의 바깥지름과 하우징 안지름과의 차이로 보통 0.025~0.075mm 정도 둔다. 베어링 크러시를 두는 이유는 설치 시 볼트로 베어링 캡을 죄었을 때 베어링의 하우징에 압착되도록 하기 위함이다.

② 베어링 스프레드(Bearing Spread)

베어링을 하우징에 끼우지 않았을 때 베어링 하우징의 반경보다 0.125~0.5mm 큰 것을 말하며 스프레드를 두는 이유는 다음과 같다.

- 작은 힘으로 베어링을 쉽게 제자리에 밀착되게 끼울 수 있다.
- 베어링 조립시 베어링이 캡에 끼워진 채로 있어 작업이 쉽다.
- 베어링 조립시 크러시가 압축됨에 따라 안쪽으로 찌그러지는 것을 방지할 수 있다.

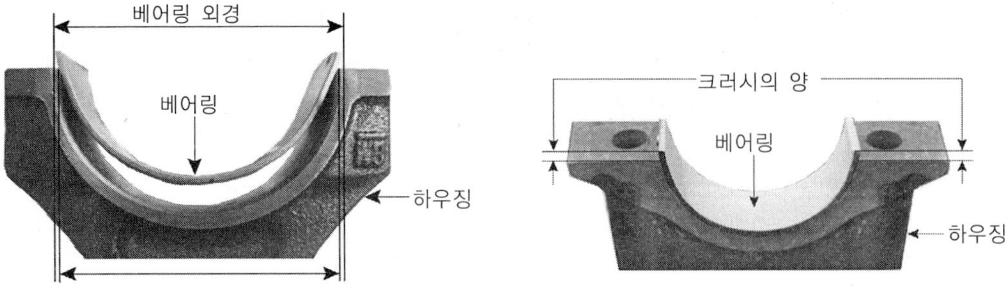

(a) 스프레드 (b) 크러시

베어링 스프레드와 크러시

6) 크랭크축 오일간극

메인 저널과 베어링 사이의 오일 간극은 정지 상태에서의 틈새를 말하며 일반적으로 0.02 ~0.04mm 정도 둔다. 측정은 플라스틱 게이지를 사용한다. 오일 간극이 너무 크면 오일 유출량이 증가하여 유압이 저하되고 다른 미끄럼 운동 부위의 윤활유 공급이 부족하여 마모나 손상을 일으킨다. 오일 간극이 작으면 윤활 막도 작아져 큰 하중을 받을 수 있으나 너무 작으면 윤활 막이 파손되어 마모나 손상을 일으킨다.

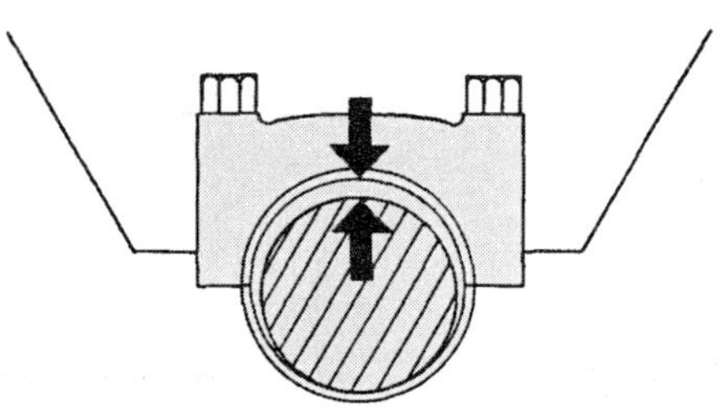

베어링오일 간극

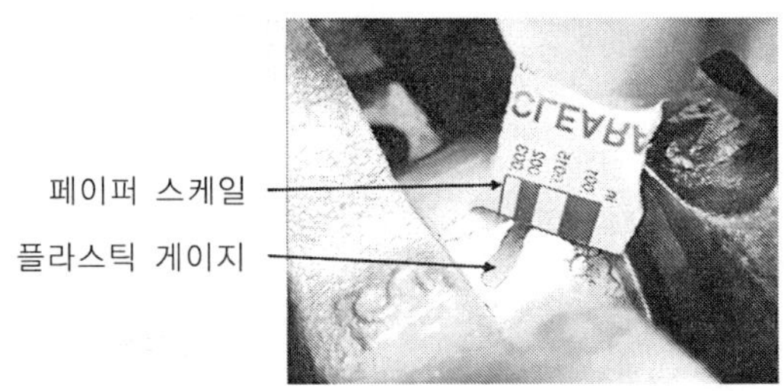

메인저널의 오일간극 측정

(3) 플라이휠

1) 플라이휠 개요

플라이휠은 크랭크축의 뒤쪽 끝단에 장착이 되고, 자동 변속기 차량은 플라이휠을 대신하여 플렉스 플레이트에 토크 컨버터가 장착되어 있다. 플라이휠은 기관의 회전력이 크랭크축의 각도에 따라 변하며 4행정 사이클 기관에서는 720°, 2행정 사이클은 360°의 주기로 변한다. 플라이휠은 기관의 맥동적인 회전을 균일한 회전으로 유지시키는 역할을 한다.

플라이휠의 구조

2) 구비조건 및 구조

플라이휠은 회전 중에 관성이 크고 중량은 가능한 한 가벼워야 한다. 플라이휠의 재질은 주철제 플라이 휠(수동식 변속기)과 강제의 플라이 휠(자동 변속기)이 사용된다. 플라이휠에는 링 기어가 열 박음 되어 있고, 링 기어는 4실린더 2곳, 6실린더 3곳, 8실린더 4곳이 현저하게 마멸된다.

07 밸브기구

(1) 밸브기구의 개요

크랭크축이 캠 축을 구동시키고 캠축이 회전에 따라 캠축이 캠이 밸브기구를 움직여 밸브를 개폐시킨다.

(2) 밸브 설치에 의한 분류

1) SV(Side Valve) 형식

사이드 밸브식의 밸브는 실린더블록의 한쪽 면에 흡·배기밸브가 모두 설치되어 있는 L헤드식과 블록 양쪽 면에 흡·배기밸브가 나뉘어 설치되어 있는 T헤드식으로 분류된다.

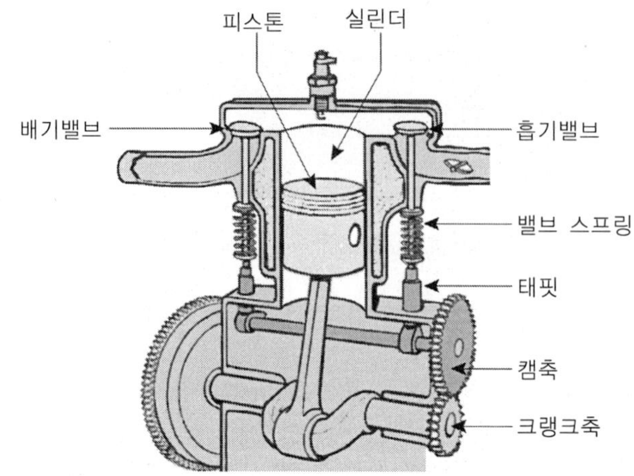

SV 형식(T헤드식)

2) OHV(Over Head Valve) 형식

① OHV 기관(Over Head Valve Engine)

흡·배기 밸브가 실린더 헤드에 설치되는 기관으로 실린더 블록에 있는 캠축이 리프터를 밀어 올리면 리프터는 다시 푸시로드를 밀어 올린다. 이때 푸시로드가 로커 암의 한쪽 끝을 밀어 올리면 반대쪽이 내려오면서 밸브 스템 끝을 아래로 밀어 밸브 스프링이 압축되면서 밸브가 열린다. I 헤드형 기관이라고 한다.

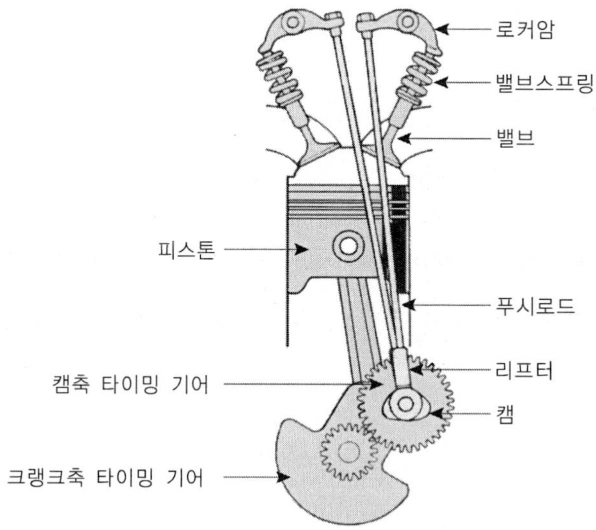

OHV 기관의 밸브기구

② OHC 기관(Over Head Cam Shaft Engine)

이 방식은 캠축의 동력이 로커암을 경유하여 밸브로 전달되는데 이 과정에서 로커암의 로커암 비율(일반적으로 1 : 1.5)로 인해 밸브 양정을 크게 한다.

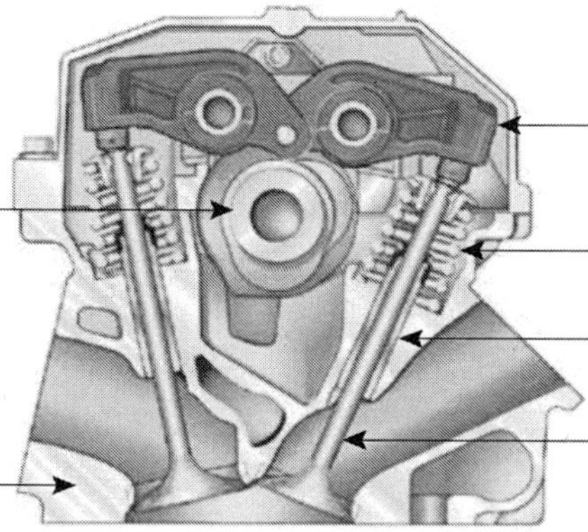

OHC 기관의 밸브기구

㉠ SOHC 다이렉트형(single over head cam shaft direct type)

캠축에 설치된 캠이 밸브 스템 엔드 위에 설치된 태핏을 통하여 밸브를 직접 개폐시키는 형식이다.

㉡ SOHC 스윙 암형(single over head cam shaft swing arm type)

캠축에 설치된 캠이 밸브 스템 엔드 위에 설치된 스윙 암을 통하여 밸브를 개폐시키는 형식이다.

㉢ SOHC 로커암형(single over head cam shaft rocker arm type)

캠축에 설치된 캠이 로커암을 작동시키면 로커암이 밸브를 개폐시키는 형식이다.

㉣ DOHC 다이렉트형(double over head cam shaft direct type)

실린더헤드에 흡기밸브 개폐용 캠축과 배기밸브 개폐용 캠축을 각각 설치하여 밸브 스템 엔드 위에 설치된 리프터를 캠으로 직접 작동시켜 밸브를 개폐시킨다.

㉤ DOHC 스윙암형(double over head cam shaft swing arm type)

실린더헤드에 흡기밸브 개폐용 캠축과 배기밸브 개폐용 캠축을 각각 설치하여 밸브 스템 엔드 위에 설치된 스윙암을 통하여 밸브를 개폐시키는 형식이다.

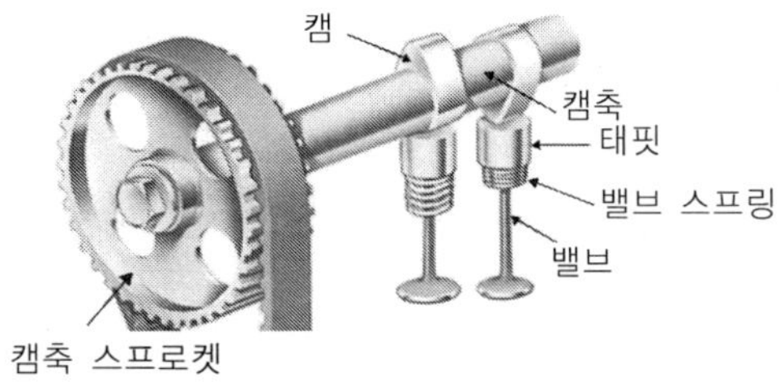

SOHC 다이렉트형

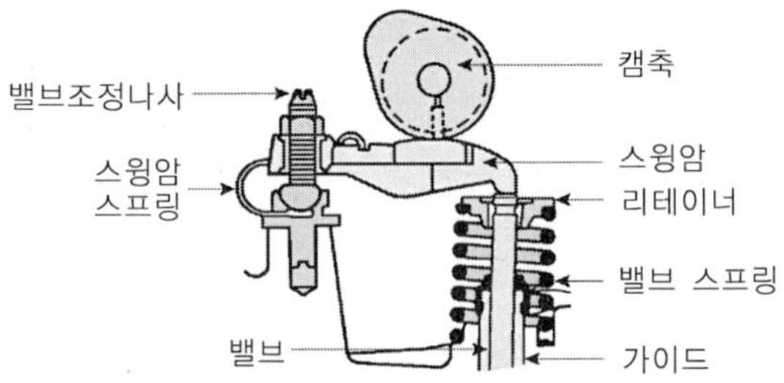

OHC 스윙암형 밸브개폐기구

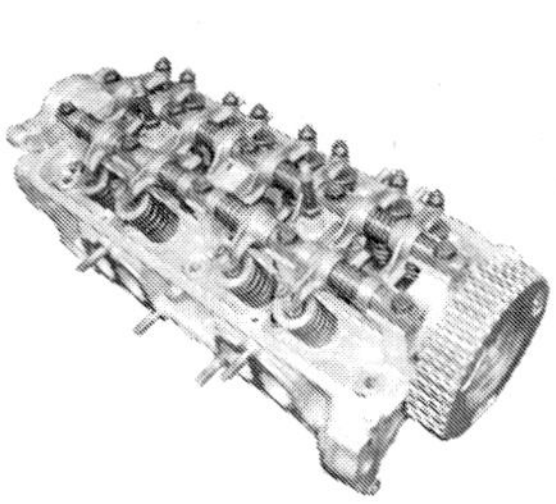

SOHC 로커암형

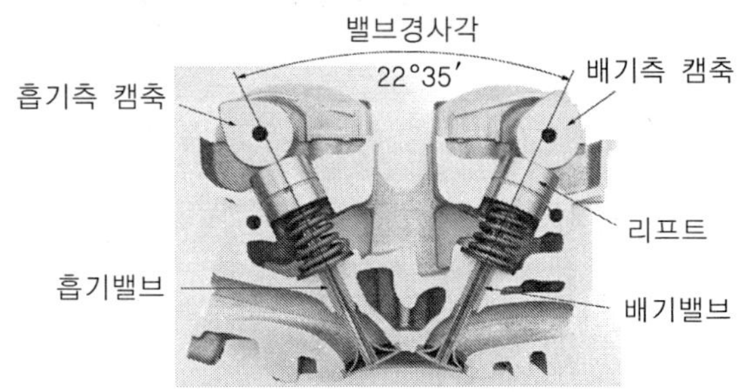

DOHC 다이렉트형 밸브개폐기구

DOHC 스윙암형 밸브개폐기구

(3) 밸브

1) 밸브의 구비조건

① 고온·고압에 견딜 수 있는 강도가 있을 것

② 혼합기에 이상 연소가 발생되지 않도록 열전도가 양호할 것

③ 내 부식성이 클 것

④ 관성력이 증대되는 것을 방지하기 위해 가능한 가벼울 것

⑤ 밸브 스프링의 충격과 항장력에 잘 견디고 내구성이 클 것

2) 흡·배기밸브 구조 및 기능

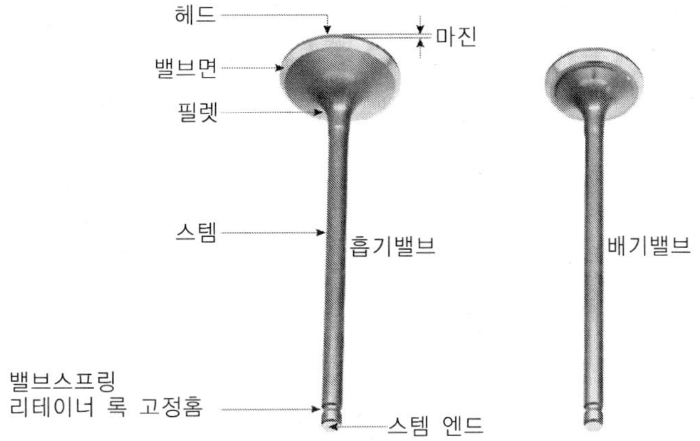

흡·배기밸브의 구성

① 밸브 헤드(valve head)

밸브 헤드는 고온·고압의 가스에 노출되는 부분으로 배기밸브는 열 부하(熱 負荷)가 매우 크므로 내열성이 크고, 열전도가 양호하며 내구성이 양호하고, 가스의 유동저항이 작고 흡·배기 효율이 좋아야 한다. 그리고 헤드 부분의 지름은 흡입 효율을 증대시키기 위해 흡입밸브를 크게 한다. 헤드의 형상에는 플랫형(flat type), 튤립형(tulip type), 반 튤립형(semi-tulip type), 버섯형(mushroom type) 등이 있다.

헤드 형상에 의한 분류 및 특징

종류	형상	특징 및 사용처
플랫형 (Flat head)	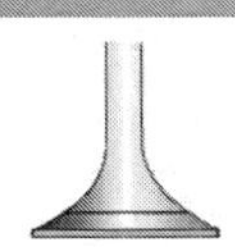	• 밸브헤드 편평 • 가장 많이 사용
튤립형 (Tulip head)	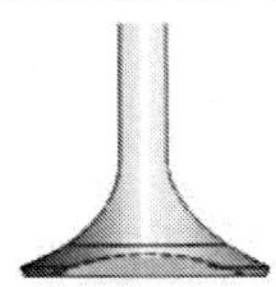	• 견고하고 가벼움 • 흡기밸브로 사용시 난류유동 촉진하여 연료·공기 혼합 촉진 • 열을 받는 면적이 넓은 단점이 있다.
반 튤립형 (Semi-tulip head)	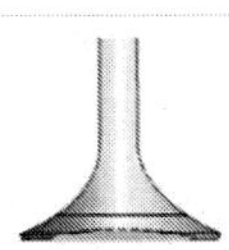	• 튤립형의 단점 보완 • 제작이 용이하여 많이 사용
버섯형 (Mushroom head)	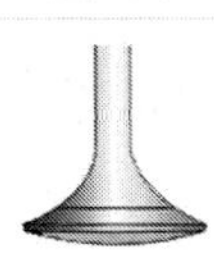	• 무게증가 • 열을 받는 면적 증가 • 배기밸브로 사용시 연소가스 유동특성 향상

② 밸브 마진(valve margin)

마진의 두께는 밸브의 기능상 매우 중요하며 일반적으로 1.2mm 이상의 두께를 갖고 있고 두께가 얇으면 고온과 밸브작동의 충격으로 밸브시트에 접촉될 때 변형이 되거나 불완전한 접촉 등으로 기밀유지가 어려워지므로 0.8mm 이하가 되면 교환해야 한다.

③ 밸브 면(valve face)

밸브 면은 밸브시트에 밀착되어 기밀 작용을 하고 밸브 헤드에 작용하는 열을 시트에 전달하며 작동시 충격적으로 작동되어 내마멸성이 커야하므로 표면경화 처리한다. 밸브면의 각도는 60°, 45°, 30°가 있으나 일반적으로 45°를 많이 사용한다.

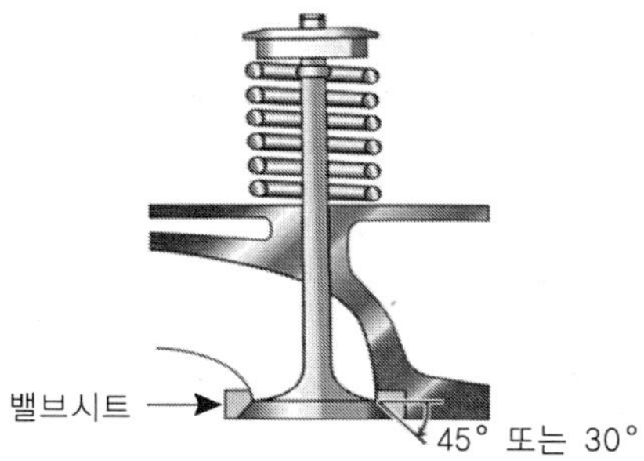

밸브 면

④ 밸브 스템(valve stem)

밸브 스템은 밸브가이드 내부를 왕복운동하며 밸브 헤드에 받는 열을 밸브가이드를 통해 방출하고 가이드와 스템 사이에는 윤활이 충분하지 않으므로 마멸을 고려하여 경도가 커야 한다. 또한 밸브 고착에 의한 밸브 스틱(valve stick)현상을 방지하기 위하여 크롬 도금이나 질화처리를 하고 열팽창을 고려하여 밸브 헤드와 스템 연결부위도 흡배기 밸브 사이에 두께의 차이를 두고 있다. 흡기밸브는 흡기시에 혼합기의 흐름 저항이 작아지도록 얇게 만들고 배기밸브는 내열성과 상대적으로 높은 온도를 가지는 배기밸브 헤드의 열전도성을 높이기 위해 두껍게 설계된다.

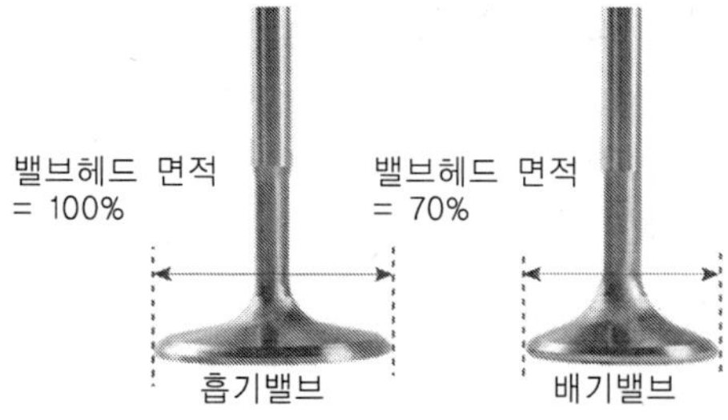

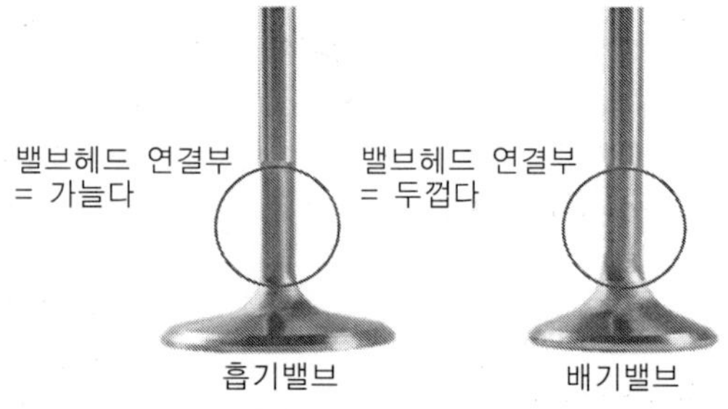

흡기밸브와 배기밸브 비교

⑤ 밸브 스프링 리테이너 록 홈(valve spring retainer lock groove)

밸브 스프링 리테이너 록 홈은 밸브 스프링에 밸브를 설치하기 위한 홈으로 록(lock)이나 키(key)가 끼워진다.

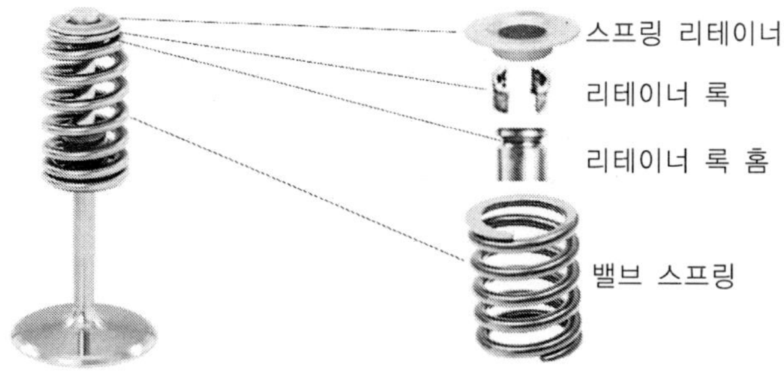

밸브장치

⑥ 밸브시트(valve seat)

밸브 헤드가 받는 열은 밸브 면과 밸브 시트를 통하여 실린더 헤드의 물 재킷으로 전달된다. 밸브시트는 밸브 면과 밀착되어 연소실의 기밀을 유지하며 실린더 헤드가 주철제인 경우에는 일체식으로 만들며 경합금일 경우에는 밸브 시트 링을 만들어 끼우는 삽입식이 사용된다. 밸브시트 각도는 밸브 면과 마찬가지로 30°와 45°, 60°의 것이 있으며 작동 중 열팽창을 고려하여 밸브 면과 시트 사이에는 1/4~1°정도의 간섭각을 두고 시트 폭은 일반적으로 1.5~2.2mm 정도 둔다.

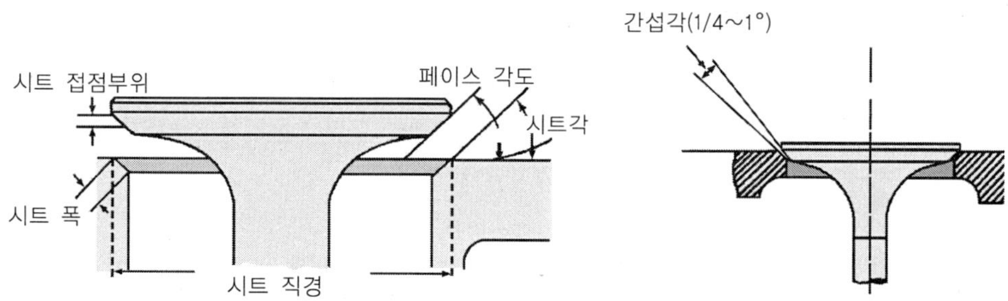

(a) 밸브 시트 형식 (b) 밸브 간섭각

밸브시트와 간섭각

⑦ 밸브가이드(valve guide)와 스템실

밸브가이드는 밸브의 밀착이 잘 되도록 밸브 스템을 안내하는 역할을 하며 스템실은 기관이 작동하는 과정에서 실린더 내에 강한 진공이 형성되기 때문에 기관 오일이 연소실로 침입되는 것을 막는다.

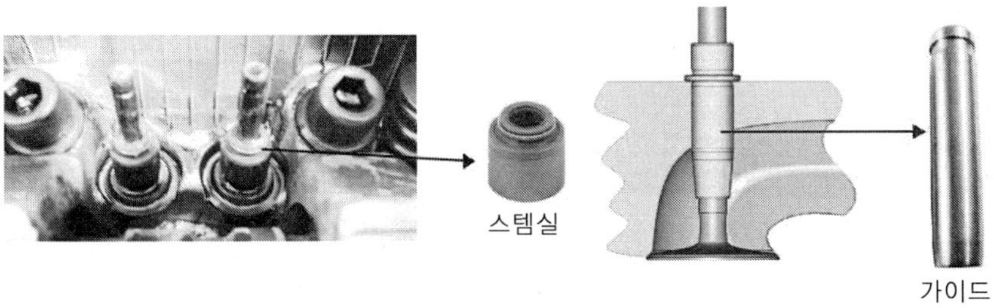

밸브가이드 및 스템실

⑧ 밸브 스프링 리테이너 및 록(valve spring retainer and lock)

밸브 스프링은 실린더헤드 또는 블록과 스프링 리테이너 사이에 끼워진다. 리테이너 록은 원뿔형, 핀형, 말굽형이 있다. 원뿔형의 것이 주로 사용되며 리테이너 록 홈에 끼워져 밸브스프링을 고정하고 밸브 작동 시 밸브와 함께 운동한다.

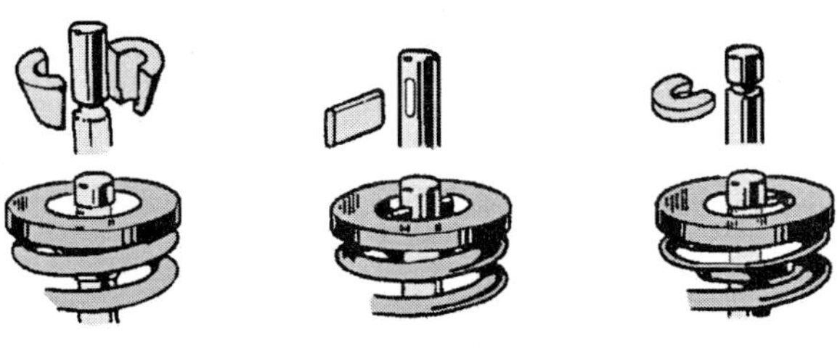

(a) 원뿔형 (b) 핀형 (c) 말굽형

밸브 스프링 리테이너와 록

3) 밸브 재질

흡입 밸브는 혼합기에 의해 냉각되므로 배기 밸브에 비해 열 부하는 작게 받지만 헤드 부위의 온도가 300~500℃를 넘는 경우가 있으며 배기 밸브는 700~815℃ 정도 유지된다. 따라서 흡입 밸브에는 마르텐사이트 계열의 내열강이 사용되고 배기 밸브는 내열성과 내부식성이 강한 오스테나이트 계열의 내열강이 사용된다.

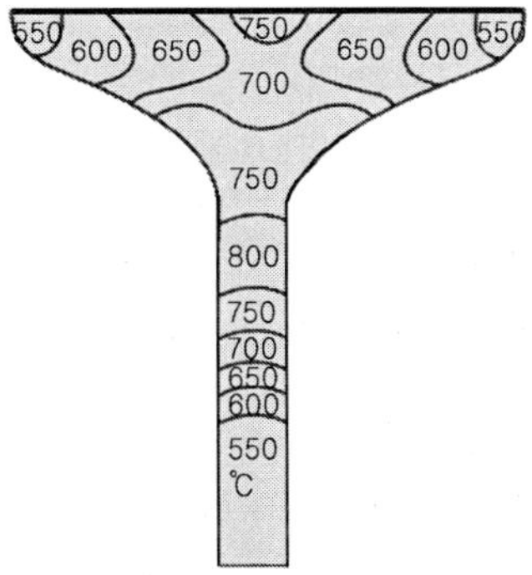

밸브 작동온도

밸브 스템은 밸브 고착(valve stick)을 방지하기 위해 크롬 도금이나 질화 처리를 한다. 또한 밸브 스템 엔드는 내마모성을 높이기 위해 고주파 열처리를 하거나 밸브면, 밸브 시트 등과 같이 스텔라이트(stellite, Co - Cr - W의 합금)를 코팅하여 내마모성을 높이고 있으면 평면 처리되어 있다. 제작방법은 금속조직의 흐름이 끊어지지 않도록 업셋(up-set)단조를 사용한다. 최근에는 밸브헤드는 오스테나이트 계열을, 스템은 페라이트 계열을 사용하여 전기용접을 하고 밸브 스템 엔드 부분은 스텔라이트(stellite, 코발트(Co) - 크롬(Cr) - 텅스텐(W) - 탄소(C)의 합금)을 녹여 붙이기도 한다.

4) 밸브지름(valve diameter)

밸브지름은 가능한 큰 쪽이 흡·배기효율이 증가하지만 실린더 지름에 의하여 제한을 받는다. 일반적으로 실린더 지름(D)과 밸브지름(d)의 관계는 $d = (0.35 \sim 0.5)D$ 정도이다.

참고 밸브지름을 구하는 식

$$d = D\sqrt{\frac{S}{V}}\ (mm)$$

[d : 밸브지름(mm), V : 밸브포트를 통과하는 가스의 속도(m/sec), D : 실린더의 안지름(mm), S : 피스톤 평균속도(m/sec)]

5) 밸브양정(valve lift)

밸브의 양정은 밸브가 이동하는 최대 거리를 말한다.

(4) 흡·배기 밸브 스프링

1) 밸브 스프링 개요

밸브 스프링은 압축과 동력 행정에서는 스프링 장력에 의해 밸브 면을 시트에 밀착시켜 기밀을 유지한다. 스프링 장력이 크면 스프링 장력에 의해 밸브 면과 밸브 시트, 캠축의 캠과 로커암 끝 그리고 밸브 스템 끝이 손상된다. 반대로 스프링 장력이 너무 작으면 기밀 유지가 힘들고 고속에서는 밸브 스프링의 서징 현상을 유발시킨다.

2) 밸브 스프링 서징 현상

밸브 스프링 서징(surging)현상은 밸브 스프링이 지닌 고유 진동수가 캠축에 의해 받는 강제 진동수와 일치할 때 발생하는 공진현상으로 스프링이 약하거나 스프링 장착 높이가 부적당할 경우 또는 기관 회전속도가 과도하게 높을 때 발생한다. 서징현상이 일어나면 밸브 헤드와 피스톤 헤드가 충돌하는 현상이 일어나거나 밸브 개폐 시기가 맞지 않아 기관 부조 현상을 유발하고, 밸브 기구 파손으로 연결된다.

밸브 스프링 서징현상을 방지하는 방법으로는 부동피치스프링 사용, 고유진동수가 다른 2중 스프링 사용, 부등피치의 원추형 코일스프링 사용 이 외에도 스프링의 고유 진동수를 높인다든지 캠의 형상을 개량하는 방법 등이 있다.

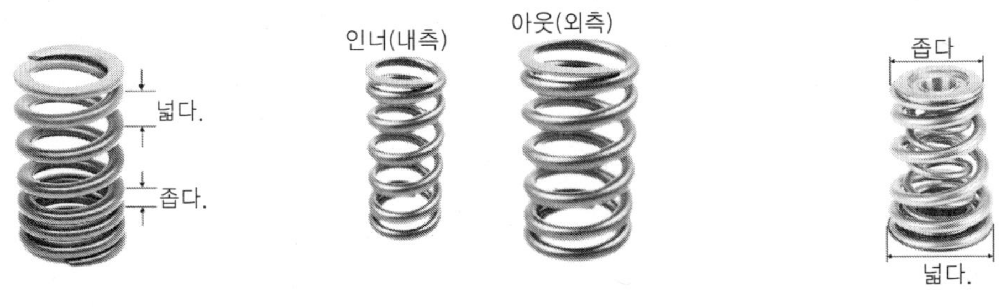

(a) 부등 피치 스프링 (b) 이중 스프링 (c) 원추형 스프링

밸브 스프링의 형식

3) 밸브 스프링 점검

스프링에 아무런 하중도 가하지 않은 상태에서 스프링 길이가 스프링 자유 높이이며 원래 길이의 3% 이상 감소하거나 장력이 규정 장력의 15% 이상 감소와 직각도는 스프링 자유 높이의 3%(일반적으로 승용차는 1.5mm) 이상 줄어들면 스프링을 교환하여야 한다.

(5) 밸브간극

밸브 기구는 기관 작동 중에 마모가 발생하고 작동 온도가 되면 팽창한다. 따라서 밸브가 닫혀 있을 때에는 기밀을 완벽히 유지하고 정확한 밸브 개폐시기를 얻기 위해 로커 암과 밸브 스템 끝 사이에 일정한 틈새가 필요한데 이것을 밸브 간극이라 한다. 흡입 밸브의 간극은 0.15~0.25mm이고 배기 밸브의 간극은 0.25~0.35mm 정도이다.

참고 밸브간극이 클 때와 작을 때의 영향

1. 밸브 간극이 클 때의 영향
   - 늦게 열리고 일찍 닫힌다(즉, 밸브 열림 기간이 짧다).
   - 운전온도에서 흡·배기밸브가 완전하게 열리지 못한다.
   - 흡기밸브의 간극이 너무 크면 흡입량 부족으로 엔진의 출력이 감소한다.
   - 배기밸브의 간극이 너무 크면 배기가스가 완전히 배출되지 못하여 엔진이 과열되기 쉽다.
   - 심한 잡음이 나며 밸브기구에 충격이 심해진다.
2. 밸브 간극이 너무 작을 때의 영향
   - 일찍 열리고 늦게 닫힌다(즉, 밸브의 열림 기간이 길다).
   - 압축가스의 블로바이로 인하여 엔진의 출력이 감소된다.
   - 흡기밸브의 간극이 너무 작으면 역화(back fire)나 실화(miss fire)가 발생되기 쉽다.
   - 배기밸브의 간극이 너무 작으면 후화(after fire)가 일어나기 쉽다.

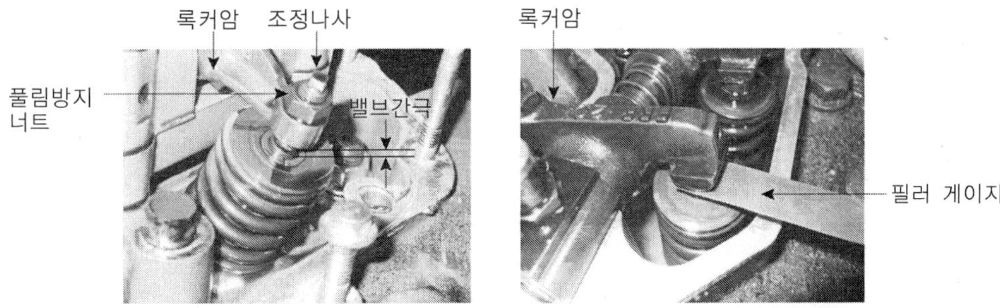

밸브간극

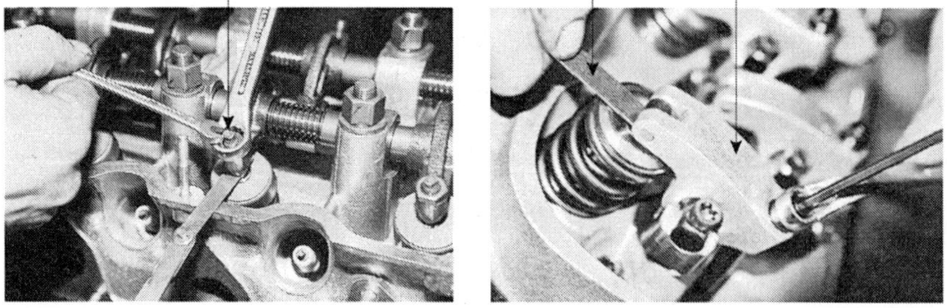

밸브간극 조정

(6) 밸브 회전기구(Valve Rotator)

밸브 회전기구를 장착하여 밸브의 회전으로 밸브의 소손 원인이 되는 카본을 제거하고, 밸브 스템과 가이드 사이에 카본이 쌓여 발생하는 밸브 고착을 방지한다. 밸브 면과 시트 사이 편마멸을 방지하고, 밸브 회전에 의하여 밸브 헤드의 온도를 일정하게 한다.

(7) 유압식 밸브 리프터(Hydraulic Lifter)

유압식 밸브 리프터(hydraulic lifter)는 밸브 간격이 부품의 온도차나 팽창에 따라 달라지는 것을 자동적으로 알맞게 유지될 수 있도록 한 것이며 항상 밸브 틈새를 0으로 유지하므로 제로 래시 밸브 리프터(zero lash valve lifter)라고도 한다.

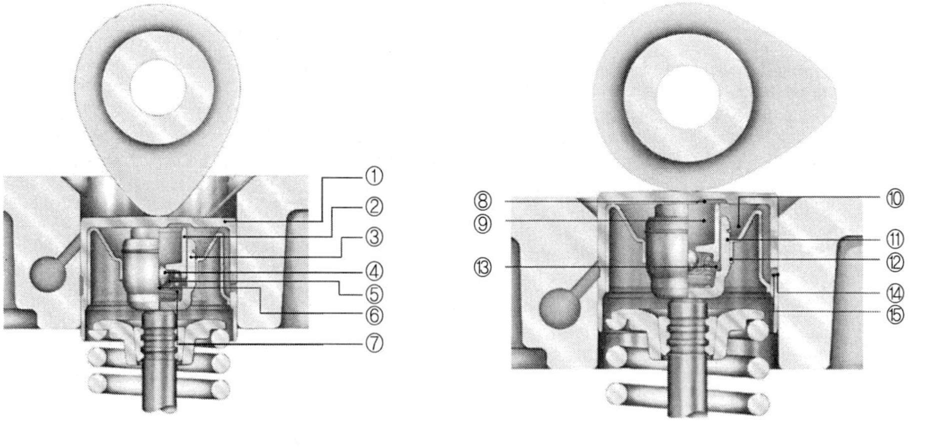

① 바깥 하우징
② 피스톤
③ 안쪽 하우징
④ 밸브 볼
⑤ 밸브 스프링
⑥ 밸브 플랩
⑦ 리턴 스프링
⑧ 오일 캐리오버
⑨ 오일 저장소(피스톤)
⑩ 오일 저장소(바깥 하우징)
⑪ 누출 공간
⑫ 가이드 공간
⑬ 고압 챔버
⑭ 오일 공급실
⑮ 안쪽 구멍

유압 리프터

1) 유압식 밸브 리프터의 장점

① 기관 윤활 장치에서 공급되는 유압을 이용한다.

② 밸브 간극 점검 및 조정이 필요 없고, 작동이 정숙하다.

③ 밸브 기구에서 발생하는 충격을 오일이 흡수하므로 밸브 기구의 내구성이 크다.

④ 밸브 개폐 시기가 정확하여 엔진 성능이 향상된다.

⑤ 오일펌프나 윤활 회로에 고장이 발생하면 작동이 불량하거나 정지한다.

⑥ 구조가 복잡하다.

2) 유압식 밸브 리프터의 작동원리

① 캠축의 캠은 보정기(hydric)에 압력을 가하지 않고 뒤쪽과 함께 보정기를 향하여 회전하고 그 사이에는 작은 간격이 있다.

② 보정기 내부의 플런저 스프링은 플런저를 슬리브 밖으로 밀어낸다. 이때 플런저 아래에 캐비티(Cavity)가 형성되고 몸체의 정렬된 채널과 구멍을 통해 가압 오일이 채워지면, 오일의 양이 원하는 수준으로 올라가고 볼 밸브는 스프링으로 닫힌다. 푸시가 캠에 기대어 있고 플런저의 움직임이 멈추고 오일 채널이 닫히면 간격이 사라진다.

③ 캠이 회전하기 시작하면 유압 리프터를 밀어 아래로 움직인다. 축적된 오일 부피로 인해 플런저의 힘이 밸브로 전달되어 밸브가 열린다. 아래쪽으로 이동하는 동안 일부 오일이 플런저 아래의 캐비티 밖으로 흐른다. 캠이 활성 단계를 통과한 후 작업 주기가 다시 반복된다.

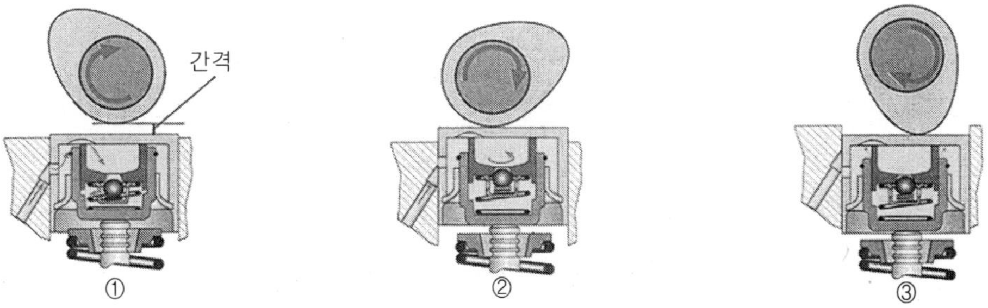

유압식 밸브 리프터의 작동원리

(8) 나트륨 냉각밸브

배기 밸브는 작동 온도가 높기 때문에 냉각시킬 필요성이 있다. 밸브가 받는 열이 밸브 시트와 밸브 가이드를 통하여 실린더 헤드에 있는 물 재킷으로 전달되는데 이때 밸브 스템과 밸브 가이드를 통하여 전달되는 열의 전도성을 높이기 위해서 스템과 밸브 헤드를 중공(中空)으로 하여 그 체적의 60% 정도를 나트륨으로 채운다.

나트륨이 97℃ 부근에서 액화되어 밸브의 상하운동에 의해 액체 상태의 나트륨도 유동 운동을 하면서 헤드가 받는 열을 빠른 속도로 밸브 스템으로 전달하여 밸브 헤드의 온도를 약 100℃ 정도 낮추어 준다.

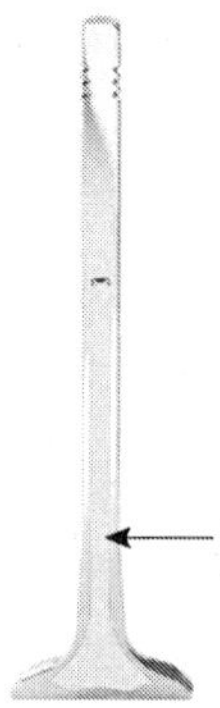

나트륨 냉각밸브

(9) 멀티밸브 기관(Multivalve Engine)

멀티밸브 기관은 고속영역에서 혼합기를 충분히 공급하고 배기가스를 완전히 배출하기 위해 실린더 당 밸브가 3개, 4개, 5개 심지어 6개까지 장착하여 기관의 출력을 증대시킨다. 연소실 형상은 일반적으로 지붕형(pent roof)으로 되어 있고 작동 유체가 연소실을 횡단하는 크로스 플로(cross flow) 방식을 채택하고 있다.

이처럼 4밸브는 2밸브에 비해 밸브 면적이 20~30% 정도 증가하며 밸브 무게도 가볍기 때문에 기관의 고속 회전 한계를 높일 수 있고 또한 밸브 가속도를 크게 할 수 있어 저속 성능을 저하시키지 않으면서 고속 성능을 얻을 수 있다.

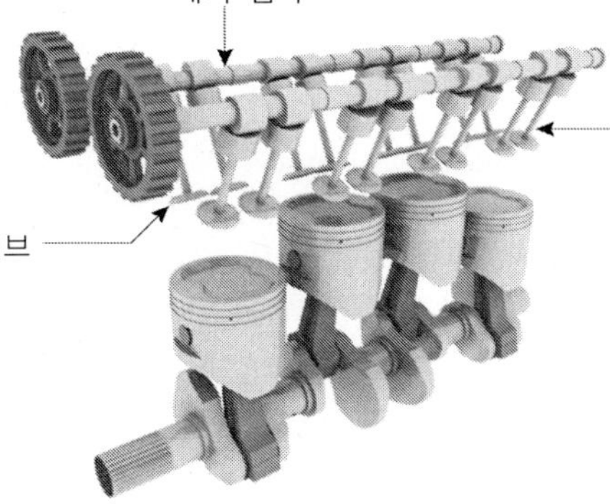

멀티밸브 기관에 사용되는 크로스플로우 방식

(10) 밸브타이밍 가변제어 타이밍장치(VVTS : Variable Valve Timing System)

1) 밸브타이밍 가변제어 타이밍장치 개요

자동차 운행 중에 회전대역에 따라 흡기나 배기 밸브의 개폐 타이밍이나 개폐량, 개폐시간을 바꿀 수 있게 한 기구이다. 즉, 기관의 회전속도가 높은 곳과 낮은 곳에서는 최적의 밸브 타이밍이 다르기 때문에 흡기 밸브는 회전속도가 낮은 곳에서는 느리게, 고속 회전에서는 빠르게 열리도록 하는 것이 바람직하다. 따라서 흡기측의 캠 스프로킷에 유압으로 작동하는 스위치를 두어 기관의 회전속도가 일정 속도 이상이 되면 캠 샤프트를 조금 회전시켜 캠이 흡기 밸브를 빠르게 누르게 한다. 이것이 밸브타이밍 가변제어 타이밍장치(VVTS)이다.

2) 가변제어 타이밍 사용목적

① 유해 배출 가스를 감소시킬 수 있다.
② 연료소비율을 향상시킬 수 있다.
③ 기관의 성능을 향상시킬 수 있다.
④ 공전 운전을 안정시킬 수 있다.

3) 가변제어 타이밍 종류

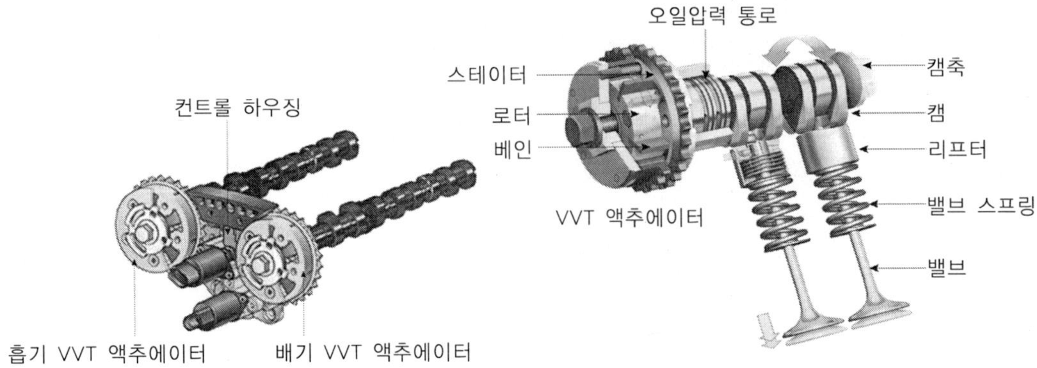

VVT 구조

① VVT(Variable Valve Timing)

㉠ 밸브 타이밍과 밸브 개폐 기간 모두를 변화시킬 수 있는 시스템이다.

㉡ 캠축은 흡기밸브와 배기밸브에 대하여 3개의 돌출부를 가지고 있는 시스템이다.

㉢ 로커암은 내장된 유압 피스톤을 가지고 있으며, 돌출부의 형상이 서로 달라 개폐기간 차이가 생기는 특징을 가지고 있다.

㉣ 중앙 캠 돌출부는 고회전을 위한 것이고, 첫 번째와 두 번째의 캠 돌출부는 저 회전을 위한 기능을 하는 시스템이다.

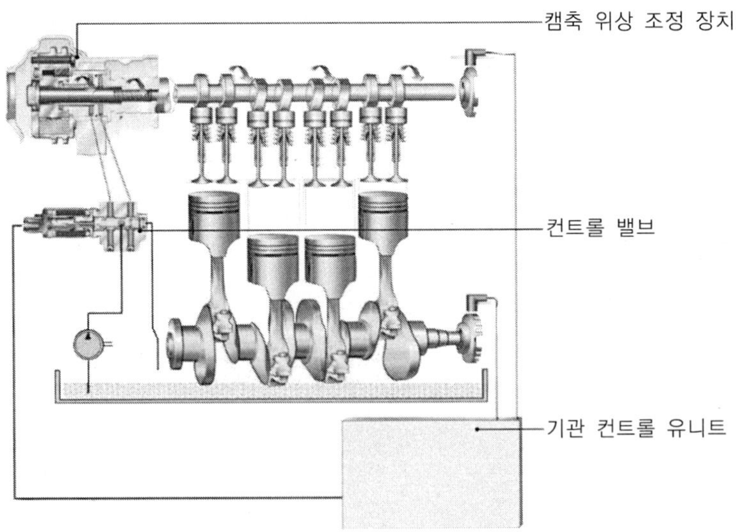

VVT 작동도

② CVVT(Continuously Variable Valve Timing)

기관 회전수와 액셀러레이터가 열린 정도에 따라 밸브의 개폐 타이밍을 연속적으로 바꿀 수 있는 시스템이다. 기본 구성은 캠 샤프트가 연결되어 있는 내축 챔버와, 타이밍 시스템(체인, 벨트 등)과 연결되어 기관으로부터 동력을 받는 외장 시스템, 현재의 타이밍을 측정할 수 있는 센서류, 그리고 조절 장치로 구성된다. 기어와 벨트로 연결되어 돌아가는 와중에 벨트는 그대로 돌아가면서 그 안에서 오일을 통한 유압을 통해 캠축을 살짝살짝 앞으로, 뒤로 돌려서 타이밍을 조절하는 방식이다. 구간뿐 아니라 열리는 깊이도 조절한다.

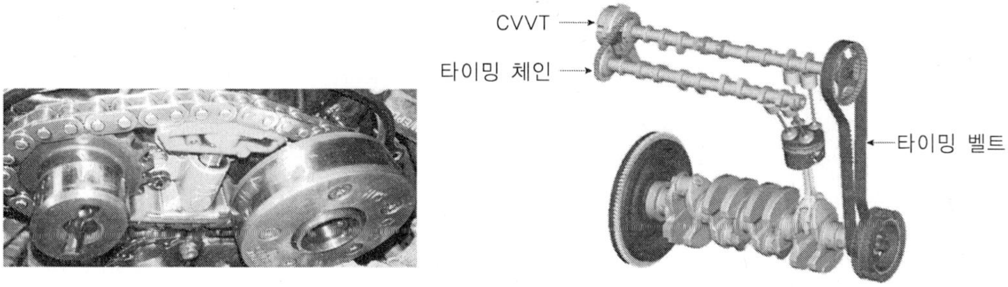

CVVT

③ CVVL(Continuously Variable Valve Lift)

CVVT와 달리 CVVL은 밸브가 열리는 타이밍뿐만 아니라 리프트가 얼마만큼 열리는지까지 바꿔주어 기관 회전수 및 차량 부하 상태에 따라 밸브 리프트를 연속 가변적으로 제어하여 최적의 흡입 공기량을 제공하는 장치이다. 기관 실린더 헤드의 흡기 캠과 밸브 사이에 장착되며 캠 샤프트의 동력을 전달받아 기관 회전 속도에 따라 흡기밸브의 리프트 양을 연속 가변적으로 제어하야 기관 성능 및 효율을 향상시킬 수 있으며, 연비 향상 및 배기가스 청정화에 기여한다.

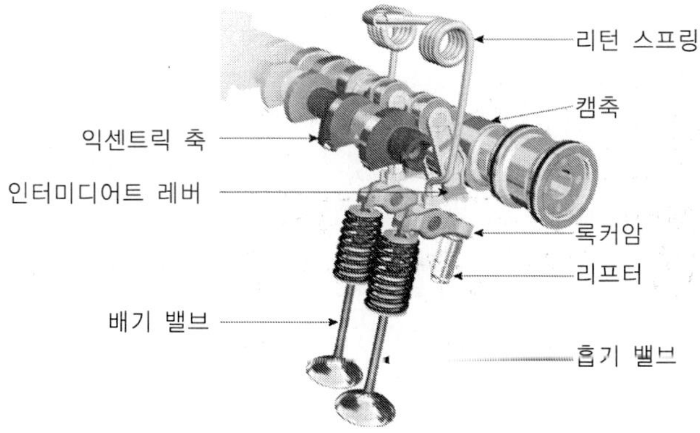

CVVL 구성품

④ CVVD(Continuously Variable Valve Duration)

밸브의 열림, 닫힘, 개폐시간을 독립적으로 제어할 수 있는 기술이다. 이것은 성능과 연비를 모두 향상시킨다. 밸브 듀레이션은 밸브가 열려있는 기간을 뜻하며, 듀레이션이 길다는 것은 밸브가 오랫동안 열려 있다는 것이고, 듀레이션이 짧다는 것은 밸브가 짧은 시간 동안만 열리는 것이다.

기관을 설계할 때 듀레이션이 결정되면 그 시간은 바꿀 수 없었다. 이런 이유로 성능과 효율을 모두 향상시키는데 제한이 있었다. 아킨슨 엔진처럼 흡기 듀레이션을 일반 기관보다 길게 설계할 수 있다면 연비가 좋아지나, 이런 방식은 기관의 성능이 떨어지는 단점을 갖고 있다. 기관 운전 조건에 따라 기존 아킨슨 기관보다 더 긴 밸브 듀레이션을 사용할 수 있어 연비가 더 우수하고, 특정 조건에서는 기존 일반 기관보다 더 짧은 밸브 듀레이션을 사용하여 성능을 개선할 수 있다.

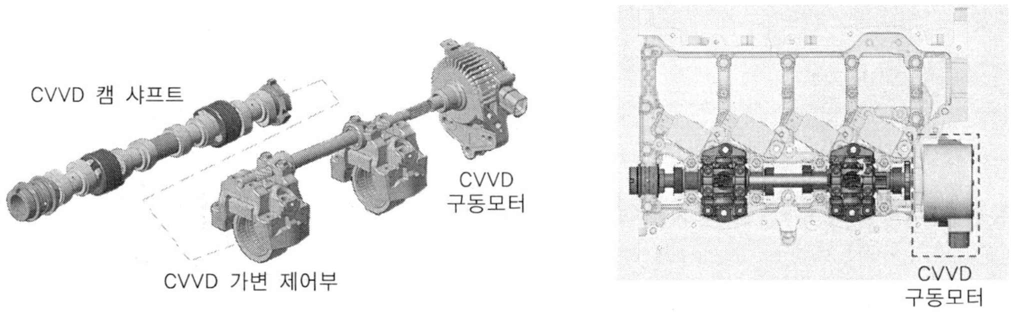

CVVD 구성품

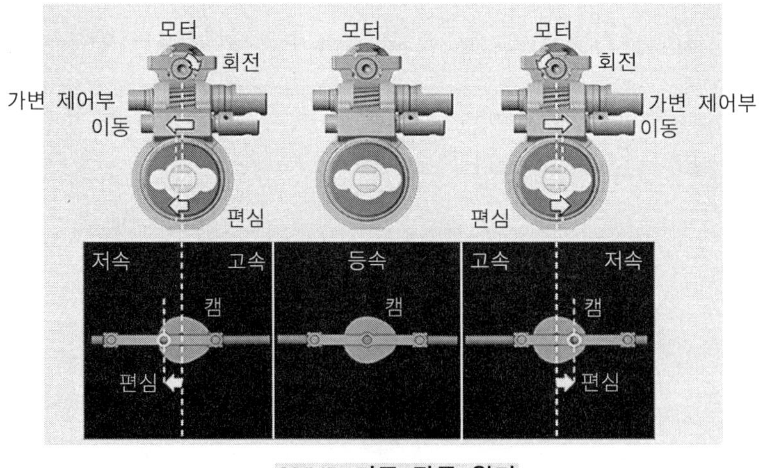

CVVD 기구 작동 원리

CVVT는 밸브 듀레이션이 고정된 상태에서 밸브 타이밍을 최적화하기 때문에 밸브의 열림 시점과 닫힘 시점이 적절히 절충된 밸브 타이밍으로 설계된다. 반면에 CVVD는 기관의 운전 조건별로 최적의 밸브 타이밍을 실현하는 기술이다. CVVD는 CVVT보다 연비를 더욱 더 향상할 수 있다. 또한 CVVD는 배출가스를 저감하는데 최적화된 밸브 타이밍도 구현할 수 있어 환경 문제 개선에도 큰 도움이 된다. 동력 전달 경로는 캠샤프트 회전 → 휠 롤러(회전/슬라이딩) → 휠(회전) → 롤러캠(회전) → 캠(슬라이딩)순이다. 캠은 휠과 연결되어 있으며 휠의 속도에 따라 회전속도가 바뀐다.

08 캠축과 로커암축

(1) 캠축

1) 캠축의 개요

캠축에는 기관의 밸브 수와 같은 수의 캠이 배열되어 있고, 캠축은 캠을 구동시키는 축으로 흡·배기밸브가 서로 다른 위치의 각도로 배열되어 있고 캠과 일체로 단조 또는 주조된다. 일반적으로 크랭크축의 스프로켓 기어와 캠축의 스프로켓 기어가 서로 연결되어 있으며 실린더 헤드에 조립되어 지지되어 있다. 캠축은 보통 주철을 사용하며 캠의 면은 경화되어 있다. 또한 저탄소강이나 중탄소강을 화염 경화 또는 고주파 침탄법을 이용하여 경화시킨 것이 사용되기도 한다.

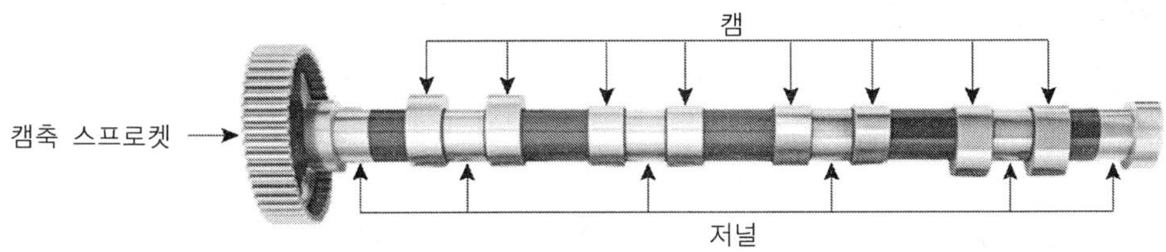

캠축의 구조

2) 캠

캠은 캠축과 일체로 주조 또는 단조 되어 있으며 재료는 내마모성이 강한 주철을 사용하며 캠의 표면을 경화시킨 것과 니켈크롬강의 단조품을 많이 사용하고 있다.

① 캠의 종류

㉠ 접선 캠(Tangential Cam)

접선 캠은 태핏과 닫는 캠의 측면이 직선으로 되어 있고 밸브의 개폐가 급격하여 가속도의 변화가 심하고 밸브시트에 큰 충격을 주므로 고속용 기관에는 적당치 않다.

㉡ 볼록 캠(Convex Cam)

일반적으로 자동차에는 이 형식이 많이 사용되며 캠의 측면이 원호로 되어 있어 원호 캠이라고도 한다. 이 형식은 비교적 제작이 용이하고 밸브기구의 충격이 접선 캠에 비하여 양호하여 많이 사용한다.

㉢ 오목 캠(Concave Cam)

밸브의 가속도가 일정하여 등가속도 캠이라고도 하며 육상용 대형기관에 사용되며 태핏과의 접촉면이 오목하여 태핏 끝이 둥글거나 롤러로 된 롤러 태핏과 조합하여 사용한다.

㉣ 비례 캠(Proportional Cam)

비례 캠은 볼록 캠의 일종으로 특정 회전수에서 밸브기구의 변형을 고려하여 제작된 것으로 캠의 가속도 변화를 원활하게 하여 밸브기구에 충격이 발생되는 것을 방지하는 작용을 하는데 밸브의 가속도가 크면 밸브운동의 속도가 빠르게 되어 관성력이 커지기 때문에 밸브기구의 각부 중량을 가볍게 하여 관성력의 영향을 적게 하거나 캠의 가속도 변화가 원활하게 이루어지도록 하기 위하여 캠에 필요한 변위를 주어야 한다.

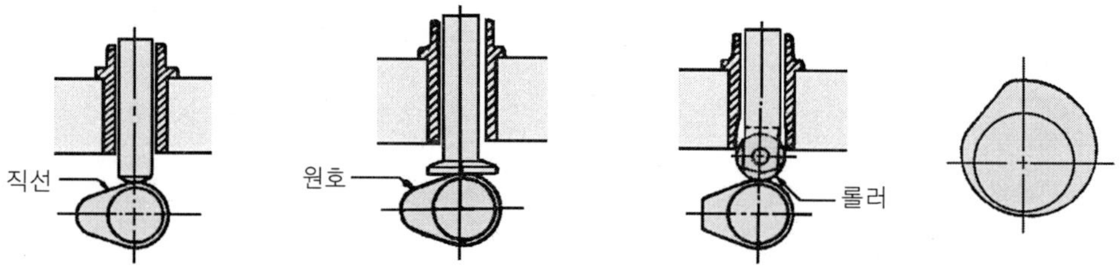

(a) 접선 캠 (b) 볼록 캠 (c) 오목 캠 (d) 비례 캠

캠의 결합상태 및 종류

② 캠의 각부 명칭

㉠ 기초원(Basic Circle)

캠의 기초가 되는 원이다.

㉡ 플랭크(Flank)

캠축이 회전하여 밸브가 열리는 시점에서 완전히 열리는 시점까지 캠과 태핏의 접선 부분을 말한다.

㉢ 노즈(Nose)

밸브가 완전히 열렸을 때 태핏과 접하는 부분으로 캠의 맨 윗면을 말한다.

㉣ 로브(Lobe)

밸브가 열리는 시작점에서 밸브가 완전히 닫히는 끝점까지의 직선거리를 말한다.

㉤ 양정(Lift)

밸브가 열리는 높이로 전체 캠의 높이에서 기초원을 뺀 값을 캠 양정이라 하며 흡기와 배기에 큰 영향을 미친다.

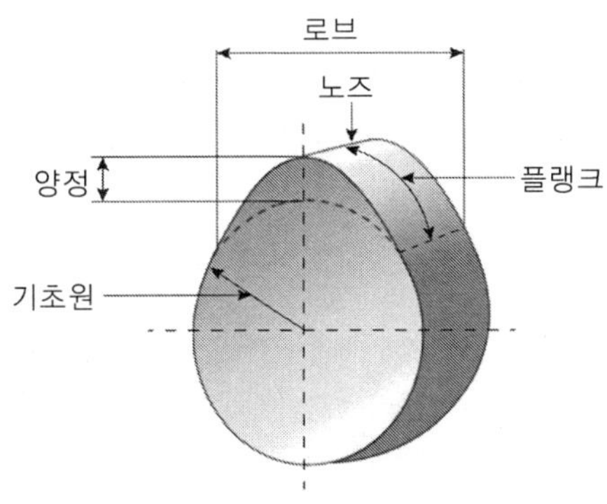

캠의 명칭

3) 캠축 구동방식(Cam Shaft Train Type)

① 기어 구동식(Gear Train)

크랭크축에 결합된 기어와 캠축에 결합된 기어가 기어비 1 : 2로 맞물려 돌아가 크랭크축 2회전에 캠축은 1회전하도록 되어 있다. 기어에는 회전이 원활하고 소음을 줄이기 위하여 헬리컬 기어를 주로 사용하며 크랭크축 타이밍기어는 크롬강 또는 저탄소 침탄강을 사용하며 캠축 타이밍 기어는 소음방지를 위하여 비금속 재질인 베클라이트(bakelite, 합성수지)를 사용한다.

기어 구동식

체인 구동식

② 체인 구동식(Chain Train)

캠축의 구동에 체인을 이용하는 형식으로 체인에는 사일런트 체인(silent chain)과 롤러 체인(roller chain)이 사용된다.

그러나 체인이 늘어나면 밸브 개폐시기가 틀려질 우려가 있으며 체인의 장력을 자동 조정하는 텐셔너(tensioner)나 체인의 헐거움을 바로잡는 댐퍼(damper)를 사용한다. 사일런트 체인은 스프로킷 치차인 이(齒)를 물고 회전하기 때문에 소음이 발생되지 않으며, 마디가 기어 이(齒) 모양으로 되어 있기 때문에 투드 체인(toothed chain)이라고도 한다.

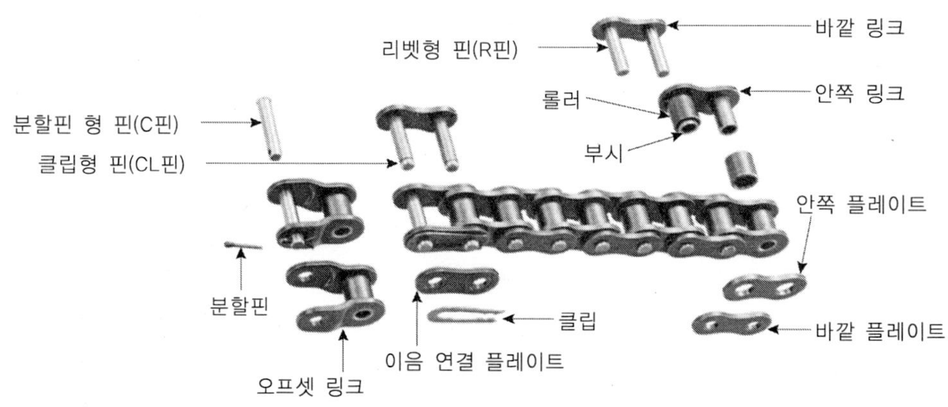

(a) 롤러 체인 구조

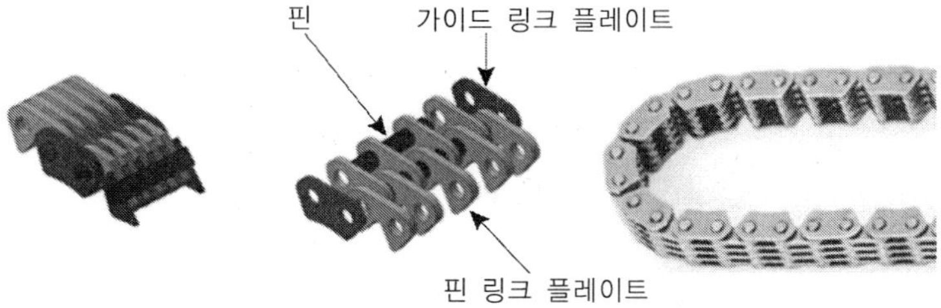

(b) 사일런트 체인

타이밍 체인

③ 벨트 구동식(Belt Drive Type)

크랭크축과 캠축에 스프로켓(sprocket)을 설치하고 타이밍 기어나 체인 대신에 벨트를 사용하여 캠축을 구동하는 방식으로서 캠축과 크랭크축의 축간거리가 긴 기관에 사용된다. 스프로켓의 재질은 강 또는 주철이 사용되고 양 스프로켓의 잇수비는 타이밍 기어와 같이 2 : 1이며, 합성 고무제의 벨트에는 기어 이(齒) 모양의 돌기가 있고 유리 섬유를 포함한 고무벨트로 구동될 때 스프로켓 홈에 벨트의 돌기가 맞물려 회전한다.

벨트 구동식은 벨트의 장력을 조정하는 텐셔너(tensioner)와 아이들러(idler)가 설치되어 밸브 개폐 시기가 틀려지지 않도록 한다. 벨트 구동식은 소음이 발생되지 않고 윤활이 필요 없으며, 벨트를 빼거나 끼울 때에는 손으로 작업할 수 있어 작업성이 높고 장기간 무교환식 벨트가 장착되기도 한다.

참고 **타이밍벨트 텐셔너(timing belt tensioner)**

타이밍벨트 텐셔너는 벨트 장력 하중과 스프링 장력과의 균형이 이루어지게 하여 타이밍벨트 장력이 일정한 상태로 조절되므로 밸브 타이밍을 정확히 맞추는 역할을 한다. 타이밍벨트 텐셔너는 기계식과 유압식이 있다.

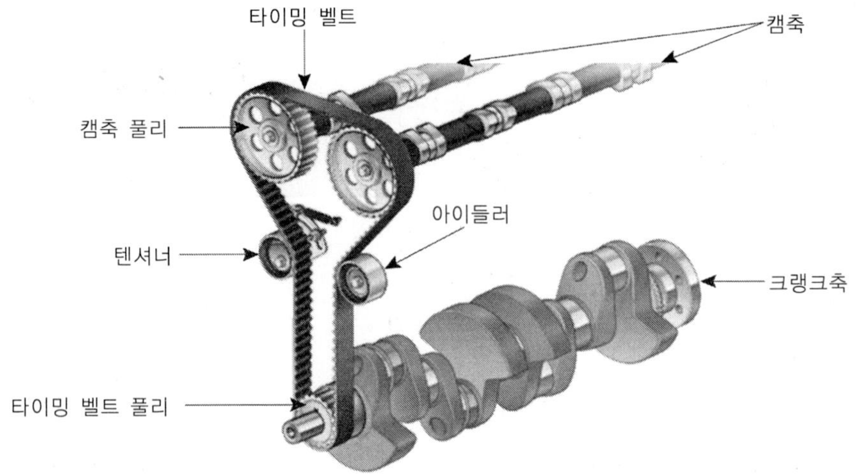

벨트 구동식

(2) 로커암축 어셈블리(rocker arm shaft assembly)

로커암축 어셈블리는 실린더헤드에 설치되어 로커암 축 위에서 로커암이 작동되어 밸브를 열어 주는 작용을 한다. 로커암은 강한 충격을 받으므로 단조강이나 주강 또는 알루미늄합금으로 만들어 밸브 또는 푸시로드와 접하는 부분을 경화처리되어 있다.

3 윤활장치(Lubrication System)

01 윤활장치의 개요

윤활장치는 기관 내부의 각 섭동부에 오일을 공급하여, 마찰 손실과 부품의 마멸을 최소화하여 기계효율을 향상시키고, 기관 수명을 연장시켜 주는 역할을 한다. 윤활장치는 기관오일을 보관하는 오일 팬과 오일을 압송시키는 오일펌프, 오일의 불순물을 걸러주는 오일필터, 기관 각부에 오일을 전달하는 통로인 오일갤러리로 구분할 수 있다.

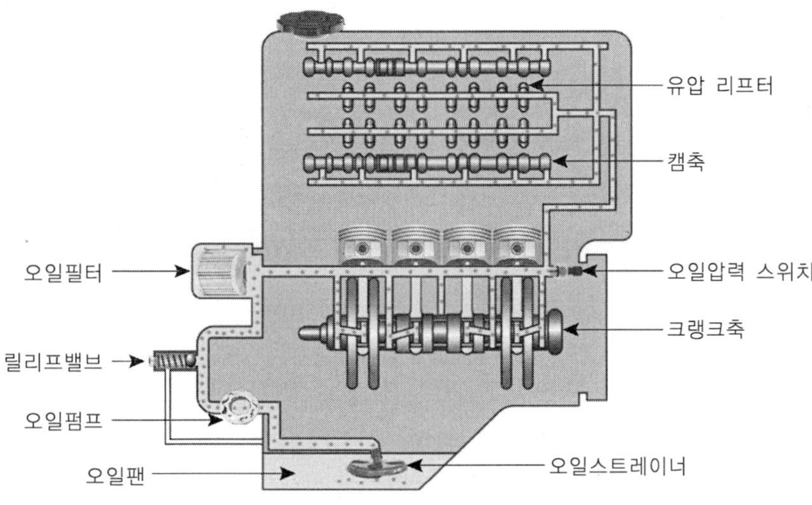

윤활장치의 구조

02 마찰의 분류

① 건조마찰(Dry Friction)

이 마찰은 고체마찰(solid friction)이라고도 부르며, 고체 표면 사이의 마찰로 상대 운동하는 두 물체의 마찰표면의 요철 부분이 서로 직접 접촉하여 발생하는 마찰로서 그 사이에는 유막이 전혀 없는 상태이다.

② 경계마찰(Boundary Friction)

이 마찰은 윤활이 이루어지고 있으나 부분적으로는 두 물체가 직접 접촉하기 때문에 발생하는 것으로, 액체 및 기체의 막이 부착된 상태(경계윤활)이다.

③ 혼합마찰(Mixed Friction)

혼합마찰은 접촉 표면의 돌기들의 간헐적인 접촉과 부분적인 유체윤활이 혼합되어 있는 마찰을 말한다.

④ 유체마찰(Fluid Friction)

유체마찰은 접촉면이 윤활제에 의하여 완전히 분리된 경우를 말한다. 이 경우에 접촉 표면에 걸리는 하중은 모두 접촉면의 상대운동에 의해 발생되어지는 유압(유체 윤활)에 의하여 지지되게 된다.

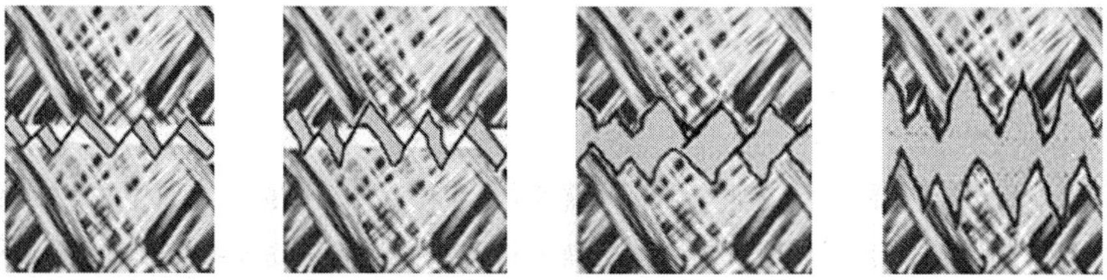

(a) 건식마찰 (b) 경계마찰 (c) 혼합마찰 (d) 유체마찰

마찰의 분류

03 윤활유

(1) 윤활유의 작용

감마 작용, 밀봉 작용, 냉각 작용, 세척 작용, 방청 작용, 응력 분산 작용이 있다.

(2) 윤활유의 구비조건

① 점도가 적당할 것

② 점도 지수가 커 온도와 점도와의 관계가 적당할 것

③ 인화점 및 자연 발화점이 높을 것

④ 강인한 윤활유 막을 형성할 것(유성이 좋을 것)

⑤ 응고점(凝固點)이 낮을 것
⑥ 비중이 적당할 것
⑦ 기포 발생 및 카본 생성에 대한 저항력이 클 것
⑧ 열과 산에 대하여 안정성이 있을 것

(3) 윤활유 첨가제

① 산화방지제(Anti Oxidant)
② 점도 지수 향상제(Viscosity Index Improver)
③ 유동점 강하제(Pour Point Depressant)
④ 청정 분산제(Detergent Dispersant)
⑤ 부식 방지제(Anti - Corrosives Corrosion Inhibitor)
⑥ 극압제(Extreme Pressure Additives)
⑦ 유성 향상제(Oiliness Agent)
⑧ 기포 방지제(Anti Farmer)
⑨ 유화제(Emulsifier)
⑩ 마찰 조정제(Friction Modifier)

(4) 윤활유의 성상

1) 점도(Viscosity, 점성계수)

점도는 유체의 흐름에 대한 저항성으로, 점성율, 점성계수라고도 말하고, 그 유체의 종류, 온도에 따라서 변화한다.

① 세이볼트초 점도(SUS : Saybolt Universal System)

세이볼트 초는 짧은 모세관을 통하여 일정한 체적 V = 60cc가 흐르는데 요하는 시간을 측정하여 동점성계수의 척도로 삼는다.

② 앵귤러 점도(Angular Viscosity)

20℃의 물을 200cc가 흐르는데 52초가 소요되는 유출구 에서 동일한 량의 액체를 통과시켜 측정하는 방법

③ 레이우드 점도(Redwood Viscosity)

60°F의 탭오일 50cc가 유출시간 35초가 소요되는 유출구멍을 통해 측정 유체를 유출시켜 초로 나타내는 측정법

④ 낙구식 점도계(Fallingball Viscometer)

액체 속에 고체 구를 낙하시켜 속도를 측정하는데 이것이 낙구식 점도계이다.

2) 점도 지수(Viscosity Index)

점도 지수(viscosity index)는 온도에 대한 기름의 점도 변화의 크기를 보여주는 것으로 지수의 큰 것만큼 점도 변화는 작고 윤활유로서 저온에서 고온까지의 넓은 조건에 있어 양호한 점도의 특성을 얻는 것이 가능하게 되어 사용하기 쉬운 것이라 할 수 있다.

3) 유동점(Pour Point)

윤활유의 내한성을 보여주는 것이다. 유동점(pour point)이란 증류를 분류할 때 사용되는 특정치로서 응고 온도보다 2.5℃ 높은 온도를 말한다. 윤활유가 응고해버리면 기관의 시동 시 크랭킹에 큰 힘이 필요한 한편 각 섭동부에 기름을 공급하는 것이 안 되고, 눌어붙기 등의 문제를 발생하게 되어 유동점은 낮은 편 이 바람직하다.

4) 유성(Oil Ness)

윤활유의 흡착성이나 유막 유지의 우열을 정하는 물리, 화학적 성징을 유성이라 한다.

5) 인화점 및 발화점 (Flash Point & Fire Point)

인화점이라고 하는 것은 윤활유가 지속 가열되어 발생한 증기에 점화가 가능한 최저 온도를 의미하며, 발화점은 순간적인 점화가 아닌 지속적으로 점화가 가능한 최저 온도를 의미한다.

6) 전산가(TAN : Total Acid Number)

오일 중에 포함되어 있는 산성 성분의 양을 나타내며 윤활유 1g 중에 포함되어 있는 산성 성분을 중화시키는데 필요한 수산화칼륨(KOH)의 양을 ㎎으로 나타낸 것이다.

7) 전염기가(TBN : Total Base Number)

오일 중에 포함되어 있는 염기 성분의 양을 나타내며 윤활유 1g 중에 포함되어 있는 염기 성분을 중화시키는데 필요한 수산화칼륨(KOH)의 양을 mg으로 나타낸 것이다.

8) 산화안정성(Oxidation Stability)

고온에 접촉하였을 때 윤활유는 산화하게 되는데 이에 저항하는 윤활유의 능력을 의미한다. 특히 기관 오일에서 제품의 수명 및 보관 기간을 판단하는데 중요한 요인이다.

(5) 윤활유 분류

1) SAE 분류

SAE(society of automotive engineers, 미국 자동차 기술협회)에서 윤활유를 점도에 따라 분류한 것으로 SAE번호로 표시하고 있는데 숫자가 클수록 점도가 높다. 특히 겨울용은 SAE 10W와 같이 W를 붙이는데 이것은 겨울용(winter)을 의미하며 -18℃에서 점도를 측정한다. SAE에서는 윤활유를 점도에 따라 SAE 5W, SAE 10W, SAE 15W, SAE 20W, SAE 20, SAE 30, SAE 40, SAE 50 등으로 분류하고 있다. 아래 표는 예상되는 대기 온도에 따른 사용 가능한 점도를 표시하고 있다.

대기온도에 따른 점도분류

최저 대기온도	단급 윤활유	다급 윤활유
32℉(0℃)	20, 20W, 30	10W - 30, 10W - 40, 15W - 40, 20W - 40, 20W - 50
0℉(-18℃)	10W	5W - 30, 10W - 30, 10W - 40, 15W - 40
-15℉(-26℃)	10W	10W - 30, 10W - 40, 5W - 30
*-15℉(-26℃) 이하	5W*	*5W - 20, 5W - 30

* SAE 5W 및 5W - 20급 윤활유는 고속운전에 적합치 않음

2) API 분류

이 분류는 API(american petroleum institut, 미국 석유협회)에서 제정한 것으로 윤활유가 사용될 운전 조건에 따라 분류한 것이다. 가솔린 기관용은 ML(motor light), MM (motor moderate), MS(motor severe)의 3등급이고 디젤 기관용으로 DG(diesel general), DM(diesel moderate), DS(diesel severe)의 3등급이 있다. 이를 정리하면 다음의 표와 같다.

API분류법

기관구분	용도구분	기관의 사용상태
가솔린용	ML	경제속도로 운행하면서 부하변동이 거의 없는 경우
	MM	빈번한 발차와 정지를 제외한 보통조건에서 사용
	MS	고온, 고부하 등으로 유온이 높고 산화가 격렬히 일어나는 가혹한 조건에서 사용
디젤용	DG	황분이 적은 연료를 사용하고 적당한 부하의 경우
	DM	보통등급의 연료를 사용하고 어느 정도 부하를 받을 때
	DS	고온, 고부하, 발차 및 정지가 빈번한 가혹한 조건

3) SAE 신분류

SAE는 ASTM, API와 공동으로 사용 조건에 따른 새로운 분류 방식으로 S-class와 C-class로 구분한다.

S-class는 가솔린기관용이며 이때 S의 의미는 불꽃 점화방식(spark ignition)의 S이며 자동차의 생산년도에 따라 SA, SB, SC, SD, SE, SF, SG, SH, SJ, SL, SM 등급까지 표기되어 있고, 2011년 이후 SN 등급이 추가되었고, 현재는 SJ 등급 이상만 사용되고 있다. 최신의 등급은 하위 등급의 기준을 만족하고 알파벳순으로 최신 등급을 의미한다. C-class는 디젤 기관용이며 C의 의미는 압축 착화 방식(compression ignition)의 C이며 자동차의 생산년도에 따라 CA, CB, CC, CD, CD-Ⅱ, CE, CF, CF-2, CF-4, CG-4, CH-4(1998년 도입), CI-4(2002년 도입), CJ-4(2006년도입)등급까지 표기되어 있다. 현재는 CF 등급 이상만 사용되고 있다. 역시 알파벳 순서로 최신 등급이 설정되고 최신 등급은 하위 등급의 기준을 만족하고 알파벳의 순서가 높으면 높을수록 품질이 우수하다는 것을 의미한다.

04 윤활장치

윤활장치는 오일 스트레이너에서 흡입된 오일은 크랭크축에 설치된 오일펌프에서 압력이 가해진다. 이때 오일펌프 출구에 설치된 압력 조절 밸브(릴리프 밸브)에서 최고 압력이 5~6kgf/cm^{2}로 제한되며 실린더 블록에 있는 오일 통로를 통하여 오일 필터에서 미세한 불순물을 여과한다. 오일 필터에서 나오는 오일은 오일 쿨러를 통하는 동안 적절한 점도로 유지되어 크랭크축, 피스톤, 캠축, 밸브기구, 그리고 터보차저를 윤활하고 다시 오일 팬으로 복귀한다.

한편, 오일펌프를 사용하여 윤활유를 강제로 미끄럼운동 부위로 공급하는 방식을 압력식이라 하며, 크랭크축에 주걱을 설치하여 크랭크축의 회전에 의해 오일팬 내의 윤활유를 실린더 벽에 뿌리는 비산식이 있다. 자동차 기관은 고속·저부하 상태에서 운전되기 때문에 비산식과 압력식을 조합한 비산압력식을 사용한다.

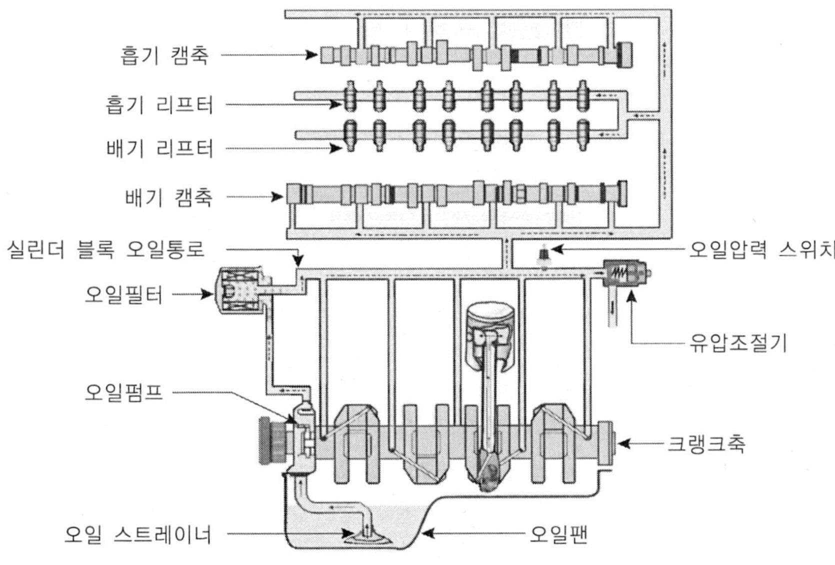

윤활경로

(1) 오일팬(Oil Pan)

1) 오일팬 개요

오일 팬은 실린더 블록에 개스킷을 사이에 두고 볼트로 결합되어, 오일을 저장하는 역할을 하는 동시에 외부에 있는 공기와의 접촉을 통하여 어느 정도 냉각 작용을 하고 있다.

2) 오일팬 구성

구성은 본체, 기관이 기울어졌을 때에도 오일이 충분히 고여 있도록 하는 섬프(sump), 급제동 또는 급선회시 언덕을 주행할 때 오일 유동으로 인해 오일이 비는 것을 방지하여 밑바닥에 오일이 고여 있도록 해 오일 스트레이너가 공기 중에 노출되어 윤활작용이 불량해지는 것을 방지하는 배플(baffle plate, 칸막이), 오일을 교환할 때 배출시키는 드레인 플러그(drain plug)의 등으로 되어 있다.

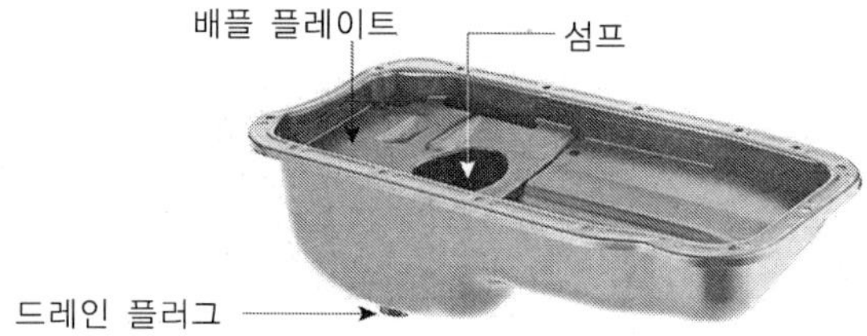

오일팬 구성

3) 오일팬 재질

재질은 주로 강철판을 프레스 가공하여 사용하고 있으나 최근에는 알루미늄 합금 또는 열가소성 플라스틱 복합재로 제조한다.

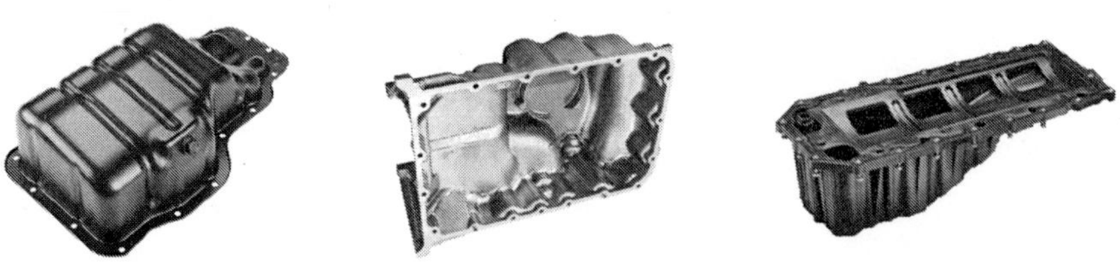

(a) 강철판 (b) 알루미늄 (c) 플라스틱 복합재

오일팬 종류

(2) 오일 쿨러(Oil Cooler)

기관은 작동 시 연소에 의한 높은 열과 기관 각 부의 마찰에 의한 열을 받으며 이에 따라 오일의 온도 또한 증가하며, 오일의 온도는 기관 정상 온도인 85℃ 이상 넘지 않는 것이 좋다. 만약 오일의 온도가 120℃ 이상이 되면 오일의 윤활성이 급격히 저하하므로 일부 기관에서는 오일 쿨러를 설치하여 알맞은 오일의 온도를 유지한다.

오일 쿨러는 크게 냉각 방식에 따라 기관 블록에 장착되는 수냉식과 차량 전면부 또는 라디에이터 아래 탱크 내부 장착부에 설치되는 공랭식으로 구분할 수 있다.

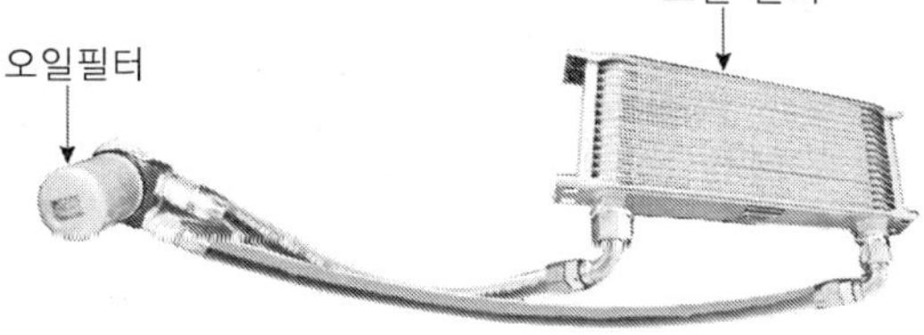

공랭식 오일 쿨러

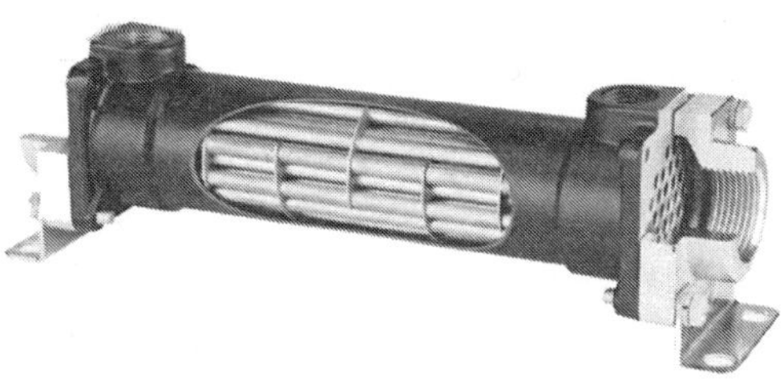

수냉식 오일 쿨러

(3) 오일펌프(Oil Pump)

오일펌프는 윤활 장치의 심장부에 해당한다. 펌프 속도가 증가하면 증가할수록 유량과 유압이 상승하며, 유압이 너무 낮아도 미끄럼 운동 부위까지 오일 공급이 안 되며, 반대로 유압이 너무 높으면 형성되어 있는 윤활막이 파괴된다. 따라서 적정한 유압은 가솔린 기관은 2~3kgf/cm^2 정도이고 디젤 기관은 3~4kgf/cm^{2}이다. 사용되는 오일펌프에는 로터리 펌프, 내접 기어 펌프, 외접 기어 펌프, 베인 펌프, 플런저 펌프 등이 있다.

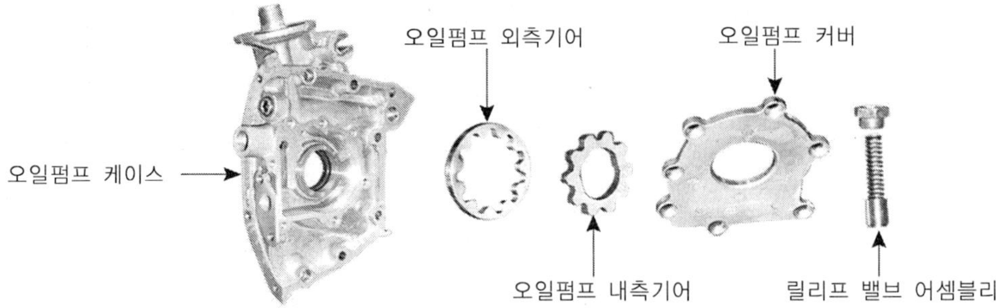

오일펌프 구성

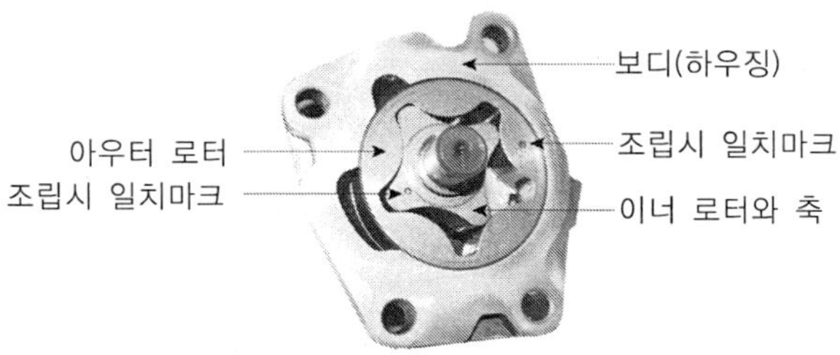

로터리 펌프그림

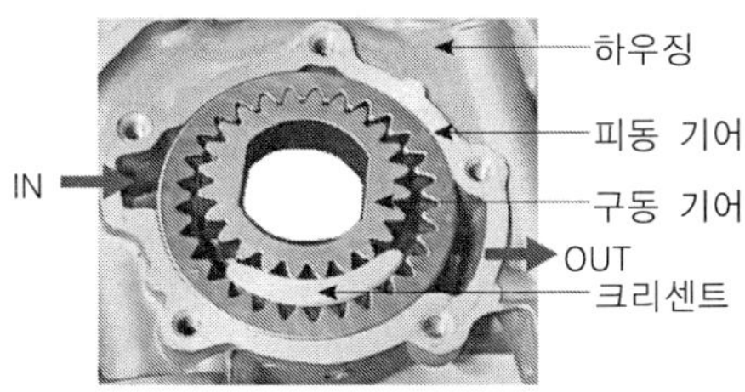

내접 기어 펌프

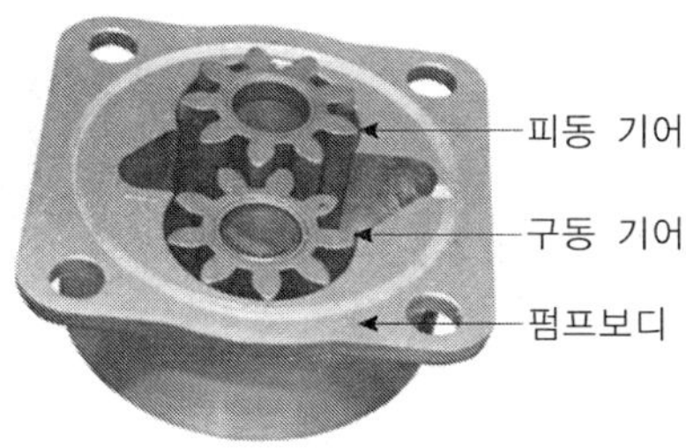

외접 기어펌프

베인펌프의 구조

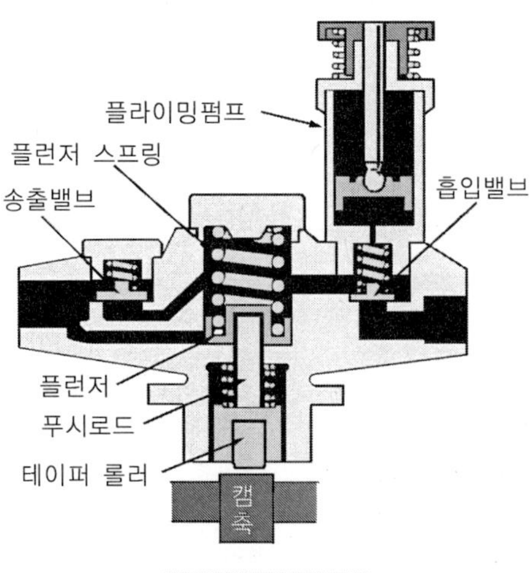

플런저펌프 구조

전자제어 연속 가변 오일펌프(VVP : Variable displacement Vane Pump)는 오일펌프의 출구 압력으로 오일 유량을 제어함으로써 운전조건에서 필요 이상의 오일을 내뿜어 연비를 감소시키는 것을 개선할 수 있다. 솔레노이드 밸브를 이용하여 고속 RPM 영역에서 불필요한 펌프의 부하를 줄이고 오일 압력을 저압으로 제어하여 냉간 저속 영역에서의 쿨링젯 분사 중지가 가능하여 연소실 온도 향상을 통한 연비 및 배출가스를 개선한다.

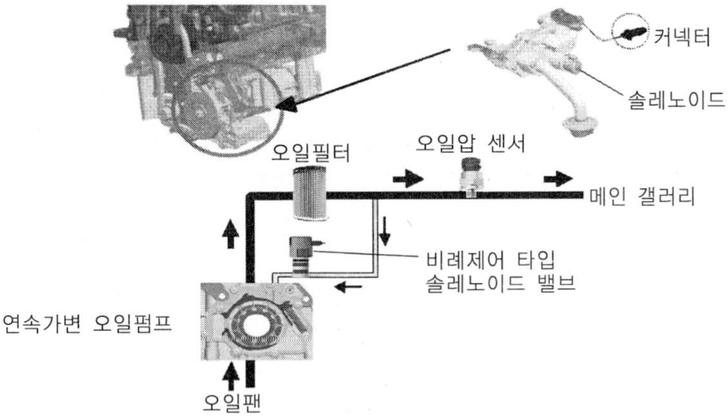

연속가변 오일펌프 오일압 제어 시스템

(4) 오일필터(Oil Filter)와 여과방식

1) 오일필터

오일필터는 기관 각 부의 마찰 부분에서 발생한 금속분말이나 또는 연소에 의해 발생된 카본 및 기타 이물질을 여과하여 기관에 공급되는 오일을 항상 깨끗하게 유지한다.

오일여과기 구조

오일여과기는 케이스와 여과 엘리먼트로 되어 있으며 구조에 따라 엘리먼트만 교환하는 엘리먼트 교환식과 엘리먼트와 케이스가 일체로 되어있는 카트리지 식이 있다.

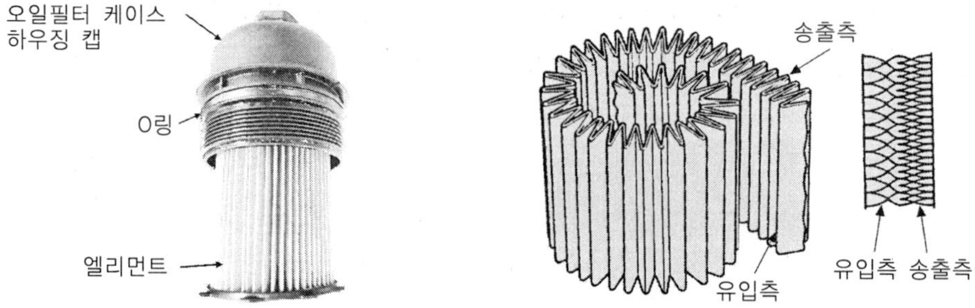

엘리먼트 교환식 오일여과기

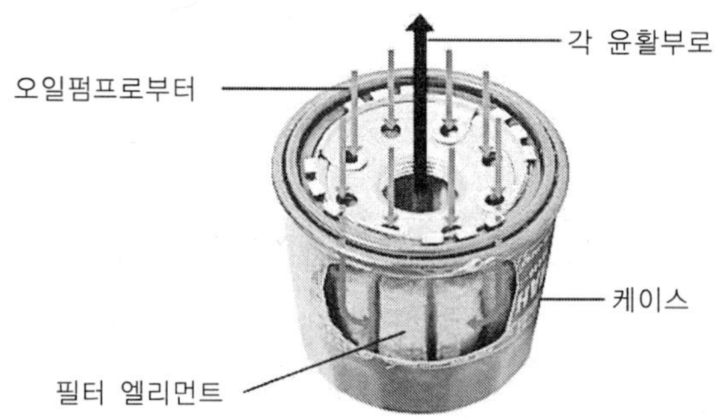

카트리지식 오일여과기

필터가 정상적으로 작동할 때는 바이패스 밸브가 닫힌 상태에서 오일이 필터 외부에서 내부로 흘러 들어가면서 불순물을 여과한다. 한편, 필터가 막혔을 때 바이패스 밸브를 통하여 바이패싱 된다.

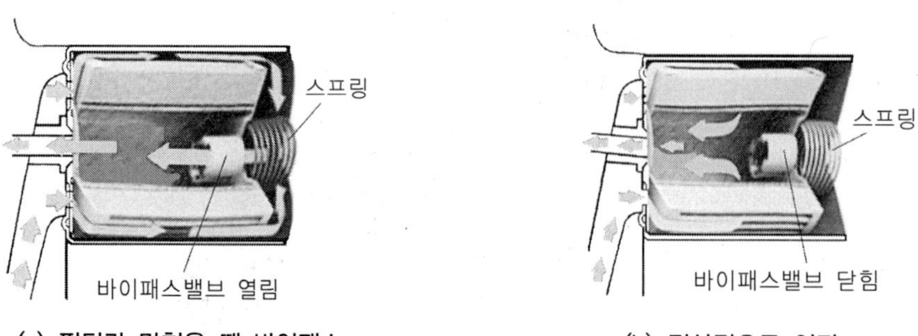

(a) 필터가 막혔을 때 바이패스　(b) 정상적으로 여과

오일필터를 통한 오일의 흐름

2) 여과방식

윤활유는 미끄럼 운동부위에 공급하는 방식에 따라 전류식, 분류식, 샨트식으로 분류한다.

① 전류식(Full Flow Filtering)

전류식은 미끄럼 운동 부위로 공급되는 윤활유를 모두 필터로 여과하여 공급하는 방식이다.

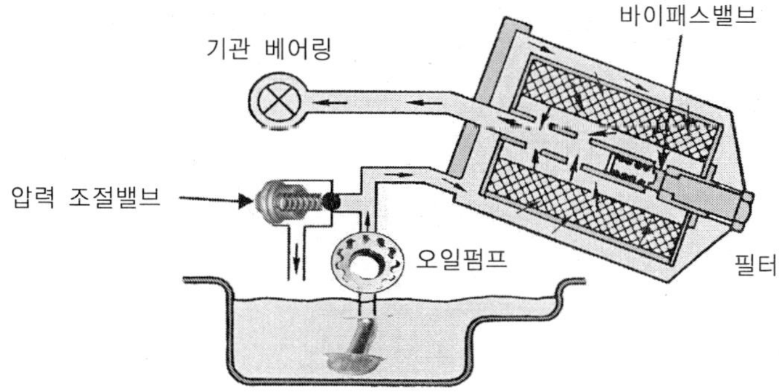

전류식 여과 장치

② 분류식(By-Pass Filtering)

분류식은 오일펌프에서 가압된 오일을 미끄럼 운동 부위로 바로 공급하고, 필터를 통과하는 오일을 오일 팬으로 보내는 방식이다.

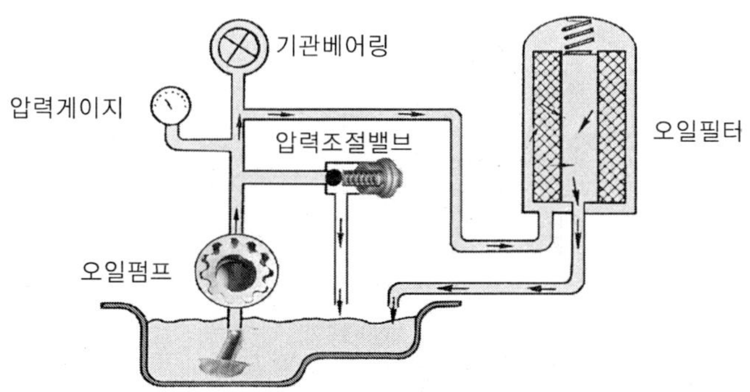

분류식 여과 장치

③ 샨트식

샨트식은 전류식과 분류식을 결합한 형태로서 미끄럼 운동 부위에 공급되는 윤활유의 일부는 필터를 통과하고 나머지는 필터를 바이패스하여 공급된다.

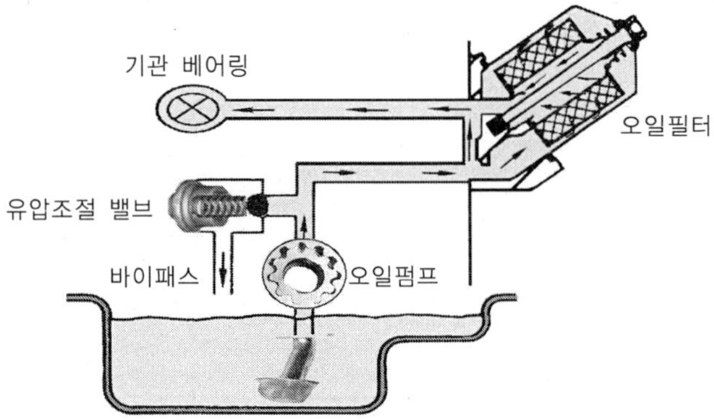

샨트식 윤활 장치

3) 커넥팅로드를 통한 윤활 장치

커넥팅로드 대단부에 오일 분출구멍이 있어 여기에서 분출되는 오일에 의해 피스톤 보스 부위, 피스톤, 실린더 벽의 윤활을 보조하고 냉각 작용을 하고 있다. 커넥팅로드에는 피스톤 핀 저널에 오일을 공급하기 위한 오일 공급 구멍이 있는 피스톤도 있다.

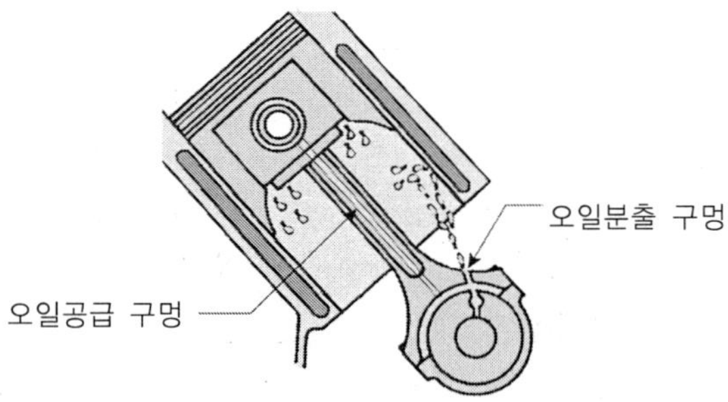

커넥팅로드를 통한 윤활 장치

(5) 오일 스트레이너(Oil Strainer)

오일 스크린(Oil screen)이라고도 하며, 오일 팬 내의 오일을 펌프에 유도하고 동시에 오일펌프에 흡입되는 기관 오일 안의 큰 이물을 제거하기 위한 그물(mesh)모양의 여과장치이다.

오일 스트레이너

(6) 유압 조절 밸브(Relief Valve, 릴리프 밸브)

윤활 회로 내의 압력이 과도하게 상승되는 것을 방지하여 최고 유압을 조정하는 작용을 한다. 릴리프 밸브는 윤활 통로에 과도한 압력이 걸리게 되면 릴리프 플런저는 스프링 힘을 이기고 이동하여 과도한 압력만큼의 오일을 오일 팬으로 복귀시킨다. 유압의 조정은 조정 플러그(adjust plug)를 조이거나 늦추어 밸브 스프링 세기를 조정하여 규정 압력으로 조절한다. 일반적으로 기관에 작동되는 오일압력은 가솔린기관은 2~3kgf/cm^2, 디젤기관은 3~4kgf/cm^2 정도로 되어 있다.

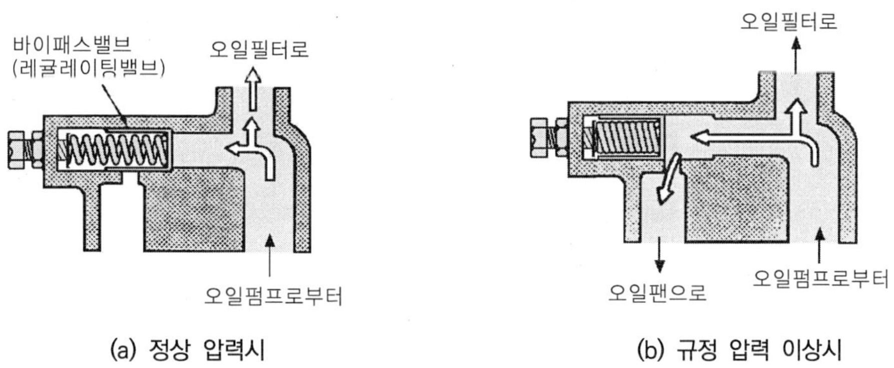

유압조절기의 작동

1) 유압이 낮아지는 원인

① 베어링의 오일간극이 클 때

② 오일펌프가 마멸되었거나 회로 내에서 윤활유가 누출될 때

③ 오일 팬 내의 윤활유 양이 부족할 때

④ 유압조절밸브 스프링의 장력이 너무 약하거나 절손되었을 때

⑤ 윤활유의 점도가 너무 낮을 때

⑥ 윤활유에 연료 등의 유입으로 현저하게 희석되었을 때

2) 유압이 높아지는 원인

① 윤활유의 점도가 높을 때

② 윤활 회로의 일부가 막혔을 때

③ 유압조절밸브의 스프링 장력이 클 때

(6) 기관 오일의 점검과 유압계

1) 기관 오일의 점검

기관 오일양은 기관이 정지된 상태에서 차체가 수평 되고 기관을 시동하여 난기운전 시킨 후 정지 시킨 후 미끄럼 운동 부위의 오일이 오일 팬으로 되돌아온 후에 측정한다. 유면표시기를 빼서 묻은 오일을 깨끗이 닦아낸 후 다시 끼운다. 다시 유면표시기를 빼어 오일이 묻은 부분을 확인하여 "F"선 가까이 있나 확인한다. 유면 표시기(dip stick)로 기관 오일을 점검할 때 오일 양이 F(full)와 L(low) 사이에 있어야 하지만 F선 가까이 있으면 좋다.

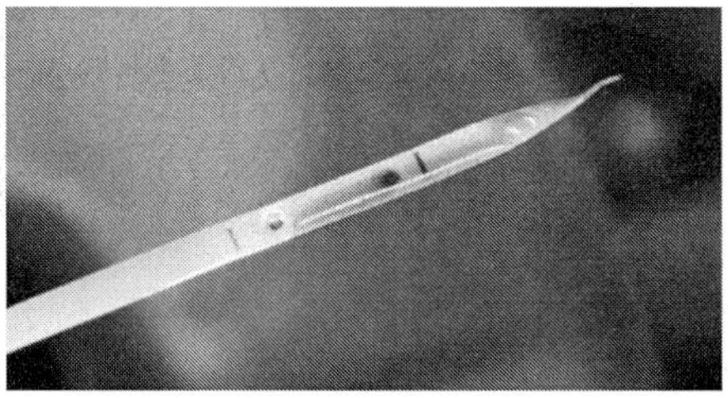

유면표시기(오일레벨 게이지)

2) 오일이 연소되는 원인

① 오일팬 내의 오일이 규정량보다 많다.

② 오일의 열화로 인하여 점도가 낮다.

③ 피스톤과 실린더와의 간극이 과다하다.

④ 피스톤 링의 장력이 불량하다.

⑤ 밸브 스템과 가이드 사이의 간극이 과대하다.

⑥ 밸브 가이드 오일실이 불량하다.

3) 오일이 누설되는 원인

① 크랭크축 오일실이 마멸되었거나 파손되었다.

② 오일펌프 개스킷이 파손되었다.

③ 로커암 커버 개스킷이 파손되었다.

④ 오일팬이 균열에 의해서 누출되고 있다.

⑤ 오일 여과기의 오일실이 파손되었다.

⑥ 기관의 오일이 소모되는 가장 큰 원인은 연소와 누설이다.

4) 기관 오일 교환 시 주의사항

① 기관에 알맞은 오일을 선택할 것

② 오일 보충 시에 동일 등급의 오일을 사용한다.

③ 재생 오일을 사용하지 않는다(재생 오일이란 사용하다가 빼낸 오일을 말한다).

④ 오일 교환 시기에 맞추어 교환한다.

⑤ 오일을 기관에 주입할 때 불순물이 유입되지 않도록 한다.

⑥ 오일량을 점검하면서 몇 번에 나누어 주입한다.

⑦ 점도가 서로 다른 오일을 혼합하여 사용해서는 안 된다(첨가제의 작용으로 오일의 열화가 촉진된다).

5) 오일압력 경고장치

오일압력 스위치는 기관 오일의 압력을 감시하는 역할을 한다. 주로 기관오일 통로가 자나가는 실린더블록에 설치된다.

오일압력 스위치

기관 오일이 부족하거나 오일펌프가 고장 나면 기관오일의 순환이 어려워지고 기관이 마모하거나 고착된다. 오일압력 경고장치는 오일 압력 스위치, 계기판의 경고 표시등으로 구성되어 있다. 기관의 유압이 규정압력 이상이 되면 오일이 오일 압력스위치의 스프링을 밀어 올리고 이때 접점이 OFF되어 경고 표시등은 소등하고, 반대로 오일압력이 낮아지면 스프링의 힘에 의해 접점이 ON되어 경고등이 점등된다.

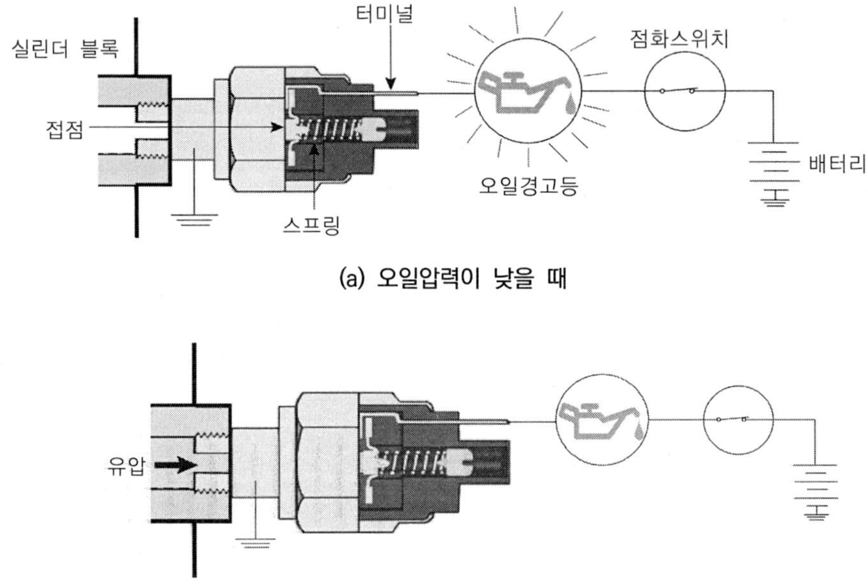

(a) 오일압력이 낮을 때

(b) 오일압력이 규정값 이상일 때

오일압력 경고등의 전기회로

4 냉각장치

01 냉각장치의 필요성

실제로 연소실에서 혼합기가 연소될 때 발생하는 연소열에 의해 연소실의 온도는 최고 2500℃까지 올라간다. 기관의 각부는 고온으로 인한 열팽창에 의해 변형이 크게 될 뿐만 아니라 고온으로 인하여 기관 오일의 점도가 너무 저하되면 윤활 성능이 상실되고 기관 오일이 연소되기도 한다.

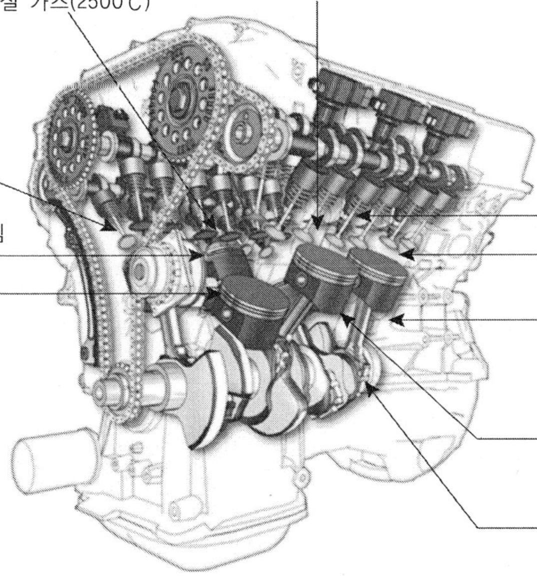

기관의 온도 분포도

기관이 과냉(overcooling)하면 불완전연소로 인하여 일산화탄소(CO), 탄화수소(HC)의 발생량이 증가하고 연료 소비율이 커진다. 이때 발생한 다량의 카본이 연소실 벽에 부착되어 열 점(hot spot)을 형성하여 조기 점화의 원인이 되며 연료 소비율도 증가한다. 반대로 기관이 과열(overheating)되었을 때는 피스톤 및 실린더 헤드가 변형되거나 노크를 유발하여 연료 소비율을 증가시키고 출력 저하를 초래한다. 이처럼 기관 과냉과 과열은 모두 연료 소비율을 증가시키고 출력 저하를 가져오므로 기관 온도를 적정 온도인 80~90℃로 제어할 필요성이 있다.

02 냉각장치의 분류

냉각장치의 형식에는 크게 공기에 의한 공랭식과 액체에 의한 수냉식, 그리고 두 가지를 혼합한 복합식으로 나눌 수 있다.

(1) 공랭식 냉각장치(Air Cooling Type)

공랭식 냉각방식은 기관을 직접 대기와 접촉시켜 열을 방출시키는 형식으로 실린더블록이나 헤드 외주에 냉각핀(cooling fin)을 설치하고 있으며 차량이 주행할 때의 공기로 냉각시키는 자연통풍식과 냉각팬(cooling fan)을 플라이휠 또는 크랭크축에 의하여 회전시켜 강제로 공기를 보내어 냉각시키는 강제통풍식이 있다. 공랭식 냉각장치는 냉각수의 보충, 누수, 동결 등의 염려가 없으며 수냉식에 비하여 그 구조는 간단하나 운전 상태에 따른 기관의 온도 변화가 발생하기 쉽고 균등한 냉각이 이루어지지 않아 과열되기 쉬운 단점이 있다.

공랭식 기관

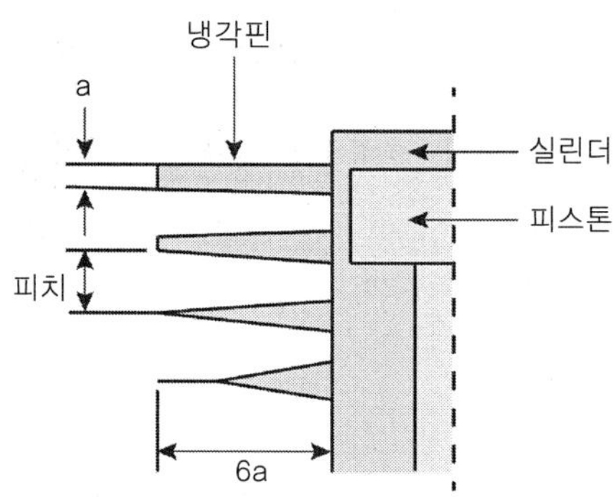

냉각핀 구성

(2) 수냉식 냉각장치(Water Cooling Type)

1) 냉각장치의 구성

수냉식 냉각 시스템은 다양한 장치로 이루어져 있다. 크게 블록과 헤드 내부에 냉각액이 지나가는 통로인 워터 재킷, 냉각수를 순환시키는 워터 펌프, 냉각수의 온도를 제어하는 서모스탯, 냉각수를 냉각시키는 라디에이터 시스템 및 냉각수를 기관에서 라디에이터로 전달하기 위해 호스로 구성된 배관과 추운 날 차량의 내부를 따뜻하게 하기 위해 고온 냉각수가 사용되는 자동차의 히터 코어로 구성된다.

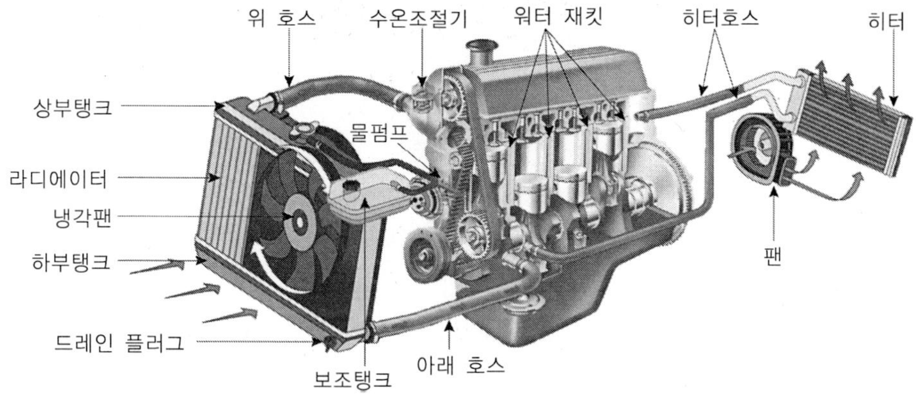

수냉식 기관

2) 냉각수 순환방식

① 자연 순환식(Natural Circulation Type)

자연 순환식은 물 펌프가 없이 냉각수 자체의 온도에 의한 대류현상에 의하여 순환시켜 냉각하는 방식으로 고성능 기관에는 부적합하여 자동차에는 거의 사용되지 않는다.

② 강제 순환식(Forced Circulation Type)

강제 순환식은 기관에 물 펌프를 설치하여 이 물 펌프에 의하여 실린더블록과 헤드에 설치된 물통로의 냉각수를 강제로 순환시켜 기관을 냉각하는 방식으로 냉각수의 순환이 빨라 기관의 냉각 효과가 크다.

③ 압력 순환식(Pressure Circulation Type)

냉각계통의 회로를 밀봉하고 냉각수가 가열되어 팽창할 때의 압력으로 냉각수를 가압하여 냉각수의 비등점(boiling point)을 높여 비등에 의한 냉각수 손실을 줄일 수 있다. 압력식 캡을 사용하여 냉각 회로 내 압력을 0.3~0.9kgf/cm^2 정도 상승시키면 비등 온도를 110~120℃ 정도로 상승시킬 수 있다.

④ 밀봉 압력식(Sealed Pressure Circulation Type)

이 방식도 압력 순환식과 같이 냉각수를 가압하여 비등 온도를 상승시키는 방식이다. 방열기 캡을 밀봉하고 냉각수의 팽창과 맞먹는 보조탱크를 오버플로우 파이프와 연결하여 냉각수가 팽창할 경우 팽창하면 보조 탱크로 보내고 수축하면 다시 흡입하여 보충한다. 장기간 냉각수를 보충하지 않아도 되는 장점이 있다.

냉각수 팽창탱크

03 냉각장치의 구성

(1) 냉각수와 부동액

1) 냉각수(Cooling Water)

냉각수는 보통 물을 사용하며 물은 비열이 높기 때문에 열을 잘 흡수하고 구입이 용이하다. 냉각수로 사용되는 물은 연수로 순도 높은 증류수, 수돗물, 빗물 등을 사용하며 광물성이나 산을 포함한 천연수와 경수는 냉각장치를 부식시키거나 물때(scale)가 많이 생기므로 사용하지 않는 것이 좋다.

2) 부동액(Antifreezing Solution)

① 부동액의 개요

부동액은 겨울철 빙결과 여름철 과열을 예방하는 역할을 한다. 물은 0℃에서 빙결하여 체적이 10% 정도 팽창하므로 냉각장치를 파손하게 된다. 한냉시 냉각수의 빙결을 방지할 목적으로 냉각수와 부동액을 일반적으로 50 : 50 정도로 혼합하여 냉각장치 내에 주입하여 사용하며 끓는 점(비등점)은 약 115℃이다. 부동액은 냉각수와 50 : 50으로 혼합한 냉각액은 물 50%, 글리콜 45%, 기타 첨가제 5%의 비율이 된다.

② 부동액의 종류

부동액의 종류로는 에틸렌글리콜(EG) 계열과 프로필렌글리콜(PG) 계열로 나뉜다. 부동액은 냉각수와 혼합 시 지역의 온도에 따라 약간씩 혼합 비율을 다르게 하여야 할 필요성이 있고 보통 그 지역의 최저 온도보다 5~10℃ 정도 낮은 온도를 기준하여 사용한다.

1종 부동액과 2종 부동액

주성분	종류	기호	용도
에틸렌 글리콜(EG)	1종	AF	냉각수의 동결방지와 부식방지의 목적으로 겨울 한철에 사용할 수 있는 것
	2종	LLC	냉각수의 동결방지와 부식방지의 목적으로 연중 계속 사용할 수 있는 것
프로필렌 글리콜(PG)	2종	LLC	냉각수의 동결방지와 부식방지의 목적으로 연중 계속 사용할 수 있는 것

※ 1종 부동액(AF : Anti-freeze) : 겨울 한 철만 사용할 수 있는 부동액
※ 2종 부동액(LLC : Long Life Coolant) : 연중 항시 사용할 수 있는 사계절 부동액

㉠ 프로필렌글리콜(PG : Propylene Glycol)

프로필렌글리콜(알루미늄용)은 무색에 향이 없고 단맛이 난다. 흡습성과 생분해성이 좋고 수명이 길고 열전달이 빠른 장점이 있지만 가격이 비싼 단점이 있다. PG 부동액은 혼합율 60%에서 가장 낮은 동결 온도를 가지지만 60% 이상 혼합하여도 동결 온도의 변화는 없고 60% 이상 혼합 시 PG 부동액 자체의 높은 점도 때문에 냉각수의 점도가 높아져 흐름성이 나빠지는 점이 있다.

㉡ 에틸렌글리콜(EG : Ethylene Glycol)

에틸렌글리콜(스틸용, 동, 구리용, 알루미늄용)은 알코올 계통의 화학물질로 에틸렌글리콜($C_2H_4(OH)_2$)에 청색이나 적색도료와 안정제를 넣어 영구 부동액으로 사용되고 있다. 비등점은 197.2℃이며 빙점은 -37℃이고, 물에 잘 용해되며 무색, 무취에 약간의 단맛이 난다. 기관의 내부에서 유출되면 교질 상태의 침전물이 발생되며 팽창계수가 큰 결점이 있고 윤활성이 좋기 때문에 쉽게 누출되는 특징이 있다.

㉢ 글리세린(Glycerine)

글리세린(glycerin, glycerine)은 글리세롤(glycerol)이라고도 부르는 무색, 무취의 액체이다. 무색의 끈기 있는 액체로 흡습성이 있으며 감미가 조금 있고, 녹는점은 20℃, 끓는점 290℃이다. 글리세린은 반영구 부동액이라 하며 끈기 있는 액체로 비중이 높아 물에 잘 혼합하여 사용하여야 한다.

㉣ 메탄올(Methanol)

메탄올(CH_3OH), 메틸알코올, 목정(木精)은 가장 간단한 알코올 화합물로 무색의 휘발성, 가연성, 유독성 액체이다. 메탄올은 비등점이 80℃이고, 응고점이 -30℃로써 낮은 온도에서 견딜 수 있으나 비점이 낮아 증발되기 쉬운 결점이 있다.

③ 부동액의 구비조건

㉠ 냉각수와 잘 혼합될 것

㉡ 냉각장치에서 순환성이 좋을 것

㉢ 워터 재킷, 라디에이터 등 냉각계통을 부식시키지 않을 것

㉣ 온도 변화에 따른 부식을 일으키지 않을 것

㉤ 비점이 물보다 높고, 빙점(응고점)은 물보다 낮을 것

㉥ 증발(휘발성)이 없을 것

(2) 워터 펌프(Water Pump)

워터 펌프(water pump)는 실린더블록의 앞쪽에 부착되어 냉각 회로 내의 냉각수에 압력을 가하여 강제적으로 순환시키는 장치이며, 주로 원심펌프(centrifugal pump)를 많이 사용한다. 워터 펌프는 구동 벨트에 의해 기관 회전수의 1.2~1.6배로 회전하여 냉각수를 순환시킨다. 일부 기관 에서는 워터펌프의 구동 손실을 감소시키기 위하여 직류(DC)모터를 이용한 워터펌프를 사용하는데 전기 모터식 워터 펌프는 냉간 시 등 냉각수 온도가 낮을 때에는 펌프의 작동을 쉽게 제한할 수 있는 장점이 있다.

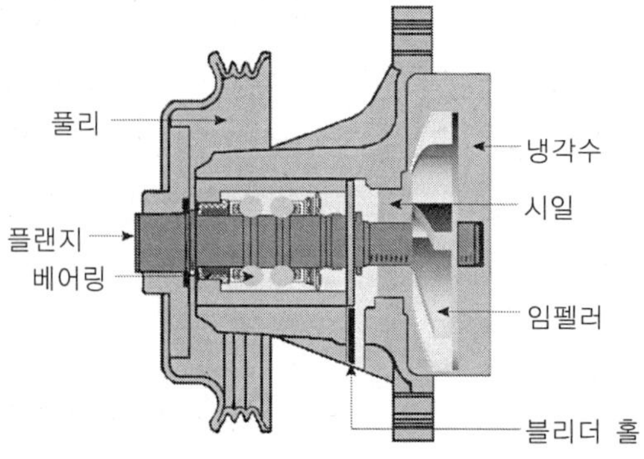

워터 펌프의 구조

직류(DC)모터 워터펌프

워터 펌프는 바디와 임펠러 모두 내구성이 좋은 주철을 사용했으나 최근에는 경량화를 목적으로 바디는 알루미늄 합금으로 하고 임펠러는 철판이나 수지를 사용하며 날개(베인)가 개방된 오픈 타입과 2개의 철판 사이에 날개가 있는 클로즈드 타입이 있는데 오픈 타입은 오픈 타입과 세미 오픈 타입으로 나눈다.

(a) 세미오픈 타입　　(b) 오픈 타입　　(c) 클로즈드 타입

임펠러의 종류

(3) 구동 벨트(Drive Belt)

1) 구동 벨트 개요

구동 벨트(drive-belt)는 크랭크샤프트의 회전력을 회전이 필요한 다른 부품에 전달한다. 외형적으로 단면을 보면 V자 형태이기 때문에 흔히 브이 벨트(V-belt)라고도 불린다. 하지만 최근에는 V자보다 평평한 단면에 4개 또는 5개의 보강 라인이 들어간 리브 벨트(rib belt)가 많이 사용되고 있다. 재질은 섬유질과 고무이며, 리브 벨트는 두께가 작아 굴곡에 대한 피로성이 우수하고 코드와 고무의 박리 또는 균열 등이 적다.

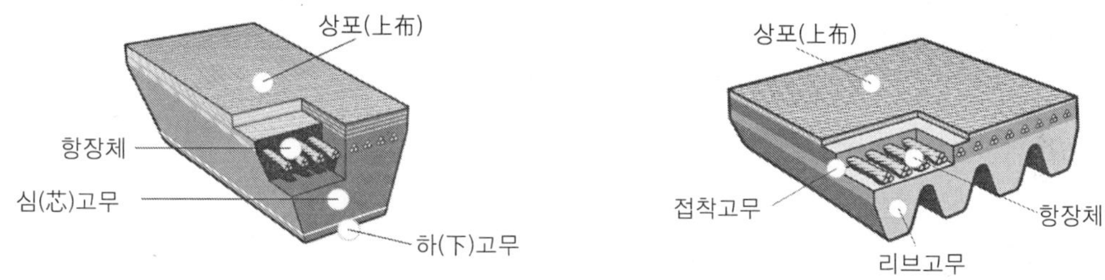

(a) V 벨트　　(b) 리브 벨트

V 벨트 및 리브 벨트

2) 구동 벨트 점검 및 장력

팬벨트는 항상 일정한 장력을 유지하여 기관의 과열을 방지해야 하며 또한 파손을 대비하여 여분의 팬벨트를 비치하는 것이 좋으며 팬벨트 장력은 벨트 가운데를 10kgf으로 눌렀을 때 10~15mm(신품 7~9mm) 정도의 장력이 알맞다. 팬벨트의 장력이 너무 세면 물 펌프 및 발전기의 베어링 소손과 팬벨트가 과열하여 파손되기 쉽다. 그리고 장력이 너무 약하면 운전 중 팬벨트가 미끄러져 동력 전달이 불량하여 물 펌프 작동이 원활하지 못하므로 기관 과열의 원인이 된다.

구동 벨트 점검

(4) 냉각 팬(Cooling Fan)

1) 전동식 냉각 팬(Electric Cooling Fan)

전동식은 배터리의 전기를 이용하여 냉각팬을 회전시키는 형식으로 수온 센서에 의한 냉각수 온도를 감지하여 팬을 작동시킨다. 수온 센서의 작동온도는 보통 110~120℃ 사이이고, ON~OFF의 온도차는 3~5℃이며 전동식 팬의 장점은 라디에이터의 설치가 자유롭고, 히터의 난방이 빨라지며, 일정한 풍량을 항상 확보할 수 있어 공회전 시나 번잡한 시가지 주행 시에도 충분한 냉각 성능을 가진다.

그러나 단점은 가격이 비싸고 팬 가동 시 소비전력이 많으며 소음이 큰 것 등을 들 수 있다. 전동식 냉각팬은 일반적으로 35~130W 정도이며 팬의 송풍량은 전동기 용량에 따라 결정된다.

전동팬의 구동방식은 기존 전동팬은 전류(A) 제어방식이고 PWM(pulse width modulation, 펄스폭 변조) 전동팬은 전압(V) 제어 방식이다.

전류 제어방식 냉각팬

PWM 전동팬

PWM 전동 팬은 기관 냉각수 온도, PWM 자체 온도센서에서 감지한 주변 온도, 흡기 온도, 에어컨 냉매압력, 자동변속기 내부 온도 등의 제어 값이 기관 ECU에 보내진다.

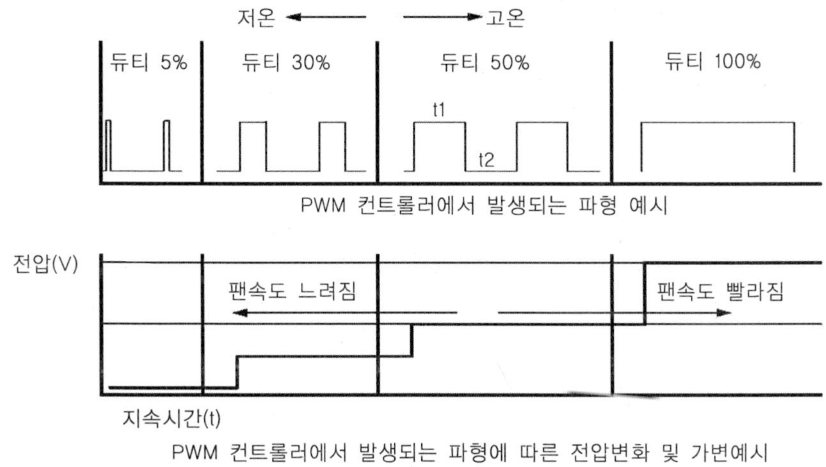

PWM 개념도

2) 유체 커플링 식(Fluid Coupling Type)

이 형식은 팬과 물 펌프 사이에 실리콘 오일을 봉입한 유체 커플링을 설치하여 동력 전달을 오일의 유체저항을 이용하여야 하며 저속에서는 물 펌프 축과 같은 속도로 회전하나 고속이 되면 팬의 저항이 증가하여 커플링이 미끄러져 클러치 작용을 하므로 속도가 물 펌프 회전속도에 비하여 떨어진다.

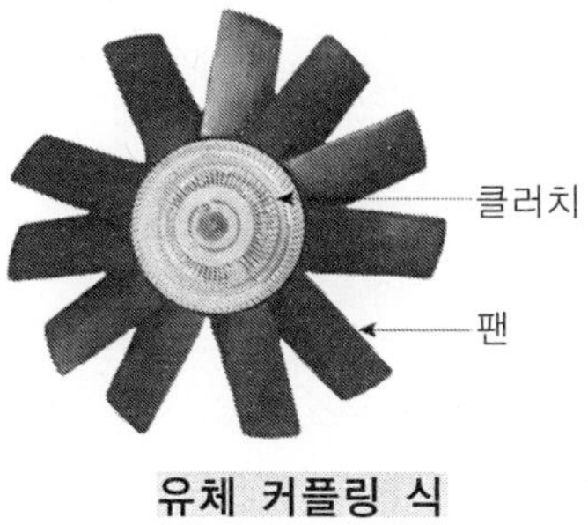

유체 커플링 식

3) 온도조절식 팬 클러치(Thermostatic Fan Clutch)

이 형식은 방열기를 통과하는 공기 온도를 감지하여 팬의 회전속도를 자동 변속시키는 형식으로 온도조절 팬 클러치식과 같이 서모스탯 코일의 한쪽 끝이 커버에 고정되고 다른 끝은 슬라이드 밸브에 부착되어 팬 클러치는 고속 및 저속 2단으로 회전하며 방열기 통과 온도가 50℃ 이상이 되면 기관 회전수의 1/2회전 정도까지 회전하고 50℃ 이하가 되면 1,500rpm 정도를 유지한다.

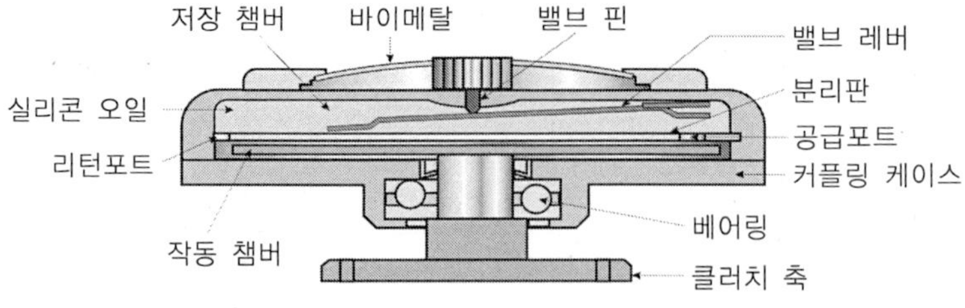

온도 조절 바이메탈 식 팬 클러치

(5) 워터 재킷(Water Jacket)

워터 재킷은 실린더블록과 실린더헤드에 설치된 냉각수 순환 통로이다.

(6) 라디에이터(Radiator, 방열기)

1) 라디에이터 종류

라디에이터는 냉각수가 흐르는 방향에 따라 다운 플로(down flow), 크로스 플로(cross flow), U턴 플로 방식으로 분류할 수 있다.

(a) 다운 플로 (b) 크로스 플로 (c) U턴 플로

라디에이터 종류

2) 라디에이터 구비조건

① 단위 면적당 방열량이 커야 한다.
② 소형 경량으로 튼튼한 구조이어야 한다.
③ 공기의 흐름 저항이 적어야 한다.
④ 냉각수의 흐름이 원활해야 한다.

3) 라디에이터 구조

라디에이터(radiator)는 방열기라고도 하며 기관에서 가열된 냉각수가 방열되는 장소로서 대부분 기관의 앞쪽에 설치된다. 라디에이터의 구조는 위 탱크(upper tank), 아래 탱크(lower tank), 코어(core)로 되어 있고 위 탱크에는 라디에이터 캡과 오버플로 파이프가 설치되어 있고, 아래 탱크에는 드레인 콕(drain cock)이 부착되어 있다.

냉각수의 흐름은 기관에서 열을 흡수한 냉각수가 라디에이터 상부 탱크로 들어와 코어를 따라 하부 탱크로 흐르면서 방열되며 냉각 팬(cooling fan)의 유입 공기와 자동차의 속도에 따른 유입 공기에 의하여 냉각된다.

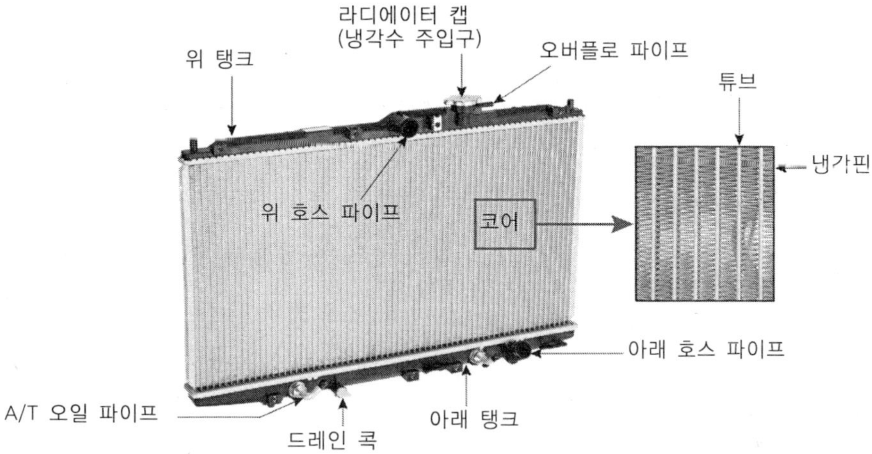

라디에이터의 구조

① 라디에이터 코어(Radiator Core)

코어(core)는 냉각수가 위 탱크에서 아래 탱크로 흐르는 튜브와 공기가 통하는 핀 부분으로 되어 있으며 방열을 좋게 하기 위하여 방열성이 좋은 얇은 구리판이나 알루미늄 합금판을 성형 재단하고 납땜하여 만들며 라디에이터 코어 막힘률은 20% 이상 되어서는 안 되며, 코어에는 냉각수의 난류를 증가시킬 목적으로 터뷸레이터라는 핀이 삽입되어 있는 경우가 있다.

$$\text{라디에이터 코어 막힘률} = \frac{\text{신품 용량} - \text{사용품 용량}}{\text{신품 용량}} \times 100(\%)$$

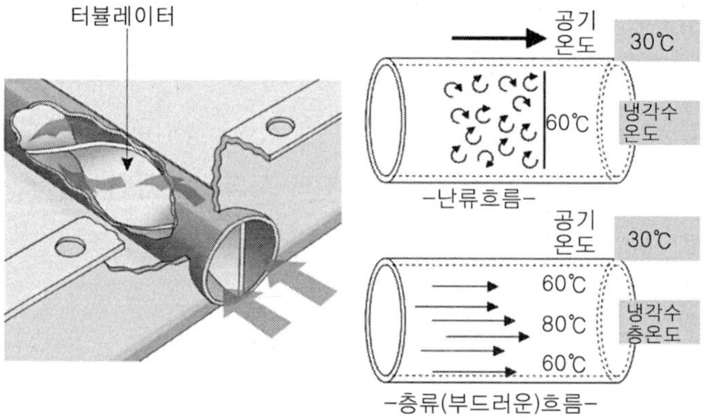

터뷸레이터

② 라디에이터의 상부 및 하부탱크

상부 탱크는 보통 황동판을 프레스 가공하여 납땜을 하여만들지만 알루미늄 합금의 코어를 사용하면서 수지 계열의 플라스틱을 사용하고 접합은 라디에이터 코어바디와 수지 탱크 사이에 고무패킹을 넣고 코어 플레이트의 일부분을 프레싱하는 기계적 접합 방법을 사용한다.

아래 탱크는 출구 파이프(outlet pipe)와 배수구(drain cock)가 부착되어 있으며 황동판을 프레스 가공하여 납땜을 하여만들지만 알루미늄 합금의 코어를 사용하면서 수지계열의 플라스틱을 사용하고 접합은 라디에이터 코어바디와 수지 탱크 사이에 고무패킹을 넣고 코어 플레이트의 일부분을 프레싱하는 기계적 접합 방법을 사용한다.

③ 사이드 멤버와 팬 시라우드(Side Member & Fan Shroud)

사이드 멤버(side member)는 라디에이터 코어를 보호하며 라디에이터를 차체에 보호하기 위하여 두며 팬 시라우드는 팬(fan)에서 오는 공기의 흐름을 좋게 하여 방열 효과를 증대시키고 라디에이터를 보호한다.

④ 라디에이터 캡(Radiator Cap)

라디에이터 캡은 내부를 밀폐하는 가압식으로 압력 캡이라고 한다. 압력 캡은 라디에이터 내부를 밀폐하여 압축시키며 특히, 온도가 높아지면 물이 팽창하여 압축하므로 압력이 높아져 100℃ 이상이 되어도 비등하지 않고 냉각수 온도가 110~120℃ 정도 되도록 한다. 라디에이터 내부의 압력이 0.3~1.09kgf/cm^{2}가 되면 압력밸브가 열려 보조탱크로 연결된 호스를 통해 배출되어 방열기 안은 항상 일정한 압력을 유지한다.

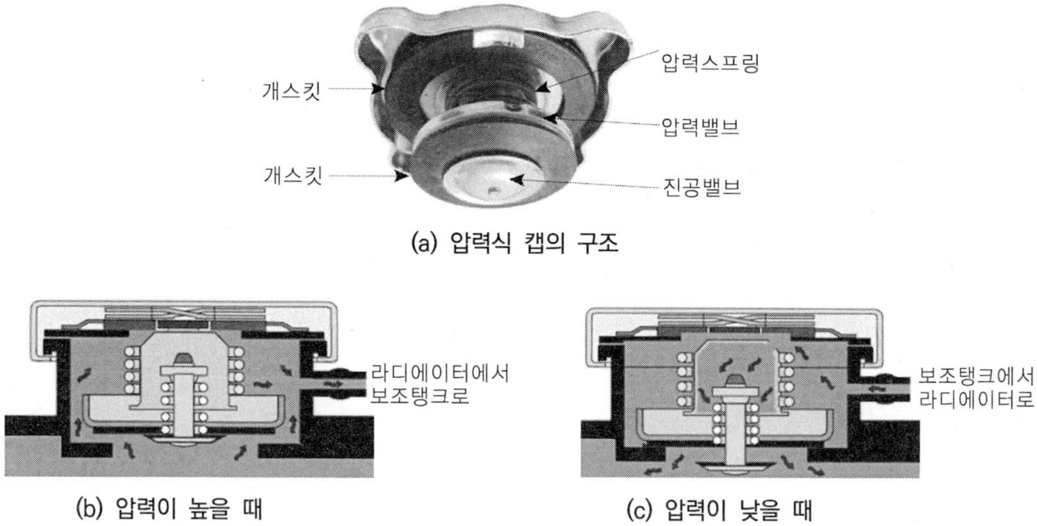

라디에이터 압력 캡의 구조와 작용

4) 라디에이터에 기름이나 기포 발생시 고장 개소

① 실린더 헤드 파손

② 실린더 헤드 개스킷 파손

③ 실린더 헤드 볼트 파손 또는 이완

5) 라디에이터 세척

라디에이터의 세척은 라디에이터 아래 탱크에서 위 탱크로 역수 시켜 스케일을 제거한다.

① 라디에이터 출구 파이프에 플러시 건을 설치한다.

② 플러시 건의 물 밸브를 열고 라디에이터에 물을 가득 채운다.

③ 플러시 건의 공기밸브를 열고 압축공기를 서서히 보낸다.

④ 압축공기를 잠그고 배출되는 물이 깨끗해질 때까지 ③, ④의 작업을 반복한다.

(7) 수온 조절기(Thermostat)

1) 수온 조절기 개요

수온 조절기는 시동 직후 워밍업을 빠르게 하고 냉각수 온도를 항상 적정온도인 80~90℃로 유지하기 위해 기관과 냉각수 사이를 순환하는 시간과 냉각수의 양을 제어하는 밸브이다. 65℃에서 열리기 시작하여 85℃에서 완개를 하는데 수온조절기가 열린 채 고장이 나면 기관이 과냉되고, 닫힌 채로 고장이 나면 과열의 원인이 된다.

2) 수온 조절기의 종류

수온 조절기에는 벨로즈형식과 펠릿형식의 2가지가 있다. 펠릿 내부에는 왁스(wax)와 함께 고무가 봉입되어 왁스의 팽창 및 수축으로 밸브가 개폐되어 진다. 즉, 온도가 낮을 때는 펠릿이 스프링에 밀리어 밸브를 닫은 상태가 되며 온도가 올라가면 왁스가 팽창하여 고무 부분을 압축하므로 펠릿이 밀려 내려와 밸브를 열어주게 된다. 벨로즈형식은 벨로즈 내부에 에틸이나 알코올이 들어있다. 벨로즈형식은 벨로즈 내부의 압력에 따라 밸브 열림 온도가 달라지는 부작용이 있어 최근에는 거의 사용하지 않는다.

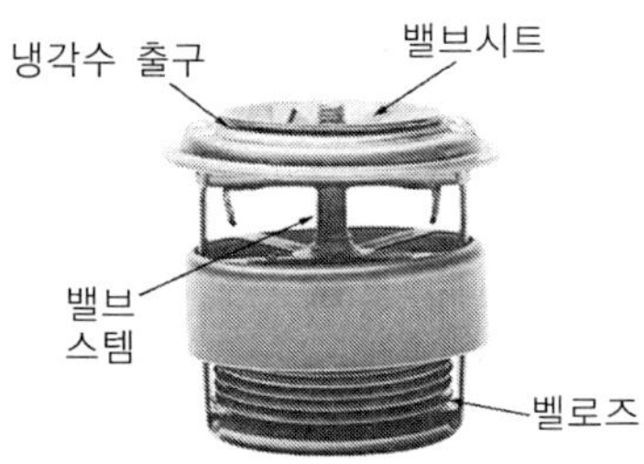

(a) 벨로즈형

(b) 펠릿형

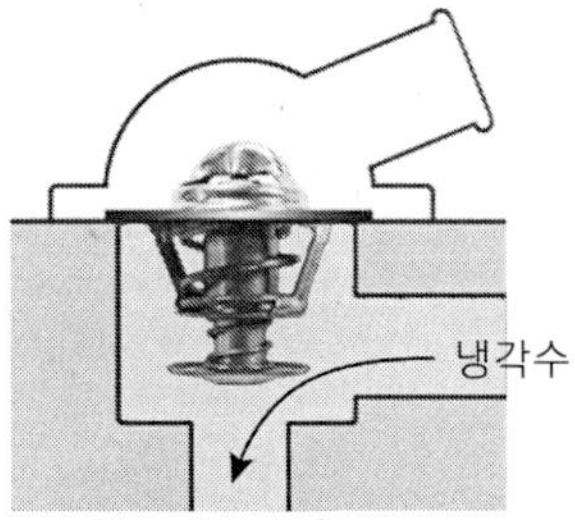

(c) 펠릿형 저온시(밸브닫힘)

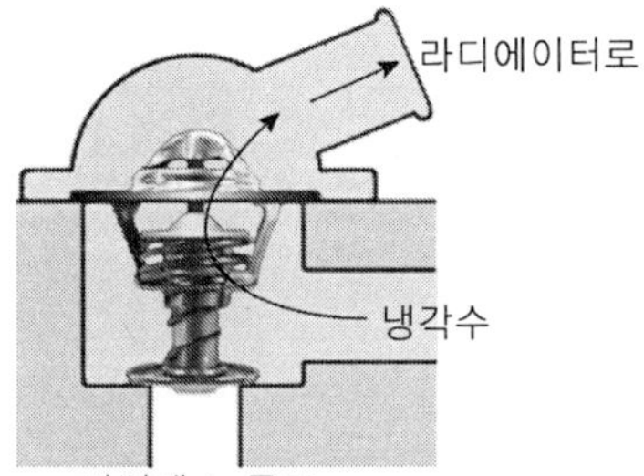

(d) 펠릿형 고온시(밸브열림)

수온조절기

3) 수온조절기의 역할

① 기관의 온도를 일정하게 하므로 기관의 성능을 최고로 발휘 시킨다.
② 과열 및 과냉을 방지한다.
③ 오일의 노화 방지 및 기관 수명을 연장시킨다.
④ 차실 내 난방 효과를 높인다.
⑤ 냉각수의 소모를 방지한다.

04 신 냉각시스템

(1) 입·출구 제어방식

냉각수 온도 조절장치로 입구 제어 방식과 출구 제어 방식으로 구분할 수 있는데 기존의 출구 제어방식은 서모스탯이 열린 후 라디에이터내의 차가운 냉각수가 기관을 통과하여 서모스탯까지 순회해야 닫힘으로 기관 헤드 그리고 실린더블록의 실제적인 온도와 큰 차이가 있다.

그러므로 ECU가 냉각수 온도를 기준으로 인젝터 통전시간 및 점화시기를 보정하는데 부정확하고 연비나 배출가스 조절에 오차가 발생 할 수가 있다.

이러한 문제점을 해소하고자 출구 제어에서 입구 제어로 바뀌었으며 입구 제어방식은 서모스탯이 열리자마자 라디에이터에서 유입되는 냉각수에 의해 서모스탯의 열림이 결정되기 때문에 냉각수가 조금씩 유입되면서 서모스탯의 열림이 적절히 조절된다.

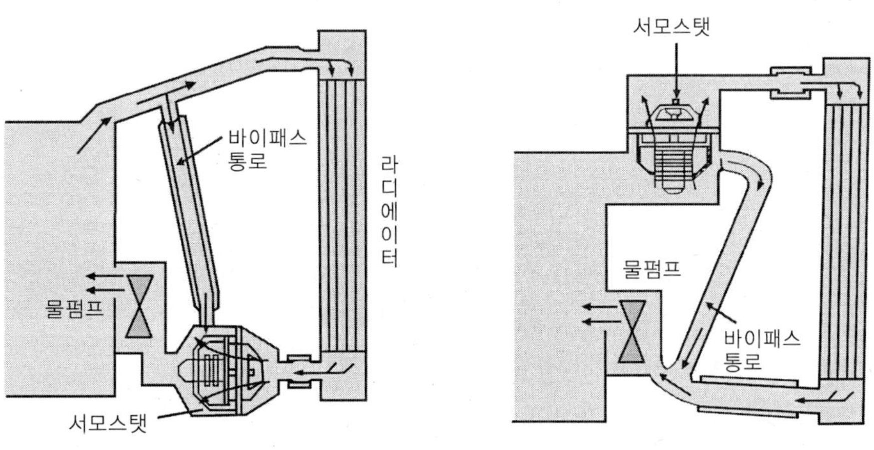

(a) 입구 제어방식 (b) 출구 제어방식

냉각수 입·출구 제어방식

(2) 통합열관리 시스템(ITMS : integrated thermal management system)

ITMS는 기관 오일과 냉각수는 기관의 온도를 제어한다. 저속에서 냉각수 온도를 높여주면 열로 빠져나가는 냉각손실을 줄일 수 있고, 고속에서는 냉각수 온도를 낮춰주면 노킹을 줄일 수 있다. 이렇게 기관의 운전 상황에 따라 냉각수의 온도를 제어하면 열효율을 높이고 연비를 향상시킬 수 있다. 정밀한 열관리를 수행하는 ITMS는 온도에 따라 반응하는 하나의 밸브가 아닌 통합적인 온도관리와 최적화를 위한 시스템이다.

ITMS는 시동을 걸고 예열하는 시간이 필요 없을 정도로 기관 오일의 온도를 빠르게 상승시켜 시동을 걸고 대기하는 시간 낭비가 줄었으며, 저온 상태에서 기관의 힘이 손실되는 원인인 마찰 에너지를 줄일 수 있어 연비 향상에 큰 역할을 하게 된다. ITMS 시스템의 효과는 다음과 같다.

① DC모터를 이용한 냉각수 유량 및 회로 독립제어 설계로 워밍업 성능 개선 및 통합 열관리를 통한 연비 개선
② 통합 유량제어 밸브를 적용하여 실린더블록의 냉각수 고온 제어를 통한 마찰저감
③ 차량 저중속 운전 시 냉각 수온 상향제어로 열손실 최소화를 통한 연비개선
④ 라디에이터 및 히터로 분기되는 냉각 유동을 가변 제어하여 냉각/마찰 손실 최소화
⑤ 고속 고부하 운전 시 냉각 수온 하향제어로 기관 내구성 확보 및 가속성능 확보
⑥ 통합유량 제어 밸브 적용으로 포트별 온도 제어가능

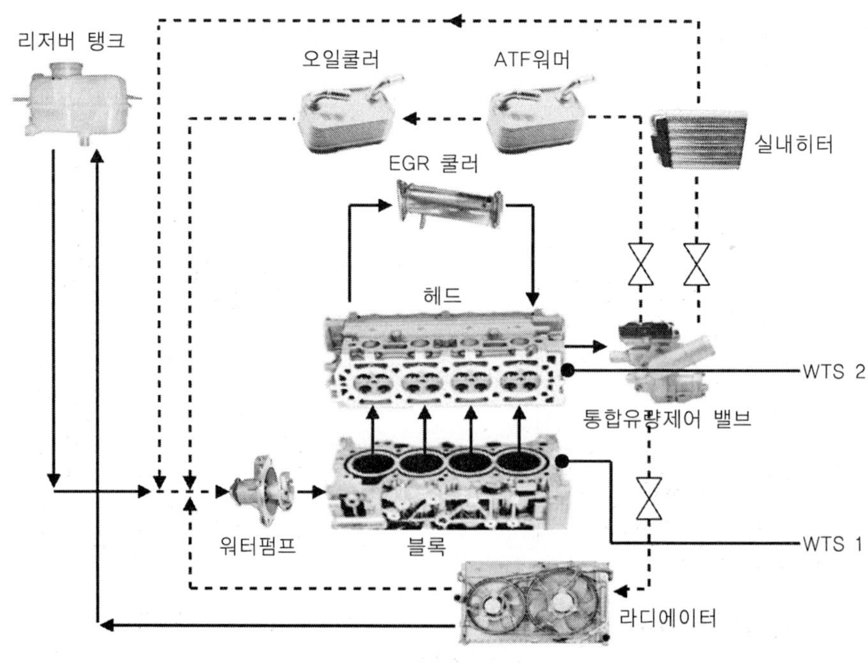

통합열관리 시스템

05 기관의 과열 및 과냉 원인

(1) 과열원인

① 수온 조절기가 닫힌 채로 고장이 났다.
② 수온 조절기의 열림 온도가 너무 높다.
③ 라디에이터의 코어 막힘이 과도하다.
④ 라디에이터 코어가 오손 및 파손되었다.
⑤ 구동 벨트의 장력이 약하다.
⑥ 구동 벨트가 이완 및 절손되었다.
⑦ 물재킷 내의 스케일(물때)이 과다하다.
⑧ 물 펌프의 작동이 불량하다.
⑨ 라디에이터 호스가 파손되었다.

(2) 과냉원인

① 수온 조절기가 열린 채로 고장이 났다.
② 수온 조절기의 열림 온도가 너무 낮다.

5 흡·배기장치 및 배출가스

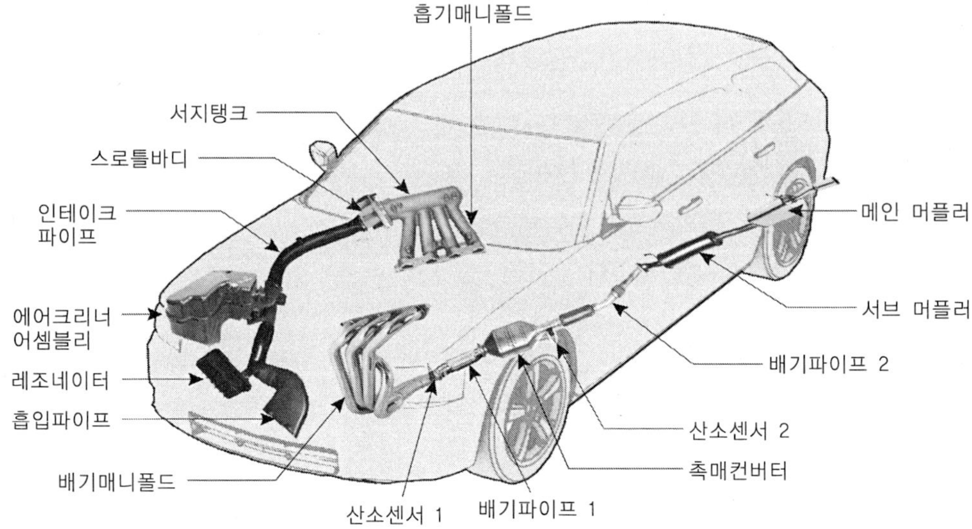

흡기 및 배기장치

01 흡기계통

(1) 흡기계통 구성품

1) 공기여과기(Air Cleaner)

공기여과기는 건식과 습식이 있는데 공기여과기는 연소를 하기 위해 흡입하는 공기 중의 이물질을 제거하는 역할을 한다.

① 건식여과기(Dry Air Cleaner)

건식여과기는 단면적을 높이기 위해 별모양으로 종이를 접어 여과 엘리먼트로 사용한다.

② 습식여과기(Wet Air Cleaner)

습식여과기는 여과 엘리먼트에 기름을 묻혀 공기 중의 이물질을 제거하는 방식 또는 수지나 철망 같은 엘리먼트를 장착하고 오일을 밑에 고이게 하여 공기가 흡입될 때 이물질이 오일에 떨어져 흡착되게 하는 방식이 있다.

③ 원심식 여과기(Centrifugal Air Cleaner)

원심식 여과기는 일반 소형자동차에는 사용하지 않고 먼지가 많은 곳에서 사용하는 자동차의 경우 사용한다. 흡입되는 공기가 회전하면서 그 원심력에 의해 이물질을 분리하고 나머지 이물질은 에어클리너가 분리 하는 방식이다.

공기청정기

2) 레조네이터(Resonator, 공명기(共鳴器))

공기가 흡입구로 들어와 에어클리너를 지난 다음 에어 덕트를 통해 기관으로 들어갈 때의 속도는 초속 7~8m에 달해 에어덕트와 흡기계통의 구부러진 곳을 지나다 보면 자연히 소음이 커지므로 특정 주파수의 공명을 이용해 소음을 줄이는 장치이다.

3) 스로틀 바디(Throttle Body)

공기가 기관에 들어가기 전 제일 먼저 만나는 것이 스로틀 밸브다. 운전자가 액셀 페달을 밟는 양에 따라 기관으로 들어가는 공기의 양을 조절하여 기관의 출력을 조절한다. 이 밸브가 설치된 케이스를 스로틀 바디라고 한다. 스로틀 바디에는 밸브가 열린 정도를 측정하는 스로틀 포지션 센서(TPS)가 달려 있다.

레조레이터

스로틀 바디

4) 서지탱크(Surge tank)

스로틀 바디와 기관 사이에는 서지탱크와 흡기 매니폴드가 설치되어 있다. 스로틀 밸브를 지난 공기를 1차적으로 저장하는 공간이다. 기관은 흡입 행정 시 공기가 들어간다. 하지만 흡기 매니폴드를 통해 실린더로 빨려 들어가던 중 흡기 밸브가 닫히면 미처 들어가지 못한 공기가 밸브에 부딪히며 곧바로 3개의 다른 실린더에서도 공기를 빨아들이기 때문에 이런 상황이 반복되면 공기는 흡기 매니폴드 파이프 사이에서 파도치는 듯한 현상이 발생한다. 이런 현상을 막는 것이 서지탱크로 공기를 각 실린더로 안정되게 공급하는 역할을 하고, 서지 탱크는 스로틀 바디를 지나 유입되는 공기를 또한 흡입 계통에서 대기로부터 실린더로 공기를 흡입하기 위해 발생하는 진공을 생성 및 저장하기도 한다.

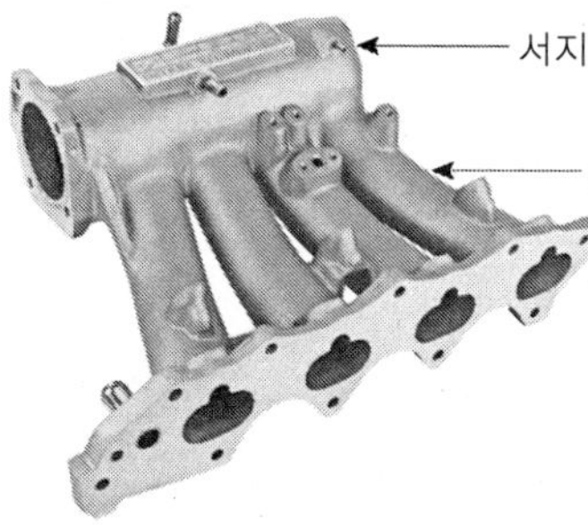

서지탱크 및 흡기 매니폴드

5) 흡기 매니폴드(Intake Manifold)

흡기 매니폴드는 서지탱크에서 대기 중인 흡입 공기를 각 실린더에 공급하는 통로 역할을 한다. 여기서 중요한 점은 흡입 공기의 저항을 줄여 각 실린더에 고른 분배 및 유도하는 것이다. 흡기 매니폴드는 주철 또는 알루미늄 합금으로 만들며 주로 알루미늄합금을 사용한다. 그러나 최근 플라스틱을 이용하여 금속제를 대체하고 있다. 흡기 다기관은 흡입 저항을 어느 한 쪽이 길거나 짧으면 안 된다. 흡기 매니폴드의 길이는 기관 성능과 깊은 관계가 있어 기관 특성별로 가장 적당한 길이를 정하게 된다. 기관 회전수에 따라서도 유리한 매니폴드 길이가 있다. 고회전용 기관일수록 매니폴드가 짧은 것이 유리하고 저회전용은 긴 쪽이 좋다.

(2) 가변 흡입장치(Variable Induction Control System)

1) 가변 흡입장치의 개요

기관 회전수와 기관 부하에 따라 흡입통로를 조절하면 전 운전영역에서 기관 출력이 향상되고 특히 저·중속영역에서는 기관 출력이 약 10%정도 향상된다. 가변 흡입장치에서 서보모터 방식은 모터, 웜휠과 웜기어를 이용하여 흡기밸브를 개폐하고, 다이어프램 방식은 진공탱크와 솔레노이드 밸브를 통해 다이어프램을 이용해 흡기밸브를 개폐한다.

2) 가변 흡입장치의 작동

① 컴퓨터는 저속 및 저부하시에 VIS밸브를 닫아 일반 기관 보다 흡입 통로가 길어지게 되고, 이에 따라 흡입 관성력이 증가함으로써 흡입효율이 증대된다. 따라서 저속 및 중속 영역에서 흡입효율이 높아져 기관 출력이 향상된다.

② 기관 회전속도 및 부하가 증가하면 다량의 공기가 기관으로 흡입되는데 이때 흡입저항(pumping loss)이 발생되어 흡입효율이 떨어지게 된다. 컴퓨터는 고속 및 고부하 영역에서 VIS밸브를 열어 일반기관 보다 흡입통로를 짧게 하여 흡입저항을 감소시킨다. 따라서 흡입저항이 감소함으로써 상대적으로 흡입효율이 높아지고 기관 출력이 증대된다.

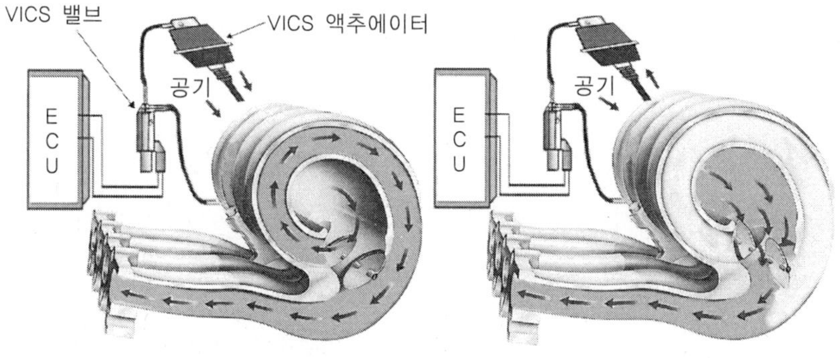

(a) 저속시 (b)고속시

흡기다기관 단면적 변화에 의한 가변 흡입장치

02 배기계통

(1) 배기장치 개요

배기장치의 가장 중요한 기능은 배기가스가 원활하게 공기 중으로 배출될 수 있도록 도와주는 것이지만, 기관의 연소 시 연소실의 온도는 매우 높으며 이로 인해 연소 후 생성되는 배기가스의 온도 또한 대략 950℃ 정도로 높으며 배기 장치 또한 높은 온도에 노출된다. 기관의 운전 조건에 따라 다르지만 일반적으로 배기 매니폴드는 400~800℃, 촉매변환기는 100~500℃, 머플러는 50~200℃ 정도로 배기장치를 지나가면서 온도가 낮아진다. 배기장치는 일반적으로 알루미늄을 도금한 스틸 계열을 사용하지만 크롬/니켈/티타늄 등이 포함된 합금 스틸로 제작하여 내구성을 높이기도 한다.

(2) 배기장치의 구성품

1) 배기 매니폴드(Exhaust Manifold)

배기 매니폴드는 각 기통의 연소실과 연결된 다기관으로 연소실로부터 배출되는 배기가스를 원활하게 배기장치 및 배기관으로 전달하는 역할을 하며 내열성이 좋은 주철로 만들어진다. 스테인리스 소재도 있기도 하다. 자동차 기관의 배기 과정에서 발생하는 고온의 열과 소음을 차단하기 위해 배기 다기관의 상측에 배기 다기관과 이격되게 히트 프로텍터에 장착되어 있다.

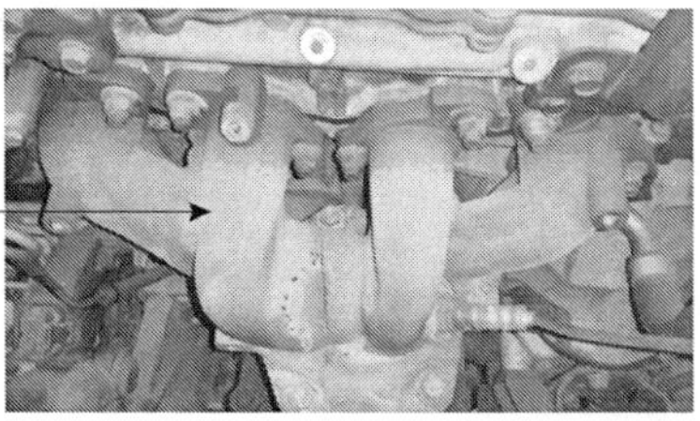

배기다기관 및 히트 프로텍터

2) 촉매장치(Catalytic Converter)

배기 매니폴드에 의해 합쳐진 배기가스는 배기관을 통해 촉매변환기로 들어간다. 촉매변환기의 촉매란 사전적 의미로 자신은 변하지 않고 주위의 화학 반응을 촉진시키는 물질을 말한다. 촉매가 설치된 촉매변환기를 배기가스가 통과하면 배기가스 내 3대 오염 물질(일산화탄소, 탄화수소, 질소산화물)이 화학반응을 통해 이산화탄소·물·질소와 같은 무해한 물질로 전환 시킨다. 세 가지 물질의 화학 반응을 일으키기 때문에 삼원 촉매라고도 부른다. 촉매장치는 모양에 따라 펠릿형과 벌집형이 있는데, 펠릿형의 경우 알루미나 담체 표면에 백금, 팔라듐이 부착되어 있고, 벌집형의 경우는 담체 표면에 백금, 코지라이트가 부착되어 있다.

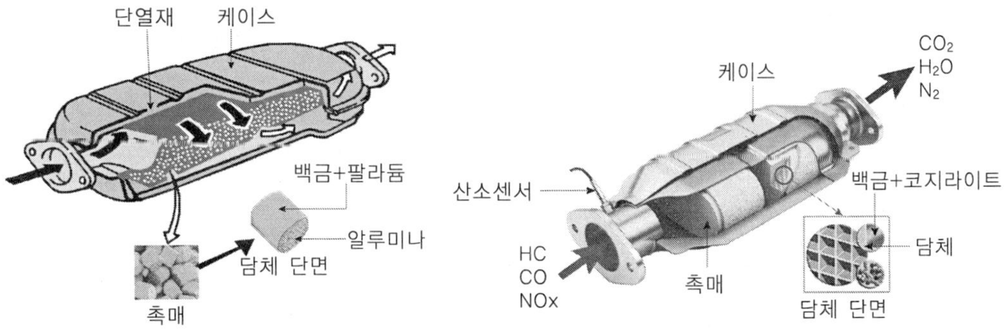

(a) 펠릿형 (b) 벌집형

3원 촉매장치

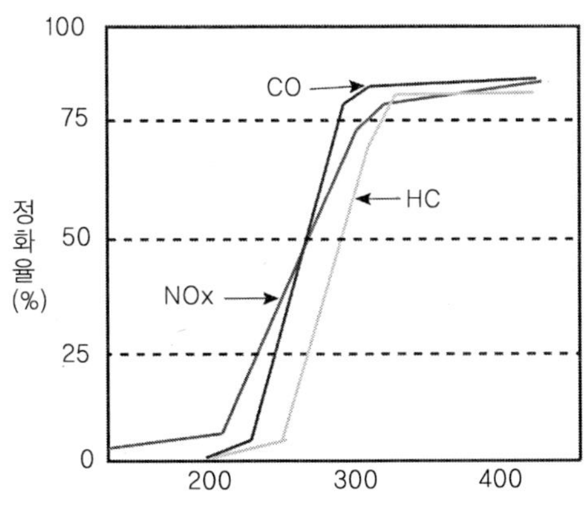

배기가스 온도와 촉매의 정화율

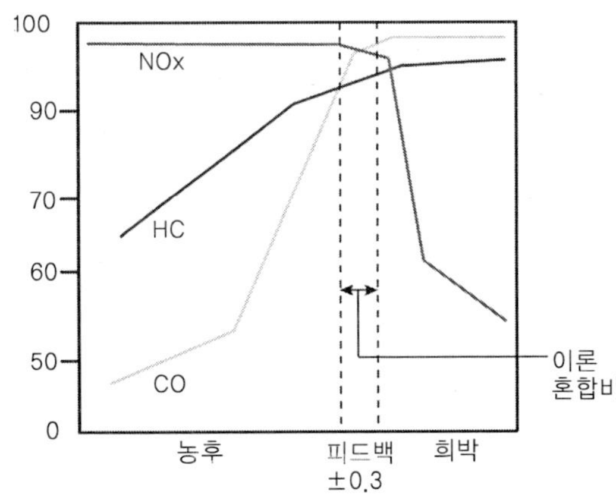

혼합비와 3원 촉매의 정화율

3) 머플러(Muffler, 소음기)

머플러는 연소실에서 동력 행정 시 발생하는 폭발음이 배기관을 통해 머플러를 거쳐서 소음을 줄이는 것이 목적이다. 배기가스가 배출될 때 약 3~5bar 정도의 압력과 음속에 가까운 속도로 배출되기 때문에 머플러를 통해 배출시키지 않으면 대기와 충돌이 발생하여 충격음을 발생하게 된다.

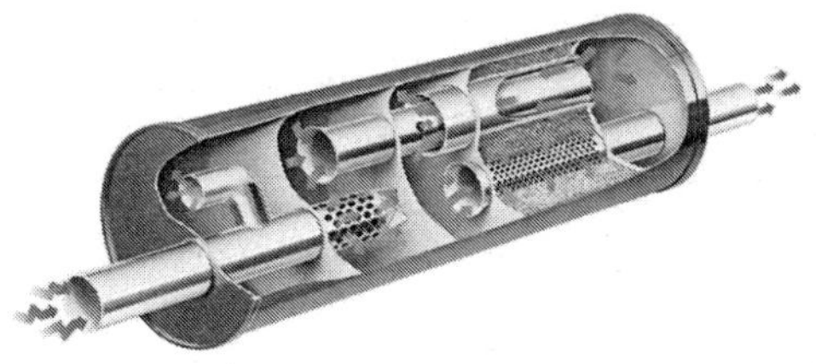

복합적 소음기

소음 제거 방식에 따라 여러 종류의 머플러가 있으며 그중 팽창식, 공명식, 흡음식의 세 종류의 방식이 가장 대표적이며, 일반적으로 이러한 팽창식, 공명식, 흡음식 등의 여러 타입을 1개의 소음기 내에 복합적으로 사용하여 소음 발생을 억제 시킨다.

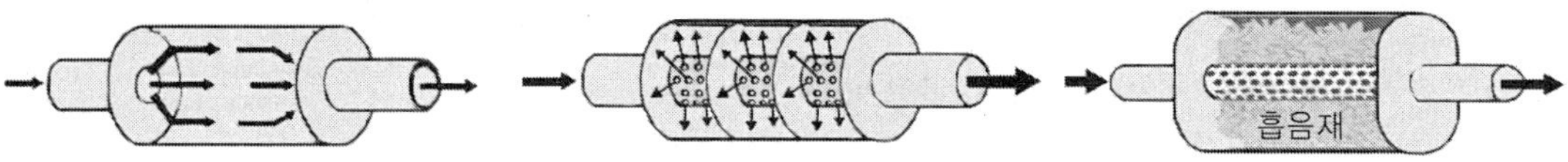

(a) 팽창식 (b) 공명식 (c) 흡음식

머플러 타입

03 과급장치(Charger)

(1) 터보차저(Turbo Charger)

1) 과급기의 개요

터보 과급기의 구동 에너지는 버려지는 배기가스로부터 얻어진다. 또한 흡입 공기의 밀도를 높여 충진율을 개선함에 따라 출력이 증가한다. 또한 소형 기관에 설치할 경우 동일 배기량의 기관에 비해 높은 출력은 30~50% 향상되기 때문에 단위 출력 당 기관의 중량을 가볍게 할 수 있다. 그러나 터빈 축은 약 10만~15만 rpm으로 회전하기 때문에 내열성이 우수한 재질의 금속을 선택해야 되고, 부가적으로 냉각을 시키기 위한 윤활장치가 필요하게 된다.

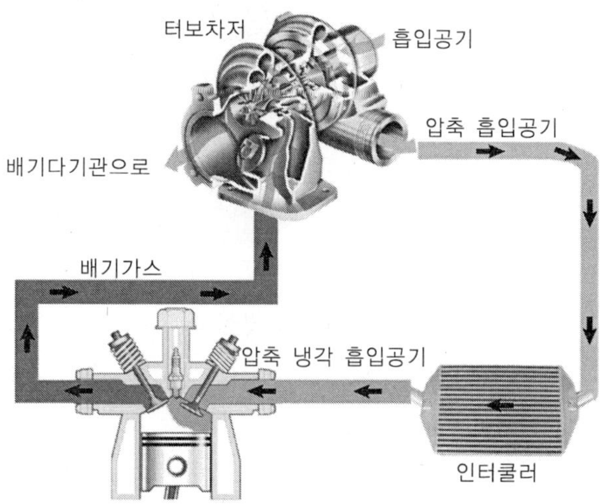

터보차저와 인터쿨러 공기흐름도

2) 터보 과급기의 작동원리

터보 과급기는 연소실에서 배출되는 배기가스를 이용하여 터빈 블레이드를 회전시켜 이를 거쳐 압축기 임펠러를 회전시키게 된다. 따라서 흡입 공기는 압축기에 의해 압축이 이루어지게 되고, 높은 밀도의 공기가 연소실로 흡입하게 된다.

그러나, 압축공기는 온도가 고온이기 때문에 공기의 밀도를 증가시키기 위하여 인터쿨러를 사용하여 압축공기의 온도를 냉각시키고 있다.

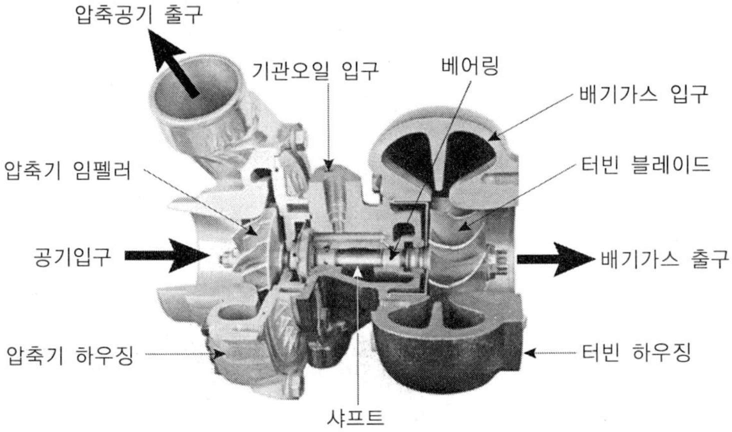

터보 과급기의 구성도

3) 과급압력 제어

고속 영역에서 과급압력이 지나치게 높아진다. 과급압력이 지나치게 높아지면, 흡입되는 공기의 양이 너무 많아져 압축행정 말에 압축압력이 급상승하게 되고 이로 인하여 노크를 유발하는 등 크랭크 기구나 밸브 기구에 과부하를 일으키게 되며 심할 경우 기관이 파손된다. 따라서 기관의 회전속도가 높고 배기가스이 양이 많을 경우에는 과급압력이 지나치게 높아지고 터빈·임펠라의 회전속도가 허용 한계값을 크게 벗어날 수 있으므로 과급압력을 제어해야만 한다. 보통 압력 조절 밸브의 경우 과급 압력을 약 0.4~0.8bar 정도 제어하고 있다. 과급압력을 제어하는 방법은 기계식과 전자식 그리고 VGT라고 불리는 블레이드 제어 방식이 있다.

① 기계식 과급압력 제어

과급압력 제어 밸브를 웨이스트 게이트(Waste gate)밸브라고도 한다. 과급압력 제어 밸브는 터빈 전방, 배기가스의 바이패스 통로에 설치된다. 내부에는 코일 스프링과 다이어프램 및 바이패스 밸브가 있고 다이어프램 앞쪽에는 과급압력이 작용하고 뒤쪽으로는 코일 스프링의 장력이 작용한다.

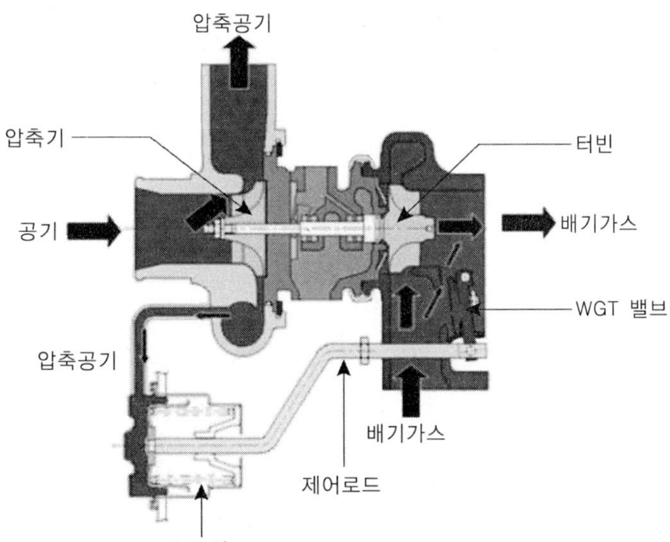

기계식 과급압력 제어

과급압력이 낮을 때는 코일 스프링의 장력에 의해 밸브는 닫히고 과급압력이 높아져 스프링의 장력을 이기게 되면 밸브는 열리게 된다. 밸브가 열리면 배기가스 중의 일부는 터빈을 거치지 않고 곧바로 배기다기관 쪽으로 빠져나간다.

② 전자식 과급압력 제어

ECU가 스로틀밸브의 개도와 노크 강도 등을 고려하여 최적의 과급압력을 산출하여 여기에 적합하도록 터보차저의 과급압력을 제어하는 방식이다.

과급압력 센서(부스트압력 센서)를 통해 ECU가 과급압력이 너무 높다고 판단하면 웨이스트 게이트 제어밸브를 열어 웨이스트 게이트에 임펠라 측의 압력을 전달하여 스프링의 장력을 이기고 다이어프램을 들어 올린다. 다이어프램에 연결된 밸브가 함께 이동하여 배기가스가 바이패스되게 되고 과급압력은 낮아진다. 반대로 과급압력이 너무 낮다고 판단되면 제어 밸브를 닫아 다이어프램에 공급되는 압력을 차단하게 되고 스프링의 장력에 의해 밸브는 다시 닫히게 된다. 따라서 과급압력이 상승하게 된다.

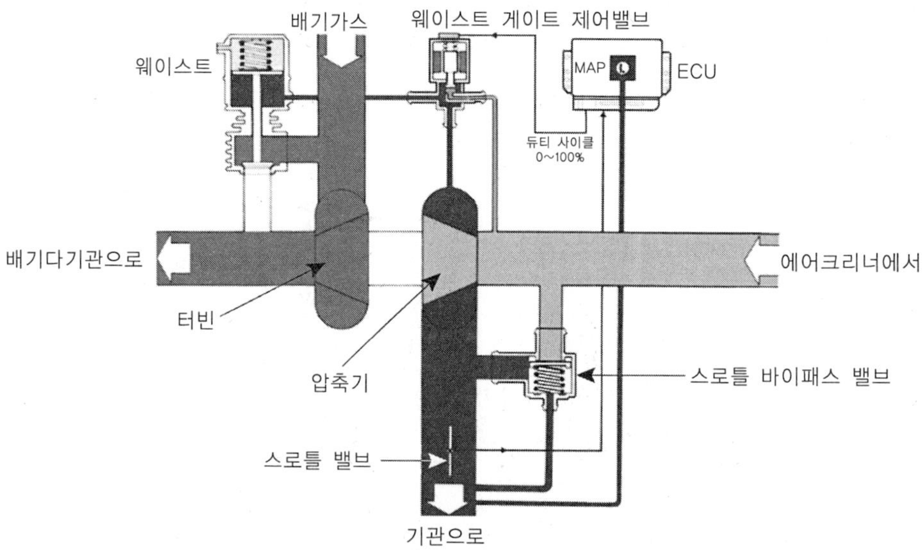

전자식 과급압력 제어

③ 가변용량 터보차저 (VGT : Variable Geometry Turbocharger)

VGT는 가변 제어식 블레이드(Blade)의 위치를 변화시켜 과급압력을 제어한다. VGT는 저속영역에서는 벤투리관을 좁혀 유속을 증가시켜서 터빈을 구동하고, 고속영역에서는 벤투리관을 넓혀서 배기가스의 유동에너지를 충분히 이용하여 터빈을 구동시켜 흡입공기량을 증가시킨다. 따라서 기관 운전의 전 구간에 걸쳐 기관 성능의 향상을 가져올 수 있는 장점이 있다. 일반적인 터보차저와 비교해서 VGT의 장점으로는 토크 특성 및 최대 출력의 향상, 연비 저감, 유해배출물의 저감, 터보래그 현상의 감소로 인한 발진성 및 추월가속성의 향상 등이 있다.

VGT 구조

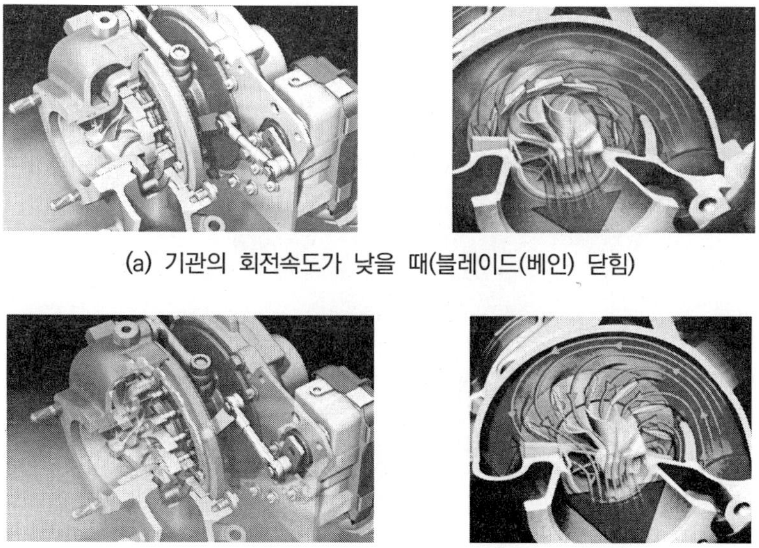

(a) 기관의 회전속도가 낮을 때(블레이드(베인) 닫힘)

(b) 기관의 회전속도가 높을 때(블레이드(베인) 열림)

VGT의 작동원리

(2) 인터쿨러(Inter Cooler)

터보차저에서 공기를 압축하면 흡입 공기의 온도가 상승하는데 일반적으로 100~150℃ 정도의 범위이다. 따라서 흡입 공기를 냉각시켜 흡입 효율 향상과 노크를 감소시키기 위하여 인터쿨러를 설치한다.

인터쿨러

(3) 슈퍼차저(Super Charger)

슈퍼차저는 터보차저와는 달리 크랭크축의 동력으로 벨트에 의해 구동된다. 작동 방법은 에어컨 압축기와 마찬가지로 슈퍼차저 구동 풀리에 마그네틱 클러치를 장착하여 ECU가 제어하는 방법을 주로 사용한다.

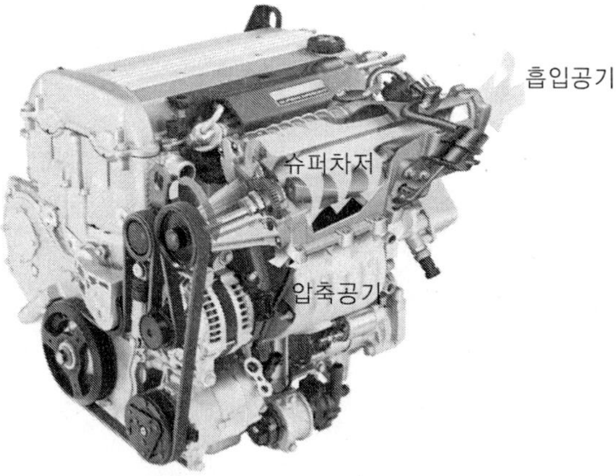

슈퍼차저

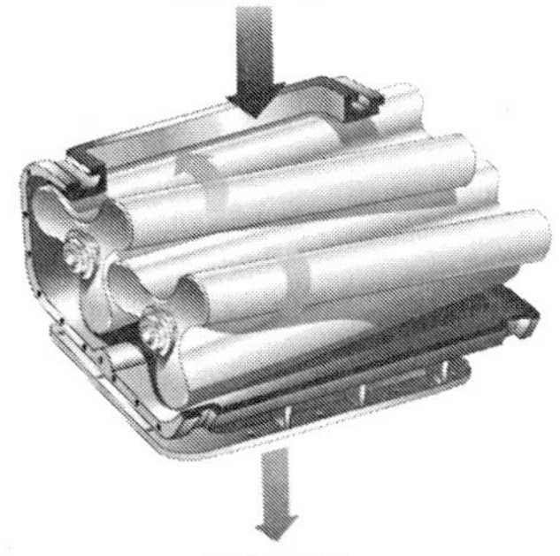

(a) 루츠(roots) 방식

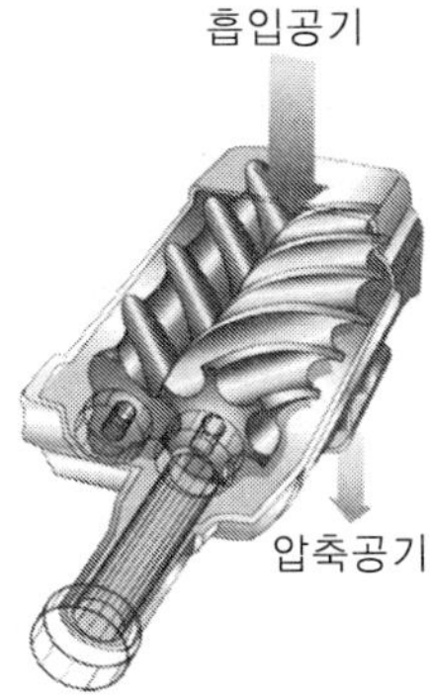

(b) 리숄름(lysholm)방식

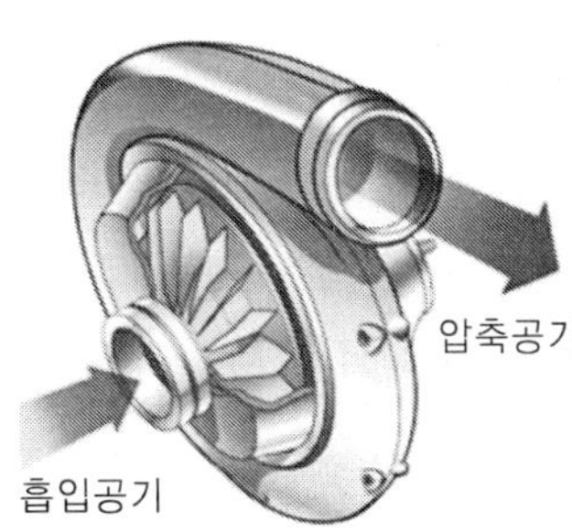

(c) 원심식 방식

슈퍼차저의 종류

04 자동차 배출가스대책 및 저감장치

(1) 배출가스의 개요

자동차에서 발생되는 배출 가스는 주로 배기 파이프에서 배출되는 배기가스(exhaust gas), 기관 크랭크케이스에서의 블로바이가스 및 연료탱크나 연료라인에서 발생되는 연료 증발가스(fuel evaporation gas)가 있으며, 일반적으로 자동차의 배출가스 중 배기가스는 약 60%, 크랭크실 블로바이 가스는 약 25%, 그리고 연료 증발 가스는 약 20%의 비율을 가진다.

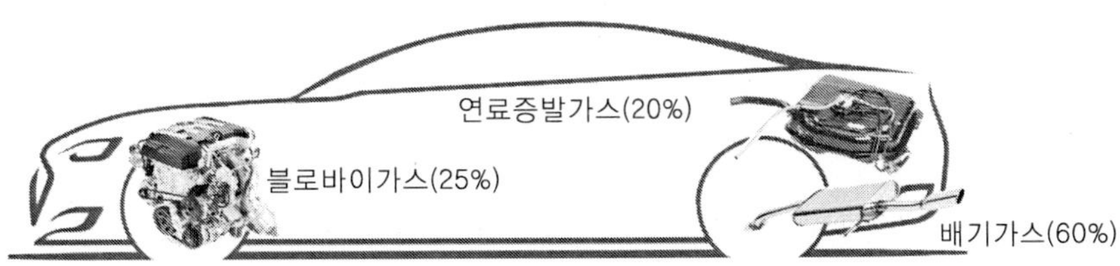

자동차에서 발생되는 유해 배출가스

(2) 배기가스(Exhaust Gas)

1) 일산화탄소(CO : Carbon Monoxide)

자동차가 일정한 회전 속도로 전부하 운전을 할 때 발생하는 유해가스의 배출 비율은 이론 혼합비를 중심으로 이보다 짙은 혼합비일 때는 공기가 부족하므로 불완전 연소가 되어 CO 발생 비율이 높아진다.

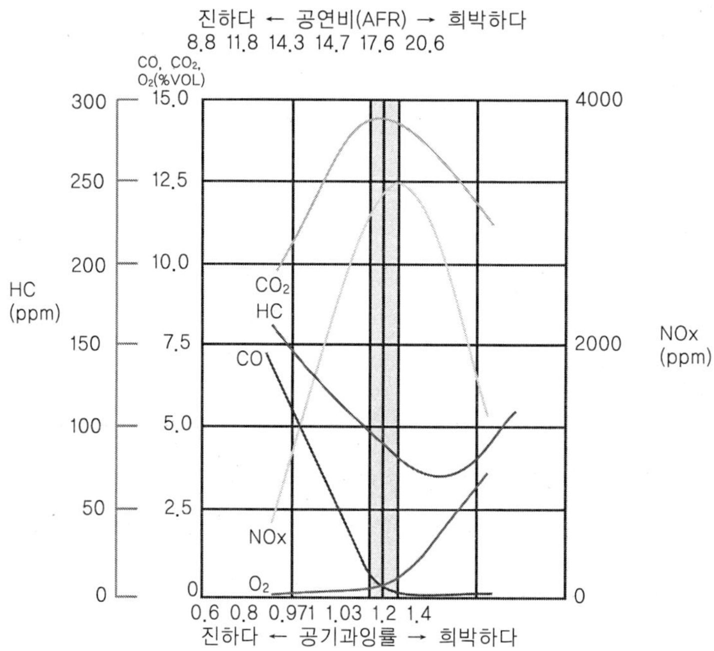

공연비와 배기가스 농도와의 관계

2) 탄화수소(HC : Unburned Hydro Carbon)

HC의 발생은 혼합비와 직접 관계가 적으며, 가솔린 연료는 탄소와 수소로 결합된 탄화수소 화합물로써 불완전연소에 의하여 발생할 뿐만 아니라 블로바이가스(blow by gas) 또는 연료 증발가스에도 포함되어 있다.

3) 질소산화물(NOx : Nitrogen Oxide)

질소산화물은 산화는 잘되지 않지만 고온, 고압 하에서는 산화되어 발생량이 증대된다. 이 질소산화물 발생은 최고 연소온도에 좌우되며 연소온도의 상승과 함께 급격히 증가하나 역으로 최고 연소온도를 다소 낮추면 급격히 하락된다.

따라서, 배기가스를 연소실로 재순환(EGR)시킴으로써 최고 연소온도나 압력을 낮추어 질소산화물의 발생을 줄이고 있다. 재순환되는 배기가스 중 불활성가스인 CO_2는 연소온도가 1500~1700℃ 이상으로 되면 열해리 현상이 발생되며 이로 인해 연소온도가 저하된다.

전처리 시스템의 보완 및 개발	→	전자제어화	→	FB공연비제어 점화시스템(DIS) EGR 제어 OBD적용 실화감지 노킹제어
후처리시스템	→	성능개선	→	배기제어시스템 삼원촉매장치 2차 공기공급
보조처리시스템	→	성능개선	→	PCV canister PCSV EVAP 누설감지

유해 배출가스의 처리방안

유해배출가스 처리장치

처리항목	장치
배기가스	삼원촉매장치(TCC : three way catalytic converter)
연료증발가스	차콜 캐니스터, PCV/PCSV(purge control solenoid valve)
블로바이 가스	PCV(positive crankcase ventilation)밸브
NOx 저감	EGR(exhaust gas recirculation)밸브

(3) 배출가스 제어

1) 블로바이 가스 제어

압축행정이나 폭발 행정 시 발생하는 압력으로 인하여 혼합기나 미연 가스가 피스톤링 틈새를 거쳐 크랭크케이스로 유입되며 이를 블로바이 가스(blow by gas)라 한다. 이러한 블로바이 가스는 기관오일의 윤활성을 저하시키고, 슬러지(sludge)를 형성시킨다. 따라서 크랭크케이스 환기장치(PCV)를 장착하여 블로바이 가스를 흡기계통으로 순환시켜 재 연소 시키고 있다.

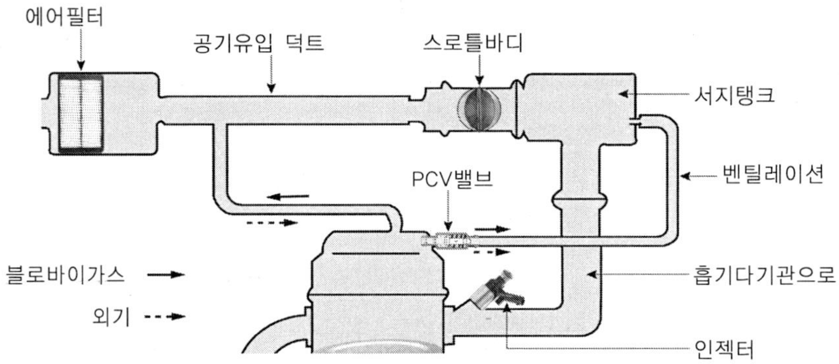

밀폐식 PCV시스템

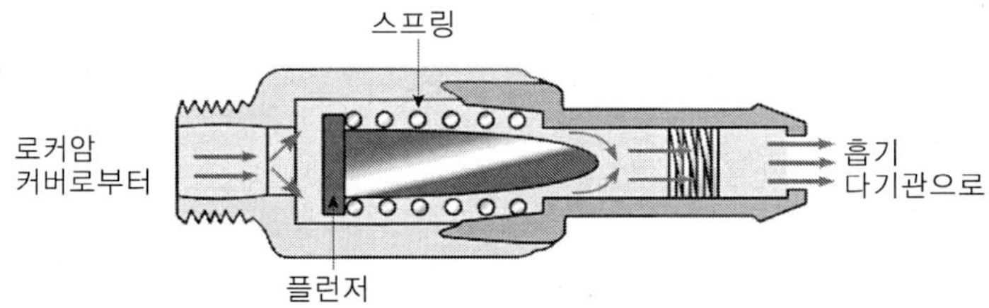

PCV밸브의 구조

PCV 밸브는 흡기다기관의 부압에 의해 작동되며 공회전 및 감속할 때에는 진공도가 매우 높아 PCV 밸브는 완전히 열리고, 기관이 정상 작동할 때에는 PCV 밸브는 적당히 작동하며, 가속 또는 고 부하 영역에서는 흡기 다기관 진공도가 작아지므로 PCV 밸브는 조금 작동하고 진공 통로는 완전히 열린다.

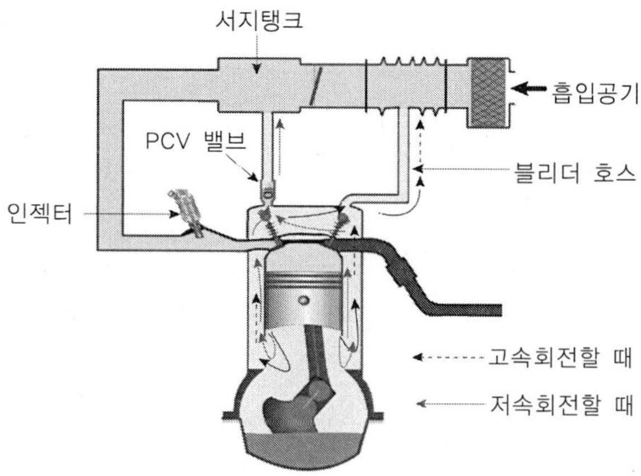

블로바이 가스의 흐름

2) 배기가스 재순환 제어(EGR : Exhaust Gas Recirculation)

① 배기가스 재순환 제어의 개요

질소산화물의 경우 연소 온도가 2000℃ 이상이 되면 급격히 증가한다. 때문에 연소 최고온도를 낮추게 되면 질소산화물의 양을 줄일 수 있다. 그래서 기관에서 연소된 배기가스 일부를 다시 기관으로 재순환 시켜 연소실 온도를 낮추고, 이로 인해 질소산화물 억제를 유도하는 저감장치이다.

(a) 기계식 (b) 전자식 솔레노이드 방식 (c) 전자식 모터 방식

EGR 밸브의 종류

② EGR 제어량

가솔린 기관에 사용할 경우 배기가스의 10% 정도를 재순환시키는데, 이 경우 EGR이 스로틀링 손실을 줄여주는 역할을 하므로 연비가 상승한다. 디젤 기관의 경우에는 최대 배기가스의 50%까지 재순환시킨다. EGR 제어량의 지표로써 EGR율(EGR rate)이 사용되며 다음과 같이 정의된다.

$$\text{EGR율} = \frac{\text{EGR량}}{\text{흡입공기량} + \text{EGR 량}} \times 100[\%]$$

③ EGR 종류

㉠ 기계식 EGR(부압식 EGR)

- 가솔린 기관의 EGR 제어장치는 기계식이 많이 사용되고 있다.
- 기계식 EGR 장치에는 흡기관의 부압을 이용한 부압 제어 방식과 가스의 배압을 이용한 배압 제어식이 있다.
- 부압식 EGR 밸브의 작동원리는 상부의 다이어프램이 위로 들어 올려지면 EGR 밸브가 열려 배기가스가 흡기 챔버로 흡입되는 구조이다.
- 다이어프램의 작동은 흡입부압을 이용하는데 ECU의 신호에 따라 솔레노이드 밸브를 이용해 흡입부압을 제어한다.

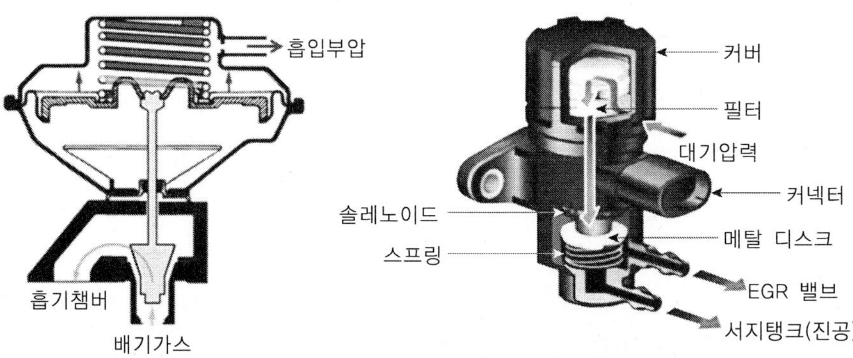

(a) EGR 밸브 (b) 솔레노이드 밸브

기계식 EGR 구성품

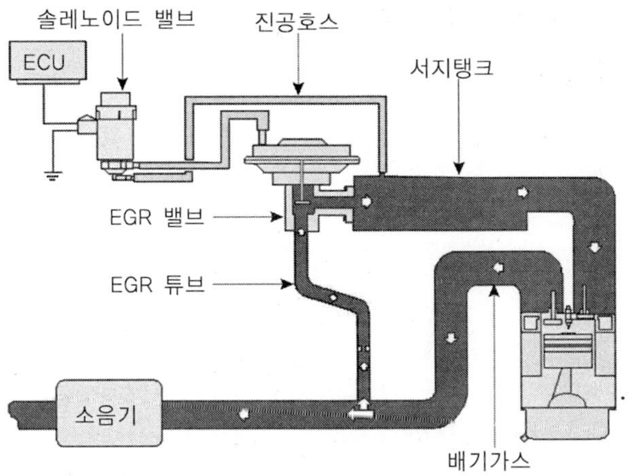

기계식 배기가스 재 순환장치

㉡ 전자식 EGR

전자식 EGR(E-EGR) 밸브는 흡기 부압 라인을 없애고 밸브의 구동을 모터나 솔레노이드에 의해 제어하는 구조이다. 전자제어식 배기가스 재순환장치의 구성부품은 EGR 밸브, EGR 제어 솔레노이드 밸브, ECU 및 각 센서 등으로 구성되어 있다. ECU는 기관 회전속도와 흡입공기량에 대응한 최적의 EGR량을 기준으로 하여 EGR 제어 솔레노이드밸브에 통전되는 듀티비(duty ratio)를 제어하여 EGR량을 조절하고 있다.

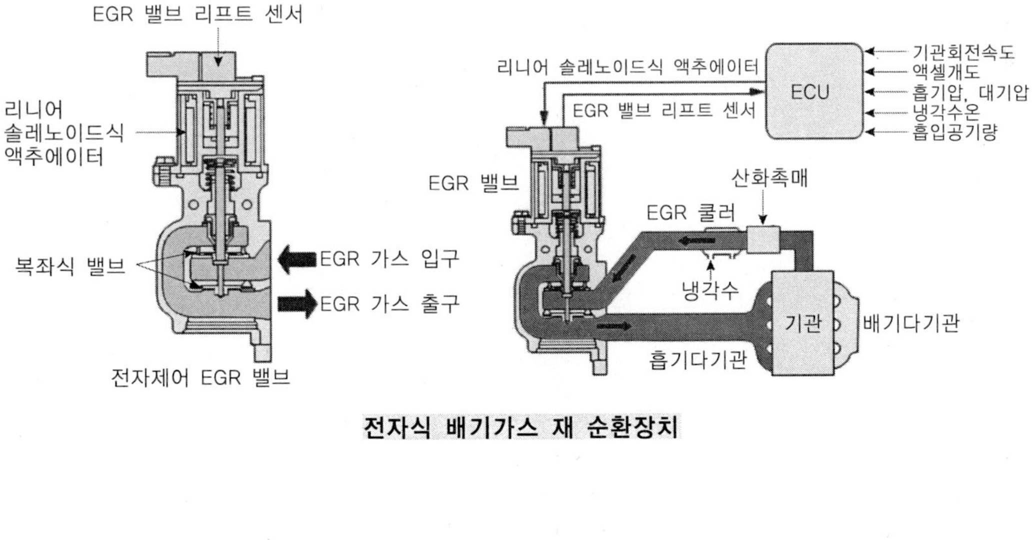

전자식 배기가스 재 순환장치

연소실로 재순환 되는 배기가스의 온도를 낮추어 주기 위하여 EGR에는 냉각기(EGR 쿨러)가 장착되어 있는 형식도 있다.

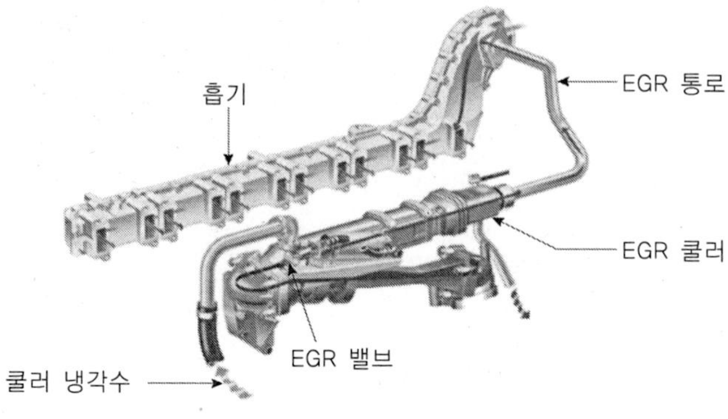

EGR 쿨러 장착 형식

④ EGR 분류

㉠ 저압 EGR(Low Pressure Loop EGR)

저압 배기가스 재순환 장치(LP-EGR)밸브는 DPF 후단에서 연소실로 재순환되는 배기가스 유량을 제어하는 저압 EGR(Exhaust gas recirculation) 밸브와 흡기 공기량을 제어하는 밸브의 통합 밸브이다.

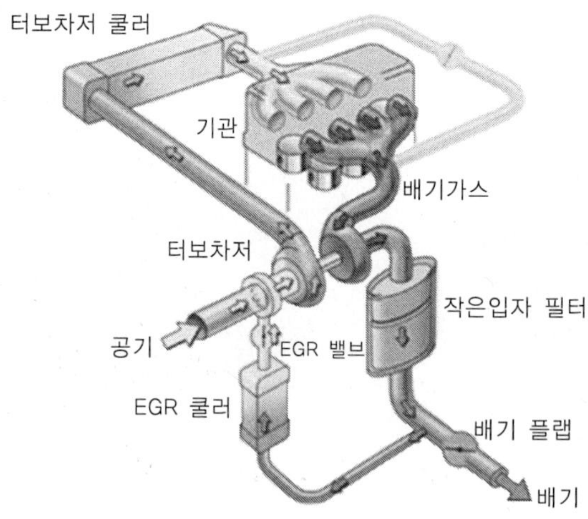

저압 EGR 시스템

ⓛ 고압 EGR(High Pressure EGR Loop)

HPL EGR 시스템은 DPF 통과 없이 그대로 배기가스를 인테이크 쪽으로 재순환시켜 EGR 가스의 압력이 높고, 그만큼 시스템의 응답성이 빠르다. 하지만 흡기와 배기 시스템의 압력 차이가 크지 않기 때문에 EGR의 한계가 낮다는 것이 단점이다.

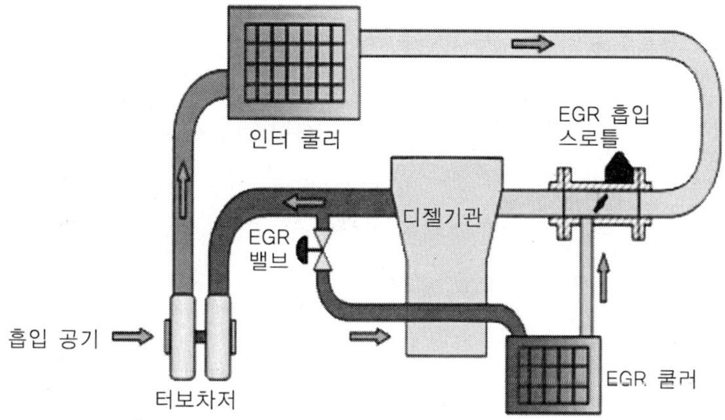

고압 EGR 시스템

ⓒ 듀얼-루프 EGR(Dual Loop EGR)

듀얼-루프 EGR 시스템의 기본 개념은 이 두 가지의 EGR 시스템을 운전 상황에 따라 선택적으로 사용하는 기술이다.

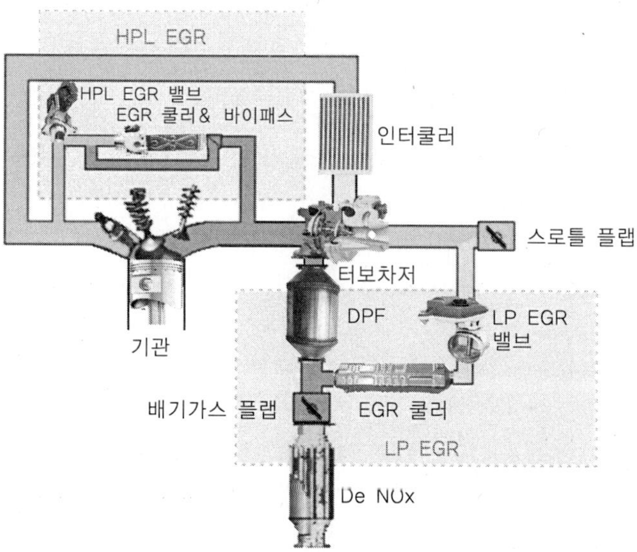

듀얼-루프 EGR 시스템

3) 연료 증발 가스 제어

자동차에서 연료 증발 가스는 연료탱크 등의 연료계통에서 발생하며, 주요성분은 탄화수소(HC)이다. 연료 증발 가스 제어방식에는 활성탄 저장방식(charcoal canister), 크랭크케이스 저장방식, 에어클리너 저장방식 등이 있으나 대부분 캐니스터 방식을 사용하고 있다. 활성탄은 연료증기를 잘 흡착하고 공기를 흐르도록 하면 연료 증기를 이탈시키는 특성이 있다. 따라서 기관의 가동을 정지시킨 경우에는 증발된 연료를 채운 용기(활성탄 캐니스터, charcoal canister)에서 포집하고, 가동될 때에는 캐니스터 외부에서 새로운 공기를 도입하여 활성탄에 흡착된 연료를 이탈시켜 흡입 계통으로 흡입, 퍼지(purge)시킨다. 캐니스터에 포집된 연료증발가스 순환량을 제어하기 위하여 퍼지 컨트롤 밸브(PCV : purge control valve)를 사용하며, 또한, ECU에 의해 듀티 제어를 하는 밸브를 퍼지 컨트롤 솔레노이드밸브(PCSV)라 하며, ECU에 의하여 흡기다기관의 부압, 수온센서 등의 신호에 따라 제어된다.

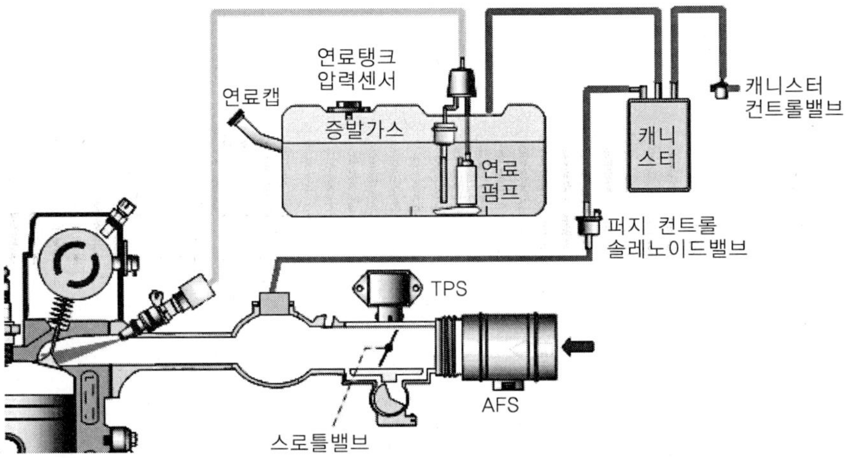

연료 증발가스 제어장치의 구성 예

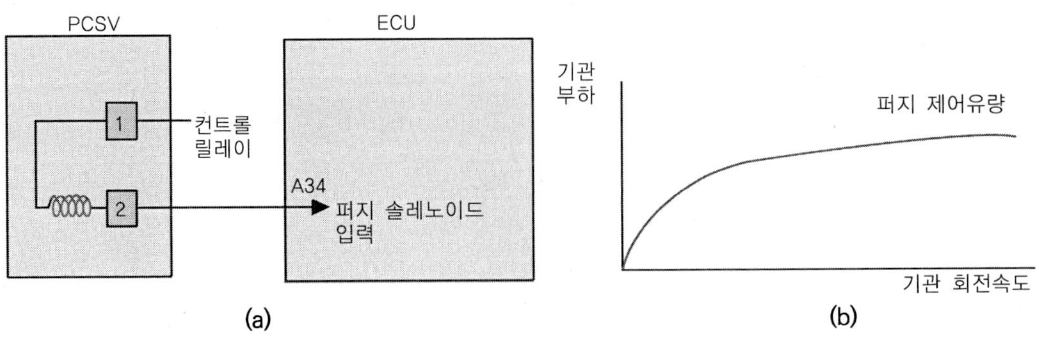

퍼지 제어 듀티량 결정 예

4) 연료탱크 압력센서(FTPS : Fuel Tank Pressure Sensor)

연료탱크 압력 센서는 증발가스 제어 시스템의 구성 요소로서, 연료탱크, 연료펌프, 캐니스터 등에 장착되어 퍼지제어 솔레노이드 밸브의 작동상태와 증발가스 제어 시스템의 누설 여부를 점검하기 위해 압전소자 방식의 압력센서가 장착되어 있다. 연료탱크 압력 센서는 연료탱크에서 발생되는 증발가스 성분이 대기로 방출되는 것을 규제하는 법규를 만족시키기 위해 사용된다.

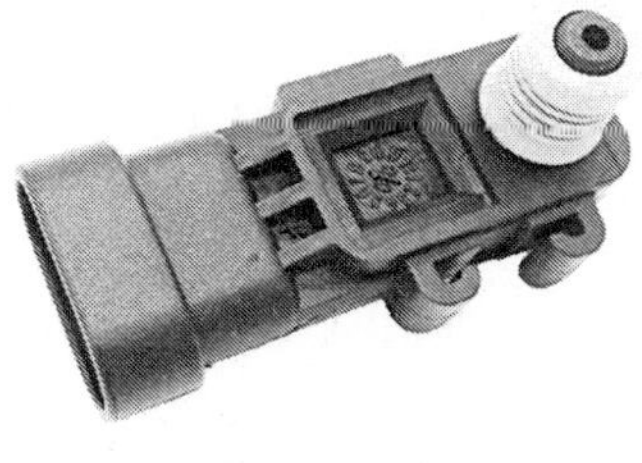

연료탱크 압력센서

(4) 배출가스 저감장치

1) 삼원촉매장치

① 촉매의 작용

촉매반응은 반응 물질의 농도에 있어서는 산소 농도와 피 산화물질(CO, HC, H_2)의 농도 평형이 촉매반응에 중요한 역할을 하므로 반응 효과를 높이기 위해서는 이들 인자에 대한 적절한 제어가 필요하다.

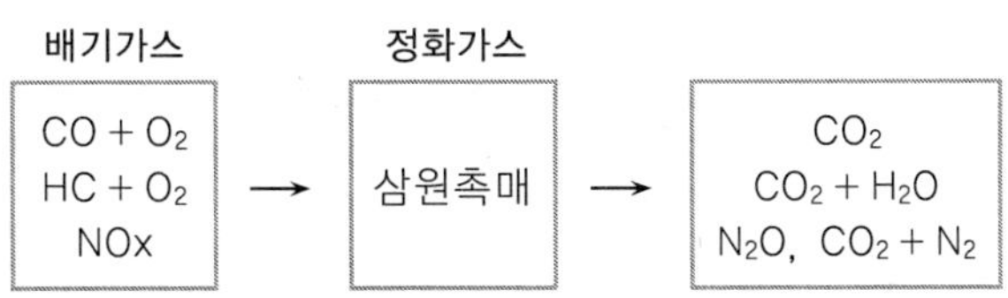

삼원촉매의 배기가스 처리의 개요도

② 3원 촉매의 정화 율

3원 촉매의 정화 율은 공연비와 촉매 컨버터(catalytic converter) 입구에서의 배기가스 온도에 관계하며 이론 공연비 부근과 배기가스 온도 약 300℃ 이상에서 높은 정화 율을 나타내므로 이론 공연비(14.7 : 1)를 제어하기 위하여 산소 센서를 이용한 크로즈 루프(closed loop)가 가장 바람직하다. 일반적으로 산소센서는 배기가스 중의 산소농도를 검출하여 그 출력전압으로 ECU에서 공연비를 피드백제어한다. 단, 삼원촉매는 일정한 온도이상(300℃~800℃)되어야 정상 기능을 발휘하므로 난기운전 전에는 유해 배기가스가 배출되는 단점이 있다. 현재는 윤활유나 기관 구성요소의 내구성을 향상시켜 난기운전 시간을 크게 단축시키고 있다.

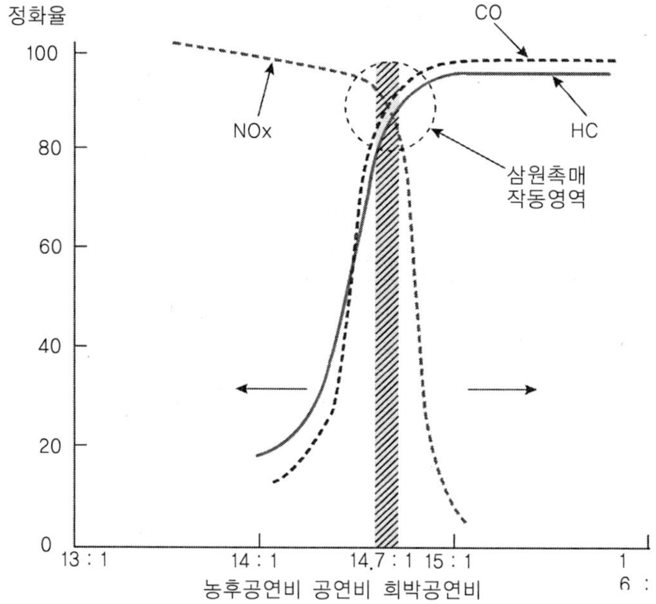

삼원촉매의 정화성능

③ 삼원촉매장치 형식

삼원촉매장치는 기관 배기 측과의 근접성, 배치위치 및 정화성능 등에 따라 MCC(manifold catalytic converter), CCC(closed-coupled catalytic converter), WCC(warm-up catalytic converter), UCC(under floor catalytic converter)형식 등이 있다.

MCC방식은 촉매장치를 배기 매니폴드에 볼트로 체결하며, CCC방식은 배기매니폴드에 용접하여 설치함으로써 기관 배기 측과 근접시켜 촉매의 성능 효율을 높인다. WCC방식은 냉간시 정화성능이 우수하며 UCC방식은 차량바닥에 설치한 형식이다.

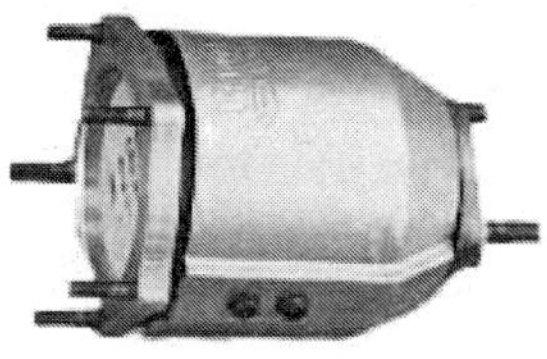

(a) MCC

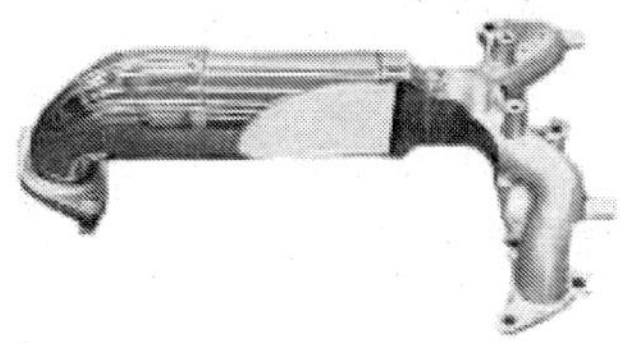

(b) CCC

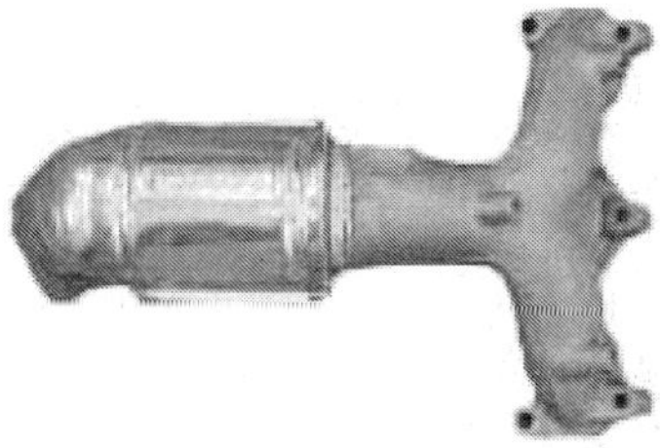

(c) WCC

(d) UCC

삼원촉매의 형식

④ 공기비 제이(λ Closed Loop Control)

산소센서는 전압 신호를 ECU에 전달한다. 제어기준 조건이 충족된 상태이면 ECU는 산소센서의 전압신호에 따라 혼합비를 희박하게, 또는 농후하게 할지의 여부를 결정한다. 이때 기준이 되는 제어전압은 ECU에 프로그래밍 되어 있다. 예를 들면 $\lambda = 1$에 대한 기준전압이 450mV일 경우, 산소센서로부터 발생된 전압이 기준전압보다 낮으면(= 혼합기 희박) 분사량을 증량하고, 센서전압이 기준전압보다 높으면(혼합기 농후) 분사량을 감소시킨다. 그러나 공연비의 변화가 너무 급격하게 진행되면 기관의 회전속도가 급강하 또는 급상승하게 되므로 ECU는 공연비가 시간함수에 의해 천천히 변화하도록 하는 적분회로(integrator)를 포함하고 있다.

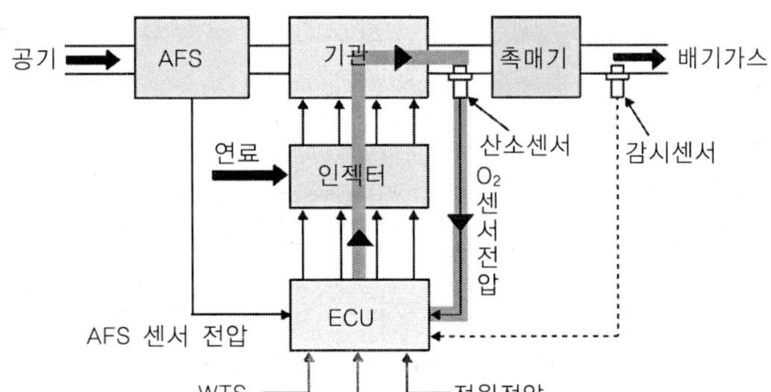

공기비제어 블록선도

2) 2차 공기 시스템(Secondry Air Injection System)

2차 공기 시스템은 제어식 촉매기와 산소센서가 아직 정상작동온도에 도달하지 않은 기간에 혼합기는 농후하고, 미 연소된 상태로 방출되는 다량의 HC와 CO를 공기를 (산화)촉매기 바로 전방의 배기관에 공기를 분사하여 열적 후연소 방식으로 후처리하여, HC와 CO를 저감시킨다.

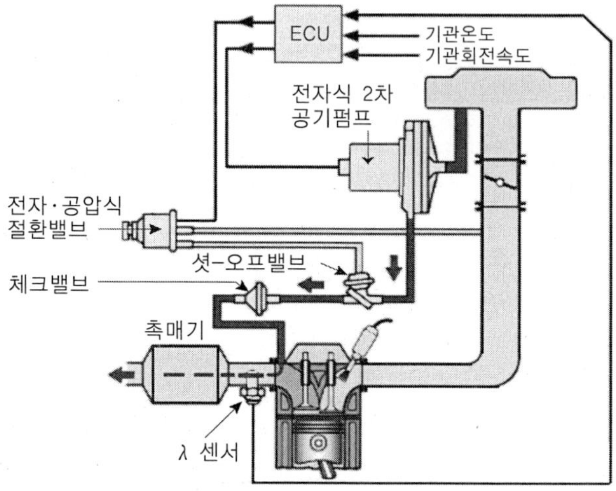

2차 공기 시스템

3) 디젤차량 배기가스 후처리장치

기존의 산화촉매와 함께 배기 통로에 배기가스 후처리장치(CPF : Catalyzed Particulate Filter or DPF : Diesel Particulate Filter)를 설치하여 매연을 포집하여 연소시켜 매연을 현저하게 감소시키는 장치이다.

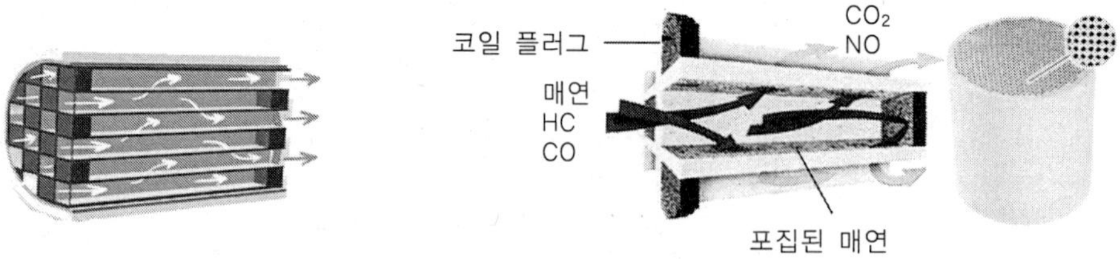

배기가스 후처리장치의 내부 구조

배기가스 후처리 장치는 CPF(Catalyzed Particulate Filter)를 비롯하여 산화촉매, 차압센서, 배기 온도센서 1, 2로 구성되어 있다.

① CPF(Catalyzed Particulate Filter)

CPF는 산화촉매 뒤쪽에 설치되어 있으며, 기관에서 발생한 고체의 입자상 물질을 포집 및 재생하는 장치이다.

② 산화촉매

산화촉매는 CPF 앞쪽에 설치되어 있으며, 기관에서 발생한 일산화탄소와 탄화수소를 산화작용을 통해 이산화탄소와 물로 변환시키는 역할을 하고, 또 CPF가 재생할 때 촉매의 온도를 높이기 위한 발열작용을 한다.

③ 차압센서

차압센서는 촉매 앞뒤의 압력 차이를 검출하는 센서이며, 기관 연소과정에서 발생한 입자상 물질이 CPF에 축적된 정도를 측정한다.

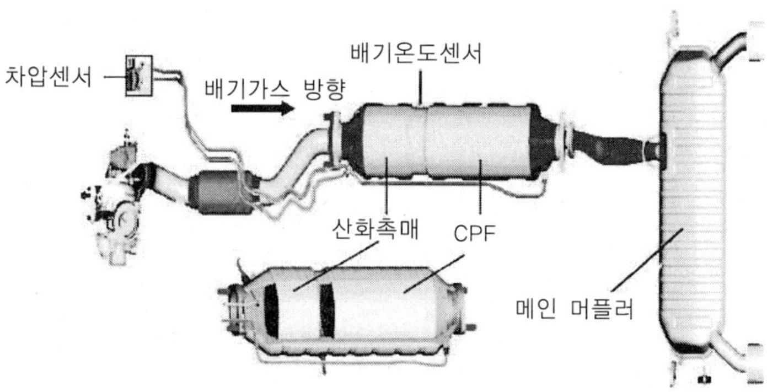

배기가스 후처리장치의 구성

④ 배기 온도센서 1과 2

배기 온도센서 1과 2는 센서가 설치된 부분의 배기가스 온도를 측정하여 기관 ECU로 입력시킨다.

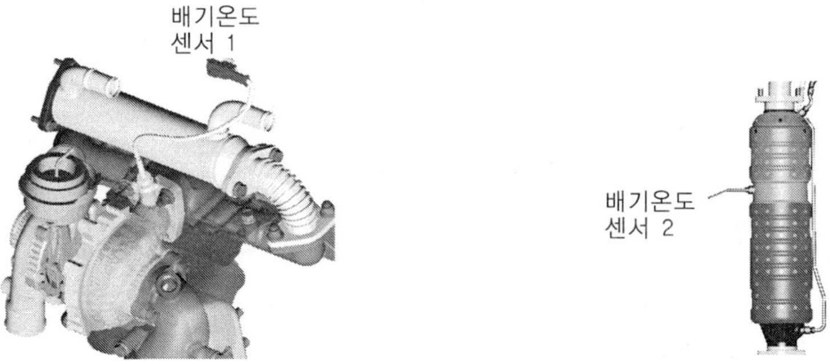

배기 온도센서 설치위치

4) 희박 질소 촉매(LNT : Lean NOx Trap)

LNT 방식은 NOx의 일부를 내보내지 않고 필터에 묶어두는 방식이다. 이후 연료를 과잉으로 내보내 필터에 쌓인 NOx를 다시 태워 필터를 환원한다. 작동온도는 150~550℃ 전후며, HC, CO, H_2 등을 이용한 촉매반응으로 질소산화물을 분해시킨다.

LNT는 질소산화물을 정화하기 위한 촉매로 주행 중 백금, 팔라듐, 바륨 등의 귀금속으로 코팅된 필터에 NOx를 흡장(Occlusion)하고 정화 시에는 DPF 재생 때와 마찬가지로 후 분사를 통해 NOx를 탈장하기 때문에 단가가 높아지는 문제를 갖는다.

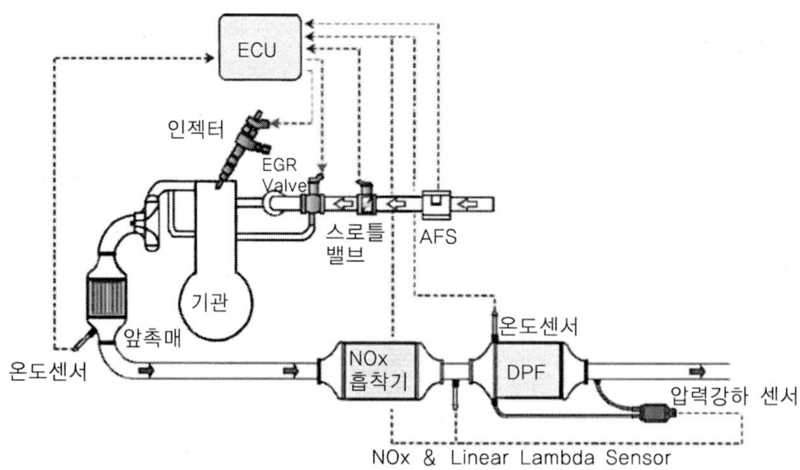

LNT 시스템

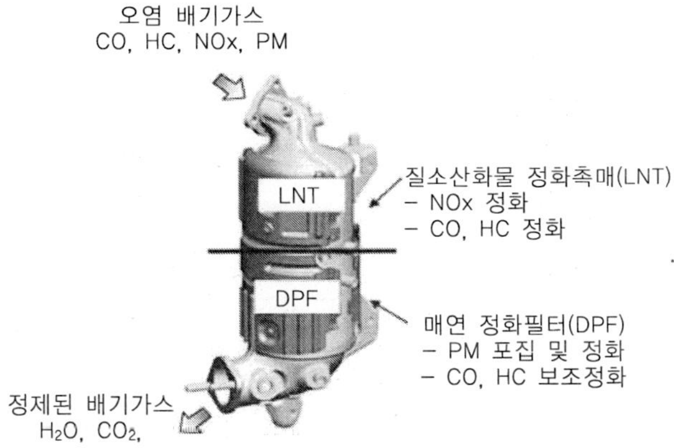

LNT+DPF

5) SCR(Selective Catalytic Reduction)

① SCR 시스템 개요 및 작동원리

SCR은 촉매 반응을 통해 질소산화물을 보다 적극적으로 정화시킨다. 먼저 디젤은 탈질소산화물(DeNOx) 촉매를 통해 질소산화물을 걸러낸다. 여기서 다시 암모니아성분의 촉매제 용액과 화학반응을 시켜 질소산화물을 걸러내는 것이다. 가장 확실하게 질소산화물을 저감시킬 수 있고 충분히 검증된 기술이기도 하다. SCR 구성은 다음과 같다.

> 기관 → DOC(디젤산화촉매) → DPF(디젤매연필터) → DM(도징모듈) → SCR(선택적 환원촉매)

② SCR 시스템 구성

도징 컨트롤 유닛(DCU)은 SCR 시스템에서 필요한 양의 요소수를 분사하기 위해 도징 인젝터를 제어한다. 도징 컨트롤 유닛의 기능은 도징 인젝터 제어, 열선 튜브 제어, 외부 센서의 측정, 모니터링 기능, OBD 기능 등이 있다.

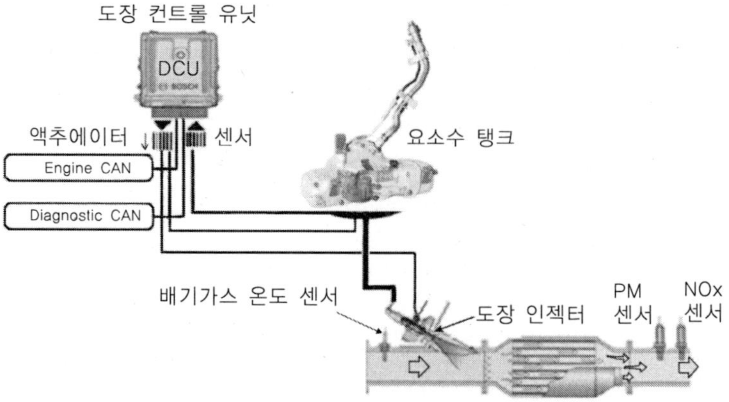

SCR 시스템 구성

㉠ 도징 모듈

- 인젝터는 배기 파이프 안으로 요소수를 분사하는 역할을 한다.
- 매 도징 밸브의 작동마다 전류의 변화는 두 단계로 구성된다.
- 영구 전류의 흐름은 코일이 과열될 수 있는 위험요소를 방지한다.
- 요소수 없이는 도징 인젝터의 작동을 허용하지 않는다. 건조 상태에서의 작동은 마모와 분사 오차를 악화시키기 때문이다.
- 스위치 ON 전류는 공급 전압에 따른다 : 16V 이상의 배터리 전압의 경우, 전압은 반드시 최대 16V 일 때의 전류에 해당하는 방식으로 제어해야 한다.

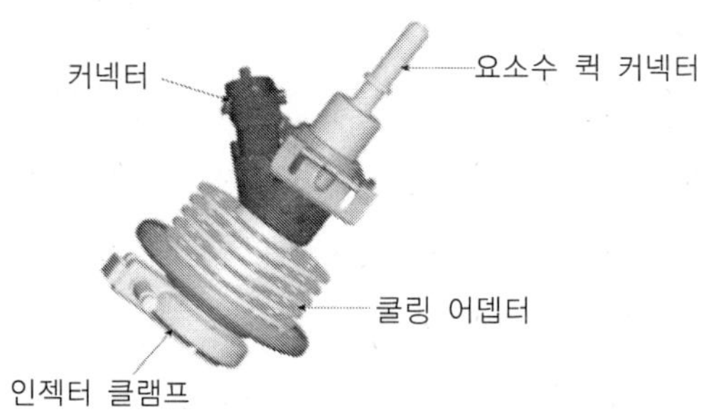

도징 모듈

ⓛ 서플라이 모듈(SM : Supply Module)

요소수 저장 탱크로부터 요소수를 펌핑하여 도징 모듈로 요소수를 공급한다.

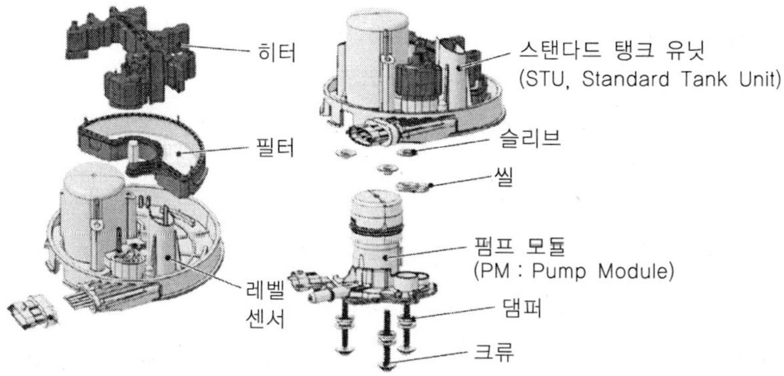

서플라이 모듈 구성부품

ⓒ 히팅 튜브

열선 라인은 전기로 작동되며 겨울철 요소수 라인의 동결을 예방한다.

ⓔ 요소수

요소수란 요소를 물에 녹이는 방식으로 요소와 초순수를 혼합한 화학물질로 무독, 무색, 무취인 수용석 물질이다. 환원제로는 요소수를 사용한다. “Urea” 혹은 “AdBlue”라는 이름의 요소수는 약 67.5%의 물(증류수)에 32.5%의 요소가 용해된 수용액이다.

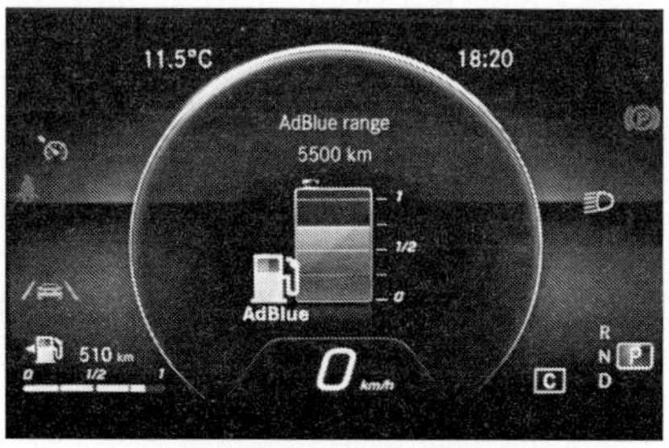

요소수 잔량 표시

6 연료 및 연료장치

01 연료의 개요

연료란 공기 중에서 용이하게 연소하고 그 연소열을 이용할 수 있는 가연물로써 자동차에 사용되는 연료는 다음과 같은 구비조건을 갖는다.

① 단위 용적당 발열량이 크고 연소 후 퇴적물이 적어야 한다.
② 공기와 잘 혼합되고 적당한 휘발성이 있어야 한다.
③ 착화온도가 낮고 연소 상태가 안정되며 인체에 무해하고 대기오염이 적어야 한다.
④ 취급이 용이하고 부식되지 않아 안전성이 있어야 한다.
⑤ 생산량이 많고 가격이 저렴하며 보급이 잘 되어야 한다.
⑥ 저장 및 수송이 용이해야 한다.

(1) 연료 생산과정

원유는 갈색·황색·적갈색·흑색 등, 중질유일수록 흑색을 띠며 형광반응을 보이며 일반적으로 비중은 0.65~1.97 정도이다. 지하나 해저로부터 채취한 석유는 일반적으로 원유로 불리어지고 그대로의 상태로는 정밀한 기관의 연료로 사용할 수 없다. 원유의 주성분은 탄소(83~87%)와 수소(12~15%)의 화합물인 탄화수소이며 이 밖에 황(0.1~4%), 질소(0.05~0.8%), 산소(0~3%) 등의 화합물이 소량 함유돼 있다.

연료의 주성분

연료의 종류	탄소(%)	수소(%)	산소 및 기타(%)	C/H
고체연료	50~95	3~6	2~44	15~20
액체연료	85~87	13~15	0~2	5~10
기체연료	0~75	0~100	0~57	1~3

이들 불순물을 제거해가면서 여러 가지 다른 성질을 가진 것을 만들어 내는 것을 석유의 정제라 한다. 최초의 정제가 이루어지는 기본적인 조작이 증류(蒸溜)로써, 이것은 굵은 원통 속에서

이루어지며 증발된 증기는 가벼울수록 위로, 무거운 증기일수록 아래에 남는다. 그 측면의 각 위치로부터 파이프에 의해 분류 송유 되며 증기는 온도별로 냉각시켜주면 액화하여 액체는 각각의 용기에 떨어지며 이것이 각각의 연료가 된다.

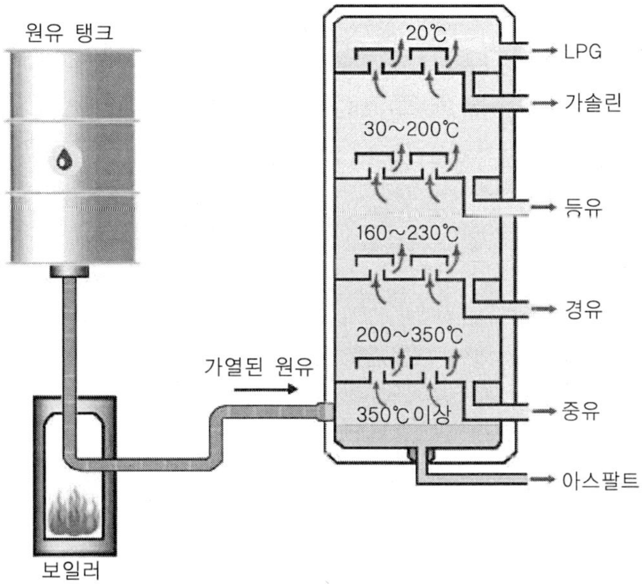

원유의 분별 증류에 따른 석유제품

(2) 연료의 분류

1) 연료의 인화점 및 발화점

연료에 불을 가까이하였을 때 연료가 인화하는 점을 인화점이라 하며 불이 붙어 연소가 시작되는 온도를 발화점이라 한다. 내연기관의 연료에는 고체연료, 액체연료, 기체연료가 있으나 현재는 고체연료는 사용하지 않으며 액체연료와 기체연료만이 사용되고 있다.

연료의 물리적 성질

연료	인화점	발화점	비중	발열량
가솔린	-40℃ 이하	300℃	0.65~0.75	11,000kcal/kgf
벤젠	-11℃ 이하	538℃		9,600kcal/kgf
등유	30~60℃	255℃	0.78~0.84	
경유	50~70℃	250℃	0.84~0.88	10,500kcal/kgf
중유	60~150℃	250~380℃	0.90~0.99	10,000kcal/kgf

2) 고체연료

고체 상태의 석탄이나 목탄 등의 연료로 일반적으로 목재는 식물체 그대로이지만 이 식물체들이 지중에서 장기간에 걸쳐 탄화작용을 받아서 된 것이 석탄이다.

3) 액체연료

액체 연료의 주된 것은 석유류이지만 석탄의 건류에서 발생하는 타르(tar)계와 식물계 연료도 있다. 석유는 천연적으로 존재하고 지하로부터 퍼 올린 그대로의 광유를 원유라고 부르며 증류, 분해, 재질 수소 처리, 용제 처리, 약품 처리 등의 공정을 조합시켜 정제하며 각각의 용도에 적합한 제품을 만든다.

① 석유계 연료

가솔린, 등유, 경유, 중유

② 석탄계 연료

벤졸

③ 식물계 연료

알콜, 야자유

4) 기체연료

기체연료에는 천연가스, 석유 가스, 액화석유가스(LPG), 액화천연가스(LNG)등이 있고 그 성분을 보면 대부분 포화탄화수소(CmH_{2n}+2), CO, H_2 등으로 되어 있다.

(3) 자동차용 기관의 연료

1) 가솔린기관 연료

가솔린기관은 불꽃점화 기관으로 연료를 공기와 혼합하여 실린더 내로 공급하고 혼합 가스를 압축한 후 점화플러그에 의한 불꽃방전으로 전기 점화하여 사용연료는 가솔린을 사용한다.

① 가솔린의 조성

가솔린은 석유원유에서 정제하여 생성되나 경유 또는 중유를 고온으로 가열하여 이것을 분해함으로 얻어진다. 현재 시중에서 사용되는 가솔린은 파라핀계 가솔린과 나프탄계 가솔린을 조합하여 생산한다.

㉠ 파라핀계 가솔린의 성분 : C_6H_{14}, C_7H_{16}, C_8H_{18}, C_9H_{20}이 주성분으로 한다.

㉡ 나프탄계 가솔린의 성분 : C_6H_{12}, C_7H_{14}, C_8H_{16}, C_9H_{18}이 주성분으로 한다.

② 가솔린의 성질

㉠ 가솔린의 색 : 상온에서 기화하기 쉽고 무색, 투명하며 특유한 냄새

㉡ 증유 온도 : 40~200℃

㉢ 비중 : 0.65~0.75

㉣ 인화점 : -40℃ 이하

㉤ 발화점 : 300~500℃

㉥ 발열량 : 11,100~11,500kcal/kgf

③ 가솔린의 구비조건

㉠ 발열량이 크고 연소 후 퇴적물이 적어야 한다.

㉡ 공기와 혼합이 잘되고 적당히 휘발성이 있어야 한다.

㉢ 착화온도가 높고, 연소 상태가 안정되며 인체에 유독성이 없어야 한다.

㉣ 취급과 수송이 용이하며 부식되지 않아야 한다.

㉤ 값이 저렴하여 경제적이어야 한다.

④ 옥탄가(Octane Number)

가솔린 연료의 내폭성을 나타내는 수치를 옥탄가라며 내폭성이란 기관 노크를 일으키기 어려운 성질을 말하며 이러한 성질의 연료 성분을 이소옥탄(C_8H_{18})이라 한다. 또한 내폭성이 낮은 연료의 성분을 정헵탄(C_7H_{16})이라 하며 옥탄가는 이소옥탄과 정헵탄의 혼합비를 나타내 연료의 성질을 나타내는 척도가 된다.

보통 이소옥탄을 100으로 하고 정헵탄(노말 헵탄)을 0으로 기준하여 혼합 비율에 따라 옥탄가가 결정되며 예를 들면, 노말 헵탄 20%, 이소옥탄 80%의 비율이라면, 옥탄가 80이 된다. 기관용 가솔린은 보통 옥탄가 80~90 정도로 하고 있다. 옥탄가는 다음 식으로 표현되며 옥탄가의 측정은 C·F·R시험기관으로 측정한다.

$$\text{옥탄가} = \frac{\text{이소옥탄(체적)}}{\text{이소옥탄(체적)} + \text{정헵탄(체적)}} \times 100[\%]$$

또한 노킹을 안 일으키는 성질을 앤티노크성이라 하며 고압축에 견디는 앤티노크성이 큰 가솔린을 사용하면 노킹을 방지할 수 있으며 일반적으로 사용되는 가솔린은 옥탄가가 낮으므로 옥탄가를 높이기 위하여 앤티노크제를 가솔린에 첨가하여 사용하며 앤티노크제에는 다음의 것들이 있다.

㉠ 벤젠(C_6H_6)

㉡ 에틸알콜[(C_2H_5)OH] → 약 5~10% 정도 첨가한다.

㉢ 4에틸납[Pb(C_2H_5)$_4$] → 미소량(0.08%) 첨가한다.

㉣ 철 카보닐[Fe(C_{05})] → 약 1% 첨가한다.

2) 디젤기관 연료

디젤기관은 공기만을 실린더에 흡입하여 높은 압축비로 압축하여 고온고압의 상태에서 연료를 분사하여 착화시키는 압축 착화 기관으로 사용연료는 경유를 사용한다. 경유는 디젤기관에 사용되어 디젤유라고도 하며 고속 디젤기관, 소구기관 등에도 사용된다.

① 디젤유(경유)의 성질

㉠ 경유의 색 : 흑갈색 또는 담황색

㉡ 증류 온도 : 200~350℃

㉢ 비중 : 0.84~0.89

㉣ 인화점 : 40~90℃

㉤ 발화점 : 250~350℃

㉥ 발열량 : 10,500~11,000kcal/kgf

② 세탄가(cethane number)

세탄가는 디젤연료의 착화성을 나타내는 수치로써 디젤노크를 일으키지 않는 성질인 세탄($C_{16}H_{34}$)과 디젤 노크를 잘 일으키는 성질의 연료 α-메틸나프탈렌($C_{10}H_7$-a-CH_3)을 혼합하여 결정하는 기준치이며 세탄을 100으로 하고 α-메틸나프탈렌을 0으로 기준하여 혼합 비율로 계산한다.

$$세탄가 = \frac{세탄(체적)}{세탄(체적) + \alpha\text{-메틸나프탈린(체적)}} \times 100[\%]$$

세탄가 60이라 하면 세탄이 60%이고, α-메틸 나프탈린 40%라는 뜻이며 세탄가가 너무 낮으면 저온 시 시동성이 좋지 못하고 워밍업 시 흰색연기가 발생하는 원인이 되며 착화 지연기간이 길어지면 디젤 노크가 발생한다. 보통 고속 디젤기관의 세탄가는 45~70 정도이다.

③ 디젤기관 연료의 구비조건

㉠ 착화성이 좋아야 한다.

㉡ 적당한 점도가 있어야 한다.

㉢ 수분 및 불순물이 적어야 한다.

㉣ 유황성분이 적어야 한다.

㉤ 유동점이 외기 온도보다 낮아야 한다.

3) 천연가스

천연가스는 흔히 원유와 함께 있는 지하 격리 층의 벽을 드릴로 뚫어 개발하는 자연적으로 발생하는 탄화수소가스를 말한다.

① LNG(Liquefied Natural Gas)

천연가스의 주 성분인 메탄을 저장과 운송을 위해 액화시킨 것이다. 무색, 무취, 무독성이며 비부식성이다. 천연가스는 대기압에 가깝게 하여 약 -162℃로 냉각하여 액체로 응축한다. 천연가스를 액화하면 부피를 600분의 1 수준으로 줄일 수 있어 저장이나 운반이 쉽다.

② CNG(Compressed Natural Gas)

메탄이 주성분인 천연가스를 액화되지 않을 정도로 200~250kgf/cm^2의 고압으로 압축해서 연료용기에 저장해 사용하는 경우 CNG라고 한다.

4) LPG(Liquefied Petroleum Gas)

LPG는 석탄을 파낼 때 나오는 천연가스나 원유같이 지하에서 나오기 때문에 성질은 천연가스와 가솔린의 중간 성질을 가지고 있으며 공기량 부족으로 불완전 연소하면 일산화탄소(CO)가 발생하므로 주의해야 한다.

무색, 무취로 독성은 없으나 마취성이 있어 가스누출을 쉽게 감지하기 위해 부취제를 첨가하며 가솔린기관과 비슷한 형태로 공기와 연료인 가스를 혼합하여 실린더 내부에 흡입하여 압축한 후 점화플러그에 의한 불꽃방전으로 점화한다.

LPG연료는 일반적으로 부탄(C_4H_{10})을 주성분으로 하며 겨울철에는 낮은 온도에서도 비등점과 기화성이 좋은 프로판(C_2H_8)을 약 30% 혼합하여 착화성을 향상시켜 시동성을 좋게 한다. 따라서 우리나라의 LPG조성은 겨울철은 부탄과 프로판이 약 70 : 30의 비율이고 기타 계절은 부탄이 100%의 조성비를 갖고 있다.

상온에서 LPG는 기체는 공기보다 무겁고 액체는 물보다 가벼우며 상온(15℃)에서 액화하면 프로판은 1/260, 부탄은 1/230의 부피로 축소된다.

① LPG의 종류

㉠ 프로판($C_3H_8 + 5O_2 = 3CO_2 + 4H_2O$)

㉡ 부탄($C_4H_{10} + 6.5O_2 = 4CO_2 + 5H_2O$)

② 연소와 공기량

프로판은 발열량 12,000kcal/kgf이고, 부탄은 11,800kcal/kgf이다. 완전히 연소하기 위해서는 프로판은 5배의 산소량, 부탄은 6.5배의 산소량이 필요하다.

연소와 공기량

종류	가스 $1m^3$ 완전연소 소요 산소량(m^3)	가스 $1m^3$ 완전연소 소요 공기량(m^3)	가스 1kgf 완전연소 소요 공기량(kgf)
프로판	5	약 24	약 15.7
부탄	6.5	약 31	약 15.5

③ LPG 연료의 조성

㉠ 부탄의 성분 : C_4H_{10}(n-부탄)

㉡ 프로판의 성분 : C_3H_8

④ LPG 연료의 장점

㉠ 공기와의 혼합 상태가 양호하다.

㉡ 완전 기화되므로 연소 시 카본 조성이 적다.

㉢ 일산화탄소 함유량이 적어 대기오염도가 낮다.

㉣ 가격이 저렴하여 경제적이다.

㉤ 주성분은 프로판과 부탄으로 구성되었다.

㉥ 퍼콜레이션(percolation) 이나 베이퍼 록(vapor lock) 현상이 없다.

㉦ 연료탱크인 봄베가 밀폐식 이므로 연료가 방출되어 대기오염을 시킬 염려가 없다.

㉧ 발열량이 크다. 프로판이 12,000kcal/kgf 정도이며 부탄이 11,800kcal/kgf이다.

⑤ LPG 연료의 단점

㉠ 한냉시 시동이 곤란하다.

㉡ 출력이 가솔린보다 다소 낮다.

㉢ 연료가 가스(gas)상태이므로 안전성에 유의하여야 한다.

㉣ 공기보다 무겁고 물보다 가볍다. 자연적으로 환기를 시켜도 가스가 바닥에 잔류할 수 있기 때문에 누출 시에는 잔류가스에 의해서 폭발 우려가 있다.

㉤ 용기 설치장소가 필요하고 용기 관리가 중요하다.

㉥ 유기화합물을 녹이는 용해성을 가지고 있다.

(4) 기관의 노킹(Knocking)

기관에서 알맞은 공연비의 혼합기가 규정대로 압축된 후 알맞은 점화 시기에 점화되어 정상 연소(Normal Combustion)가 되어야 한다. 연소속도는 20~30m/sec 정도이며 회전속도 상승과 함께 화염은 항상 원활히 전파된다. 그러나 정해진 시점이 아닌 시점에 혼합기가 비정상적으로 착화, 폭발하는 이상 연소가 발생함으로써, 비정상적으로 높은 압력이 발생, 피스톤이 실린더를 때리는 현상을 노킹이라 한다.

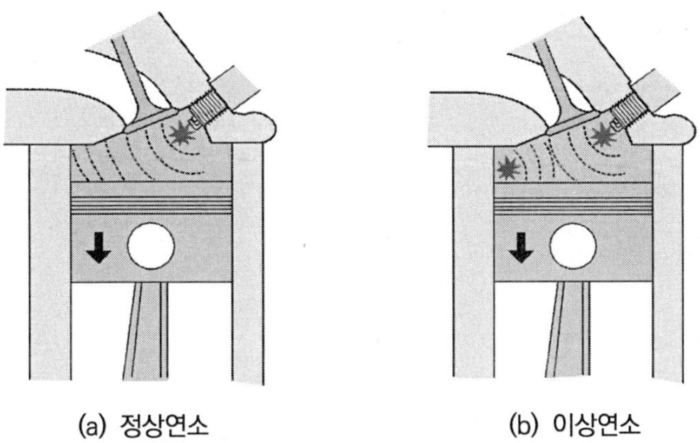

연소와 화염전파

1) 노킹이 기관에 미치는 영향

① 베어링 융착

② 피스톤 및 배기 밸브 소손

③ 실린더 마멸

④ 기관 과열

⑤ 출력 저하

⑥ 가솔린기관인 경우 점화플러그 소손

2) 노킹발생시 기관의 상태

① 노킹음을 발생한다.
② 배기색이 황색이나 흑색이 된다.
③ 실린더의 온도상승으로 인한 조기점화가 발생한다.
④ 기관 진동이 발생한다.
⑤ 배기온도가 떨어진다.

3) 가솔린기관 노킹

정상적인 경우라면 이상적으로 상사점으로부터 일정 시점까지 내려가는 구간에 점화 및 폭발이 이루어져야 힘차게 피스톤을 아래로 밀어내며 높은 힘을 발생시킬 수 있다. 하지만, 피스톤이 상사점까지 올라와서 압축행정을 끝내기도 전에(스파크 플러그가 불꽃을 튀기기 전에), 이상 착화(자연 착화)가 발생하여 연소 압력이 급격이 높아지면, 올라오던 피스톤을 높은 압력으로 강제로 아래로 밀어버리기 때문에 피스톤은 실린더 벽을 때리게 되어 노킹이 발생한다.

① 가솔린기관의 노킹 발생 원인

㉠ 압축비가 너무 높다.
㉡ 점화 시기가 빠르다.
㉢ 흡기의 압력과 온도가 높을 때
㉣ 기관의 과열
㉤ 기관을 과부하로 운전할 때
㉥ 연료의 질이 불량하다(옥탄가가 낮다).

② 가솔린 기관의 노킹 방지법

㉠ 압축비를 낮게 한다.
㉡ 흡기 온도를 낮게 한다.
㉢ 실린더 벽 온도를 낮게 한다.
㉣ 점화 시기를 늦춘다.
㉤ 연료의 발화점을 높게 한다.
㉥ 옥탄가를 높은 것을 사용한다.

4) 디젤기관 노킹

디젤기관은 흡입된 공기를 고온 고압으로 압축한 다음 연료를 분사하면 연료가 분사되는 순간 착화하여 폭발이 시작되는 것이 이상적이나 실제 분사된 연료의 작은 입자는 주위 공기로부터 받은 열에 의하여 착화한다. 이 착화 지연 기간이 길면 길수록 분사된 연료의 양이 많아져 착화가 시작될 때 급격한 압력상승으로 노킹이 발생된다. 디젤 노킹을 방지하기 위해서는 착화 지연 기간을 짧게 해야 한다.

① 디젤 노킹 발생 원인

㉠ 연료의 낮은 세탄가

㉡ 연소실의 낮은 압축비

㉢ 연소실의 낮은 온도

㉣ 과다 연료 분사량

② 디젤 노킹 방지 대책

㉠ 세탄가가 높은 연료 사용

㉡ 실린더의 압축비를 높임

㉢ 연료 분사량의 적절한 제어

㉣ 흡기 온도 및 압력을 높임

㉤ 실린더 내의 와류 발생

02 전자제어 가솔린 기관 연료장치(Fuel System)

(1) 연료장치의 특성

연료장치(fuel system)는 기관이 필요로 하는 연료를 연료탱크로부터 실린더까지 공급하는 장치로써 기관의 성능에 중요한 역할을 담당하고 다음과 같은 요구 특성을 갖고 있다.

① 연소가 시작되기 직전까지 완전 기화된 혼합기를 공급한다.

② 기관의 부하 변동에 따른 정확한 혼합 비율 공급이 가능해야 한다.

③ 감속이나 가속 등 전환기에 혼합비가 정밀하게 제어되어야 한다.

④ 혼합비의 분배가 고르게 이루어져야 한다.

(2) 전자제어 가솔린 기관 연료계통 구성

연료탱크 → 연료펌프 → 연료필터 → 딜리버리 파이프 → 인젝터 → 실린더

딜리버리 파이프 → 연료 압력 조절기 → 연료리턴라인 → 연료탱크

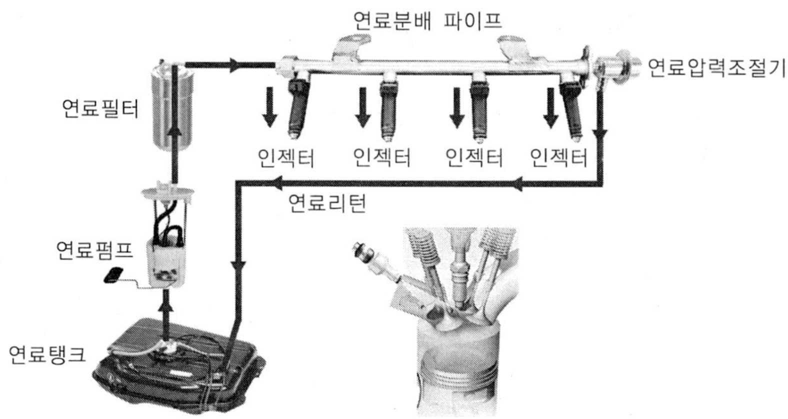

MPI 연료계통의 구성

1) 연료탱크(Fuel Tank)

연료탱크는 자동차의 주행에 소요되는 연료를 저장하는 탱크로써 강판(steel)연료 탱크 내면에는 녹스는 것을 방지하기 위하여 아연이나 주석 또는 알루미늄 등으로 피막 처리되어 있다. 일반적으로 플라스틱(plastic) 연료탱크에 사용되는 것은 HDPE로 불리는 고밀도 폴리에틸렌 플라스틱이다.

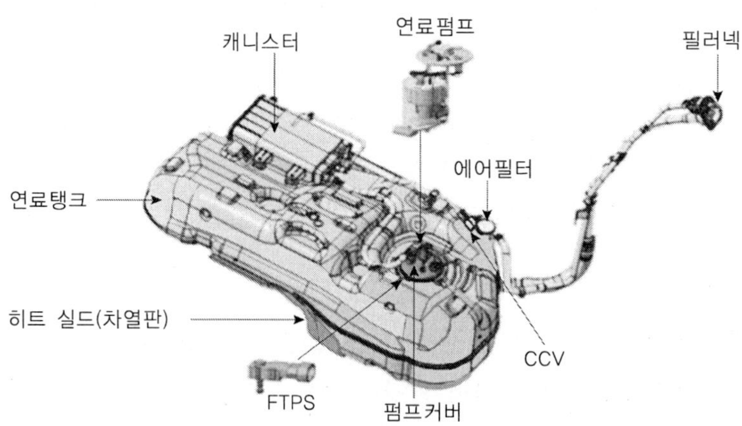

연료탱크의 구성품

① 연료탱크(fuel tank)

주로 차량 뒷좌석 하단에 장착되어 연료를 저장한다.

② 연료펌프(fuel pump)

주로 연료탱크 내부에 설치되어 연료탱크 내의 연료를 연료 분사 장치로 공급하고 연료 양을 측정하는 장치(sender unit)가 설치되어 있으며, 연료라인 내 압력을 일정하게 유지한다.

③ 캐니스터(canister)

자동차 시스템에 따라 연료 탱크 또는 자동차 차체에 부착하며, 연료탱크 내에서 발생된 증발가스를 흡착하고 활성탄에 의해 정화된 공기는 대기로 방출한다.

④ 에어 필터(air filter)

연료탱크에 장착되어 탱크 부압시 탱크 내로 유입되는 대기 중 공기 오염물을 정화한다.

⑤ CCV(canister close valve)

연료탱크에 장착되어 연료시스템의 증발가스 누유여부 모니터링 시(약 2분소요, 수회/1일) CCV를 작동하여 닫으면 평상시 OPEN상태

⑥ FTPS(fuel tank pressure sensor)

연료탱크 혹은 연료펌프에 부착되어 증발가스 누유 모니터링 시 탱크 내부 압력 평가

⑦ 필러넥(filler neck)

연료 주입구에 장착되어 연료주입 통로

⑧ 히트 실드(hear protector, heat shield)

머플러 장착부 윗면의 연료탱크 하단부에 장착되어 머플러 발생 열이 탱크 내 온도상승을 억제

⑨ 배플(baffle)

연료탱크 내에 장착(조립 및 insert type이 있음)되어 차량의 주행 및 가·감속시 연료의 거동을 안정화 및 유동을 방지 기능

2) 연료여과기(Fuel Filter)

연료여과기는 연료에 포함된 먼지나 수분 등 불순물을 제거하여 깨끗한 연료를 장치 내로 공급하는 역할을 하며 여과지의 여과성능은 5~10μm 정도이며 독립적으로 설치된 분배형과 연료펌프와 일체로 만들어진 비분배형이 있다.

연료여과기는 보통 분배형이 많이 사용되며 금속판 또는 플라스틱 케이스 내부에 여과지나 여과 포식의 엘리먼트를 넣어 밀봉시킨 카트리지식(cartridge type)으로 되어 있다.

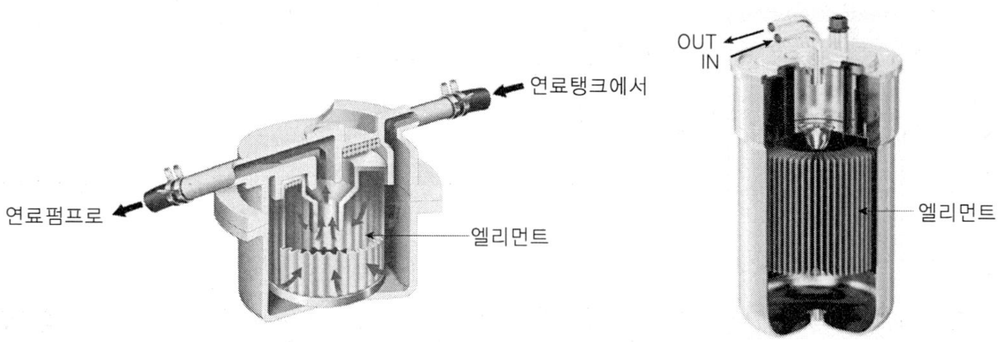

연료여과기

연료펌프에서 발생하는 연료 압력은 일반적으로 5bar 정도이다. 고압으로 유입되는 연료와 여과지가 직접 충돌하면 여과지가 파손될 수 있으므로 설치 방향은 주로 화살표 또는 IN/OUT등으로 표시되어 있다.

3) 연료펌프(Fuel Pump)

① 연료펌프 작동

연료펌프는 연료탱크에서 인젝터(injector)까지 연료를 공급해 주는 장치이며 가솔린 분사식 기관에는 전기모터식 펌프(electrical motor pump)를 사용한다.

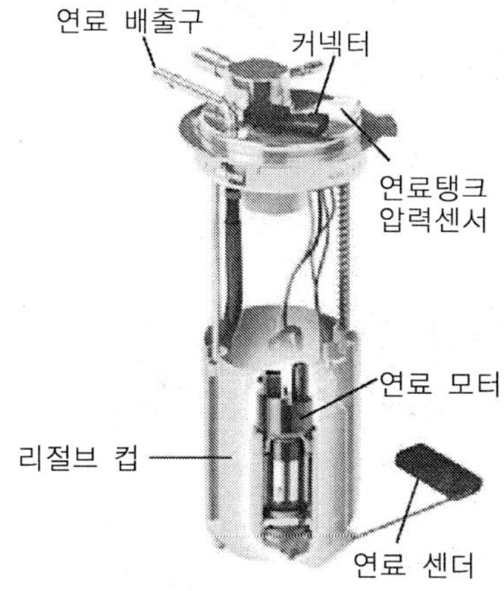

연료 펌프 모듈

전기모터식 연료펌프의 공급 압력은 보통 3~6kgf/cm^2 정도이고 송유량은 기관 요구량의 5~10배 정도로 되어 있다. 전기모터식 연료펌프는 점화스위치가 작동되는 순간 연료를 공급할 수 있으며 베이퍼록(vapor lock)에 강한 이점이 있다. 점화스위치가 시동(start)에 있을 때는 시동스위치에 의하여 작동되며 기관이 작동된 후부터는 ECU(ECM)에 의하여 ON/OFF 제어된다.

ECU에서는 점화 신호나 회전수 신호가 입력되지 않으면 연료펌프를 정지시킨다.

② 전동식 연료펌프의 구성

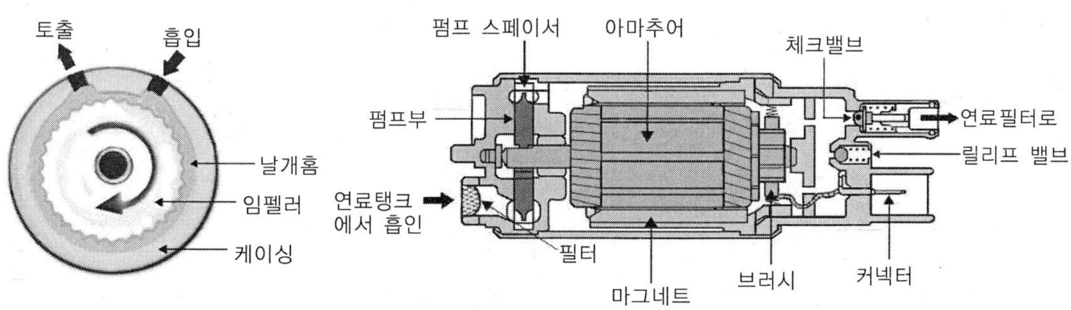

(a) 펌프부 단면 (b) 모터

전기식 연료펌프 구조

㉠ 펌프(Pump)

펌프 모듈의 주 부품으로 탱크 내의 연료를 기관에 공급하기 위해 연료를 흡입한다.

㉡ 인전밸브(Relief Valve)

연료펌프가 작동 중 어떤 이유로 인해서든지 연료 펌프 내의 압력이 비정상적으로 높아질 때 안전밸브는 압력을 낮추기 위해 열리게 되며, 연료압력을 제어하여 항상 일정한 압력을 유지하도록 한다.

ⓒ 체크 밸브(Check Valve)

연료펌프가 작동 중 멈추면 체크 밸브는 스프링의 힘에 의해 닫히고, 일정 압력이 연료라인에 남게 된다. 연료 라인에 남은 일정한 압력은 기관의 재시동을 용이하게 하며, 높은 온도에서의 베이퍼 록을 방지한다.

ⓓ 리절브 컵(Reserve Cup)

펌프와 필터를 감싸고 있는 케이스로 연료 끊김을 방지하기 위해 항상 연료를 저장하고 있다.

ⓔ 연료 센더(Fuel Sender)

연료의 양을 게이지로 나타내기 위한 센서가 달린 부표이다. 부표가 상하로 움직임에 따라 저항값이 변하여 이를 이용하여 연료량을 측정한다,

ⓕ Suction 필터(Filter)

펌프 모듈 상에서 연료를 빨아들이는 곳으로 1차적인 필터 작용을 한다.

4) 연료 파이프(Fuel Pipe)

연료 파이프는 보통 구리 파이프를 사용하며 비닐파이프나 내유성 고무파이프를 사용하는 경우도 있다. 파이프의 안지름은 보통 5~8mm 정도이며 파이프 이음매는 연료가 누설되지 않도록 원뿔형이나 구형의 유니언으로 되어 있고 파이프 너트로 조여져 있다.

5) 딜리버리 파이프(Delivery Pipe, 연료분배 파이프)

이 파이프는 각 인젝터에 동일한 분사압력이 되도록 하며, 연료저장 기능을 지니고 있다.

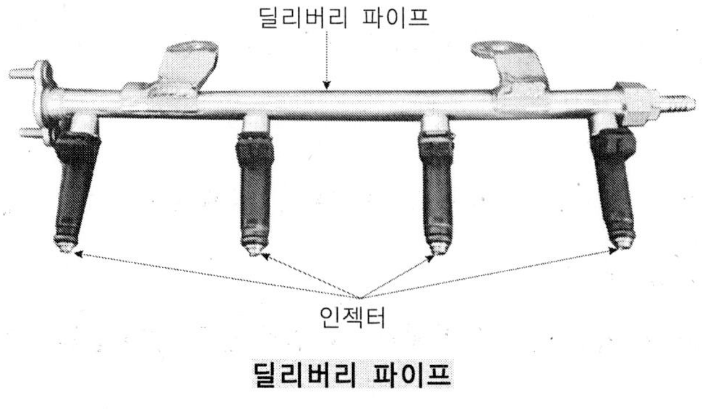

딜리버리 파이프

6) 연료압력 조절기(Fuel Pressure Regulator)

인젝터를 통해 분사되는 연료량은 분사 압력, 분사 시간 및 분사 노즐 홀 직경에 의해 결정된다. 따라서 분사 노즐 홀 직경은 결정되어 있으며 인젝터에 대해 연료 분사량을 통전 시간으로 제어하려면 분사 압력이 흡기관 압력에 일정하게 유지하도록 해야 한다. 그러나 연료 압력이 제대로 제어되지 않으면 통전 시간이 동일하다 하더라도 연료 분사량은 제대로 제어되지 않는다. 연료 압력이 높은 경우에는 연료 분사량이 많고 연료 압력이 낮은 경우에는 적다. 흡기관 압력 변화에 대응하여 연료 압력을 항상 일정하게 하면 ECU는 인젝터 통전 시간으로 정확한 분사량을 결정할 수 있다.

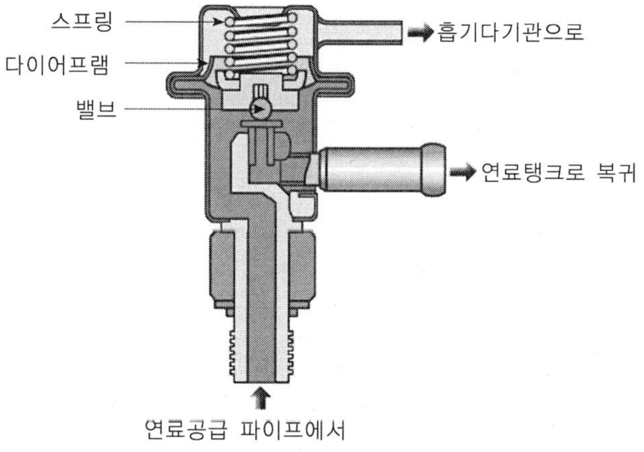

연료압력 조절기 구조

연료압력 조절기는 분배 파이프 또는 연료탱크에 설치되어 있다. 즉 연료계통 내의 압력을 2~3kgf/cm^{2}로 유지시켜 주는 다이어프램 조절의 오버플로(over flow)형식이다.

연료계통 내의 압력이 규정 값 이상 되면 흡기 매니폴드의 진공에 의해 다이어프램에 의해 조절되는 밸브가 열려 연료 출구포트를 연다. 이에 따라 규정압력 이상의 연료는 밸브를 통하여 연료탱크로 되돌아간다. 그러므로 흡기 매니폴드에 진공도가 높으면 많은 연료를 리턴 하여 다이어프램 스프링에 설정된 압력은 항상 일정하다. 최근에 출고된 차량은 재순환 없는 라인은 환경문제로 인해 HC 감시를 위해 연료 탱크 내부로 들어가서 외부에는 찾아 볼 수 없는 경우도 있다.

일반적으로 연료압은 공전시에 약 2.0kgf/cm^{2}이며, 이때 연료압력 조절기의 진공호스를 빼면 약 2.5kgf/cm^{2}로 상승한다. 결국 기관의 흡기부압의 작동압이 0.55kgf/cm^{2}이다.

연료압 = 설정압력(2.55kgf/cm^2) - 흡기다기관의 압력

이 된다는 것이다.

흡기관의 압력은 운전 상황에 따라 다르며 스로틀의 전개의 경우는 거의 대기압과 같으므로 흡기관의 부압은 "0"이 된다. 이와 같이 연료압은 운전조건에 따라 높아지거나 낮아지는 변화를 계속하여 연료압과 흡기다기관 부압과의 차는 언제나 2.55kgf/cm^{2}이 유지되도록 한다.

※ 아이들링시 2.0kgf/cm^2 - (-0.55kgf/cm^2) = 2.55kgf/cm^2

※ WOT시 2.5kgf/cm^2 - (-0.05kgf/cm^2) = 2.55kgf/cm^2

7) 인젝터(Injector)

① 인젝터 개요

인젝터는 각 실린더의 흡입밸브 앞쪽(흡기다기관)에 1개씩 설치되어 각 실린더에 연료를 분사하는 솔레노이드 밸브이다. 인젝터는 컴퓨터로부터의 전기적 신호에 의해 작동하며, 그 구조는 밸브 보디와 플런저(plunger)가 설치된 니들밸브로 되어 있다.

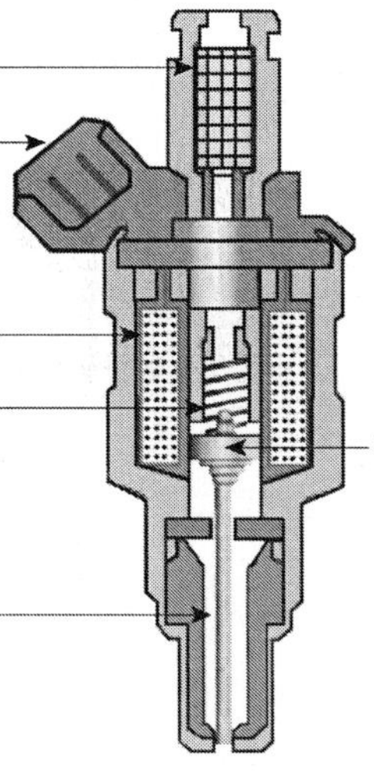

인젝터의 구조

솔레노이드 코일에 전류가 흐르지 않을 경우 니들밸브는 스프링의 장력에 의해 밸브시트에 밀착되어 연료의 분사를 차단하고, 솔레노이드 코일에 전류가 흐르면 솔레노이드 코일이 니들밸브를 들어 올려 연료가 원통형의 분사 구멍에서 분사된다. 인젝터의 분사각도는 10~40° 정도이며, 분사시간은 1~1.5ms(ms = 1/1,000sec), 분사 압력은 2~3kgf/cm^{2}이다.

② 인젝터의 종류

㉠ 분사 위치에 따른 분류

인젝터가 설치되는 부분에 따라 간접 분사식과 직접 분사식으로 분류하는데 일반적으로 많이 사용하는 간접 분사식은 노즐의 방향(분사방향)이 흡기밸브 뒷면을 향하도록 흡기 매니폴드에 설치되고 직접 분사식은 인젝터의 노즐 부분을 연소실에 노출시켜 연료를 직접 분사하는 구조로 되어 있다.

㉡ 회로 형식에 의한 분류

- 전압 제어식 : ⊕전원은 인젝터에 직접 공급하고 기관 제어 시스템 모듈에서 TR(트랜지스터)로 ⊖를 접지시키는 방법으로 전압이 낮아 무효분사시간이 길어 응답성이 늦고 솔레노이드에서 열이 발생하는 단점이 있지만 회로가 간단하고 비용이 저렴한 장점이 있어 많이 사용하고 있다.
- 전류 제어식 : 메인 릴레이와 인젝터 전원단자(+) 사이에 직렬로 저항을 설치하고 기관 제어 시스템 모듈에 ⊖를 접지(TR)시키는 전류조정 회로를 설치한 형식으로 인젝터 작동초기에는 많은 전류(약 2A)를 공급하여 전자력을 크게 하여 인젝터의 리턴스프링이나 작동부품의 무게를 이기고 빨리 작동되도록 하고 밸브가 개방된 상태에서는 큰 전류가 필요하지 않으므로 전류(약 0.5A)를 낮추는 방법이나 PWM(펄스폭 변조) 신호제어를 하는 형식이다.

㉢ 솔레노이드 고유저항 크기에 따른 분류

- 저저항 인젝터 : 보통 5Ω 이하의 인젝터
- 고저항 : 10Ω 이상의 인젝터

③ 인젝터 분사위치

㉠ SPI 시스템(Single Point or Throttle Body Injection)

이 방식은 단일분사라는 뜻으로 FBC와 MPI방식의 중간방식으로 1개 또는 2개의 인젝터를 스로틀바디(throttle body)의 벤투리 부 즉 스로틀밸브 상단에 장착하여 연료를 분사하는 방식으로 MPI시스템에 비하여 구조가 간단하다.

㉡ MPI 시스템(Multi Point Injection or Port Fuel Injection)

이 방식은 각 실린더에 해당하는 흡입포트(intake port)에 인젝터를 각각 1개씩 설치하여 연료를 분사하는 방식이다. 연료는 흡기밸브 바로 앞쪽에서 배기행정 말에 분사되기 때문에 월 웨팅(wall wetting)에 전혀 문제가 없으며 기관의 냉·온시에 관계없이 최적의 성능이 보장된다.

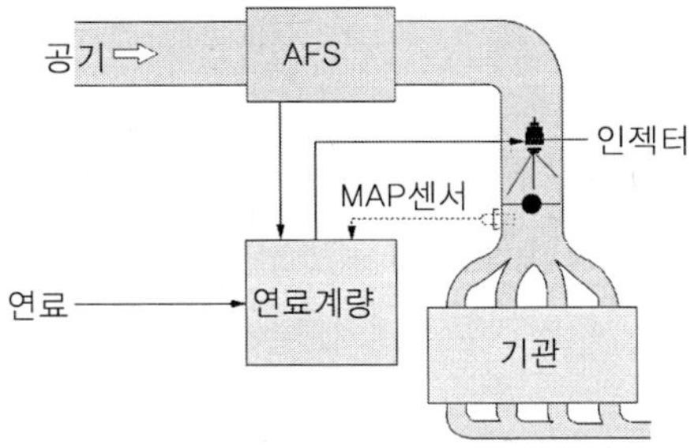

SPI 시스템

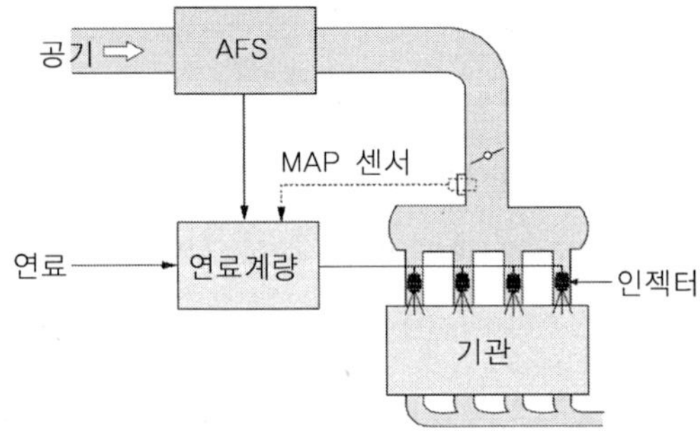

MPI시스템

ⓒ GDI시스템(Gasoline Direct Injection)

이 방식은 디젤기관과 같이 실린더 내에 가솔린을 직접 분사하는 방식(GDI)으로 약 35~40 : 1의 초 희박 공연비의 연소가 가능하다. 연료 공급 압력은 일반 가솔린 분사식의 경우 약 2~4kgf/cm^{2}인데 비하여 약 50~100kgf/cm^{2}으로 매우 높다.

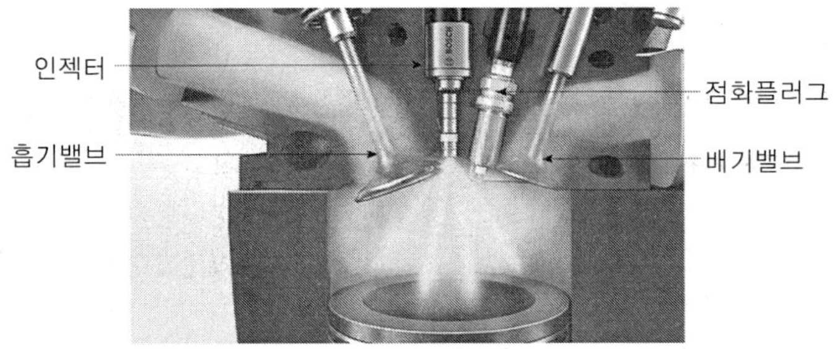

GDI시스템

④ 분사압력에 따른 분류

㉠ 저압 분사(Low Pressure Injection)

인젝터가 흡기관에 연료를 분사할 때 흡기 다기관의 압력과 분사 압력의 차이가 2.039kgf/cm^2 이하인 인젝터를 말한다.

㉡ 고압 분사(High Pressure Injection)

인젝터가 흡기관에 연료를 분사할 때 흡기 다기관의 압력과 분사 압력의 차이가 2.039kgf/cm^2 이상인 인젝터를 말한다.

(3) 전자제어 가솔린 기관 제어용 센서

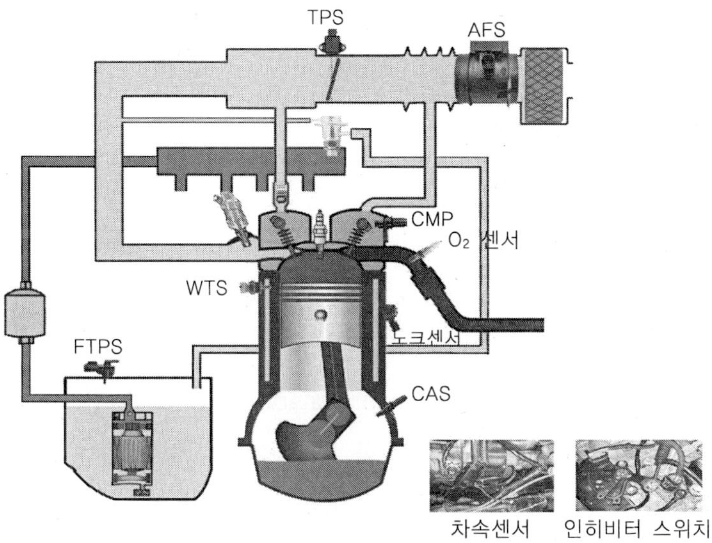

전자제어 가솔린 기관 제어용 센서

1) 온도 검출용 센서(Temperature Sensor)

① 흡입 공기 온도센서(IATS : Intake Air Temperature Sensor)

흡기 온도센서는 흡입되는 공기의 온도를 검출하는 것으로 부 특성(NTC) 서미스터(thermistor)로 되어 있다. IATS의 역할은 흡입되는 공기의 온도를 감지하고 공기의 무게를 정확히 알아 기관에 흡입되는 실제 공기량을 계산하여 연료 분사량을 조절 한다.

② 냉각수온센서(WTS : Water Temperature Sensor)

기관 냉각수온센서는 실린더블록 또는 서모스탯 입구의 냉각수 통로에 설치되며 냉각수의 온도를 검출하고 부특성 서미스터로 ECU는 WTS 신호를 받아 점화 타이밍이나 연료 분사량, 아이들 rpm, 쿨링 팬 작동, 에어컨 작동, 자동변속기의 변속시기, CVVT 시스템, 증발가스 퍼지나 증발시스템 감시등 다양하게 사용하고 있다.

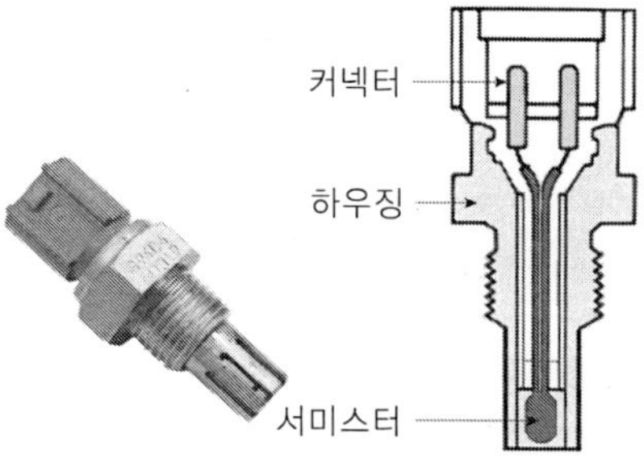

흡입 공기온도센서

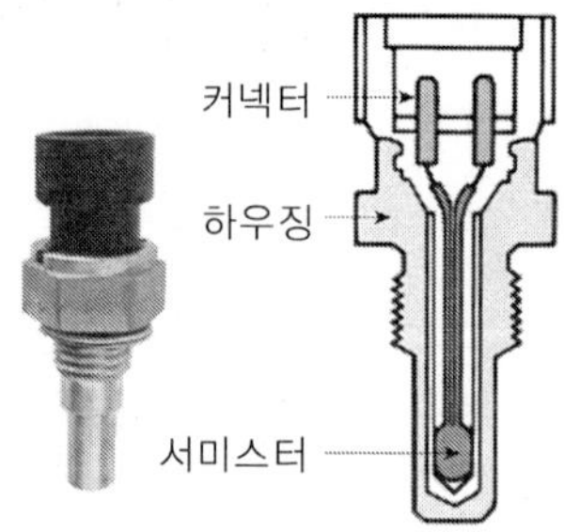

수온센서

2) 압력 검출용 센서(Pressure Sensor)

① 대기 압력센서(BPS : Barometric Pressure Sensor)

고도 또는 기후에 따라 변화하는 공기의 밀도를 보정하기 위하여 대기 압력을 측정하기 위한 센서가 대기 압력센서이다. 일반적으로 피에조 압전효과(piezo electric effect)에 의해 스트레인 게이지(strain gauge)의 저항치가 압력에 비례해서 변화하므로 이 압력 변화를 출력전압으로 절대 압력을 측정한다.

② 연료탱크 압력 센서(FTPS : Fuel Tank Pressure Sensor)

연료탱크 압력센서는 연료계통의 증발 가스 제어 시스템의 구성 요소로서, 연료탱크, 연료펌프 또는 캐니스터 등에 장착되어 있으며, 퍼지 컨트롤 솔레노이드 밸브(PCSV) 작동 상태와 증발 가스제어시스템의 누기 여부를 점검하기 위해 압전소자 방식의 압력센서가 장착되어 있다.

3) 공기유량센서(AFS : Air Flow Sensor)

① MAP 센서(Manifold Absolute Pressure Sensor)

MAP 센서(흡기다기관 절대압력 센서)는 흡기다기관 내의 절대압력을 측정하여 실린더로 흡입되는 공기량을 간접적으로 알아내는 것이며, MAP 센서는 절대압력에 비례하는 아날로그 출력신호를 ECU로 전달하고, 이 출력신호는 실린더로 흡입되는 공기량으로 환산하여 흡입 공기량에 대응하는 인젝터 구동시간(연료의 기본 분사량)과 분사시간 및 점화시기를 결정하는데 사용된다. 맵 센서는 서지탱크에 장착되어 있으며 맵 센서는 압전소자(piezo-electric element)와 압전소자의 출력신호를 증폭하는 하이브리드 IC로 구성된다.

② 핫 필름 AFS(Hot Film Type Air Flow Sensor)

핫 필름 방식은 열선방식의 백금열선(약 70μm 두께의 가느다란 백금선), 온도센서, 정밀 저항기 등을 세라믹(ceramic) 기판(약 0.2mm)에 층 저항으로 집적시킨 것이며, 오염 정도가 낮고

온도차를 일정하게 유지하도록 하이브리드 IC가 제어한다. 통과 공기유량이 증가하면 열막은 냉각되어 저항이 감소하고 제어회로에서는 즉시 통과 전류를 증가시키게 되며 이 전류의 증가는 열막의 온도가 원래의 설정온도(약 100℃)가 될 때까지 계속된다. 따라서 ECU는 이 전류의 증감을 감지하여 흡입 공기량을 계산한다.

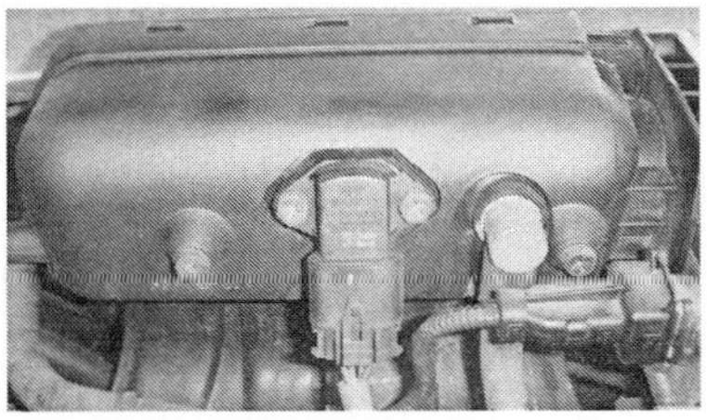

MAP센서

핫 필름 방식 AFS

4) 위치 및 회전각센서

① 스로틀 위치센서(TPS : Throttle Position Sensor)

스로틀 위치센서는 스로틀밸브의 열림 정도를 검출하여 공회전, 가감속 등의 기관부하 상태를 판별하는 센서로 스로틀밸브의 축과 같이 연동되는 가변 저항기의 일종인 전위차계(potentiometer)이다. 기관의 운전조건을 판정하여 분사 량을 결정한다.

② 액셀러레이터 포지션센서(APS : Accelerator Position Sensor)

액셀러레이터 위치 센서는 가속페달의 밟힌 양을 감지하는 센서로 액셀러레이터와 일체로 구성되어 있다. 2개의 센서가 조합된 더블 포텐시오미터 형식으로 기관 ECU는 센서 1의 신호로 연료 분사량과 분사 시기를 결정하는 주된 역할을 하며 센서 2의 신호는 센서 1의 이상 신호를 감지하는 역할을 한다. 센서 2는 센서 1 출력의 1/2 출력을 발생하여, 센서 1과 2의 전압 비율이 일정 이상 벗어날 경우 에러로 판정된다.

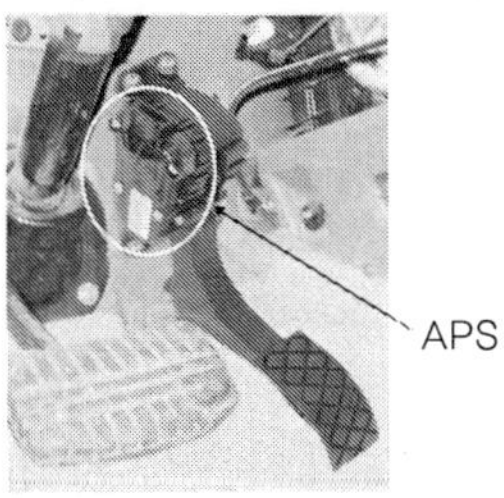

(a) 설치위치

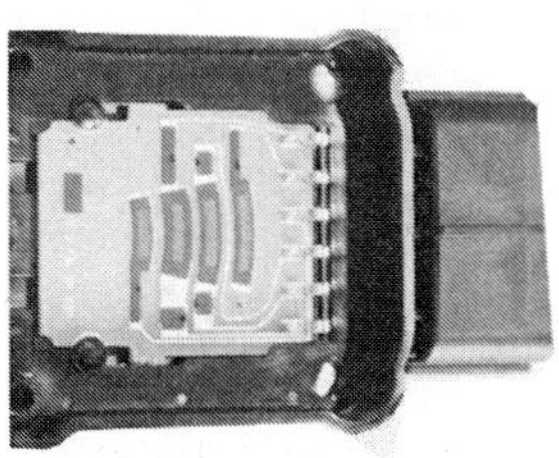

(b) 내부 구조

액셀러레이터 포지션센서

③ 전자제어 스로틀밸브(ETC : Electronic Throttle Control)

기존의 가속 페달과 스로틀밸브를 케이블에 의해 기계적으로 연결한 것과는 달리 스로틀밸브를 모터에 의해 제어하는 시스템이다.

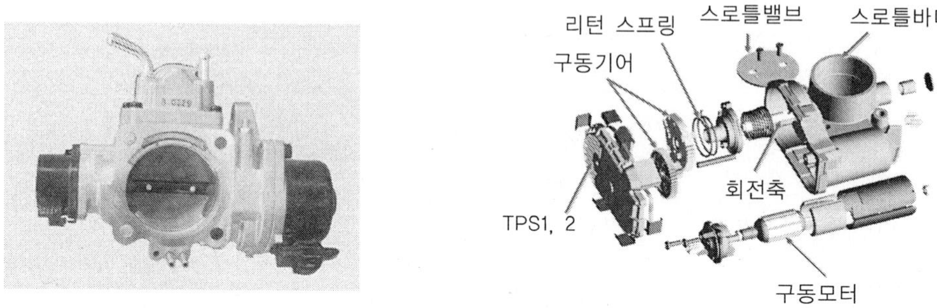

전자제어 스로틀밸브

액셀러레이터 센서의 신호를 2계통으로 ECU에 송부하고 전자제어 스로틀 역시 스로틀밸브를 구동하는 스로틀 모터, 기어 기구 및 스로틀 개도를 검출하는 2계통의 스로틀 센서로 구성되어 있다. 흡입 공기량을 정밀하게 제어할 수 있고, 유해배출 가스의 배출을 줄일 수 있으며, 보조 공기량은 모두 전자제어 스로틀로 실시해 아이들 회전수를 제어하기 때문에 아이들 회전수 제어 시스템이 필요 없다. 기관 공회전 속도제어, ABS(TCS) 제어, 정속 주행 등의 여러 가지 기능을 하나의 모터로 제어하기 때문에 각종 액추에이터 및 배선, 연결 커넥터 등을 삭제시켜 시스템 간소화로 인한 고장을 저감 및 신뢰성을 확보하였다.

④ 크랭크각 센서(CAS : Crank Angle Sensor)

일반적으로 CAS는 기관 회전속도 및 크랭크각의 위치를 감지하여 연료 분사 시기 및 연료 분사시간과 점화 시기 등의 기준 신호를 제공한다.

⑤ 캠축 포지션센서(CMP : Cam Shaft Position Sensor & No. 1 TDC Sensor)

1번 실린더의 압축행정 상사점을 감지하는 것으로 각 실린더를 판별하여 연료분사 및 점화순서를 결정하는데 사용한다.

5) 산소 센서(O_2 Sensor, Lambda Sensor)

산소 센서는 혼합비를 이론 공연비(14.6~14.7) 부근으로 정밀제어하기 위해 배기가스 중의 산소농도를 감지하여 출력전압을 ECU로 전송한다. 이를 공연비 피드백제어(feedback control) 또는 람다제어(λ -control)라 한다. 산소 센서가 갖추어야할 조건은 다음과 같다.

- 이론 공연비에서 전압의 급격한 변화가 있을 것
- 배기가스 내 산소 변화에 따른 신속한 출력전압 변화가 있을 것
- 농후·희박 사이의 큰 차이가 있을 것
- 배기가스의 온도 변화에 대하여 안정된 전압을 유지할 것

산소 센서는 센서 팁 부분의 온도가 일정 온도(통상 370℃) 이상으로 유지되어야 하는데, 센서 내부에는 히터가 내장되어 있다. 이는 배기가스 온도가 일정 온도보다 낮을 경우, 센서가 정상적으로 작동하도록 센서 팁 부분의 온도를 일정 온도 이상으로 가열하는 역할을 한다.

① 지르코니아(Zirconia) 센서

세라믹 즉, 지르코니아(ZrO_2)와 이트륨(Yttrium, 원소기호-Y)으로 지르코니아(ZrO_2)는 티탄족인 지르코늄의 산화물로 산화지르코늄이라고도 부르며 제작된 고체 전해질 소자의 양쪽 표면에 아주 얇은 초미세 백금피막을 도금하였다.

지르코니아 산소센서는 공기와 연료의 비율이 이론공연비보다 농후하면 약 1V, 희박하면 약 0V를 출력하며 이론공연비 부근에서 출력전압이 급변한다.

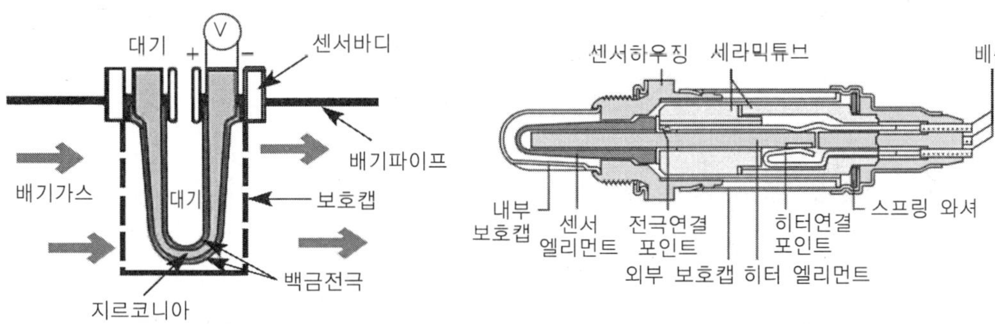

지르코니아 타입 O_2센서의 구조

② 티타니아(Titania) 센서

센서 세라믹의 재질로는 티탄-디옥사이드(TiO_2) 또는 스트론튬 티탄산염(strontium titanate)이 주로 사용된다. 세라믹 절연체의 끝(tip)에 티타니아 소자가 설치되어 있다. 센서 세라믹의 표면은 다공성 백금전극으로 코팅되어 있다.

티타니아 산소 센서는 이론공연비 부근에서 저항이 급변하는 성질을 이용한 것으로 농후한 공연비에서 0.3~ 0.8V, 희박한 공연비에서 4.3~4.7V를 출력한다. 최근에는 산소 센서의 활성도를 높이기 위하여 내부에 히터를 장착하기도 한다.

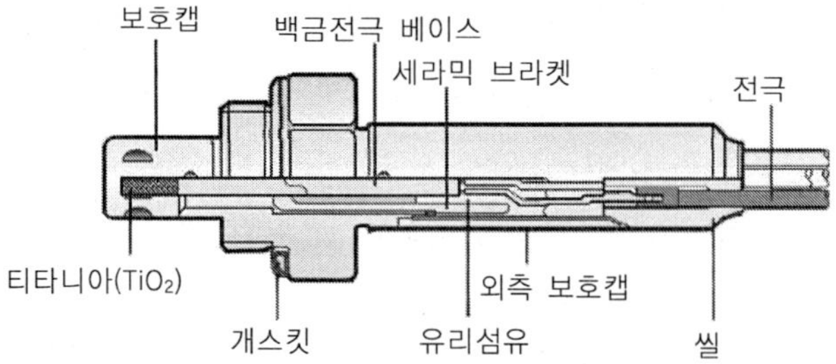

티타니아타입 O_2센서의 구조

③ 광역 산소 센서(Wide Band Oxygen Sensor)

광역 산소 센서는 이론 공연비보다 넓은 범위의 공기연료비를 정량적으로 정확하게 알아낼 수 있는 산소 센서로 자동차용으로는 희박 연소 기관용(가솔린 린번 기관이나 GDI 기관)으로 사용되며 전영역 산소 센서라고 부르기도 한다.

6) 노크 센서(Knock Sensor)

노크 센서(KS)는 실린더 블록 측면에 장착되어 있으며, 노킹 발생 시 진동을 감지하여 ECU로 전달하는 역할을 한다.

노크 센서

7) 차속센서(Speed Sensor)

차속센서는 변속기 하우징이나 계기판 내에 장착되어 차량이 정지 상태인지 또는 주행상태인지를 컴퓨터 및 계기판에 알려주는 기능을 한다.

8) 인히비터 스위치(Inhibitor Switch)

인히비터 스위치는 P레인지와 N레인지에서만 기동전동기가 작동될 수 있도록 회로를 연결하여 주고, 크랭킹하는 동안 연료분사 시간을 조절하기 위해 설치된 스위치로 점화 스위치를 ST위치에서 크랭킹하는 동안 크랭킹 신호를 ECU에 입력시켜 P레인지와 N레인지에 알맞은 공전 속도 제어 서보를 조절하고 그 외는 자동변속기의 각 위치에 따른 신호를 TCU에 입력시키는 역할을 한다.

(4) 전자제어 가솔린 기관 ECU 제어

1) 분사시기

① 동기분사(독립분사 방식, Synchronized or Sequential Injection)

독립분사식은 순차분사식이라고도 부르며 각 기통별로 흡입 시기에 분사한다.

② 그룹분사(Group Injection)

그룹분사는 인젝터를 두 개의 그룹으로 결합하여, 각 그룹은 사이클 당 1회씩 분사한다.

③ 동시분사(Simultaneous Injection)

동시 분사식을 비동기 분사식이라고도 부르는데 각 실린더의 행정과 구분 없이 기관 내 모든 인젝터를 동시에 작동시켜 연료를 분사하는 방식이다.

2) 연료 분사량 제어

① 기본 분사량 제어

인젝터는 크랭크 각 센서의 출력신호와 공기유량센서의 출력 등을 계측한 컴퓨터의 신호에 의해 인젝터가 구동되며, 분사횟수는 크랭크 각 센서의 신호 및 흡입 공기량에 비례한다.

② 기관을 크랭킹할 때의 분사량 제어

기관을 크랭킹할 때에는 시동성능을 향상시키기 위해 크랭킹 신호(점화스위치 St, 크랭크 각 센서, 점화코일 1차 신호)와 수온센서의 신호에 의해 연료 분사량을 증가시킨다.

③ 기관 시동 후 분사량 제어

기관을 시동한 직후에는 공전 속도를 안정시키기 위해 일정한 시간 동안 연료 분사량을 증가시킨다. 증가 비율은 크랭킹할 때 최대가 되고, 시동 후 시간이 흐름에 따라 점차 감소하며 증량 지속 시간은 냉각수 온도에 따라서 다르다.

④ 냉각수 온도에 따른 제어

냉각수 온도 80℃를 기준(증가비율 1)으로 하여 그 이하의 온도에서는 분사량을 증가시키고, 그 이상에서는 기본 분사량으로 분사한다.

⑤ 흡기 온도에 따른 제어

흡기 온도 20℃(증량비 1)를 기준으로 그 이하의 온도에서는 분사량을 증가시키고, 그 이상의 온도에서는 분사량을 감소시킨다.

⑥ 축전지 전압에 따른 제어

인젝터의 분사량은 컴퓨터에서 보내는 분사 신호 시간에 의해 결정되므로 분사시간이 일정하여도 축전지 전압이 낮은 경우에는 인젝터의 기계적 작동이 지연되어 실제 분사 시간이 짧아진다.

즉, 축전지 전압이 낮아질 경우에는 컴퓨터는 분사 신호 시간을 연장하여 실제 분사량이 변화하지 않도록 한다.

⑦ 가속할 때의 분사량 제어

기관이 냉각된 상태에서 가속시킬 때 일시적으로 혼합비가 희박해지는 현상을 방지하기 위해 냉각수 온도에 따라서 분사량이 증가하는데 공전 스위치가 ON에서 OFF로 바뀌는 순간부터 시작되며 증가비율과 증가 지속시간은 냉각수 온도에 따라서 결정된다. 가속하는 순간에 최대의 증가비율이 얻어지고, 시간이 경과함에 따라 증가 비율이 낮아진다.

⑧ 기관의 출력을 증가할 때의 분사량 제어

기관의 높은 부하 영역에서 운전성능을 향상시키기 위하여 스로틀밸브가 규정 값 이상 열렸을 때 분사량을 증가시킨다. 출력을 증가할 때 분사량 증가는 냉각수 온도와는 관계없으며 스로틀 위치 센서의 신호에 따라서 제어된다.

⑨ 감속할 때 연료분사 차단(대시포트 제어)

스로틀 밸브가 닫혀 공전스위치가 ON으로 되었을 때 기관의 회전속도가 규정 값일 경우에는 연료 분사를 일시 차단한다. 이것은 연료 절감과 탄화수소(HC)과다 발생 및 촉매 컨버터의 과열을 방지하기 위함이다.

3) 피드백 제어(feed back control)

이 제어는 촉매 컨버터가 가장 양호한 정화 능력을 발휘하는데 필요한 혼합비인 이론 혼합비(14.7 : 1) 부근으로 정확히 유지하여야 한다. 이를 위해서 배기다기관에 설치한 산소 센서로 배기가스 중의 산소 농도를 검출하고 이것을 컴퓨터로 피드백(feed back)시켜 연료 분사량을 증감해 항상 이론 혼합비가 되도록 제어한다. 피드백 보정은 운전성능, 안전성능을 확보하기 위해 다음과 같은 경우에는 제어를 정지한다.

① 냉각수 온도가 낮을 때
② 기관을 시동할 때
③ 기관 시동 후 분사량을 증가시킬 때
④ 기관의 출력을 증가시킬 때
⑤ 연료 공급을 일시 차단할 때(농후 신호가 길게 지속될 때)

4) 점화 시기 제어

점화 시기 제어는 파워 트랜지스터로 컴퓨터에서 공급되는 신호에 의해 점화코일 1차 전류를 ON-OFF시켜 제어한다.

5) 연료펌프 제어

점화 스위치가 시동(St) 위치에 놓이면 축전지 전류는 컨트롤 릴레이를 통하여 연료펌프로 흐른다. 기관 작동 중에는 컴퓨터가 연료펌프 제어 트랜지스터를 ON으로 유지하여 컨트롤 릴레이 코일을 여자 시켜 축전지 전원이 연료펌프로 공급된다.

6) 공전 속도 제어

공전 속도 제어는 각종 센서의 신호를 기초로 컴퓨터에서 공전 속도 조절기구(ISC) 구동신호로 바꾸어 공전 속도 조절기구가 스로틀 밸브의 열림 정도를 제어한다. 공전 속도 조절기구는 기관이 공전상태일 때 부하에 따라 기관 상태를 안정된 공전 속도로 유지시키는 장치이다. 그 종류에는 스텝모터방식, 공전 액추에이터(ISA)방식 등이 있다.

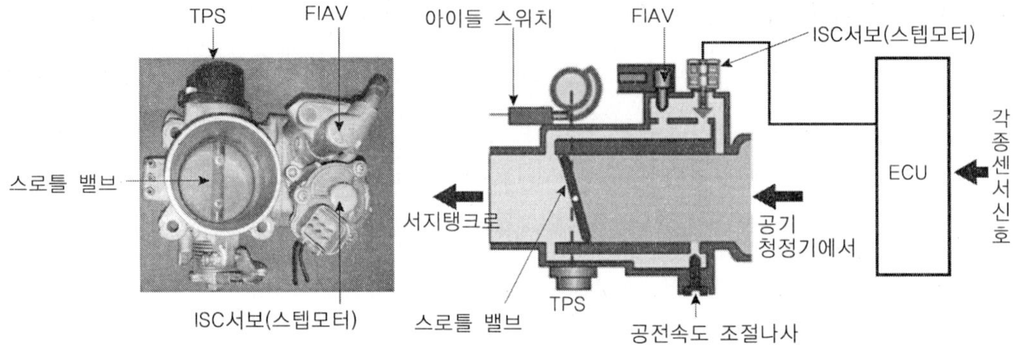

스텝 모터방식의 계통도

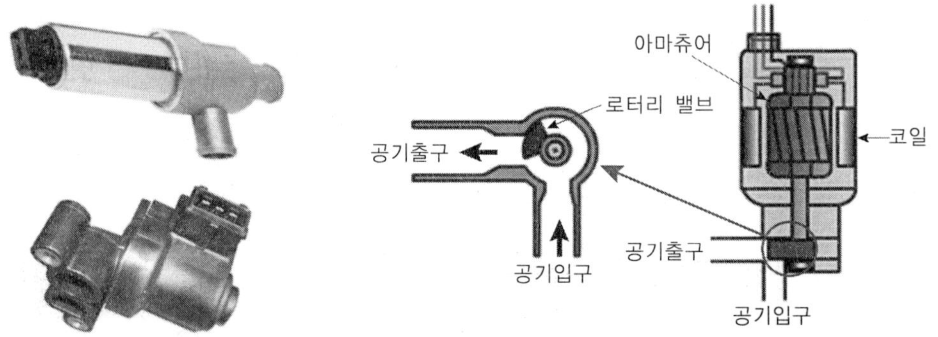

(a) ISA 종류

(b) 공전 액추에이터의 구성도

공전 액추에이터

7) 노크(knock) 제어장치

노크 제어는 기관에서 발생하는 노크를 노크 센서로 감지하여 점화시기 및 연료 분사량을 제어하고 기관 보호 및 기관 성능을 향상시킨다. 노크는 점화 시기를 늦추면 발생하기 어려우므로, 노크가 발생한 경우에 노크 센서가 기관의 진동을 감지하여 컴퓨터로 입력시키면 컴퓨터는 곧바로 점화 시기를 늦추어 더 이상 노크가 일어나지 않도록 한다.

8) 자기진단 기능

컴퓨터는 기관의 여러 부분에 입·출력 신호를 보내게 되는데 비정상적인 신호가 처음 보내질 때부터 특정 시간 이상이 지나면 컴퓨터는 비정상이 발생한 것으로 판단하고 고장 코드를 기억한 후 신호를 자기진단 출력단자와 계기판의 기관 점검등(CHECK ENGINE)으로 보낸다. 점화스위치를 ON으로 한 후 15초가 경과하면 컴퓨터에 기억된 내용이 계기판의 기관 점검 등으로 출력되며, 정상이면 점화스위치를 ON으로 한 후 5초 후에 점검등이 소등된다. 이때 비정상(고장)항목이 있으면 점화스위치를 한 후 15초 동안 점등되어 있다가 3초 동안 소등된 후 고장 코드가 순차적으로 출력된다.

03 GDI(Gasoline Direct Injection) 기관 연료장치

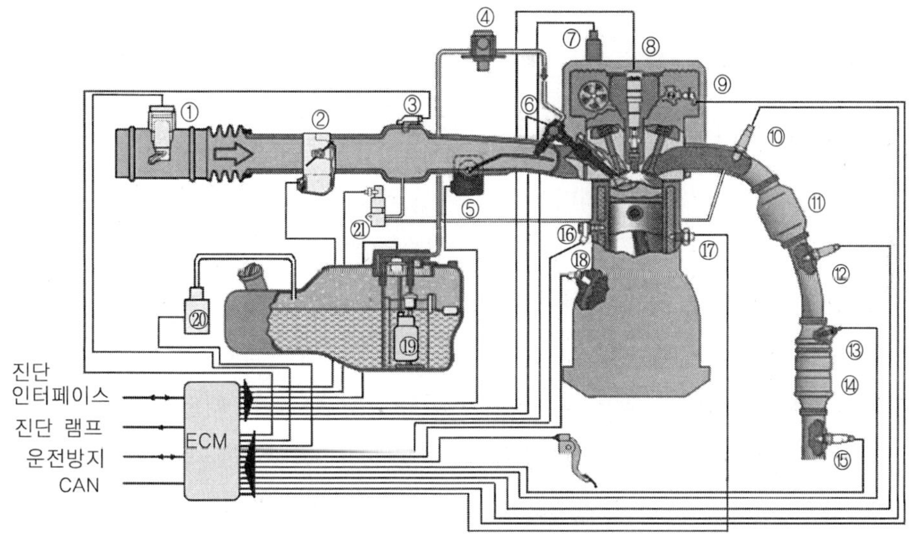

① 공기량 센서(MAFS), ② 스로틀 밸브(ETC), ③ MAP센서, ④ 고압펌프,
⑤ 에어플로우 컨트롤 밸브, ⑥ 연료레일 및 인젝터, ⑦ 캠샤프트 액추에이터,
⑧ 점화코일 및 플러그, ⑨ 캠각센서(CMPS), ⑩ 1st 산소센서, ⑪ 1st 카탈리스트,
⑫ 2nd 산소센서, ⑬ 배기가스 온도센서, ⑭ 메인카탈리스트, ⑮ 3rd 산소센서,
⑯ 노크센서, ⑰ 냉각수온센서(ECTS), ⑱ 크랭크각 센서(CKPS),
⑲ 저압 연료펌프 모듈, ⑳ 차압센서, ㉑ EGR 밸브

GDI 시스템의 구성

(1) 저압회로

GDI 시스템에서 저압회로는 흡기다기관 분사방식에서의 연료 공급시스템과 본질적으로 동일하다. 일반적으로 공급 펌프로는 1차 압력 3~5bar를 쉽게 형성할 수 있는 용적형 펌프가 주로 사용되며, 고온 재시동성이 양호하고, 고온 작동 시에도 연료의 비등에 의한 기포 발생을 방지할 수 있을 만큼의 고압을 형성할 수 있어야 한다.

(2) 고압회로

고압회로는 고압펌프, 연료 분배관(rail), 압력센서 그리고 시스템에 따라서는 압력제어밸브 또는 압력제한밸브로 구성되어 있다. 고압회로는 계속공급시스템과 필요한 만큼만 공급하는 시스템으로 구분할 수 있다. ECU는 기관의 작동상태에 따라 연료압력조절기를 통해 연료압력을 50~120bar 범위에서 제어한다. 제어회로는 압력센서를 포함한 완벽한 피드백(feed back) 회로를 구성하고 있기 때문에 실제 값은 항상 ECU에 피드백된다.

(3) 연료제어(Fuel Control)

1) 스월형 인젝터(Swirl Injector)

2분사(spray) 방식이며, 기존의 인젝터와는 달리 연료가 분사되면서 주위의 공기와 쉽게 혼합될 수 있도록 하기 위해 소용돌이를 이루면서 연료가 분사된다. 인젝터의 분사 시기는 점화시기와 동일하게 분사되며, 기관의 부하에 따라 피스톤의 흡입행정(일반연소) 또는 압축행정(희박연소)에서 분사된다. 부분부하 영역에서는 압축행정 말기에 분사되고, 전부하 영역에서는 흡입행정 중에 분사되어 흡입공기의 열을 흡수하여 기화하는 한편 흡입공기의 냉각으로 흡입효율이 향상된다. 인젝터의 구동은 기관 컴퓨터가 직접 하는 것이 아니라 기관 컴퓨터가 인젝터 드라이브 A&B에 연료 분사 신호를 보내면 인젝터 드라이브는 해당 인젝터를 구동한다.

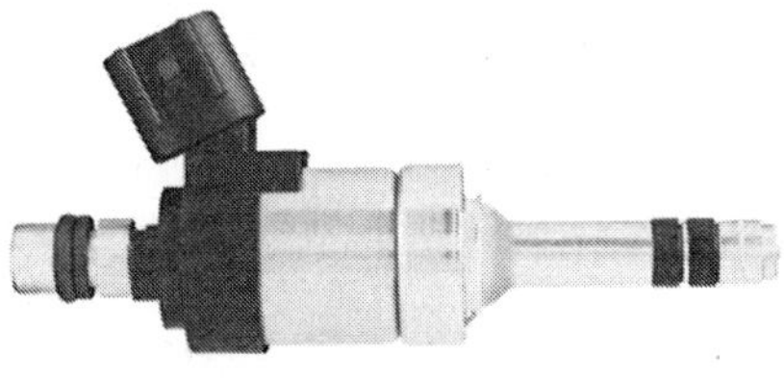

스월형 인젝터

2) 인젝터 드라이브(Injector Drive) A & B 기능

인젝터 드라이브는 드라이브 릴레이로부터 전원을 공급받아서 각 인젝터에 전원을 공급함과 동시에 인젝터 회로의 단선, 단락을 검출하여 기관 컴퓨터로 고장 유무 신호를 입력시킨다. 인젝터 드라이브를 사용하는 목적은 연료압력이 기존 흡기관 내 분사식 기관보다 10~20배 이상 되기 때문에 인젝터에서의 전류 소모가 많으며, 발열량이 커지기 때문에 이를 방지하기 위함이다.

3) 연료압력센서(Fuel Pressure Sensor)

연료 압력 센서는 저압 연료 펌프 상단에 장착되어 있으며 저압 연료 라인의 압력을 측정한다. 검출된 압력을 전압 신호로 컴퓨터에 입력시켜 인젝터의 연료 분사량 보정 신호로 사용한다.

연료압력센서

4) 연료펌프 릴레이

연료압력센서의 고장으로 인한 기관 경고등의 점등 또는 고압모드에서 연료의 압력이 $70kgf/cm^2$ 이상일 때 기관 컴퓨터는 연료펌프 릴레이를 OFF 시킨다. 또한 크랭크 각 센서로부터 검출된 기관 회전속도가 50rpm 이하에서도 연료펌프를 OFF 시킨다.

5) 연료펌프 레지스터

고압펌프의 유량 특성은 기관을 크랭킹할 때에는 회전속도가 낮기 때문에 토출량이 적으며 이 상태에서 저압 연료펌프가 작동하면 연료펌프의 전류소모가 커지게 된다. 고압펌프 이전까지의 저압계통에는 저압 레귤레이터 바이패스 압력까지 상승하여 토출 부하가 걸리게 되어 저압 연료펌프가 손상될 염려된다. 이를 방지하기 위해 저압 연료펌프의 배선에 레지스터(저항)를 두어 연료펌프가 천천히 구동되도록 기관 컴퓨터에서 연료펌프 릴레이를 제어한다.

6) 고압 연료펌프(High Pressure Fuel Pump)

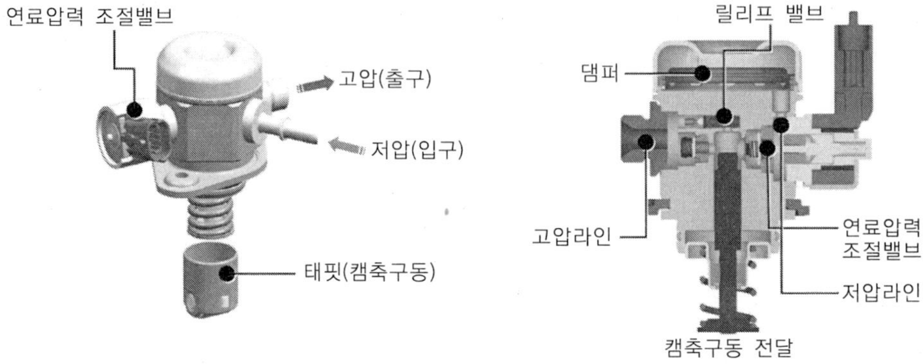

고압펌프

① 작동원리

좌우 실린더헤드에 각각 설치된 고압 연료펌프는 기관의 흡입 캠축의 캠으로 구동된다.

② 기능

압축된 연소실로 연료를 직접 분사하기 위해서는 연료탱크 내에 설치된 저압 연료펌프만으로는 분사압력(약 3kgf/cm^2)이 매우 낮으므로 저압 연료펌프에서 공급된 연료를 고압 연료펌프에서 약 50kgf/cm^2 정도의 압력으로 상승시켜 인젝터에 공급한다.

7) 고압 레귤레이터(High Pressure Regulator)

기관 회전속도가 상승하면 고압 연료펌프의 작동이 빨라져 연료압력이 계속 상승한다. 만약 연료압력이 계속 상승한다면 연료 분사량 등이 바뀔 수 있기 때문에 연료 파이프에 고압 레귤레이터를 설치하여 연료압력이 약 50kgf/cm^2 이상을 초과하면 바이패스 시킨다.

또한 고압 레귤레이터 내에는 체크밸브(check valve)가 설치되어 있으나 기관의 작동을 정지시킨 경우에는 압력이 저하되므로 기관을 재 시동하였을 때에는 연료 압력이 정상으로 되기까지는 다소 시간이 걸린다.

8) 연료 압력 조절밸브(FPRV : Fuel Pressure Regulator Valve)

연료 압력 조절 밸브는 고압 연료 펌프에 장착되어 있으며, 여러 기관 구동 조건으로 계산된 ECM 컨트롤 신호에 의해 인젝터로 유입되는 연료량을 조절한다.

04 LPG 및 LPI 연료장치

(1) LPG(Liquefied Petroleum Gas) 연료 계통

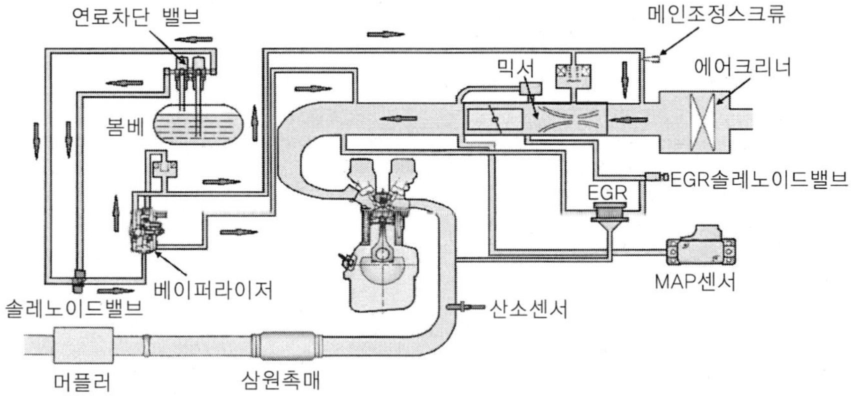

LPG 기관 구성

1) LPG 봄베(LPG Bombe)

LPG를 보관할 수 있는 고압용기이다. 액체 상태의 유지 압력은 7~10kgf/cm^{2}이며, 봄베는 충전 밸브(녹색), 기체 송출밸브(황색), 액체 송출밸브(적색) 등 3가지의 밸브와 충전량 지시 장치인 액면 표시계와 플로트 게이지가 있다. 충전량은 안전을 위하여 봄베 용량의 85% 까지만 충전하도록 한다. 믹서를 사용하는 LPG 기관의 연료공급 경로는 봄베(연료탱크) → 솔레노이드 밸브 → 베이퍼라이저 → 믹서 순서이다.

① 긴급 차단 밸브

주행 중 돌발 사고로 기관이 정지하면 연료를 차단하여 화재 위험을 방지한다(기관룸의 액·기상 솔레노이드밸브와 병렬로 연결).

② 과충전 방지 밸브(안전밸브)

연료 주입시 85%가 충전되면 연료의 유입을 차단하고 봄베내의 압력이 24kgf/cm^2 이상 되면 연료를 방출시키고, 16kgf/cm^{2}으로 저하되면 다시 닫혀 봄베내의 압력을 일정하게 유지시킨다.

③ 과류방지 밸브

차량 전복으로 인하여 연료파이프가 파손되었을 때 봄베 내의 LPG 송출을 차단한다.

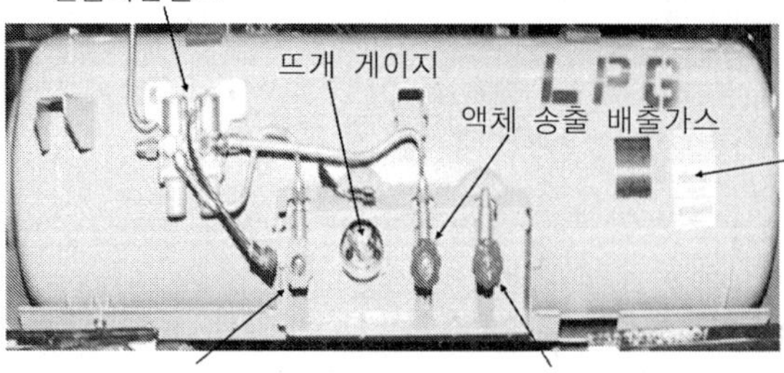

LPG 봄베

2) 솔레노이드밸브(Solenoid Valve)

기관의 온도에 따라서 15℃ 이상에서는 액체를 15℃ 이하에서는 기체 상태의 연료를 공급 또는 차단하며, 전기적인 신호로 제어되는 일종의 전자석이다. LPG 여과기는 솔레노이드 밸브 아래에 장착되어 연료내의 불순물을 제거한다.

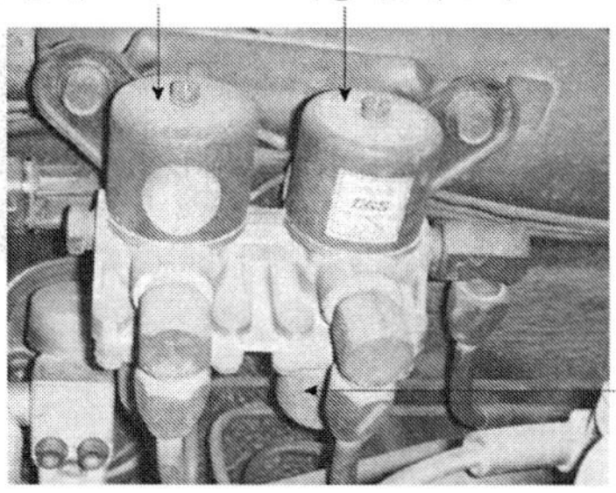

솔레노이드밸브

3) 베이퍼라이저(vaporizer)

베이퍼라이저는 7~10kgf/cm^2 정도의 압력을 가진 연료를 1차실의 1차밸브와 연결된 1차 다이어프램과 스프링의 압을 밀고 1차 밸브를 통해 1차실로 들어오는 과정에서 0.3kgf/cm^{2}까지 감압되고 다시 2차실의 2차 다이어프램과 2차 스프링을 밀고 2차 밸브를 통해 2차실로 유입되면서 대기압 수준으로 감압시킨다. 이 감압된 연료는 믹서의 부압에 의해 믹서로 공급된다.

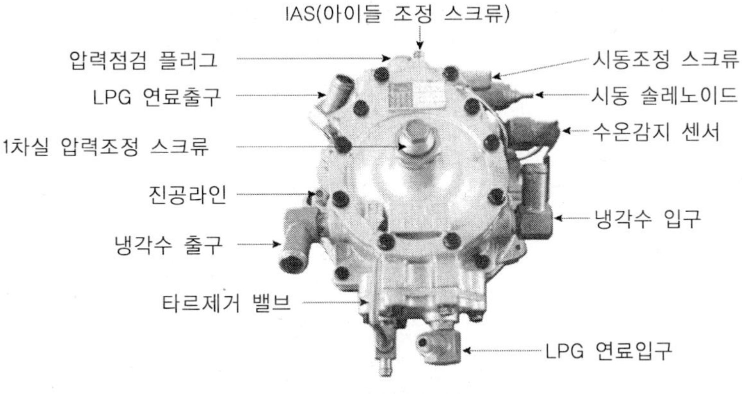

베이퍼라이저

4) LPG믹서(mixer)

베이퍼라이저에서 이미 기화가 된 가스를 공기와 혼합시켜 주는 장치로서 전기 장치나 에어컨 등을 사용하여 기관 부하가 증가하면 이를 보상 해주는 장치도 같이 장착된다.

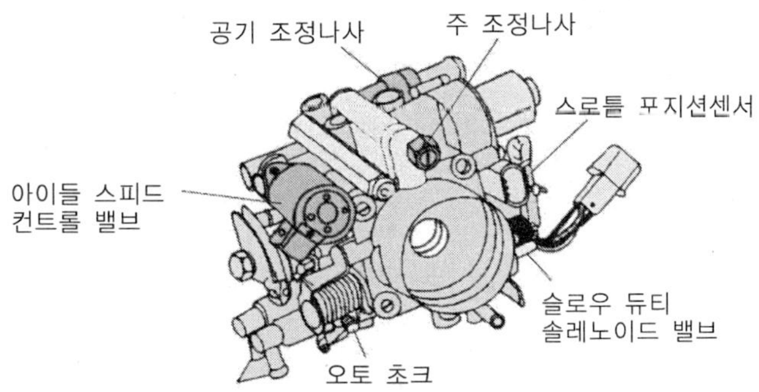

믹서

(2) LPI(Liquid Petroleum Injection) 연료 공급 장치

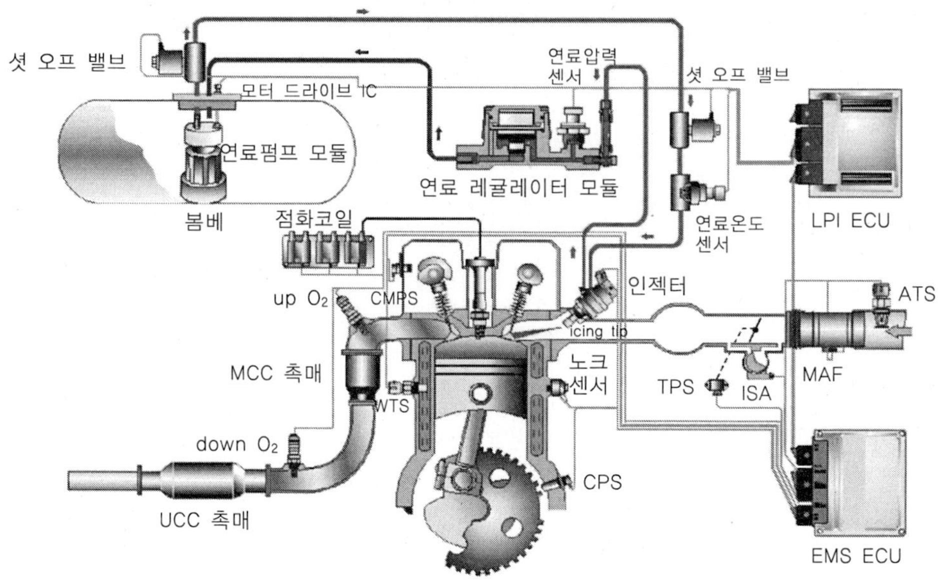

LPI장치의 구성도

1) 연료장치 구성품

① 봄베(bombe)

㉠ 봄베(연료탱크)

LPG를 저장하는 탱크이며, 연료펌프를 내장하고 있다.

㉡ 멀티밸브

송출밸브, 수동밸브, 연료 차단 솔레노이드 밸브, 과류 방지 밸브 등으로 구성

㉢ 충전밸브(녹색 밸브)

LPG 충전소에서 연료를 충전하는 라인과 연결

㉣ 연료차단 밸브(적색 밸브)

LPG연료가 연료탱크로부터 송출차단(장기간 사용 안 할 때 잠금)

㉤ 1차 연료 컷 솔레노이드 밸브

LPG연료 차단 스위치 작동에 의해 연료 송출 차단

㉥ 유량계

봄베 내의 LPG 보유량을 표시

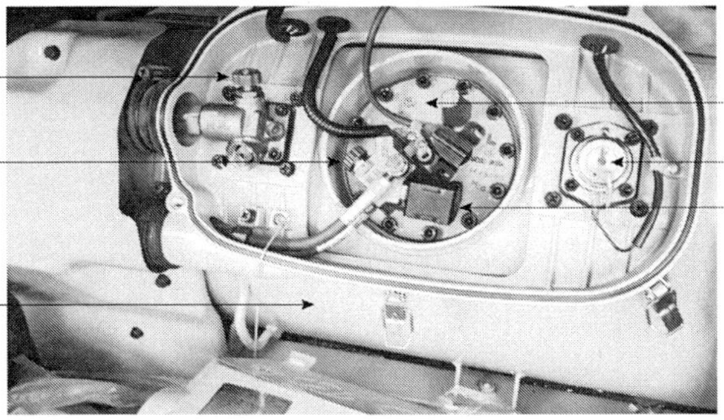

LPI 봄베

② 연료펌프 모듈

연료펌프 모듈은 멀티밸브와 BLDC 모터 & 펌프 어셈블리로 구성되어 있으며, ECU의 제어에 맞춰 봄베내 액상 LPG 연료를 송출하는 역할을 한다. 연료펌프 모터는 BLDC(Brush Less Direct Current) 3상 모터로 구동되며, 기관에서 요구되는 펌프 유량에 따라 펌프 드라이브 모듈에 의해 5단계로 연료를 압송한다.

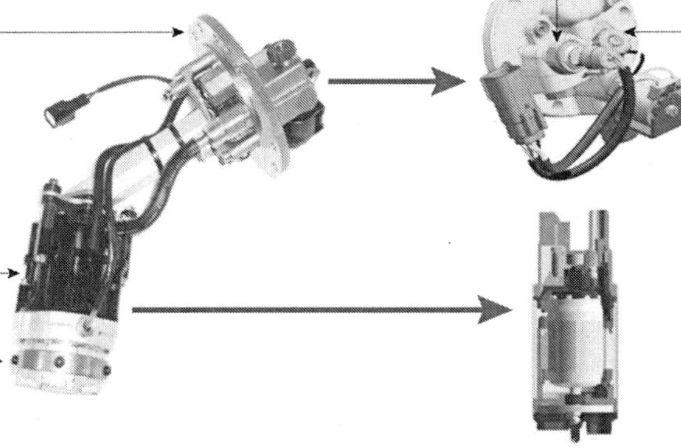

LPI 연료펌프 모듈

③ 과류 방지밸브

과류 방지밸브는 자동차 사고 등으로 인하여 LPG 공급라인이 파손되었을 때 봄베로부터 LPG 송출을 차단하여 LPG 방출로 인한 위험을 방지하는 작용을 한다.

④ 릴리프 밸브

릴리프 밸브(relief valve)는 LPG 공급라인의 압력을 액체 상태로 유지시켜, 열간 재시동 성능을 개선시키는 작용을 하며, 입구에 연결되는 판과 스프링 장력에 의해 LPG 압력이 20±2bar에 도달하면 봄베로 LPG를 복귀시킨다.

⑤ 인젝터(injector)와 아이싱 팁(icing tip)

㉠ 인젝터(injector)

인젝터 니들밸브가 열리면 인젝터 통전 시간 제어를 통하여 연료압력 조절기를 통하여 공급된 높은 압력의 LPG는 연료 파이프의 압력에 의해 분사된다.

㉡ 아이싱 팁(icing tip)

LPG 분사 후 발생하는 기화 잠열로 인하여 주위 수분이 빙결을 형성하는데 이로 인한 기관 성능 저하를 방지하기 위해 아이싱 팁을 사용한다.

LPI 인젝터와 아이싱 팁

⑥ 연료압력 조절기

연료압력 조절기는 봄베 내의 압력 변화에 대하여 분사량을 일정하게 유지하는 작용을 하며, 인젝터 내에 걸리는 LPG의 공급 압력을 봄베의 압력보다 항상 5bar 정도 높도록 조정한다.

연료압력 조절기의 구조

⑦ 연료 필터

LPI 차량의 경우 LPG 기관 시스템보다 흡기 내 카본 슬러지가 많이 퇴적되며 인젝터의 오염도 상당히 심해지고 고장도 자주 발생되어 시동성 및 연비, 출력에 영향을 미치므로 연료 중의 슬러지를 걸러 준다.

LPI 연료 필터 및 장착위치

2) LPI 기관의 전자제어 입력요소

① 공기량 측정센서(MAF : mass air flow meter)

공기량 측정센서는 핫 필름(hot film)소자가 흡입 공기량을 측정하여 ECU로 신호를 보낸다. 이때 ECU는 LPG 분사량 및 점화시기를 결정하고, 고지(高地)상태를 인식하여 고지에 따른 분사량 보상 및 에어컨 부하 보상, 공전제어 액추에이터 학습에 사용된다.

② 흡기 온도 센서(ATS : air temperature sensor)

흡기 온도 센서는 흡입되는 공기의 온도를 측정하여 LPG 분사량 및 점화 시기를 보정하며, 공전상태를 제어할 때 공기 온도 보상 등에 사용된다.

③ 수온센서(WTS : water temperature sensor)

수온센서는 부특성(NTC : negative temperature coefficient) 반도체 소자를 이용하여 기관 냉각수 온도를 측정한다. 기관을 시동할 때 기본 분사량 및 점화 시기 결정, 시동할 때 기본 공전제어 듀티량 결정, 대시포트일 때 LPG 공급량 보정, 냉각 팬 제어, 구동력 제어에 필요한 배기가스 온도 모델링에 사용된다.

④ 스로틀 위치 센서(TPS : throttle position sensor)

스로틀 위치 센서는 기관공전, 부분부하, 전부하를 결정하여 분사량 및 점화시기, 에어컨 제어(에어컨 작동 중 급 가속을 할 때 일정시간 동안 에어컨 작동을 정지시킴), 차량의 저크(울컥거림) 방지 등에 사용된다.

⑤ 노크센서(knock sensor)

압전소자(piezo-ceramic)를 이용한 노크센서를 각 뱅크의 실린더 블록 중앙에 설치하여 기관 진동(각 실린더마다 노크 여부)을 감지하여 ECU로 신호를 보내어 점화시기를 제어하며 노킹을 억제한다.

⑥ 차량 속도센서

차량 속도센서의 역할은 변속기 하우징에 설치된 차량 속도센서로(1회전 당 4개의 펄스 출력) 변속기 내의 투스(tooth)신호를 감지하여 ECU로 보낸다. 이 신호는 ECU의 주행속도 계산용, 타코미터의 주행속도 표시용으로 사용된다.

⑦ 산소센서(HO_2S) – 지르코니아 방식(ZrO_2)

촉매컨버터가 요구하는 공연비를 실현하는 방법으로 배기다기관에 산소센서를 부착하여 공연비가 이론 공연비에 대해서 농후 상태인지, 희박 상태인지를 검출하여 이론 공연비가 되도록 유지한다.

⑧ 캠축 위치센서(TDC 센서)

캠축 위치센서는 1개의 홀(hall) 소자로 디지털 신호를 출력하며, 크랭크축 위치센서 신호와 캠축 위치센서의 신호를 비교하여 각 실린더 피스톤의 압축 상사점을 검출한다. 즉, 점화스위치 ON과 동시에 캠축의 위상을 곧바로 감지한다.

⑨ 크랭크축 위치센서(CKP)

캠축 위치 센서 신호와 신호를 비교하여 압축 상사점에 대한 크랭크축(피스톤)의 위치를 측정한 신호로, 기관 회전속도와 LPG 분사 시기 및 점화시기를 결정하는데 사용된다. 또 스로틀 위치센서 신호와 함께 기관 작동조건(공전, 부분부하, 전부하 등)을 결정하는데 사용되며, 2개의 홀소자로 디지털신호를 출력한다.

⑩ 가스압력 측정센서(GPS : gas pressure sensor)

액체상태의 LPG 압력을 측정하여 해당 압력에 대한 출력 전압을 인터페이스 박스(IFB)로 전달하는 작용을 하며, 이때 인터페이스 박스는 ECU가 LPG 공급 압력에 따른 인젝터 분사량을 계산하도록 ECU로 전달한다. 또 가스압력에 따르는 연료펌프 구동시간 결정 및 LPG 조성 비율을 판정하여 최적의 분사량을 보정하는데 이용되며, 가스 온도 측정센서가 고장일 때 대처 기능으로 사용된다.

⑪ 가스 온도 측정센서(GTS : gas temperature sensor)

가스 온도 측정센서는 연료압력 조절기 유닛 보디에 설치되어 있으며, 서미스터 소자의 원리를 이용하여 LPG 온도를 측정하여 ECU로 보낸다. ECU는 이 온도 값을 이용하여 계통 내의 LPG 특성을 파악하여 분사시기를 결정한다. 가스압력 측정센서와 함께 LPG 조성비율 판정신호로도 이용되며 분사량 및 펌프 구동시간 제어에도 사용된다.

3) LPI 기관 전자제어 출력요소

① 점화코일

점화코일은 제1번과 제4번, 제2번과 제5번, 제3번과 제6번 실린더 순서로 점화되는 형식이며, ECU에 내장된 파워 트랜지스터에 의해 제어된다.

② 공전 속도 제어 액추에이터(ISA)

공전 속도 제어 액추에이터는 기관이 공전할 경우 및 그 밖의 운전조건에 따라 필요한 공기량을 적절하게 조절한다.

③ 인젝터

ECU 및 인터페이스 박스는 기관 작동 조건에 적합한 분사량을 계산하고 또 이 분사량을 전류 구동방식의 인젝터에 펄스신호로 전달한다.

④ 연료 차단 솔레노이드 밸브

연료 차단 솔레노이드 밸브(cut-off solenoid valve)는 연료압력 조절기 유닛에 설치되어 있으며, 기관 시동을 ON/OFF할 때 작동하는 ON/OFF방식이며, 기관 시동을 OFF로 하면 봄베와 인젝터 사이의 LPG 공급라인을 차단하는 작용을 한다.

⑤ 펌프 드라이버

멀티 밸브 상단에 조립되어 BLDC 모터의 구동을 제어하는 컨트롤러이며, ECU 제어 신호에 맞추어 기관 부하 조건에 따라 펌프의 회전속도를 5단계(1단 : 500rpm, 2단 : 1000rpm, 3단 : 1500rpm, 4단 : 2000rpm, 5단 2800rpm)로 구동하도록 제어하는 역할을 한다.

펌프 드라이버

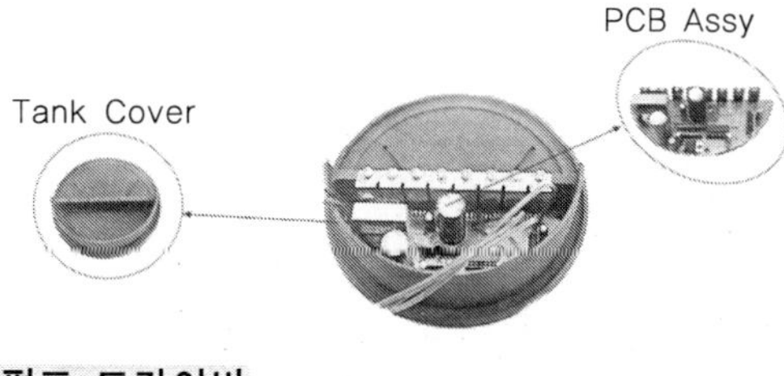

펌프 드라이버

05 기계식 디젤기관

기계식 디젤 기관은 흡입 행정에서 공기만 흡입한 후 15~20 : 1의 높은 압축비로 압축하여 그 온도가 500~600℃가 되게 한 후 연료를 분사 펌프로 가압하여 분사 노즐로 실린더 내에 분사시켜 자기 착화(압축 착화) 시키는 기관이다.

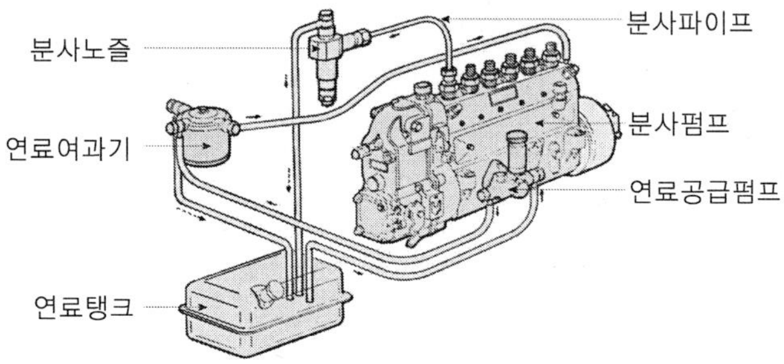

디젤 연료 계통도

(1) 디젤기관의 장·단점

1) 디젤기관의 장점

① 열효율이 높고, 연료 소비율이 적다.

② 인화점이 높은 경유를 연료로 사용하므로 그 취급이나 저장에 위험이 적다.

③ 대형 기관 제작이 가능하다.

④ 경부하에서의 효율이 그다지 나쁘지 않다(저속에서 큰 회전력이 발생한다).

⑤ 배기가스가 가솔린 기관보다 덜 유독하다.

⑥ 점화장치가 없어 이에 따른 고장이 적다.

2) 디젤기관의 단점

① 폭발압력이 높아 기관 각 부분을 튼튼하게 하여야 한다.

② 기관의 출력 당 무게와 형체가 크다.

③ 운전 중 진동과 소음이 크다.

④ 연료 분사 장치가 매우 정밀하고 복잡하며, 제작비가 비싸다.

⑤ 압축비가 높아 큰 출력의 기동 전동기가 필요하다.

(2) 기계식 디젤기관의 연소과정

기계식 디젤기관의 연소과정은 착화 지연기간 → 화염 전파기간 → 직접 연소기간 → 후 연소기간의 4단계로 연소한다.

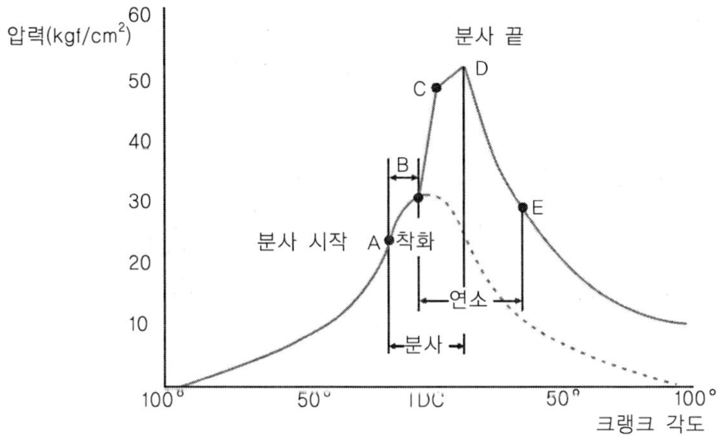

디젤기관의 연소과정

① 착화 지연기간(A~B기간)

경유가 연소실 내에 분사된 후 착화될 때까지의 기간이며, 약 1/1,000~4/1,000초 정도 소요된다. 이 착화 지연기간이 길어지면 디젤기관에서 노크가 발생한다.

② 화염 전파기간(폭발 연소기간 : B~C기간)

경유가 착화되어 폭발적으로 연소를 일으키는 기간이며, 정적 연소과정이다.

③ 직접 연소기간(제어 연소기간 : C~D기간)

분사된 경유가 화염 전파 기간에서 발생한 화염으로 분사와 거의 동시에 연소하는 기간이며, 정압 연소과정이다.

④ 후 연소기간 (후기 연소기간 : D~E기간)

직접 연소기간 동안 연소하지 못한 경유가 연소·팽창하는 기간이며, 이 기간이 길면 배기가스 온도가 상승해 기관이 과열하며 열효율이 떨어진다.

(3) 디젤기관의 시동 보조기구

1) 감압장치(de-compression device)

흡입밸브나 배기밸브를 캠축의 운동과는 관계없이 강제로 열어 실린더 내의 압축 압력을 낮추어 기관의 시동을 도와주며, 디젤기관의 작동을 정지시킬 수도 있는 장치이다. 또 감압장치는 기관을 시동할 때 실린더 내의 압축 압력을 감압시켜 기동전동기에 무리가 가는 것을 방지할 수 있으며, 기관의 고장을 발견하고자 할 때 크랭크축을 수동으로 가볍게 회전시킬 수 있도록 한다.

2) 예열장치(preheating system)

디젤기관은 압축 착화 방식이므로 한랭한 상태에서는 연료(경유)가 잘 착화하지 못해 시동이 어렵다. 따라서 예열장치는 흡기다기관이나 연소실 내의 공기를 미리 가열하여 시동을 쉽도록 하는 장치이다.

① 흡기 가열방식

직접 분사실식 연소실에서 실린더 내로 흡입되는 공기를 흡기 다기관에서 가열하는 방식이며, 흡기 히터와 히트레인지가 있다.

히트레인지

② 예열 플러그 방식(glow plug type)

예열 플러그 방식은 연소실 내의 압축공기를 직접 예열하는 형식이며, 예열 플러그, 예열 플러그 파일럿, 예열 플러그 저항기, 히트 릴레이 등으로 구성되어 있으며 주로 예연소실식 연소실과 와류실식 연소실에서 사용한다.

㉠ 코일형(coil type)의 특징

- 히트 코일이 노출되어 있어 적열 시간이 짧다.
- 전압 값이 작아 직렬로 결선되며, 예열 플러그 저항기를 두어야 한다.
- 히트 코일이 연소가스에 노출되므로 기계적 강도 및 내부식성이 적다.

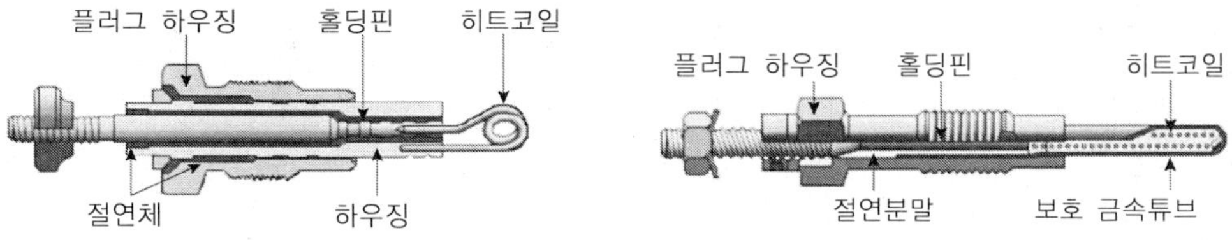

(a) 코일형　　　　(b) 실드형

예열플러그

㉡ 실드형(shield type)의 특징

- 히트 코일을 보호 금속 튜브 속에 넣은 형식이다.
- 병렬로 결선되어 있으며, 전류가 흐르면 금속 튜브 전체가 적열된다.
- 적열까지의 시간이 코일형에 비해 조금 길지만 1개당의 발열량과 열용량이 크다.
- 히트 코일이 연소열의 영향을 적게 받으며, 병렬 결선이므로 어느 1개가 단선되어도 다른 것들은 계속 작용한다.

구분	코일형	실드형
발열량	30~40W	60~100W
발열부 온도	950~1050℃	
전압	0.9~1.4V	24V식은 20~23V, 12V식은 9~11V
전류	30~60A	24V식은 5~6A, 12V식은 10~11A
예열시간	40~60초	60~90초

(4) 연소실

디젤기관의 연소실은 단실식인 직접 분사실식과 복실식인 예연소실식, 와류실식, 공기실식 등으로 나누어진다. 연소실의 구비조건은 다음과 같다.

① 분사된 연료는 짧은 시간에 완전 연소시켜야 한다.

② 평균 유효 압력이 높고, 연료 소비율이 적어야 한다.

③ 고속 회전 시 연소 상태가 좋아야 한다.

④ 시동이 용이하고, 디젤 노크가 적어야 한다.

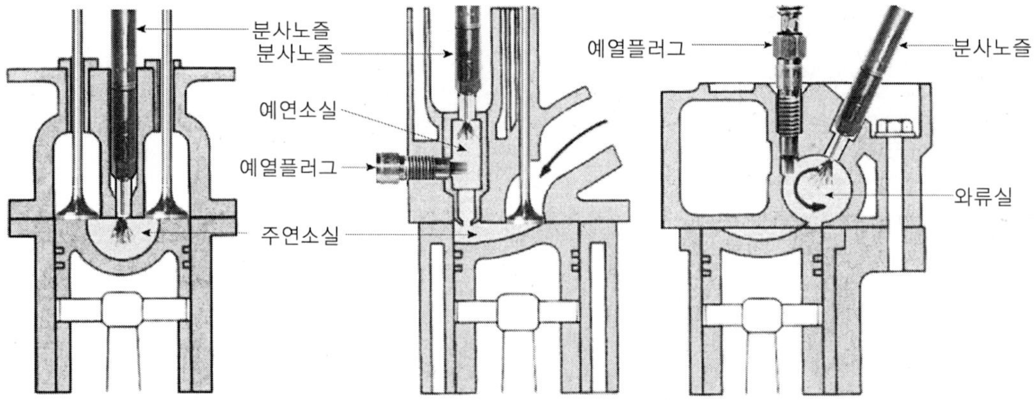

(a) 직접분사실식 (b) 예연소실식 (c) 와류실식

디젤기관 연소실

1) 직접 분사실식 연소실

직접 분사실식 연소실은 연소실이 실린더 헤드와 피스톤 헤드에 설치된 요철에 의하여 형성되며, 여기에 직접 연료를 분사하는 방식이다. 압축비는 13~16 : 1, 분사압력은 200~300kgf/cm^2, 분사 노즐은 구멍형을 사용한다. 직접 분사실식 연소실의 장·단점은 다음과 같다.

① 직접 분사실식 연소실의 장점

㉠ 실린더 헤드의 구조가 간단하므로 열효율이 높고, 연료 소비율이 작다.

㉡ 연소실 체적에 대한 표면적 비율이 작아 냉각손실이 작다.

㉢ 기관의 시동이 쉽다.

② 직접 분사실식 연소실의 단점

㉠ 분사 압력이 가장 높으므로 분사펌프와 노즐의 수명이 짧다.

㉡ 사용연료 변화에 매우 민감하다.

㉢ 노크 발생이 쉽다.

㉣ 기관의 회전속도 및 부하의 변화에 민감하다.

㉤ 다공형 분사노즐을 사용하므로 값이 비싸다.

㉥ 분사 상태가 조금만 달라져도 기관의 성능이 크게 변화한다.

2) 예 연소실식 연소실

예 연소실식 연소실은 실린더 헤드와 피스톤 사이에 형성되는 주연소실 위쪽에 예연 소실을 둔 것이며, 먼저 분사된 연료가 예연 소실에서 착화하여 고온·고압의 가스를 발생시키며, 이것에 의해 나머지 연료가 주 연소실에 분출하여 공기와 잘 혼합하여 완전 연소한다. 예 연소실의 체적은 전체 압축체적의 30~40%이며, 압축비는 15~20 : 1, 분사압력은 100~120kgf/cm^2, 분사 노즐은 핀틀형이나 스로틀형을 사용한다.

① 예 연소실식 연소실의 장점

㉠ 분사압력이 낮아 연료 장치의 고장이 적고, 수명이 길다.

㉡ 사용 연료 변화에 둔감하므로 연료의 선택범위가 넓다.

㉢ 운전상태가 조용하고, 노크발생이 적다.

② 예 연소실식 연소실의 단점

㉠ 연소실 표면적에 대한 체적비율이 크므로 냉각손실이 크다.

㉡ 실린더헤드의 구조가 복잡하다.

㉢ 시동 보조 장치인 예열 플러그가 필요하다.

㉣ 압축비가 높아 큰 출력의 기동전동기가 필요하다.

㉤ 연료 소비율이 비교적 크다.

3) 와류실식 연소실

실린더나 실린더 헤드에 와류실을 두고 압축행정 중에 이 와류실에서 강한 와류가 발생하도록 한 형식이며, 와류실에 연료를 분사한다. 와류실에 분사된 연료는 강한 선회운동을 하고 있는 공기와 만나 빨리 혼합되어 착화 연소하면서 주 연소실로 분출되어 다시 여기서 연소되지 못한 연료가 새로운 공기와 만나면서 연소하는 형식이다. 와류실의 체적은 전체 압축체적의 50~60% 정도이다. 압축비는 15~17 : 1, 분사압력은 100~140kgf/cm^{2}이다.

① 와류실식 연소실의 장점

㉠ 압축행정에서 발생하는 강한 와류를 이용하므로 회전속도 및 평균 유효압력이 높다.

㉡ 분사압력이 낮아 연료 소비율이 비교적 적다.

㉢ 기관 회전속도 범위가 넓고, 운전이 원활하다.

② 와류실식 연소실의 단점

㉠ 실린더헤드의 구조가 복잡하다.

㉡ 분출 구멍의 조임 작용, 연소실 표면적에 대한 체적비율이 커 열효율이 낮다.

㉢ 저속에서 노크 발생이 크다.

㉣ 기관을 시동할 때 예열 플러그가 필요하다.

(5) 기계식 디젤 기관 연료공급 장치

연료 탱크 내 연료를 분사 펌프로 가압하여 분사노즐을 통해 실린더에 분사하는 장치며, 기계식 디젤 연료장치 에어 빼기 작업은 공급 펌프 → 연료여과기 → 분사펌프 순서로 빼며 플라이밍 펌프를 작동시키면서 벤트 플러그(vent plug)를 열고 기포가 없어질 때까지 작동한다. 이때 연료가 배출되기 시작하면 벤트 플러그를 잠그고 플라이밍 펌프를 고정한다. 구성은 다음과 같다.

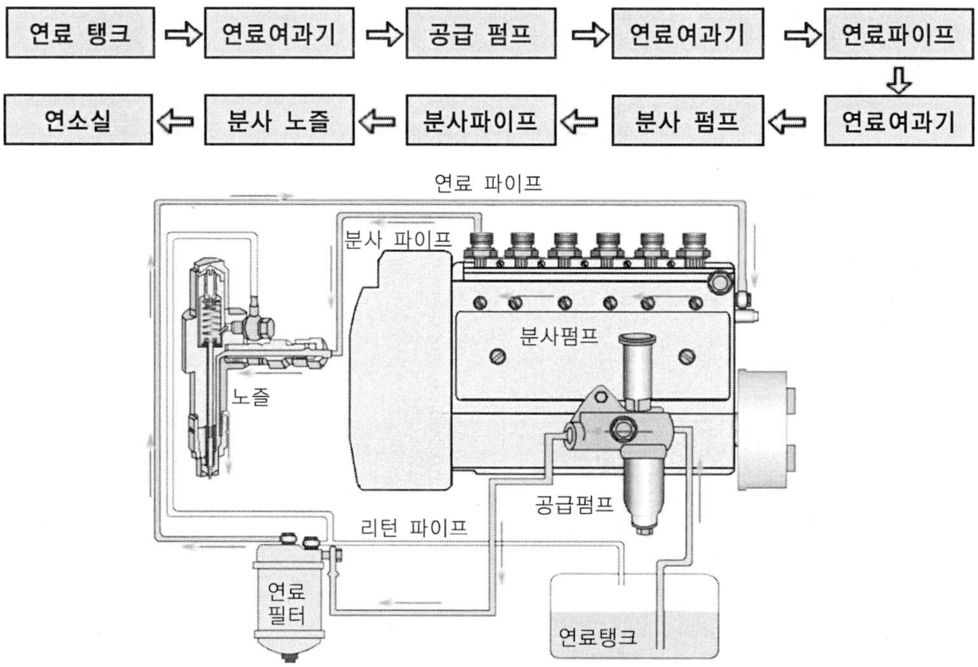

디젤 기관 연료공급 계통

1) 연료 공급 펌프(fuel feed pump)

공급 펌프는 연료탱크 내의 연료를 일정한 압력(2~3kgf/cm^2)으로 압력을 가하여 분사펌프로 공급하는 장치이며, 분사펌프 옆에 설치되어 분사펌프 캠축에 의하여 구동된다. 공급 펌프에는 연료 공급계통의 공기빼기작업 및 공급 펌프를 수동으로 작동시켜 연료탱크 내의 연료를 분사펌프까지 공급하는 플라이밍펌프(priming pump)를 두고 있다.

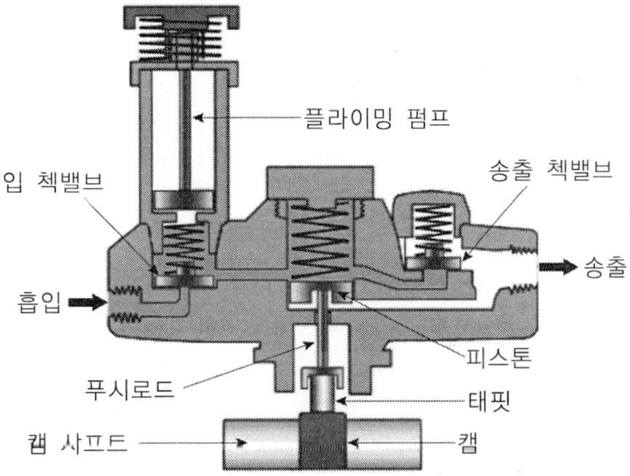

연료 공급펌프

2) 연료 여과기(Fuel Filter)

연료 속의 먼지나 수분을 제거, 분리하며 여과기내의 압력은 1.5kgf/cm^{2}이다. 연료 여과기는 보디, 엘리먼트, 중심 파이프, 커버, 드레인 플러그 등으로 구성되며, 엘리먼트는 여과지식과 견포식이 있다.

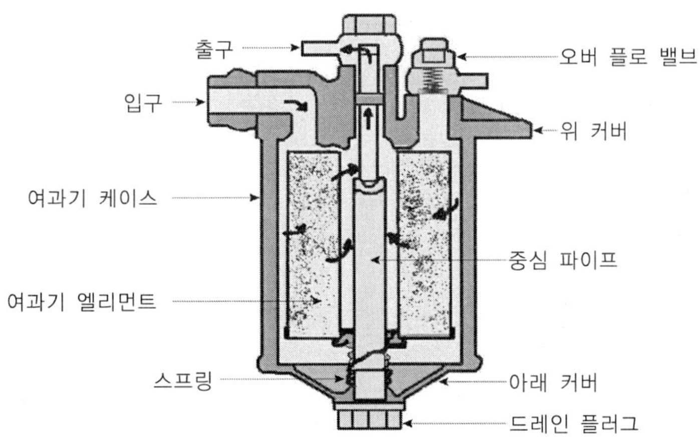

연료 여과기

오버 플로 밸브가 설치되어 송유 압력이 규정 압력 이상 시 탱크로 다시 보내지며, 디젤 연료는 분사 펌프의 플런저나 분사 노즐의 윤활도 겸하기 때문에 여과 성능이 좋아야 한다. 디젤기관은 연료 공급계통에 공기가 침입하면 분사펌프에서 연료 압송이 불량해 노즐에서 분사 상태가 불량해져 기관의 회전 상태가 불량하고, 진동이 발생한다. 심한 경우는 기관의 작동이 정지된다.

3) 분사 펌프

공급 펌프에서 송출된 연료를 고압으로 변환시켜 분사 파이프를 거쳐 분사 노즐에 보내는 일을 한다. 분사 펌프는 하우징, 캠축, 태핏, 펌프 엘리먼트, 제어 기구 등으로 구성된다. 분사 펌프의 형식에는 독립형, 분배형, 공동형 등이 있다.

① 펌프 하우징(pump housing)

펌프 하우징은 분사펌프의 주요 몸체부분이며, 위쪽에는 딜리버리 밸브와 그 홀더가 설치되어 있고, 중앙부분에는 플런저 배럴, 플런저, 제어래크, 제어 피니언, 제어 슬리브, 스프링, 태핏 등이, 아래쪽에는 캠축이 설치되어 있다

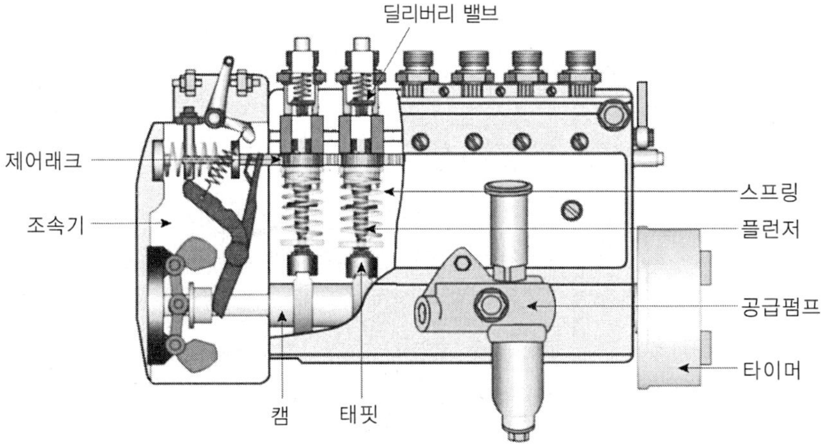

독립형 분사펌프

② 캠축과 태핏

㉠ 분사펌프의 캠축(cam shaft)

분사펌프 캠축은 크랭크축에 구동되며 4행정 사이클 기관은 크랭크축의 1/2로 회전하고, 2행정 사이클 기관은 크랭크축 회전속도와 같다. 캠축에는 태핏을 통해 플런저를 작용시키는 캠과 공급펌프 구동용 편심륜이 있고, 캠의 수는 실린더 수와 같고 구동부분에는 타이머가, 반대쪽에는 조속기가 설치되어 있다.

㉡ 분사펌프의 태핏(tappet)

태핏은 펌프 하우징 태핏구멍에 설치되어 캠에 의해 상하운동을 하여 플런저를 작동시킨다.

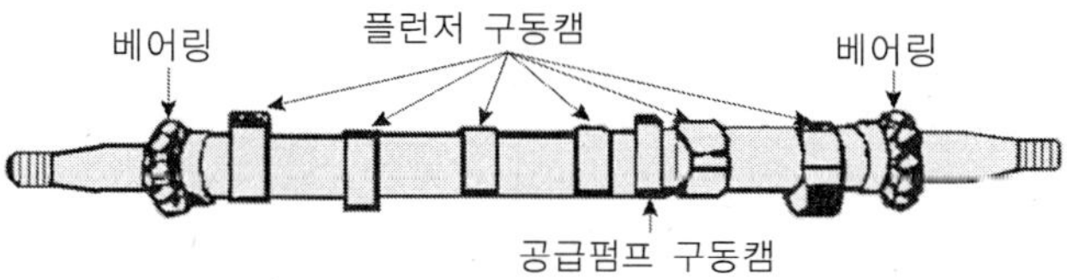

캠축

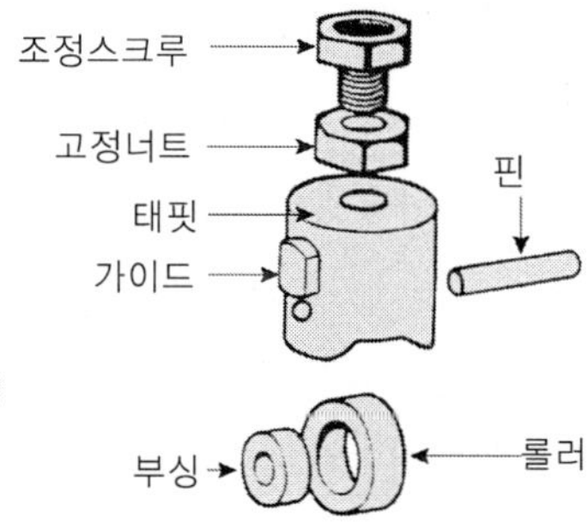

태핏

③ 플런저 배럴과 플런저

펌프 하우징에 고정된 플런저 배럴 속을 플런저가 상하 운동하여 고압의 연료를 형성한다.

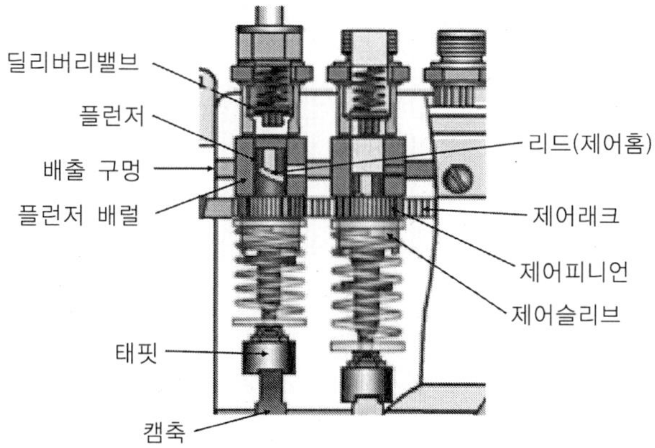

플런저 구성부품

㉠ 플런저(plunger)

플런저에는 분사량 조절을 위한 리드(제어 홈)와 이것과 통하는 배출구멍이 중심부분에 뚫어져 있다. 아래쪽에는 제어 슬리브(control sleeve)의 홈에 끼워지는 구동 플랜지와 플런저 아래 스프링 시트를 끼우기 위한 플랜지가 마련되어 있다.

ⓛ 플런저의 작용

플런저 바깥 둘레는 비스듬한 리드와 구멍을 뚫어 내부의 통로와 연결되어 있다. 이 리드가 비스듬하게 되어 있으므로 플런저를 돌리면 분사 끝의 시기가 달라져 분사량이 조절된다. 플런저의 회전은 랙의 이동으로 하며, 기어 작용으로 플런저의 플랜지를 슬리브가 돌린다. 플런저의 헤드가 흡입구로부터 아래의 위치에 있으며, 연료는 배럴에 흡입되어 상승해서 흡입구를 지나면 압축 작용이 시작된다(분사 시작). 또 상승하여 플런저 리드가 흡입구에 오게 되면 배럴 내의 연료는 플런저 내 통로를 역류 누출하여 압축 압력은 없어진다(분사 끝). 그 후 상사점까지 흡입구는 누출구로 하여 작용한다(분사 리턴). 하강하여 흡입구를 열면 연료가 유입하여, 압축행정으로 들어간다.

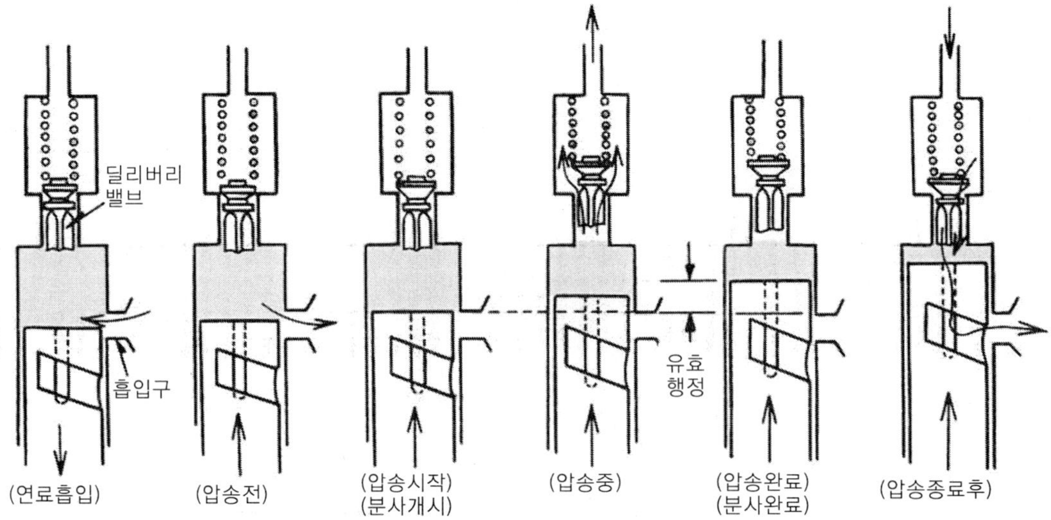

플런저의 작동과정

ⓒ 플런저 예행정(plunger pre stroke)

플런저 예행정이란 플런저 헤드가 하사점에서부터 상승하여 흡입 구멍을 막을 때까지 플런저가 이동한 거리를 말한다.

ⓡ 플런저 유효행정(plunger available stroke)

플런저 유효행정이란 플런저헤드가 연료공급을 차단한 후부터 리드가 플런저 배럴의 흡입 구멍에 도달할 때까지 플런저가 이동한 거리이다. 즉, 플런저가 연료를 압송하는 기간이다. 연료의 분사량(토출량 또는 송출량)은 플런저의 유효행정으로 결정된다. 따라서 유효행정을 크게 하면 분사량이 증가한다.

④ 리드 종류

㉠ 정 리드형(normal lead type)

분사 개시 때의 분사 시기가 일정하고, 분사 말기가 변화하는 리드이다.

㉡ 역 리드형(revers lead type)

리드가 플런저헤드에도 파져 있으며, 분사개시 때의 분사 시기가 변화하고 분사말기가 일정한 리드이다.

㉢ 양 리드형(combination lead type)

상하로 리드를 파서 분사 개시와 말기의 분사 시기가 모두 변화하는 리드이다.

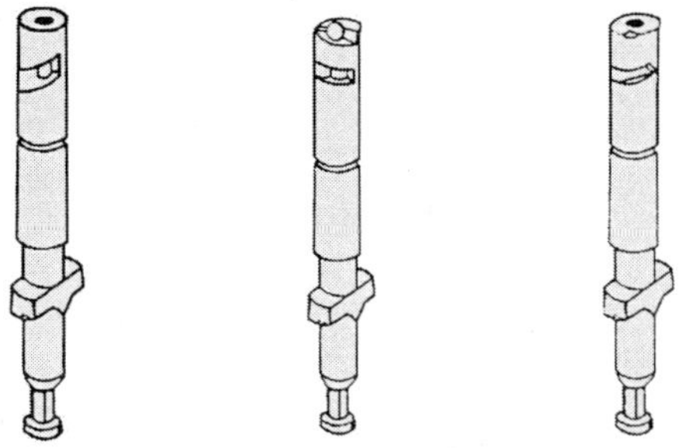

(a) 정리드 (b) 역리드 (c) 양리드

리드 종류

⑤ 플런저 회전기구(분사량 조절기구)

㉠ 제어 래크(control rack)

제어 래크는 슬리브에 끼워져 있는 피니언과 결합되어 있으며, 래크의 직선운동을 피니언의 회전운동으로 바꾸어 모든 플런저를 동시에 회전시키는 일을 한다. 제어 래크의 한쪽 끝은 링크(link)나 핀(pin)으로 조속기에 연결되어 있어 가속페달의 조작은 모두 조속기를 거쳐 제어 래크로 전달된다. 무송출에서 전송출까지의 제어 래크 이동량은 21~25mm이다.

㉡ 제어 피니언(control pinion)

제어 피니언은 래크와 결합되어 래크의 직선운동을 회전운동으로 바꾸어 슬리브를 회전시켜주며, 슬리브에 클램프 스크루로 설치되어 있어 제어 피니언과 슬리브의 관계 위치를 변화시켜 각 플런저의 분사량을 조절할 수 있다.

ⓒ 제어 슬리브(control sleeve)

제어 슬리브는 아래 홈에 끼워진 플런저의 구동 플랜지를 통해 피니언의 회전운동을 플런저로 전달하여 플런저가 상하 운동을 하면서 연료의 분사량을 증감할 수 있도록 한다.

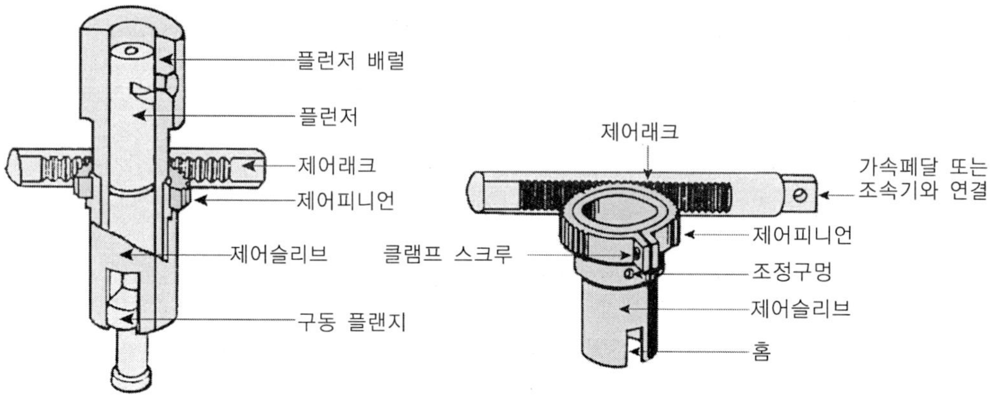

플런저 회전기구

⑥ 딜리버리 밸브(delivery valve, 토출밸브)

딜리버리 밸브는 플런저의 상승 행정으로 배럴 내의 압력이 규정 값(약 10kgf/cm^2)에 도달하면 이 밸브가 열려 연료를 분사파이프로 압송한다. 그리고 플런저의 유효행정이 완료되어 배럴 내의 연료압력이 급격히 낮아지면 스프링 장력에 의해 신속히 닫혀 연료의 역류(분사노즐에서 펌프로의 흐름)를 방지하고 후적을 방지하며, 분사파이프 내에 잔압을 유지시킨다.

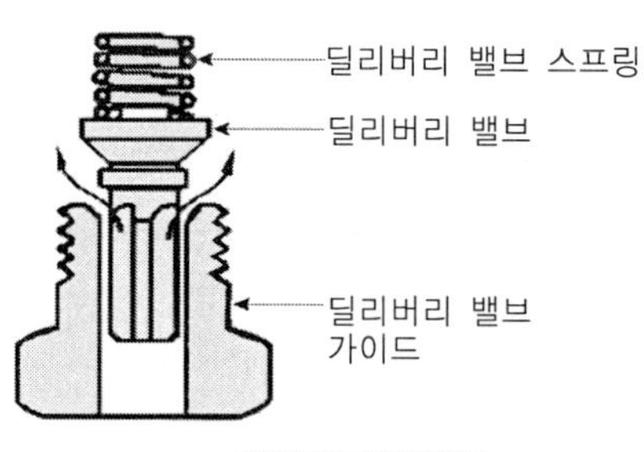

딜리버리 밸브

⑦ 조속기(governor)

조속기는 디젤 기관의 연료 분사량 제어를 적절이 증감해서, 기관 회전을 안정되게 하기위한 장치이다. 안정된 분사를 항시할 수 있도록 거버너(조속기)를 설치하여, 기관 회전 상승 시에는 분사량을 감소하여 과회전을 방지하고, 가속 페달을 놓더라도 자동적으로 분사량을 증가해서 공회전 상태를 유지하도록 하고 있다. 가속 페달은 제어 레버, 거버너를 거쳐서 분사량을 제어한다. 흡입시의 유속 부압을 이용하는 공기식 거버너, 플라이 웨이트(원심추)의 원심력을 이용한 기계식 거버너, 이 양자를 조합시킨 복합식 거버너가 이용된다. 헌팅(hunting) 현상은 조속기 작용이 둔하여 공회전이 주기적으로 증감하는 진동으로서 회전수가 파상으로 변동하는 것이다.

⑧ 앵글라이히장치

앵글라이히장치는 기관의 모든 회전속도 범위에서 공기와 연료의 비율을 알맞게 유지하는 작용을 한다.

⑨ 분사량 불균율

실린더 수가 많은 기관에서 각 실린더마다 분사량의 차이가 생기면 폭발 압력의 차이가 발생하여 진동을 일으킨다. 불균율 허용범위는 전부하 운전에서는 ±3%, 무부하 운전에서는 10~15%이다. 분사량 불균율은 다음의 공식으로 산출한다.

$$(+)\text{불균율} = \frac{\text{최대 분사량} - \text{평균 분사량}}{\text{평균 분사량}} \times 100$$

$$(-)\text{불균율} = \frac{\text{평균 분사량} - \text{최소 분사량}}{\text{평균 분사량}} \times 100$$

⑩ 타이머(timer, 분사시기 조정장치)

기관의 부하 및 회전 속도에 따라 분사 시기를 자동적으로 조정하며 수동식과 자동식이 있다. 수동식은 조정 레버에 의해 스플라인 부시를 움직이면 플런저와 캠축 위치가 변화되어 진각하며, 자동식은 기관 회전 속도가 증가되면 원심추의 작용으로 작동한다.

4) 분사 파이프(injection pipe)

분사 파이프는 분사펌프의 각 펌프 출구와 분사 노즐을 연결하는 고압 파이프이며, 그 길이는 연료의 분사지연을 줄이기 위하여 가능한 한 짧은 것이 바람직하며 모든 실린더의 분사지연이 같아지도록 길이가 같다. 분사 파이프의 양끝에는 높은 압력의 연료가 누출되지 않도록 하기 위해 유니언 피팅(union fitting)으로 확실하게 결합한다.

5) 분사노즐(injection nozzle)

분사 펌프로부터 보내진 고압 연료를 미세한 안개 모양으로 연소실에 분사한다. 분사노즐의 윤활은 디젤연료로 한다. 노즐의 요구 조건은 다음과 같다.

- 연료를 미세한 안개 모양으로 하여 쉽게 착화하게 할 것
- 분무를 연소실 구석구석까지 뿌려지게 할 것
- 분사 끝을 완전히 차단해서 후적이 일어나지 않게 할 것
- 고온 고압의 가혹한 조건하에서 장시간 사용 가능할 것

① 분사노즐의 종류

분사노즐의 종류에는 개방형과 밀폐형(또는 폐지형) 노즐이 있으며, 밀폐형에는 구멍형, 핀틀형 및 스로틀형 노즐이 있다.

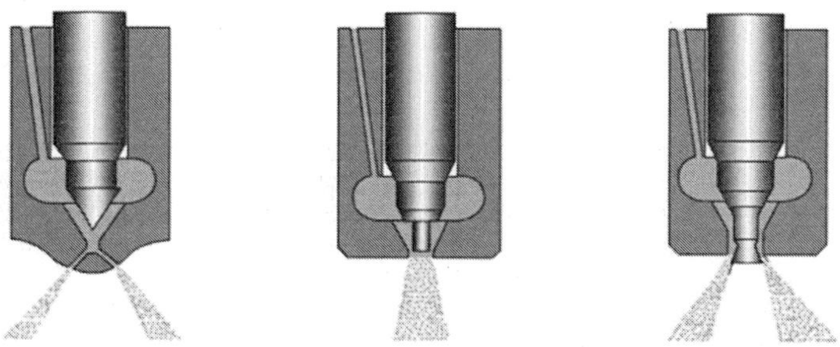

(a) 구멍형 (b) 핀틀형 (c) 스로틀형

분사노즐의 종류

㉠ 구멍형(hole type) 분사노즐

구멍형 분사노즐은 니들밸브 앞 끝이 원뿔 모양이며, 분사 구멍은 볼록하게 된 노즐 보디의 앞 끝에 노즐 중심선에 대하여 대칭으로 어떤 각도를 두고 1~8개 뚫어져 있다. 분사구멍의 지름은 0.2~0.4mm이고, 분사 개시 압력은 200~300kgf/cm^{2}이며, 직접분사실식 연소실에서 사용한다. 이 형식은 분사구멍이 1개인 단공형과, 여러 개의 분사구멍이 있는 다공형이 있다. 구멍형 분사노즐의 장점은 분사압력이 높아 안개화가 좋고 기관의 시동이 쉬우며, 연료가 완전 연소될 수 있어 연료 소비량이 적다. 단점은 분사 구멍이 작아 가공이 어렵고 분사 구멍이 막힐 염려가 있으며 분사압력이 높아 분사펌프, 노즐의 수명이 짧고 또 각 연결부분에서 연료가 누출되기 쉽다.

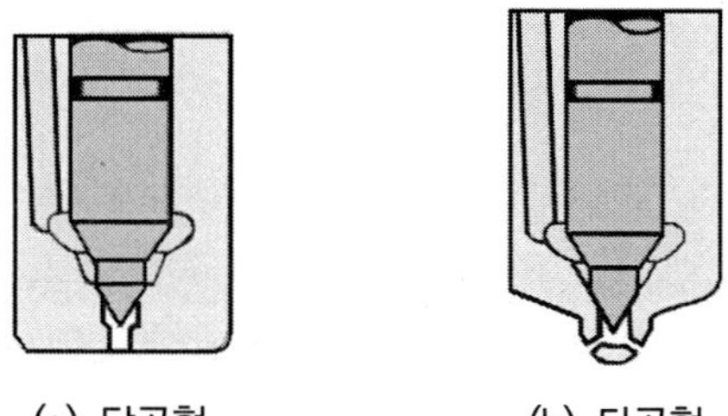

(a) 단공형　　　　　　(b) 다공형

단공형과 다공형

㉡ 핀틀형(pintle type) 분사노즐

핀틀형 분사노즐은 원기둥 모양의 구멍과 구멍 보다 조금 작은 원기둥 모양의 니들밸브 앞 끝 핀으로 구성되어 있으며, 고압의 연료에 의해 자동적으로 열려 4° 정도의 정각을 가지는 원뿔 모양으로 분사한다.

㉢ 스로틀형(throttle type) 분사노즐

스로틀형 분사노즐은 니들밸브의 앞 끝 부분이 길고 나팔 모양으로 테이퍼 가공되어 있으며 노즐 보디에서 조금 돌출 되어 있다. 이 노즐은 핀틀형을 개량하여 분사 개시 때 분사량을 적게 하고 잠시 후 많은 양의 연료를 분사시켜 디젤기관 노크를 방지할 수 있다.

② 분사노즐의 구조

분사노즐은 노즐 홀더 보디(nozzle holder body)를 중심으로 옆쪽에는 분사펌프에서 보내준 높은 압력의 연료가 들어오는 입구 커넥터가 설치되고, 위쪽으로는 분사압력 조정용 스크루, 니들밸브가 열릴 때 스프링을 밀어 올려 주는 푸시로드, 그리고 니들밸브(needle valve)를 시트에 밀착시키는 스프링이 있다.

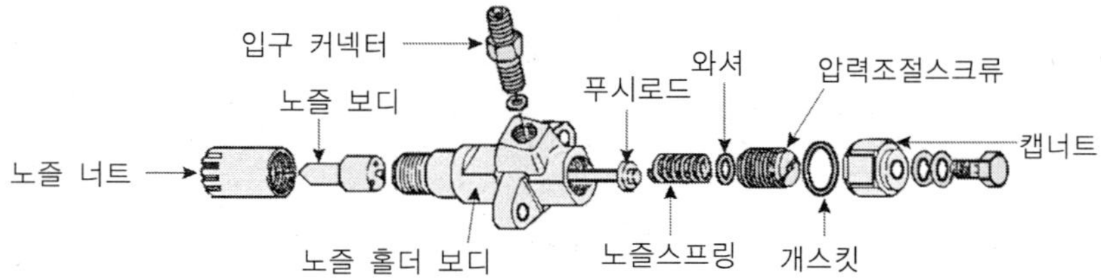

분사노즐

③ 분사노즐의 작동

분사노즐의 작동은 분사 펌프에서 보내준 높은 압력의 연료가 입구 커넥터를 거쳐 노즐홀더 보디 내로 들어오면 스프링에 의해 시트에 밀착되어 있던 니들밸브가 상승하여 연료가 연소실에 분사된다. 분사되는 동안 높은 압력의 연료 일부는 니들밸브와 노즐보디 사이에서 니들밸브와 노즐보디를 윤활하고, 푸시로드와 노즐홀더 보디 사이를 거쳐 연료탱크로 복귀한다. 니들밸브와 노즐보디 사이의 간극은 0.001~0.0015mm 정도이다. 노즐 작동이 불량하면 연소불량, 노크현상, 회전이 고르지 못하고 출력감소와 카본 부착으로 배기의 매연이 증가한다.

④ 연료 분무의 3대 요건

㉠ 안개화(무화 : atomization)가 좋아야 한다.

㉡ 관통력이 커야 한다.

㉢ 분포(분산)가 골고루 이루어져야 한다.

06 커먼레일 연료분사장치(CRDI : common rail direct injection)

(1) 커먼레일 연료분사장치의 개요

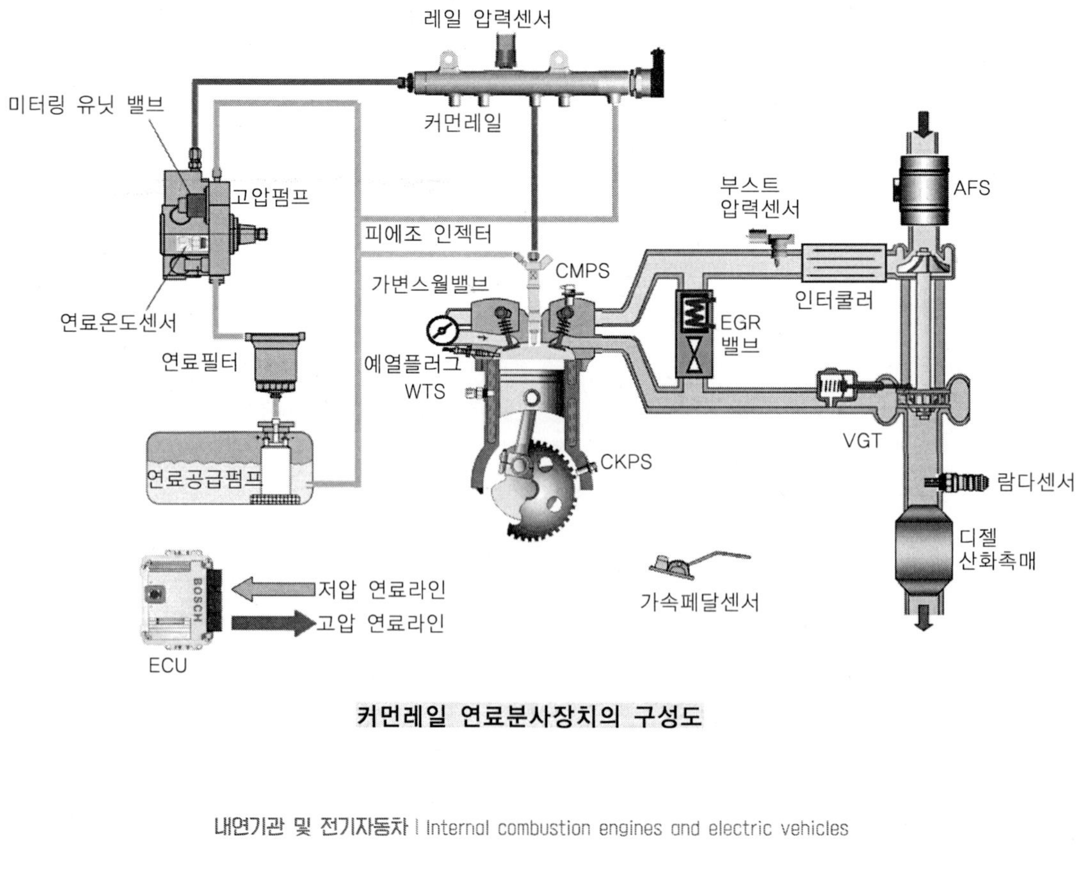

커먼레일 연료분사장치의 구성도

커먼레일 연료분사장치 기관은 기존에 분사펌프(injection pump)를 사용하던 연료 공급방식에서 완전히 탈피한 최첨단 전자제어 커먼레일(common rail, 어큐뮬레이터)을 사용한 기관으로 기존의 디젤기관에 비해 약 20%의 출력향상과 약 15%의 연비를 향상 시켰다.

커먼레일 연료분사장치의 기관에서는 차량의 응답성능에도 많은 향상을 가져왔으며, 공해 및 소음을 감소시키기 위하여 연소실 중앙에 직립형 인젝터를 사용한다. 연료장치는 기본적으로 고압 직접분사 방식이 사용된다. 이것은 디젤기관의 소음감소와 함께 높은 연료 경제성 및 유해 배기가스의 감소에 대한 필요성 때문이다.

이러한 사항을 만족시키기 위하여 정밀하고, 정확하게 기관 상태를 계측 분석하여 정확하고 확실한 연료 분사장치가 필요하게 된 것이다.

(2) 커먼레일 연료분사장치의 장점

1) 유해 배출가스의 감소

커먼레일 연료분사장치 기관은 분사된 연료를 완전연소에 가깝게 연소시켜 각종 유해 배출가스를 억제할 수 있다. 또 동일한 질소산화물을 유지하면서 이산화탄소 20%, 일산화탄소 20%, 탄화수소 50%, 입자상물질(PM)을 50%까지 감소시킬 수 있다.

2) 연료소비율 향상

기존의 분사펌프를 사용하는 디젤기관에 비해 20% 정도의 연료소비율을 향상시킬 수 있다.

3) 기관 출력성능 향상

연료 분사압력을 기관의 회전속도와 부하조건에 관계없이 높은 압력으로 할 수 있기 때문에 저속영역에서 최대 50%, 고속영역에서는 25% 정도의 출력향상이 가능하다.

4) 운전성능 향상

기존의 디젤기관의 단점이었던 소음 및 진동을 연료장치의 개선으로 대폭 감소시켜 가솔린 기관의 수준으로 운전성능이 향상되었다.

(3) 커먼레일 연료분사장치 기관의 연소과정

커먼레일 연료분사장치 기관의 연소과정은 기존 디젤기관의 연소과정에서 분사부분이 점화(예비)분사(pilot injection), 주 분사(main injection), 사후분사(post injection)의 3단계로 이루어지며, 사후분사(post injection)는 배기가스 규제에 따라 분사여부를 결정한다.

1) 파일럿 분사(Pilot Injection, 착화분사)

점화분사란 주 분사가 이루어지기 전에 연료를 분사하여 연소가 원활히 되도록 하기 위한 것이며, 점화분사 실시 여부에 따라 기관의 소음과 진동을 줄일 수 있다.

2) 주 분사(Main Injection)

기관의 출력에 대한 에너지는 주 분사로부터 나온다. 주 분사는 점화분사가 실행되었는지 여부를 고려하여 연료 분사량을 계산한다. 주 분사의 기본 값으로 사용되는 것은 기관 회전력의 양(가속페달 센서 값), 기관 회전속도, 냉각수 온도, 흡입공기 온도, 대기압력 등이다.

3) 사후분사(Post Injection)

사후분사는 배기가스 규제의 강화에 의해 사용되는 것이며, 이것은 연소가 끝난 후 인젝터를 작동시켜 배기 행정에서 연료를 연소실로 공급하여 배기가스를 통해 촉매변환기에 공급하기 위한 것이다.

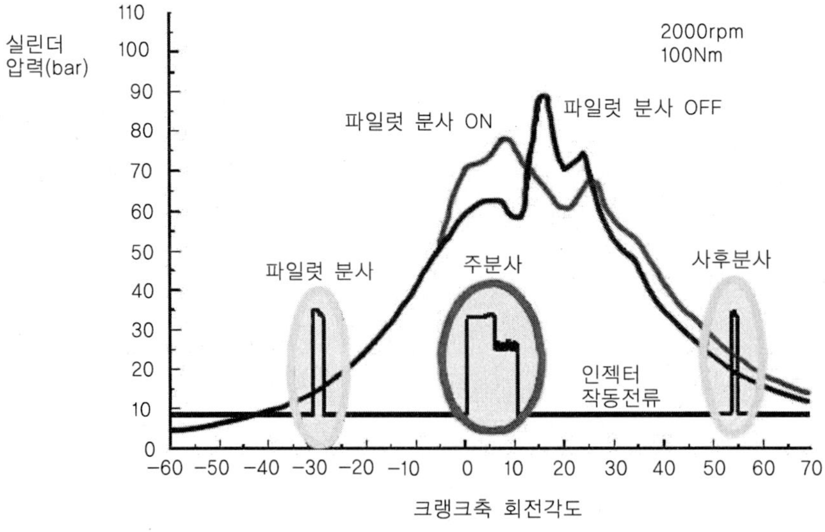

커먼레일 연료분사장치 기관의 연소과정

(4) 커먼레일 연료분사장치의 구성

커먼레일 연료분사장치 기관은 연료탱크에서 고압펌프 입구까지 저압 연료계통, 고압 연료펌프부터 인젝터까지 고압 연료계통 및 인젝터/고압 연료펌프부터 연료탱크까지 복귀계통 등 3단계로 구분을 할 수 있다.

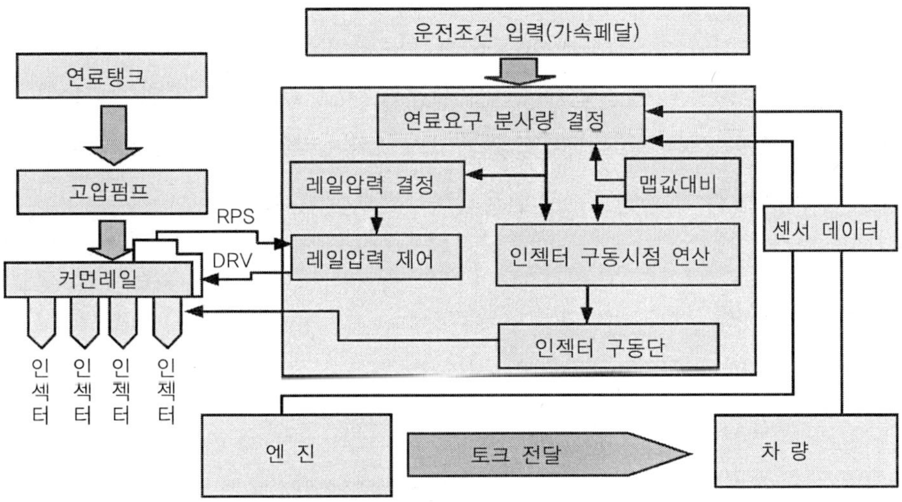

연료장치의 전자제어의 개요도

1) 장치별 연료 공급과정

커먼레일 연료분사장치 기관은 낮은 압력·높은 압력 및 복귀계통 등 3단계로 구분을 할 수 있다.

- 저압 연료계통 : 연료탱크에서 고압펌프 입구까지
- 고압 연료계통 : 고압 연료펌프부터 인젝터까지
- 복귀계통 : 인젝터/고압 연료펌프부터 연료탱크까지

① D형 기관의 연료 공급과정

이 형식은 초기의 커먼레일 연료분사장치 기관의 연료 공급방식으로 연료는 전기로 작동되는 저압 연료펌프에 의해 1차 연료여과기를 거쳐 2차 연료여과기로 보내지고 2차 연료여과기에서 이물질과 수분을 여과시킨 후 고압 연료펌프로 공급된다.

고압 연료펌프에서 연료를 높은 압력으로 형성하여 커먼레일로 보내면 커먼레일과 연결된 인젝터에 연료가 공급된다. 이때 커먼레일에 있는 높은 압력의 연료는 연료압력 조절밸브에 의해 기관에서 필요로 하는 압력으로 조절되고, 조절되고 남은 과잉압력의 연료는 복귀계통을 통해 다시 연료탱크로 되돌아간다.

또 복귀계통과 연결된 고압연료는 고압 연료펌프의 윤활을 위한 것이며, 인젝터의 경우에는 인젝터가 작동할 때 발생하는 백 플로(back flow or back leak)된 연료가 복귀되도록 한 것이며, 연료여과기의 경우에는 오버플로(over flow)되는 연료와 연결되어 있다.

D형 기관의 연료공급과정은 연료탱크 → 1차 연료여과기(연료탱크에 내장) → 저압 연료펌프(전기로 구동) → 2차 연료여과기(오버플로밸브, 수분분리기, 연료히터 내장) → 고압 연료펌프 → 커먼레일 → 연료압력 조절밸브 → 인젝터 → 연소실 순서이다.

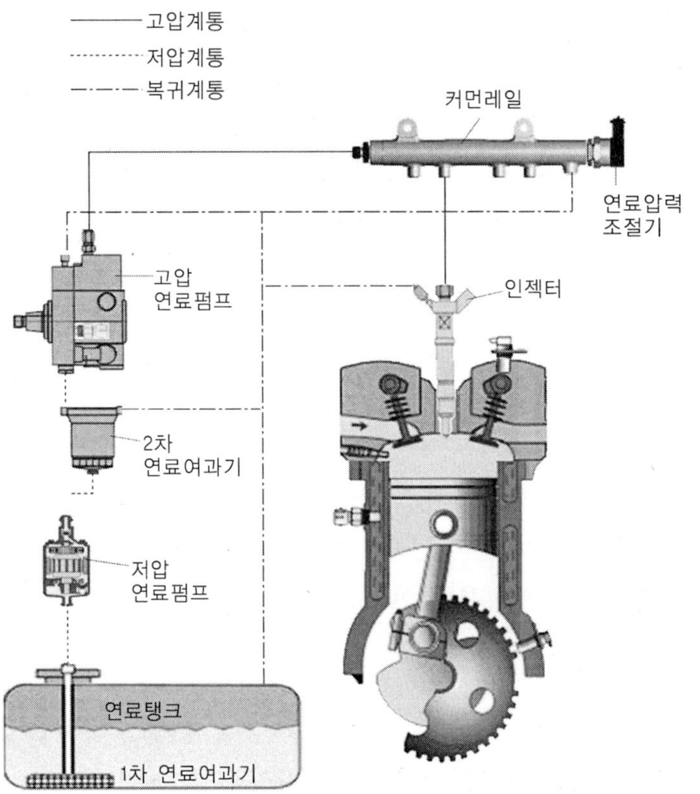

D형 기관의 연료 공급과정

② A형 및 J형 기관의 연료 공급과정

이 형식은 기관이 가동될 때 함께 작동되는 기어형 저압 연료펌프에 의해 연료는 1차 연료여과기를 거쳐 흡인되며, 이 연료는 프라이밍펌프(priming pump)를 거쳐 2차 연료여과기로 보내지고 2차 연료여과기에서 이물질과 수분을 여과한 후 저압 연료펌프로 공급된다.

저압 연료펌프에서 펌핑(pumping)된 연료를 인렛 미터링 밸브(inlet metering valve)를 통하여 고압 연료펌프로 공급한다. 고압 연료펌프에서 높은 압력을 형성하여 커먼레일에 보내면 커먼레일과 연결된 인젝터가 연료를 공급한다. 이때 커먼레일에 공급된 연료는 인젝터가 작동할 때 발생되는 백 플루(back flow)된 연료가 복귀하도록 되어 있고, 또 고압 연료펌프에서 발생된 연료의 압력이 작동압력보다 높은 경우에는 연료압력 제한밸브에 의해 복귀된다.

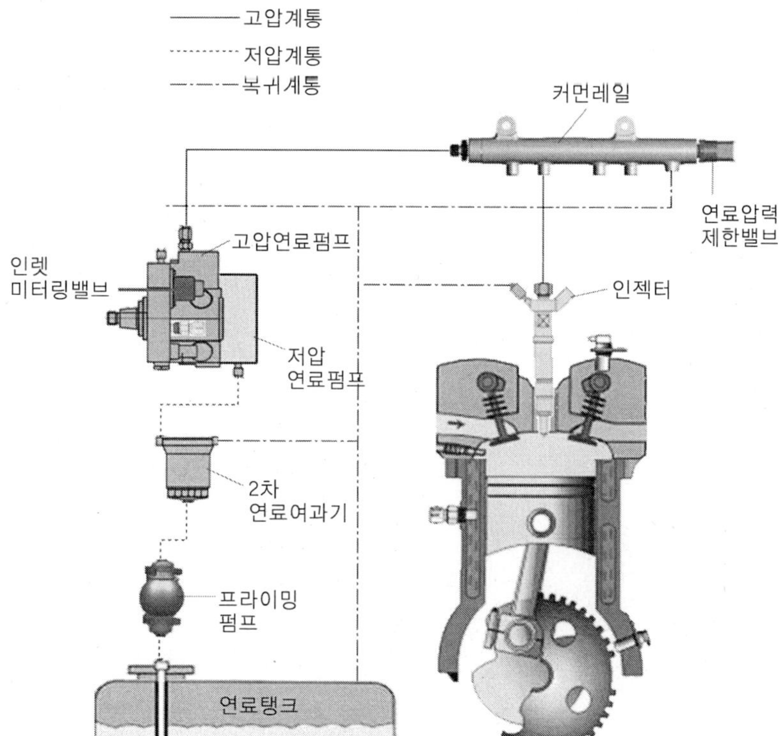

J형 기관의 연료 공급과정

복귀계통과 연결된 고압연료는 고압 연료펌프의 윤활을 위한 것이며, 연료여과기의 경우에는 오버플로(over flow)되는 연료와 연결되어 있다. A형 및 J형 기관의 연료 공급과정은 연료탱크 → 1차 연료여과기(연료탱크에 내장) → 프라이밍 펌프 → 2차 연료여과기(프라이밍펌프, 수분분리기, 연료히터 내장) → 저압 연료펌프(기어펌프) → 인렛 미터링 밸브 → 고압 연료펌프 → 커먼레일 → 인젝터 → 연소실 순서이다.

③ 유로-4 규제적용 기관의 연료 공급과정

이 형식은 배기가스 규제강화에 의해 연료압력을 정밀하게 제어하기 위한 것이며, 연료공급은 전기로 작동되는 저압 연료펌프에 의해 연료탱크의 연료가 1차 연료여과기로 들어온다. 이 연료는 2차 연료여과기로 보내지며, 2차 연료여과기에서 인렛 미터링 밸브를 통하여 고압 연료펌프로 공급된다.

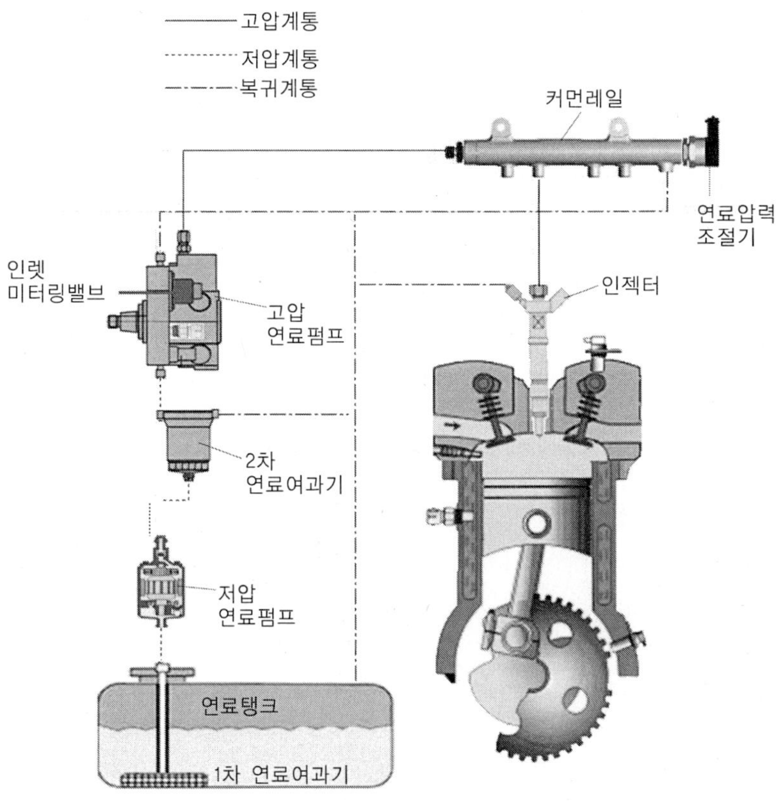

유로-4 규제적용 기관의 연료 공급과정

고압 연료펌프에서 높은 압력을 형성하여 커먼레일로 보내면 커먼레일과 연결된 인젝터로 공급된다. 이때 커먼레일에 보내진 높은 압력의 연료는 또 다시 연료압력을 정밀하게 제어하기 위해 연료압력 조절밸브에서 압력이 조절된다. 그리고 복귀계통의 경우는 기존의 과정과 같다. 이렇게 인렛 미터링밸브와 연료압력 조절밸브(입·출구 제어)를 동시에 사용하기 때문에 다른 형식에 비해 연료 공급계통의 맥동을 상당히 줄일 수 있고, 이로 인해 유해 배출가스를 매우 많이 감소시킬 수 있다.

유로-4 규제적용 기관의 연료 공급과정은 연료탱크 → 1차 연료여과기(연료탱크에 내장) → 저압 연료펌프(전기로 작동) → 2차 연료여과기(오버플로밸브, 수분분리기, 연료히터 내장) → 인렛 미터링밸브 → 고압 연료펌프 → 커먼레일 → 연료압력 조절밸브 → 인젝터 → 연소실 순서이다.

④ 피에조 시스템 적용 기관의 연료 공급과정

이 형식도 유해 배기가스 규제강화에 의해 사용되는 것이며, 연료공급 과정은 유로-4 규제적용 기관과 거의 같다. 다른 점은 저압 연료펌프에서 공급된 연료는 2차 연료여과기로 보내지며, 2차 연료여과기에서 고압 연료펌프로 공급되고 또 인젝터 복귀계통으로도 공급된다. 이것은 인젝터의 복귀라인에 연료압력을 형성하여야 하는 방식의 인젝터를 사용하기 때문이다.

피에조 시스템 적용 기관의 연료 공급과정은 연료탱크 → 1차 연료여과기(연료탱크 내장) → 저압 연료펌프(전기로 작동) → 2차 연료여과기(인젝터 복귀계통과 연결, 수분분리기, 연료히터) → 인렛 미터링밸브 → 고압 연료펌프 → 커먼레일 → 연료압력 조절밸브 → 인젝터(인젝터 복귀계통과 2차 연료여과기와 연결) → 연소실 순서이다.

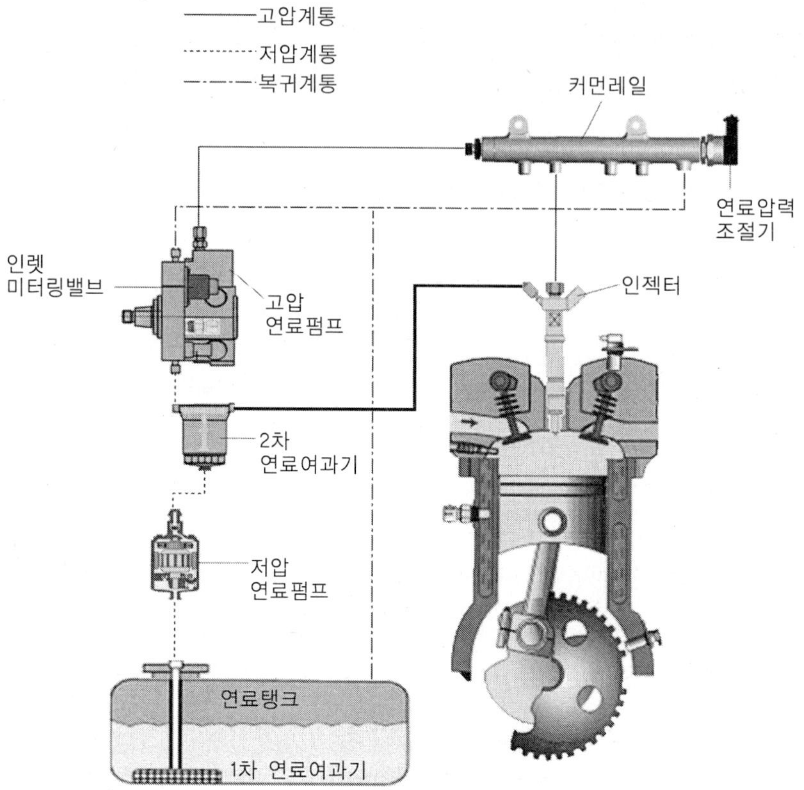

피에조시스템 적용 기관의 연료 공급과정

2) 저압 연료계통

커먼레일 연료분사장치 기관의 저압 연료장치는 연료탱크, 연료여과기, 저압 연료펌프로 구성되어 있다.

① 연료여과기(Fuel Filter)

1차 연료여과기는 연료탱크에 내장되어 있으며, 그물망과 같은 형식으로 비교적 큰 이물질을 여과한다. 2차 연료여과기는 기관 룸에 설치되어 연료 속의 이물질과 수분을 여과한다.

㉠ 오버플로 밸브(Over Flow Valve)

연료압력을 일정하게 조정한다. 조절압력은 1.5~2.0bar 정도이며, 일정한 유량을 바이패스 시킨다.

㉡ 연료히터(Fuel Heater)

추운 지역에서 냉간 된 상태의 기관을 시동을 할 때 시동성능 향상을 위해 연료여과기 중간에 설치되어 연료를 직접적으로 가열한다. 작동은 시동스위치(키)를 ON으로 하면 전원이 연료여과기 내부의 연료온도가 약 -3±3℃ 이하이면 스위치의 바이메탈이 열 팽창하여 접점을 닫아 연료히터 전원공급 하며, 연료의 온도가 약 +5±3℃가 되면 접점이 열려 전원을 차단한다.

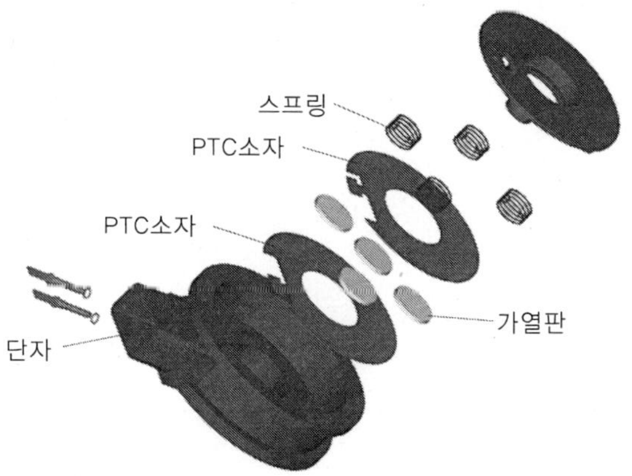

연료히터의 구조

참고 PTC소자 및 가열판

1. PTC소자
   PTC소자는 연료히터의 발열체이며, 전류가 공급되면 열이 발생한다. 열이 규정 값 이상으로 높아지면 부도체가 되어 열이 발생되지 않도록 하여 항상 일정한 온도를 유지하는 자동조절 부품이다.
2. 가열판(plate heating)
   PTC소자에서 발생한 열을 방출시키는 작용을 하며, 열전도와 방열이 잘되도록 소제와 두께가 알맞아야 PTC소자와의 밀착성능이 좋아진다. 또 전도체 표면온도가 높아짐과 동시에 출력도 함께 높아지므로 평면도와 간섭높이를 관리하여야 한다.

㉢ 프라이밍펌프(Priming Pump)

저압 연료펌프를 기계식 연료펌프(기어펌프)를 이용하는 기관에서 주로 사용한다. 저압 연료펌프를 전동기를 사용하는 경우에는 기관의 가동과 관계없이 초기에 연료를 고압 연료펌프로 공급할 수 있지만, 기계식 저압 연료펌프의 경우 기관의 가동에 의해 연료를 고압 연료펌프로 공급하기 때문에 저압 연료계통에 공기가 침입하였을 경우 시동에 문제가 발생할 수 있다. 이런 문제가 발생하였을 때 수동으로 연료계통의 공기빼기 작업을 할 수 있다. 프라이밍펌프는 저압 연료계통 중간부위에 설치하는 방식과 연료여과기 위쪽에 설치하는 방식이 있다.

(a) 저압 연료펌프 전동기 사용시 여과기

(b) 저압 연료펌프 기계식 사용시 여과기

연료 여과기

② 저압 연료펌프(Low Pressure Fuel Pump)

저압 연료펌프(1차 연료공급 펌프)의 종류에는 기계식과 전동식이 있다.

㉠ 기계식 저압 연료펌프

기계식 저압 연료펌프는 기어펌프를 사용하며, 고압 연료펌프와 일체로 구성되어 있어 기관의 가동과 동시에 작동된다. 기관이 가동되면 캠축이나, 타이밍체인과 연결된 구동축에 의해 작동을 시작하며, 연료탱크의 연료를 흡입하여 고압 연료펌프로 공급한다.

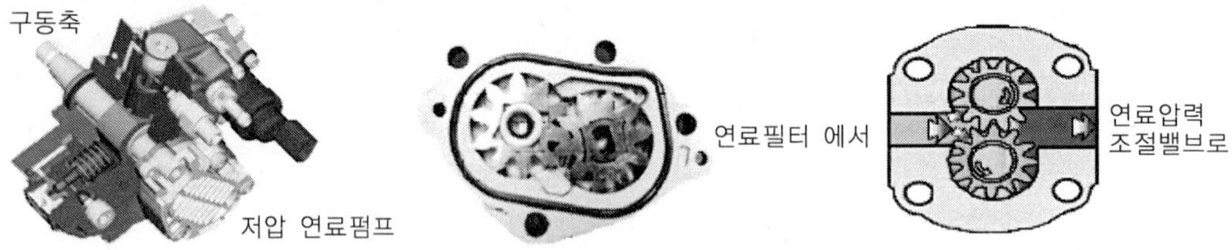

기계식 저압 연료펌프의 구조

㉡ 전동식 저압 연료펌프

전동식의 저압 연료펌프는 전자제어 가솔린기관에서 사용하는 연료펌프와 거의 같은 구조로 되어있으며, 6.5~8.5bar 의 연료를 고압 연료펌프로 공급한다. 전동식 저압 연료펌프의 작동은 기관의 회전속도에 관계없이 연속적으로 작동하며, 과잉 공급된 연료는 오버플로 밸브를 거쳐 연료탱크로 복귀된다.

③ 연료 온도센서

고압 연료펌프로 공급되는 연료온도를 검출하여 연료온도가 상승되는 것을 방지한다.

3) 고압 연료계통

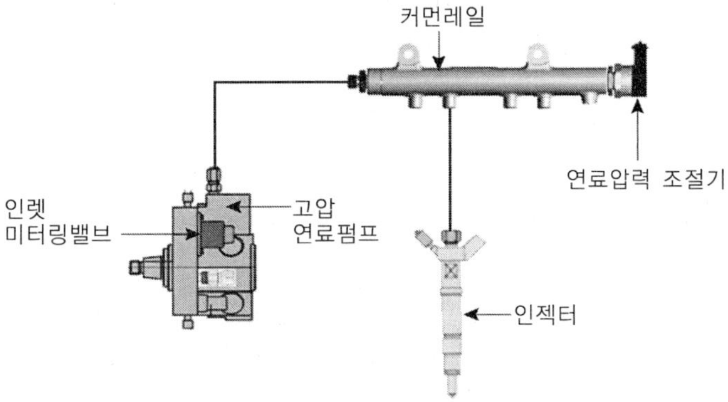

고압 연료계통

① 고압 연료펌프(High Pressure Fuel Pump)

고압 연료펌프는 기관의 타이밍 체인(벨트)이나 캠축에 의해 구동되며, 저압 연료펌프에서 공급된 연료를 높은 압력으로 형성하여 커먼레일로 공급한다. 공급된 연료압력을 연료압력 조절밸브에서 규정 값으로 유지시킨다. 보통 작동 최고압력은 1,600bar 정도이고 ECU 제어 최고압력은 1,350bar 정도이다. 고압 연료펌프 내에는 별도의 윤활 장치 없이 연료에 의해 이루어진다.

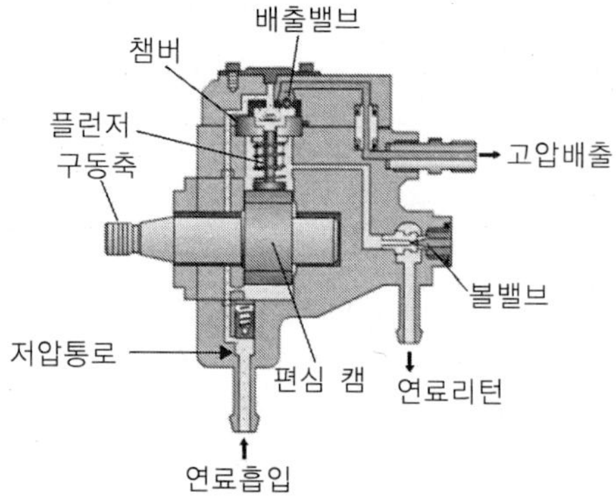

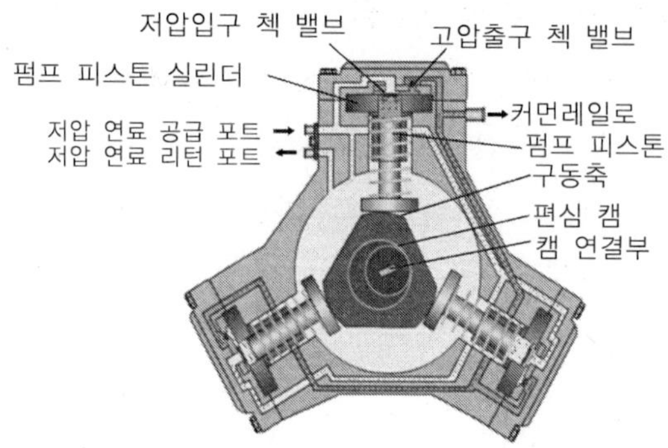

고압 연료펌프

고압 연료펌프는 기관의 형식이나 커먼레일 방식에 따라 구조나 역할에 조금씩 차이가 있으며, 그 차이는 다음과 같다.

㉠ A형 고압 연료펌프의 작동원리

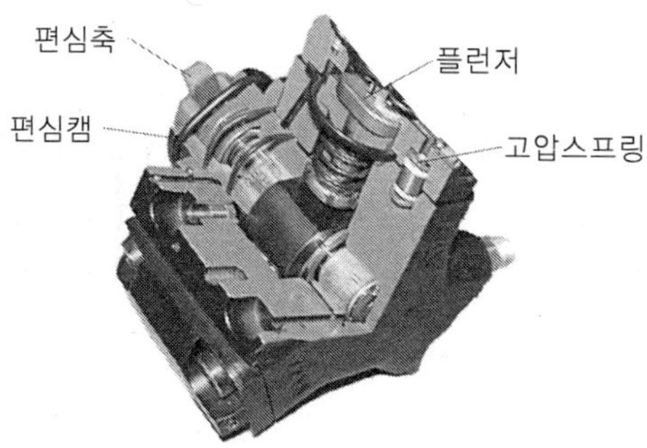

A형 고압 연료펌프의 구조

이 형식의 고압 연료펌프는 기관의 캠축 기어에 의해 구동되며, 연료에 의하여 윤활이 이루어진다. 고압 연료펌프의 안쪽에는 서로 120°로 3개의 플런저(plunger)가 설치되어 있으며, 이 플런저에 의해 연료에 압력을 가한다. 따라서 구동축의 1회전마다 3번의 이송 행정이 일어나기 때문에 펌프 구동장치를 구동하기 위한 힘이 일정하게 유지된다. 고압 연료펌프를 구동하기 위해 요구되는 기관의 출력은 커먼레일에 설정된 압력과 펌프의 회전속도에 비례하여 증가한다. 설정압력은 기관의 형식에 따라 차이가 있으나 최고 1350~1600bar 정도이며, 기관의 출력은 이것을 바탕으로 인젝터의 연료 분사량에 의해 결정된다.

따라서 연료가 누출되거나 연료압력 조절밸브에 고장이 발생하면 기관 출력에 영향을 미친다. 연료의 높은 압력 형성과정은 3개의 플런저의 흡입과 배출행정에 의해 이루어지며, 저압 연료계통에서 공급된 연료는 고압 연료펌프의 안전밸브가 완전히 열리는 압력(0.5~1.5bar)을 넘자마자 고압 연료펌프 안으로 들어오는데 먼저 안전밸브를 통하여 고압 연료펌프의 윤활과 냉각회로로 보내고 높은 압력의 연료를 형성하기 위해 입구밸브로 연료를 공급한다. 이때 구동축 캠에 의해 플런저가 상하로 이동한다.

흡입행정은 캠에 의해 플런저가 아래로 내려오게 되는데 이때 입구밸브가 열려 연료가 펌프실로 들어오며, 플런저가 하사점에 도달할 때까지 연료를 흡입한다.

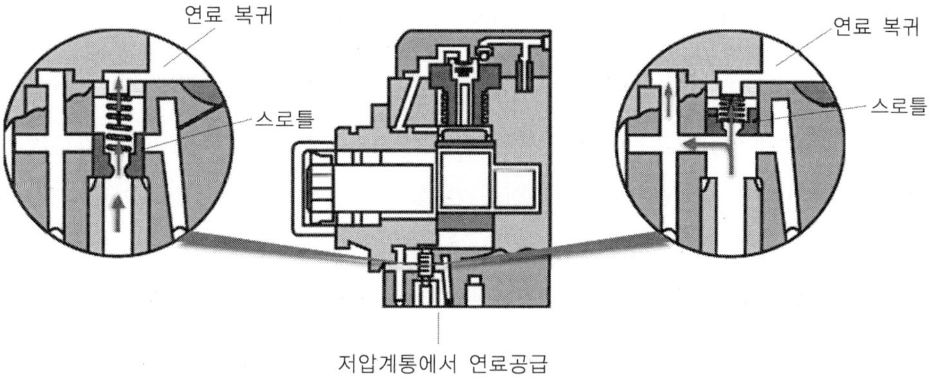

고압 연료펌프로의 흡입과정

플런저가 하사점을 지나면 입구밸브가 닫히고 캠에 의해 플런저는 올라가게 되는데 이때 연료압력이 증가하고 규정 압력에 도달하면 출구밸브가 열려 압력이 가해진 연료는 커먼레일로 보내진다. 이 연료는 플런저가 상사점에 도달할 때까지 공급되며, 그 후 연료압력이 낮아지면 출구밸브가 닫힌다. 이러한 과정을 반복하여 높은 압력의 연료를 지속적으로 커먼레일로 보낸다.

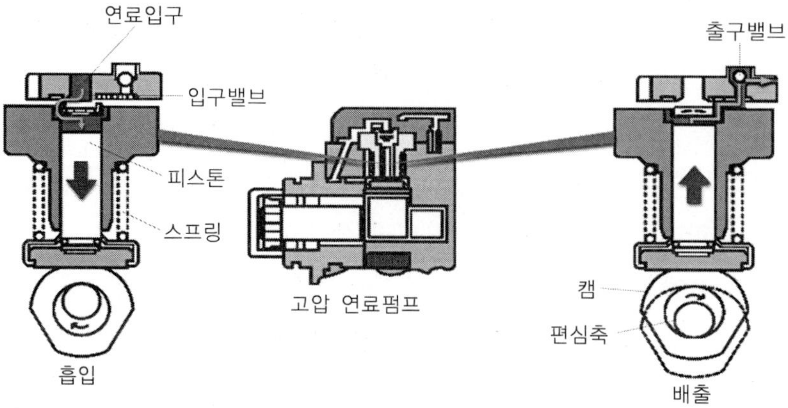

고압 연료펌프에 압력형성과 배출과정

ⓛ B형 고압 연료펌프의 작동원리

이 형식의 고압 연료펌프는 A형의 높은 압력 형성과정과 모든 것이 비슷하나 고압 연료펌프에 인렛 미터링 밸브(연료 압력조절기)가 설치된 점이 다르다. 고압 연료펌프에서 필요한 압력을 인렛 미터링 밸브에서 조절한 연료를 공급하기 때문에 저압 연료펌프에서 직접 공급하는 A형 고압 연료펌프보다는 구동력 손실이 적으며, 특히 유해 배출가스 규제강화에 의해 연료압력을 미세하게 조정할 수 있다.

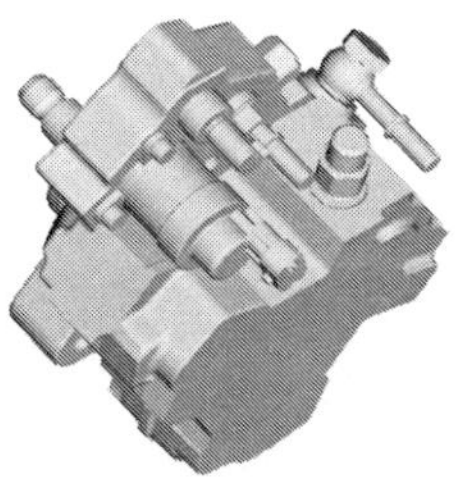

B형 고압 연료펌프의 구조

ⓒ C형 고압 연료펌프의 작동원리

이 형식의 고압 연료펌프도 A형과 대부분 비슷하나 다른 점은 고압 연료펌프에 기계식 저압 연료펌프와 인렛 미터링 밸브(연료 압력조절기)가 고압 연료펌프에 설치되어 있다. 고압 연료펌프와 일체로 설치된 저압 연료펌프(기어펌프)는 기관 구동과 동시에 연료탱크 내의 연료를 흡인하게 되는데 이때 흡입압력은 약 1.5bar 정도이며, 저압 연료펌프를 통과하면 인렛 미터링 밸브를 거쳐 조정되어 고압 연료펌프로 들어간다.

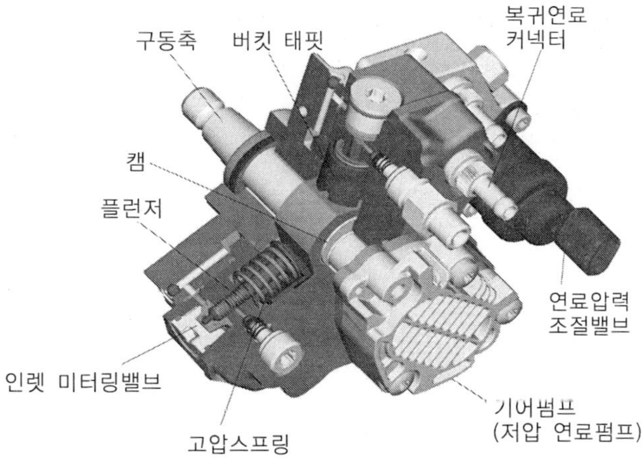

C형 고압 연료펌프의 구조

㉣ D형 고압 연료펌프의 작동원리

이 형식의 고압 연료펌프는 본체 내에 저압 연료펌프와 고압 연료펌프가 함께 설치된 구조로 되어 있다. 고압 연료펌프 안쪽에는 2개의 연료실이 있으며 기존의 고압 연료펌프와의 차이점은 하이드롤릭 헤드 로터(hydraulic head rotor)가 캠(cam)의 내부에서 회전하는 것이 아니라 캠이 하이드롤릭 헤드 주위를 회전한다.

따라서 연료의 높은 압력이 펌프의 고정된 부분에서 형성되기 때문에 동적인 압력의 결속에 대한 문제를 해결할 수 있다. 이 고압 연료펌프의 작동원리는 연료 공급기간 동안 롤러(roller)는 각 슈(shoe)의 한쪽 끝에 설치된 코일 스프링에 의해 캠과 접속되어 있다. 1차 연료압력은 흡입밸브가 열고 플런저를 통하여 들어온다. 이에 따라 2개의 플런저 사이의 공간체적(dead volume)에 연료가 채워진다.

그리고 반대쪽에 위치한 롤러가 동시에 캠의 모서리 부분과 마주할 때 플런저는 서로를 향해 연료를 밀어내기 때문에 두 플런저 사이의 공간에서는 연료압력이 급격히 높아진다. 이 압력이 1차 연료압력보다 높아지자마자 흡입밸브가 닫혀 커먼레일 내부의 연료압력보다 높아지면 공급밸브가 열려 커먼레일로 공급한다.

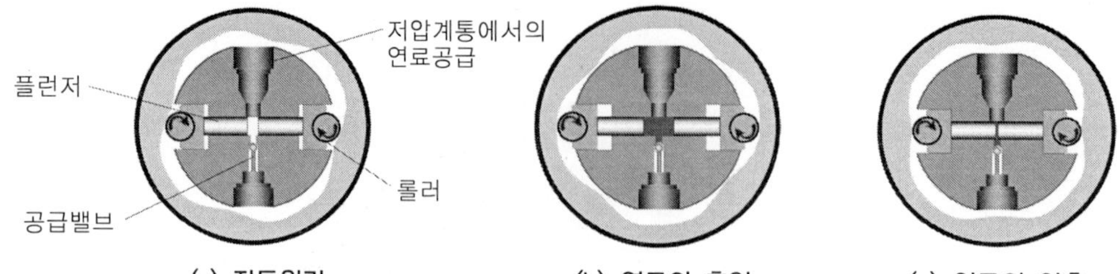

(a) 작동원리 (b) 연료의 흡입 (c) 연료의 압축

D형 고압 연료펌프의 펌핑 원리

② 커먼레일(Common Rail, 고압 어큐뮬레이터)

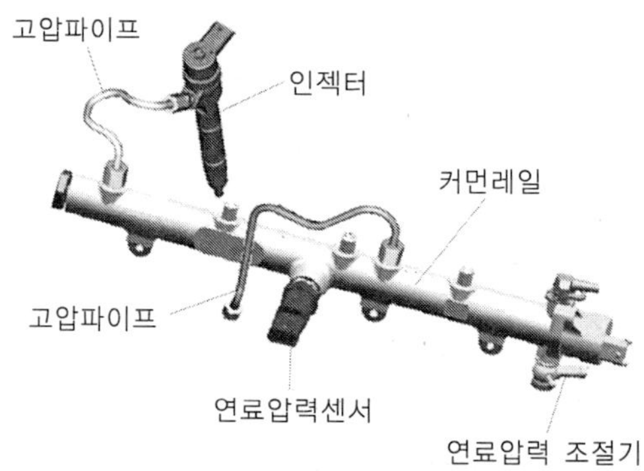

커먼레일의 구성

커먼레일은 고압 연료펌프에서 공급된 높은 압력의 연료가 저장되는 부분으로 모든 실린더에 공통적으로 연료를 공급하는데 사용된다.

고압 연료펌프의 공급과 연료의 분사 때문에 발생하는 압력변동은 커먼레일의 체적에 의해 완화되며, 연료의 많은 양이 유출되더라도 커먼레일 내의 연료압력을 일정하게 유지한다.

즉 인젝터에서 연료를 분사할 때 순간적으로 낮아지는 분사압력을 일정하게 유지시킨다. 또 고압 연료펌프에서 연료를 압송할 때 맥동이 발생하는 경우가 있는데 이러한 맥동을 완화시키는 효과도 있다.

③ 연료압력 조절밸브(Fuel Pressure Control Valve)

기계식 저압 연료펌프를 사용하는 방식에서는 저압 연료펌프와 고압 연료펌프의 연료 통로사이에 연료압력 조절밸브가 설치되며, 고압 연료펌프로 보내지는 연료량을 제어하는 역할을 하는데, ECU로부터의 전기적신호, 즉 전류제어로 연료압력을 조절한다. 또 시동스위치(키)를 OFF로 하면 항상 열리도록 되어있기 때문에 기관을 시동할 때 연료가 낮은 압력에서 높은 압력으로 형성하는 시간을 단축시켜 시동성능을 향상시킨다.

전동식 저압 연료펌프를 사용하는 경우에는 커먼레일에 연료압력 조절밸브가 설치되어 있다. 이 밸브는 고압 연료펌프에서 높은 압력으로 된 연료를 복귀계통으로 배출하여 연료압력을 제어하는 방식이며, 시동스위치(키)를 OFF로 하면 항상 닫혀있는 방식이다.

전동식 저압 연료펌프에는 ECU의 제어에 의해 저압 연료펌프에 전원을 공급하는 연료펌프 릴레이를 두고 있다. 연료펌프 릴레이의 작동은 시동스위치를 ON으로 하면 릴레이 진단을 위해 약 3초 동안 릴레이가 작동을 하다 멈추며 그 이후에는 크랭크축 위치 센서(CKP)에 의한 기관 회전속도가 45rpm 이상 검출되면 릴레이를 ON으로 하여 고압 연료펌프로 연료를 공급한다.

연료압력 조절밸브에는 출구 제어방식과 입구 제어방식이 있다. 출구 제어방식의 경우를 레일 압력 조설밸브라 하고, 입구 제어방식을 인렛 미터링밸브라 한다.

㉠ 출구 제어방식(rail pressure control valve, 레일압력 조절밸브)

출구 제어방식은 고압 연료펌프에서 공급되는 연료의 압력을 커먼레일에 설치된 레일압력 조절밸브에 의해 커먼레일 내의 연료를 목표 연료압력으로 조절하는 것이다. 즉 커먼레일 내의 연료압력을 ECU에서 연료압력 센서를 통해 모니터링하고, 기관의 각종 센서들의 정보 값을 통해 목표 연료압력을 결정하며, 정해진 연료압력은 레일압력 조절밸브로 조절한다.

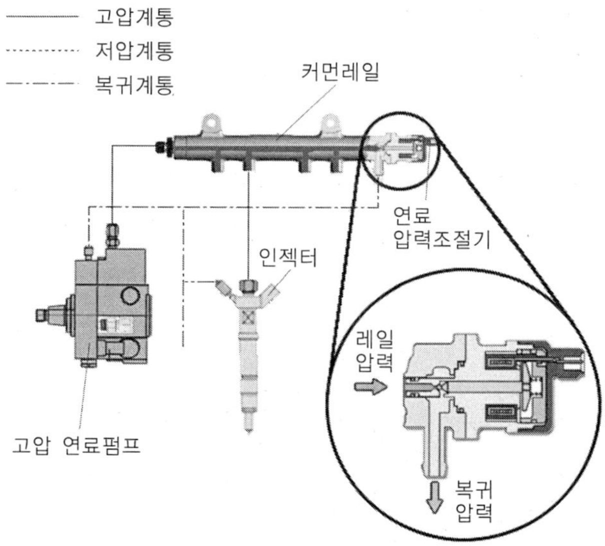

출구 제어방식

• 레일압력 조절밸브의 구성 : 레일압력 조절밸브는 볼 밸브(ball valve), 플런저(plunger), 스프링(spring), 솔레노이드(solenoid), 커넥터(connecter) 등으로 되어 있으며, 일반적인 솔레노이드는 스프링의 장력방향에 반대방향으로 작용하지만, 레일압력 조절밸브는 이와 반대방향으로 작용한다. 레일압력 조절밸브는 솔레노이드가 작동하지 않을 때에는 스프링의 장력으로 플런저를 밀고 있기 때문에 커먼레일 내의 연료가 배출되지 못하지만, 이 상태에서 고압 연료펌프의 연료 송출압력이 높아지면 볼 밸브에 가해지는 압력이 상승하고 이 압력은 스프링이 플런저를 미는 힘보다 커진다. 이때 플런저가 밀려 커먼레일 내의 과잉압력의 연료는 복귀계통을 통하여 배출되는 구조로 되어 있다.

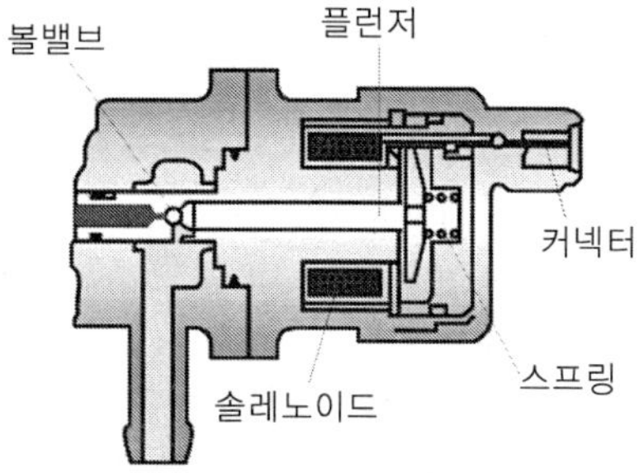

레일압력 조절밸브의 구조

• 레일압력 조절밸브의 작동 : 레일압력 조절밸브에는 기관이 가동하는 상태라면 커먼레일 내에는 250bar 이상의 연료압력이 가해지고 있으며, 이때 ECU에서는 연료압력 센서를 통해 모니터링을 하고 기관의 각종 센서들의 정보 값을 통해 목표 연료압력을 결정한다. 이 결정된 연료압력은 레일압력 조절밸브의 솔레노이드에 전기신호를 통해 연료압력을 조절한다.

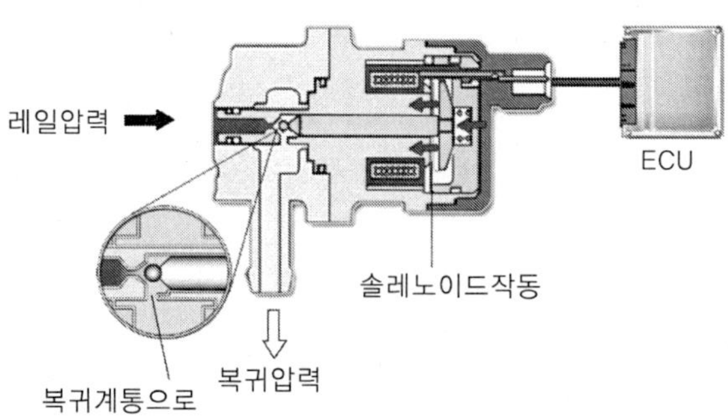

솔레노이드의 작동

솔레노이드의 작동은 볼 밸브에 연료압력이 가해지면 스프링이 플런저를 미는 힘보다 크기 때문에 플런저는 스프링이 미는 방향으로 작동한다. 이때 솔레노이드가 작동하면 스프링과 같은 방향으로 작동하여 복귀되는 커먼레일 내의 연료압력을 조절하는 형태로 작동하며, 듀티 제어(duty control)로 목표 연료압력을 조절한다. 이와 같이 출구제어방식은 커먼레일에 가해지는 높은 압력을 조절하여야 하기 때문에 솔레노이드 작동전류와 작동 응답성능이 원활하여야 한다.

㉡ 입구 제어방식(inlet metering valve, 인렛 미터링 밸브)

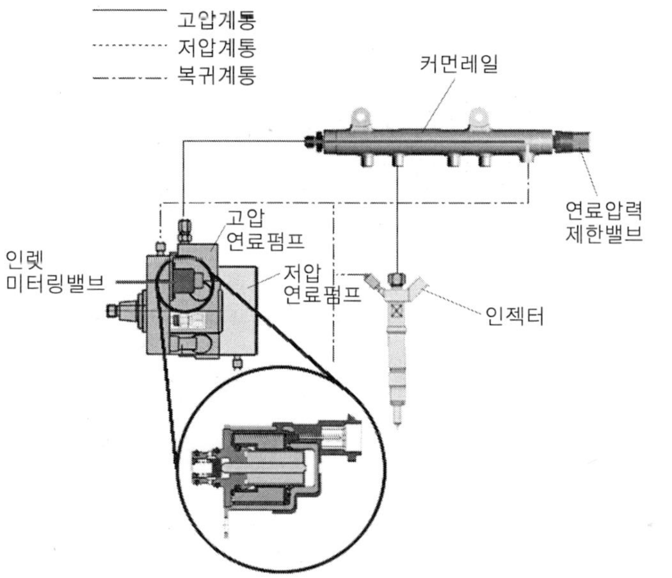

입구 제어방식

입구 제어방식의 경우는 고압 연료펌프의 저압 연료펌프와 고압 연료펌프 연료통로 사이에 설치되어 고압 연료펌프로 공급되는 연료량을 조절하여 커먼레일 내의 연료압력을 조절하며 ECU로부터 전기신호로 연료압력을 조절한다. 또 인렛 미터링 밸브는 시동스위치를 OFF로 하면 항상 열리는 방식이며, 기관을 시동할 때 연료가 낮은 압력에서 높은 압력으로 이송되는 시간을 단축하여 시동성능에 문제가 없도록 한다.

• 인렛 미터링 밸브의 구조 : 인렛 미터링 밸브는 밸브, 플런저, 스프링, 솔레노이드, 커넥터 등으로 되어 있으며, 출구 제어방식의 연료압력 조절밸브는 커먼레일에 작용하는 높은 압력의 연료를 제어하는 방식이라면 인렛 미터링 밸브는 저압 연료펌프에서 고압 연료펌프로 공급되는 연료압력을 조절하여 커먼레일 내의 연료압력을 조절한다.

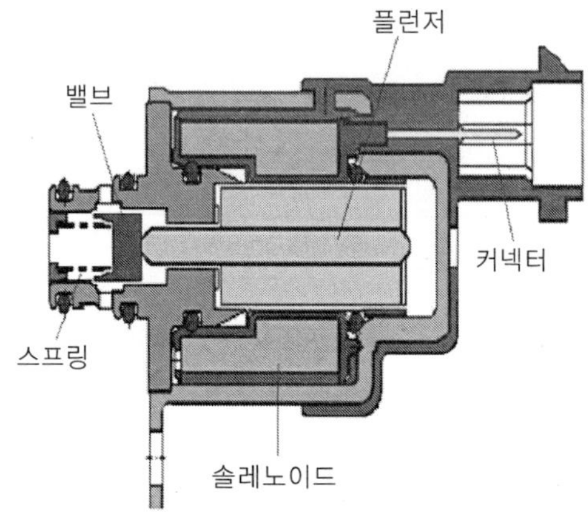

인렛 미터링밸브의 구조

• 인렛 미터링 밸브의 작동 : 인렛 미터링 밸브는 솔레노이드가 작동하지 않을 때에는 스프링의 장력으로 플런저를 밀고 있기 때문에 저압 연료펌프에서 연료가 공급되면 자연스럽게 고압 연료펌프로 공급되도록 되어 있다. 이것은 기관을 시동할 때 연료가 낮은 압력상태에서 높은 압력으로 이송되는 시간을 단축하여 시동성능에 문제가 없도록 하기 위함이다. 인렛 미터링 밸브는 평상시에는 밸브가 열려 있기 때문에 저압 연료펌프에서 고압 연료펌프로 보내지고, 고압 연료펌프에서 형성된 높은 압력의 연료가 커먼레일로 공급된다. 이때 ECU에서는 연료압력 센서를 통해 모니터링을 하고 기관의 각종 센서들의 정보 값을 통해 목표 연료압력을 결정하며, 이때 결정된 연료압력은 인렛 미터링 밸브의 솔레노이드에 전기신호를 보내 연료압력을 조절한다. 솔레노이드의 작동은 밸브를 연료공급을 제한하는 방향으로 작동한다.

연료압력 조절은 듀티 제어를 통하여 목표 연료압력으로 하며, 기관을 시동하여 회전속도가 250rpm 이상으로 높아지면 분사에 필요한 연료압력이 고압 연료펌프에 의해 커먼레일에 형성된다. 연료압력은 기관 회전속도에 비례하여 상승하며, 공전상태일 때 250rpm 정도이고, 회전속도가 상승함과 동시에 연료압력도 함께 상승하여 최고 1350bar 정도에서 ECU에 의해 조절된다.

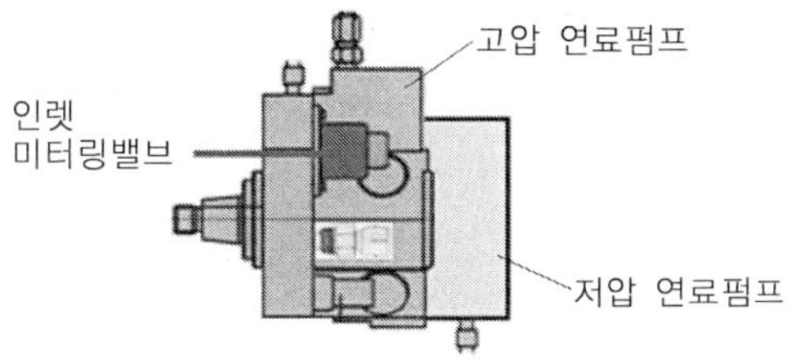

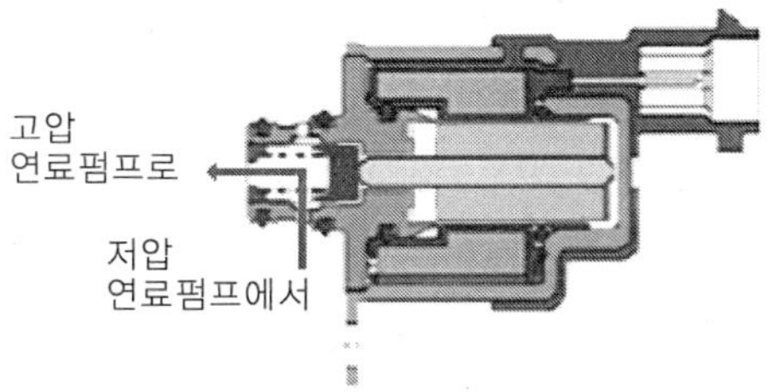

(a) 솔레노이드 OFF일 때

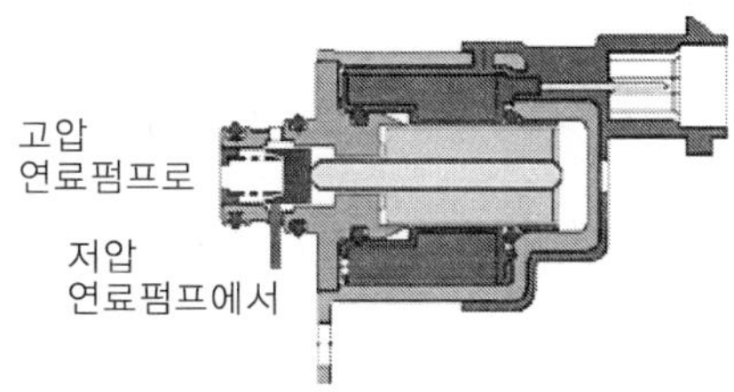

(b) 솔레노이드 ON일 때

인렛 미터링밸브의 작동

입구 제어방식은 커먼레일에 가해지는 높은 압력을 조절하여야 하는 출구 제어방식에 비해 저압 연료펌프에서 공급되는 낮은 압력의 연료를 조절하기 때문에 솔레노이드의 작동전류와 응답성능에서는 장점이 있지만 커먼레일 내의 연료압력을 직접 조절하지 못하는 결점이 있다.

④ 연료압력 제한밸브(Fuel Pressure Limited Valve)

연료압력 제한밸브는 안전밸브와 같은 역할을 하며 입구제어방식에서 사용한다. 입구 제어방식에서 고압 연료펌프에서 압력이 조절된 연료를 커먼레일로 공급하기 때문에 커먼레일에서는 복귀계통으로 연료를 보내지 못한다. 이에 따라 연료압력 조절에 문제가 있어 과도한 압력의 연료가 커먼레일로 공급된다면 고압 연료계통의 파손을 초래한다. 연료압력 제한밸브는 커먼레일 끝 부분에 설치되며, 연료압력이 한계(1750bar)값 이상 되면 과잉압력의 연료는 복귀계통을 통하여 연료탱크로 돌아간다.

⑤ 인젝터

인젝터는 각 실린더 헤드에 장착되어 있으며, ECU의 제어 신호에 따라 커먼레일에 저장된 압축 연료를 실린더에 직접 분사하는 장치이다. 유로6 S2 기관에는 기존 유로5 S2 기관에 적용한 1,800bar 피에조 인젝터를 그대로 적용해서 별다른 출력변화는 없는데 유로6 R기관에는 2,000bar 솔레노이드 인젝터가 적용되어 있다.

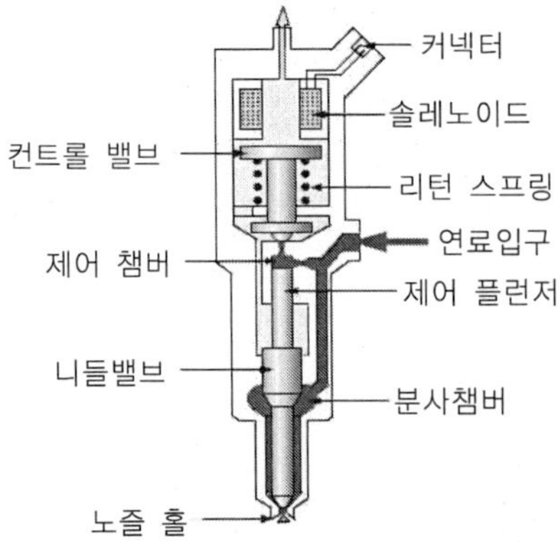

인젝터 구조

㉠ 점화분사 금지조건

점화분사의 기본 값은 냉각수 온도와 흡입공기량에 의해 조정되며, 그 밖의 제약에 따라 점화분사가 중단될 수 있다. 점화분사가 금지되는 조건은 다음과 같다.

- 점화분사가 주 분사를 너무 앞지르는 경우
- 기관 회전속도가 3,200rpm 이상인 경우
- 연료 분사량이 너무 많거나 주 분사를 할 때 연료 분사량이 불충분한 경우
- 연료압력이 최소값(약 100bar) 이하인 경우
- 기관 가동 중단에 오류가 발생한 경우

㉡ 인젝터 니들밸브 닫힘

인젝터 니들밸브 닫힘 상태에서는 솔레노이드밸브에 전류가 공급되지 않아 인젝터의 니들밸브(Need Valve)가 닫혀있게 된다. 또 배출구멍이 닫힌 상태이기 때문에 커먼레일 내의 연료는 제어 챔버(Control Chamber)와 니들밸브 아랫부분에 같은 압력이 형성되어 양쪽의 압력이 균형을 이룬 상태이므로 인젝터 니들밸브는 리턴 스프링에 의해 닫혀 있는 위치를 유지한다.

㉢ 인젝터 니들밸브 열림

인젝터가 닫힌 상태에서 솔레노이드밸브에 전류가 공급되면 배출구멍이 열린다. 배출구멍이 열리면 제어 챔버에 있던 연료가 배출구멍을 통해 배출되므로 제어 챔버의 압력이 낮아져 제어 챔버와 인젝터 니들밸브 아랫부분에 압력차이가 일어나 양쪽 압력의 균형이 깨진다. 이때 인젝터 니들밸브 아랫부분의 압력이 높아지는 현상에 의해 리턴 스프링의 장력보다 높은 압력으로 니들밸브를 들어올린다. 이에 따라 노즐의 분사구멍이 열린다.

(5) 인젝터의 종류

1) 보쉬 시스템의 인젝터

① 보쉬 시스템의 인젝터 구조

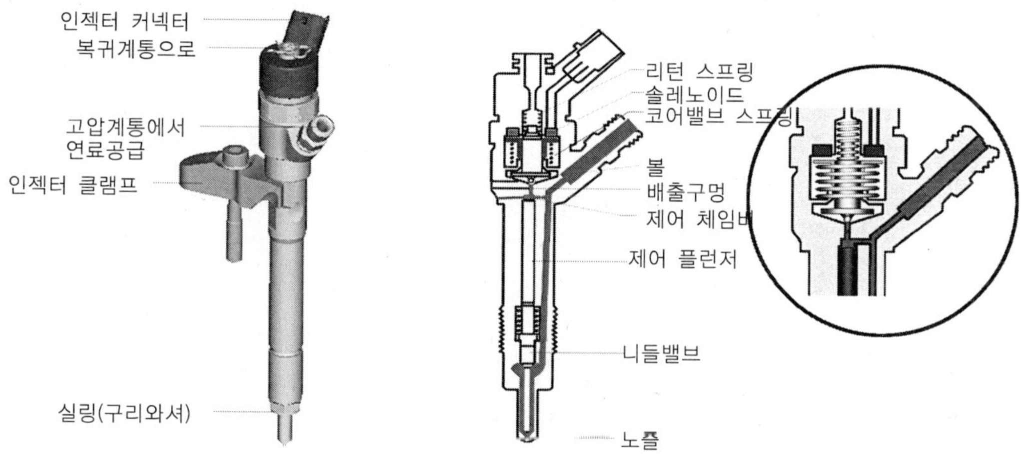

보쉬 시스템의 인젝터의 구조

보쉬 시스템의 인젝터는 실질적으로 인젝터의 작동이 되는 제어 플런저와 플런저에 압력 차이를 주는 제어 체임버, 제어 체임버의 압력을 해제하는 볼(ball), 볼을 들어 올리는 솔레노이드, 인젝터가 작동하지 않을 때 볼을 닫아주는 리턴스프링으로 되어 있다.

② 보쉬 시스템의 인젝터의 작동

인젝터의 작동은 커먼레일에서 공급된 연료가 제어 체임버와 제어플런저 아랫부분에 압력이 가해진 연료를 공급하고, 이때 제어 체임버의 연료는 볼에 의해 압력을 유지한다. 이 상태에서 솔레노이드가 작동을 하면 볼을 들어 올려 제어 체임버에 있던 연료를 복귀계통으로 배출하게 되는데 이때 제어 체임버 내의 압력이 낮아지면 높은 압력으로 공급된 연료압력이 전체적으로 낮아질 수 있다.

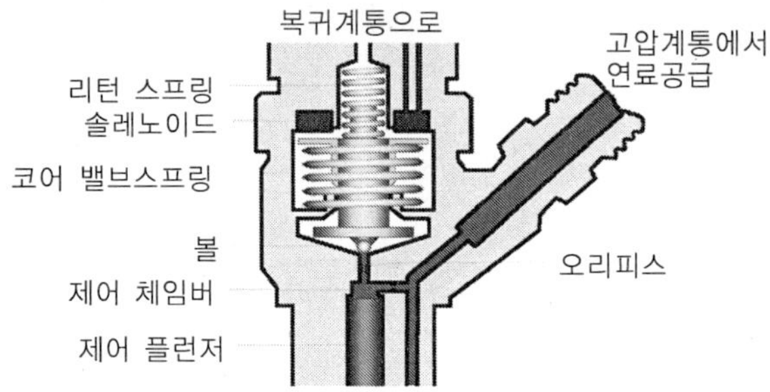

보쉬 시스템의 인젝터의 작동

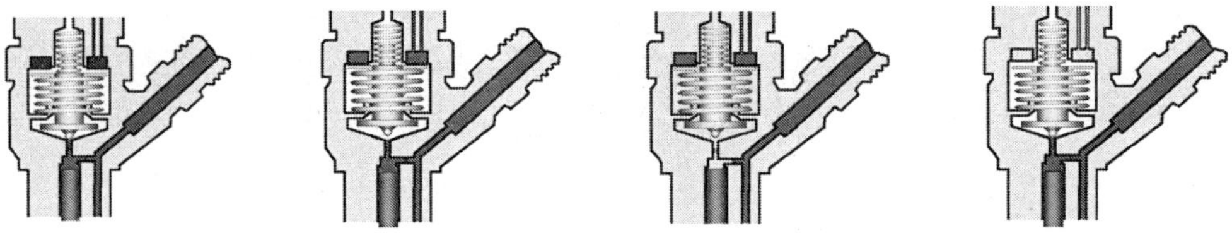

(a) 평상시 (b) 볼작동 (c) 플런저작동 (d) 볼닫힘

보쉬 시스템의 인젝터의 작동과정

따라서 제어플런저 양쪽의 연료압력 차이를 형성할 수 없으므로 제어 체임버에 오리피스(orifice)를 두어 제어 체임버의 압력만 낮추고 제어 플런저를 들어 올려 연료가 분사될 수 있도록 한다.

인젝터에서 연료분사가 끝나고 니들밸브가 닫힐 때 볼에 가해진 연료압력이 높기 때문에 솔레노이드의 전원을 차단하고 리턴 스프링의 장력에 의해 볼을 닫을 경우 볼이 닫히는 시간이 길어지는 문제점이 발생하므로 볼을 닫을 때 솔레노이드의 극성을 반대로 하여 리턴 스프링과 솔레노이드가 함께 작동하여 신속하게 볼이 닫히도록 한다.

2) 델파이시스템의 인젝터

① 델파이시스템의 인젝터의 구조

델파이시스템의 인젝터 구조는 분사할 때 작동되는 니들밸브와 니들밸브 양쪽에 압력 차이를 주는 제어 체임버, 제어 체임버의 압력을 배출하는 제어(배출)밸브, 제어밸브를 작동시키는 솔레노이드 등으로 되어 있다. 델파이 시스템의 인젝터는 보쉬 시스템의 제어 체임버 압력을 배출하는 볼(ball) 대신 제어밸브(유량전환 밸브)를 사용한다.

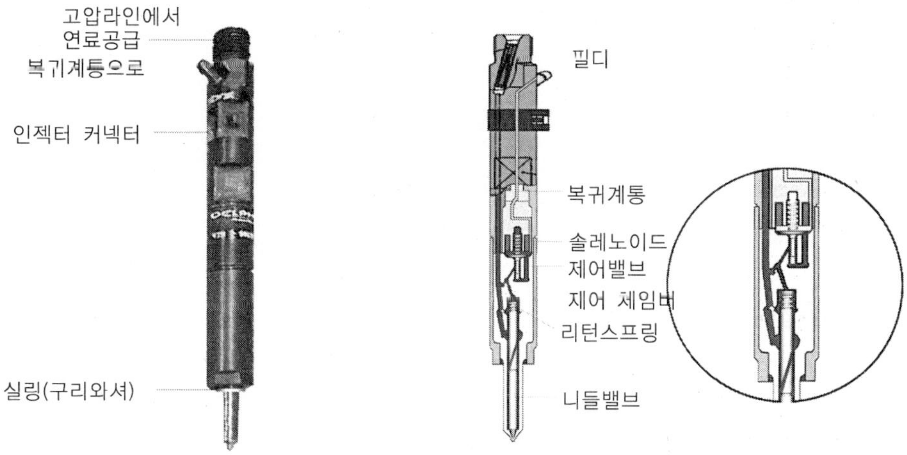

델파이시스템의 인젝터의 구조

② 델파이시스템의 인젝터의 작동

인젝터의 작동은 커먼레일에서 공급된 연료가 제어 체임버와 니들밸브 아랫부분에 높은 압력의 연료를 공급하고, 이때 제어 체임버의 연료는 제어밸브에 의해 압력을 유지한다.

이 상태에서 솔레노이드가 작동하면 제어밸브를 들어 올려 제어 체임버 내의 연료를 복귀라인으로 배출하여 제어 체임버 내의 연료압력을 낮추고 니들밸브를 들어 올려 연료가 분사될 수 있도록 한다.

인젝터에서 연료분사가 끝내고 니들밸브를 닫을 때에는 솔레노이드의 전원을 차단하고 제어 체임버에 연료압력을 형성하며, 리턴 스프링 장력에 의해 니들밸브가 닫히도록 한다.

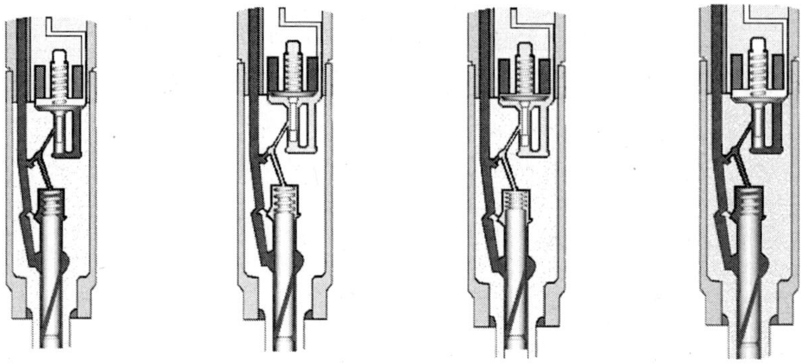

(a) 평상시 (b) 제어밸브 작동 (c) 니들밸브작동 (d) 제어밸브 볼 닫힘

델파이시스템의 인젝터의 작동과정

3) 피에조시스템의 인젝터

① 피에조시스템의 인젝터 구조

피에조시스템의 인젝터 구조는 솔레노이드 대신 피에조 액추에이터(piezo actuator)를 사용하며, 피에조 액추에이터에 전기신호를 가하여 인젝터를 작동시키는 방식이며, 주요 구조는 피에조 액추에이터를 비롯하여 피에조 액추에이터의 움직임을 증대시켜주는 유압 커플러, 제어 체임버의 연료압력을 제어하는 압력 제어밸브로 되어 있다.

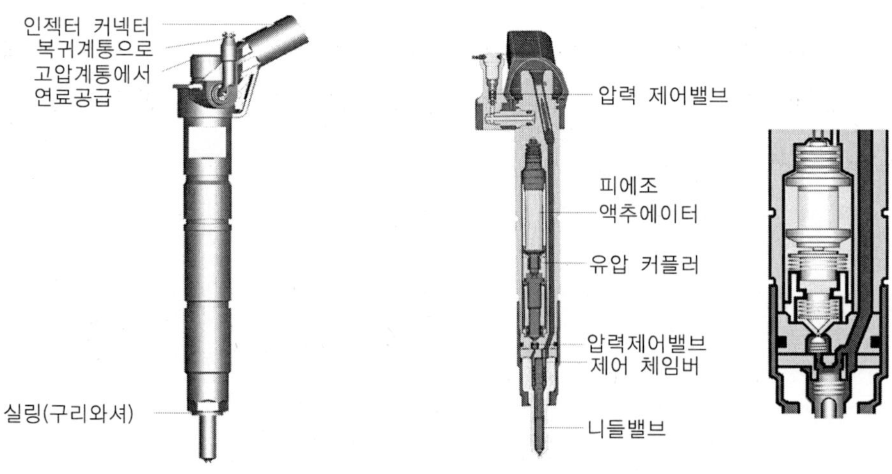

피에조시스템의 인젝터 구조

② 피에조 액추에이터의 원리

피에조 액추에이터는 피에조 세라믹 소자에 전기신호를 가했을 때 피에조 세라믹 소자의 부피가 변화하는 것을 이용한 것이며, 여러 개의 피에조 세라믹 소자를 병렬로 연결하여 최대 200V의 전압을 가하면 90μm 단위로 이루어진 피에조 세라믹소자는 전기장에 의하여 1.5~2.0% 이내에서 길이가 증가한다. 이때 전류는 20A 이하이고, 최소 인가시간은 125μs 정도이다. 또 90μm 단위로 이루어진 피에조 세라믹 소자의 개수는 최대 확장 길이를 결정하며, 표면적은 액추에이터의 작동력을 결정한다.

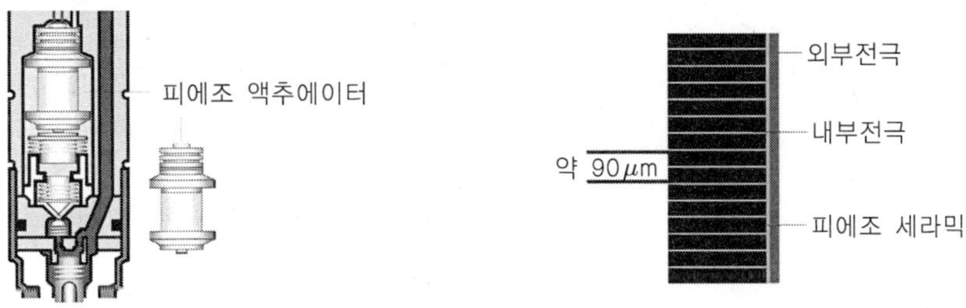

피에조 액추에이터의 원리

③ 피에조시스템의 인젝터 작동

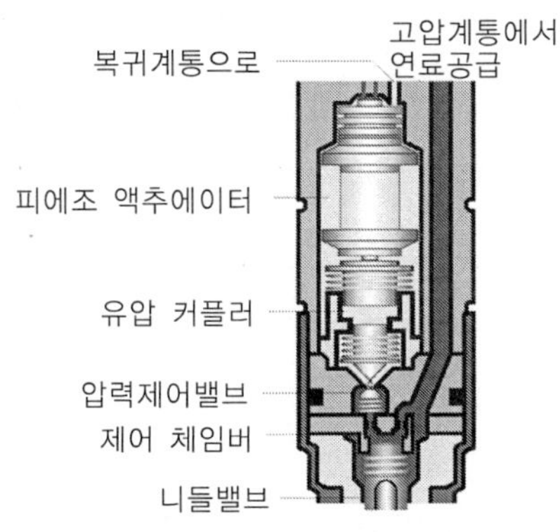

피에조 시스템의 인젝터 구조

인젝터의 작동은 커먼레일에서 공급된 연료가 제어 체임버와 니들밸브 아랫부분에 공급되고 이때 제어 체임버의 연료는 압력제어 밸브에 의해 압력이 유지된다. 이 상태에서 피에조 액추에이터가 작동하면 유압 커플러에 의해 움직임이 증대되어 압력제어 밸브를 눌러 제어 체임버 내의 연료를 배출시킨다. 이에 따리 제어 체임버 내의 압력이 낮아지고 니늘밸브에 가해지는 압력 차이에 의해 니들밸브가 작동하여 연료가 분사된다.

인젝터에서 연료분사가 끝나고 니들밸브를 닫을 때에는 피에조 액추에이터의 전원을 차단하므로 유압 커플러에 의해 압력제어 밸브를 들어올려 제어 체임버 내에 연료압력을 형성하고, 리턴 스프링의 장력에 의해 니들밸브가 닫혀 분사가 완료된다.

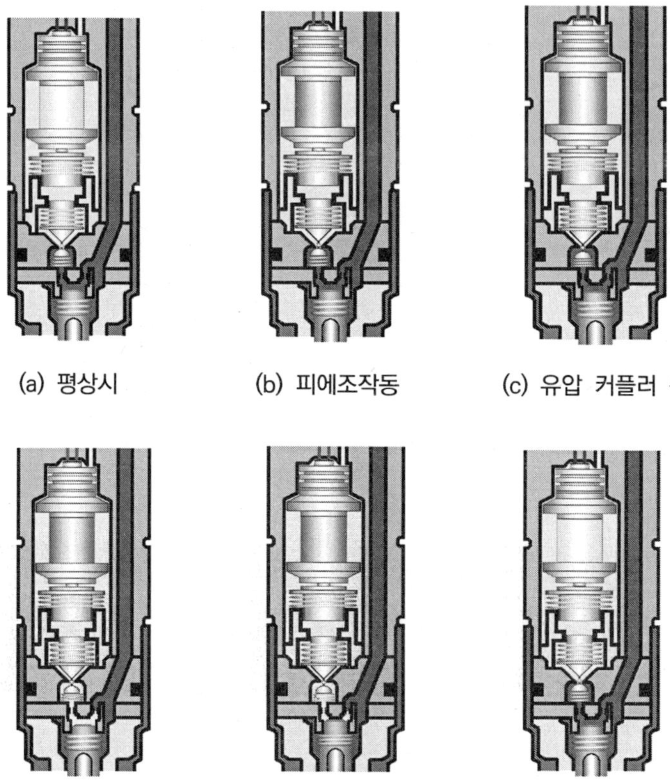

(a) 평상시 (b) 피에조작동 (c) 유압 커플러 작동

(d) 제어밸브작동 (e) 니들밸브작동 (f) 니들밸브 닫힘

피에조시스템의 인젝터 작동과정

④ 유압 커플러의 작동

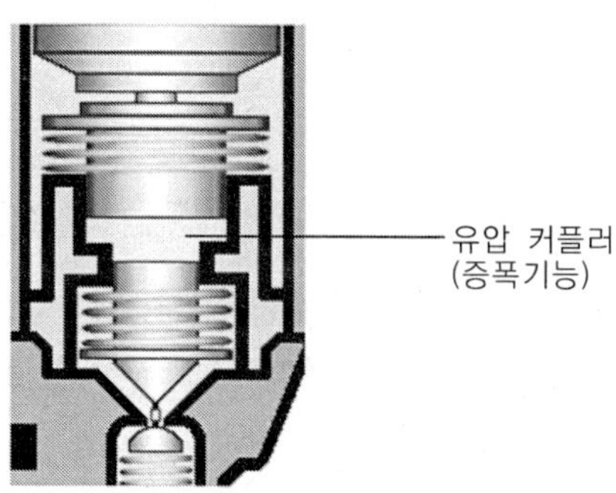

유압 커플러의 구조

유압 커플러 내부에 피스톤 실을 설치하고 피에조 액추에이터 작동에 의해 전달된 힘을 상·하부 피스톤 단면적 비율만큼 증폭시켜 유효행정을 증대시킨다. 유압 커플러가 정상적으로 작동하기 위해서는 유압 커플러 피스톤 실의 압력이 최소 1bar, 최대 10bar의 연료압력이 유지되어야 한다.

그리고 피에조시스템은 저압 연료펌프에서 공급되는 연료압력이 복귀계통과 연결되어 있다.

(6) 커먼레일 연료분사장치 기관의 전자제어

커먼레일 연료분사장치 기관의 전자제어가 가솔린기관의 전자제어와 다른 점은 디젤기관의 특성에 의해 전기 점화기능과 흡입 공기제어(공전할 때 흡입 공기제어)를 하지 않는다.

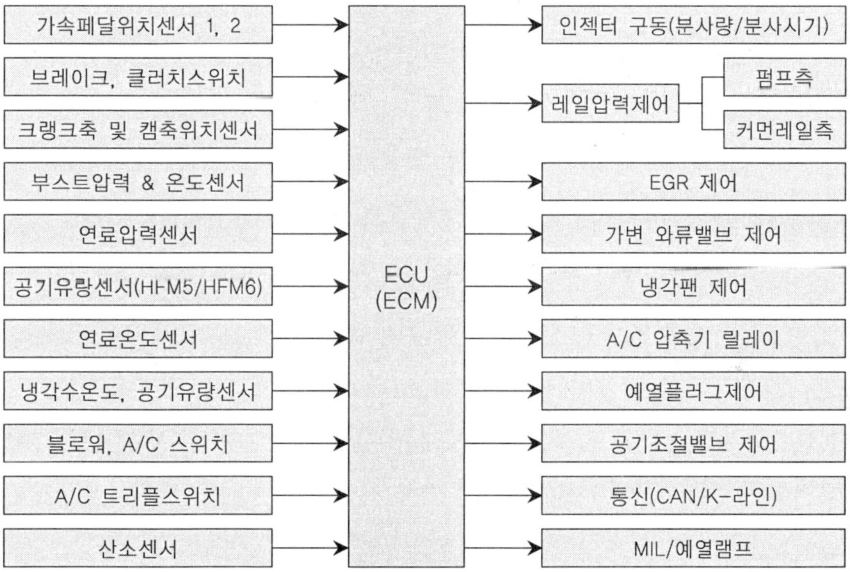

커먼레일 연료 분사장치 엔진의 입·출력도

1) 커먼레일 연료분사장치 기관 ECU제어

ECU의 기능에는 기본적인 기능과 보조 제어기능이 있다. 기본적인 기능은 연료분사를 적절한 시간에 알맞은 양과 정확한 분사압력으로 제어하여 엔진을 원활하고 경제적으로 작동하도록 한다. 그리고 보조 제어기능은 유해 배기가스의 배출감소 및 연료소비율의 향상, 안전성, 승차감각, 편리성 향상을 위해 사용된다. 또 CAN(Control Area Network)통신을 사용하여 다른 전기계통(자동변속기와 ABS)과의 데이터 교환이 원활하도록 한다. ECU의 제어는 다음과 같다.

① 축전지 전압에 따른 공전제어

축전지 전압에 따른 공전제어는 축전지 전압과 기관 회전속도의 값을 입력받아 제어한다. 즉, 차량은 정지된 상태이고 기관 회전속도가 700rpm 이상 850rpm 이하인 상태에서 축전지 전압이 약 12.5V 이하로 30초 이상 유지되면 공전속도를 850rpm으로 증가시킨다.

이것은 기관의 각종 솔레노이드밸브가 작동할 때 많은 전기소모를 하게 되므로 이때 부족한 전압을 기관 회전속도를 높여 보충하기 위한 것이다. 이와 같은 조건에서 축전지 전압이 13.5V를 초과하고 약 30초 이상 유지되면 다시 공전속도로 복귀한다.

② 스모그(smog)제어

스모그제어는 너무 많은 스모그가 발생하는 것을 방지하기 것이다. 흡입 공기량과 대기압력 그리고 기관 회전속도 등을 이용하여 스모그 감소제어를 하는데 설정된 스모그 맵 중 현재의 변속 단이 되는 하나의 맵을 선택하여 연료분사량을 감량하는 제어를 한다. 현재 각 변속 단을 판단할 수 있는 부분은 수동변속기의 경우 클러치스위치와 주행속도/기관 회전속도를 이용하여 현재 변속 단을 판단하며, 자동변속기의 경우는 CAN(control area network)통신라인을 통해 TCU(transmission control unit)로 입력된 각 변속 단의 정보를 받아 판단한다.

③ 기관 과열방지 제어

과열방지 제어의 경우는 기관이 과열되었을 때 출력을 감소시켜 과열하는 것을 방지하는 제어이다. 이것은 연료분사량을 감량하여 냉각수 온도가 어느 일정 값 이상 올라가지 못하게 하는 기능으로 기관 회전속도가 약 1700rpm~4750rpm사이에서 이 기능을 수행한다.

또 주행속도와 냉각수 온도를 이용하여 연료 분사량을 감량하며, 연료 분사량 감량은 냉각수 온도 110℃ 이상부터 시작하여 최대 $40mm^3$까지 감량하도록 되어 있다.

④ 연료압력 제어

연료압력 제어는 기관이 가·감속 또는 부하여부에 따라 커먼레일에 공급되는 연료압력을 적절하게 조절한다. 기관 ECU(ECM)에서의 연료압력 제어는 현재의 기관 회전력에서 구해진 연료압력과 기관 회전속도 그리고 그 밖의 보정(대기압력/냉각수 온도/흡입공기 온도/냉간 상태에서 시동을 할 때/연료온도 보정 값)값을 이용하여 연료압력 맵(map)값과 비교하여 제어한다.

또 연료압력 센서가 고장일 경우에는 최대 연료압력이 900bar, 최소 연료압력 450bar로제한하며, 기관의 시동이 되지 않도록 하는 방식과 최대 연료압력/최소 연료압력을 제한하지 않고 시동이 가능한 방식이 있다.

⑤ 연료압력 모니터링

㉠ 연료압력 모니터링의 목적

고압계통에서의 연료누출과 그 밖의 고장을 감시하기 위해 사용한다.

㉡ 연료압력 모니터링의 요건

기관의 회전속도가 700rpm 이상, 오픈루프 제어(open loop control)일 경우에만 실행한다.

- 커먼레일 압력이 1450bar을 초과한 경우
- 최소 연료압력 점검은 기관 회전속도에 따라 ECU 내의 연료압력 map값과 커먼레일의 연료압력을 비교 점검하여 100~200bar사이보다 작은 경우
- 연료압력 조절밸브의 총 조정 듀티율이 100%를 초과한 경우
- 연료압력이 250bar 이하이고 연료압력 조절밸브 조정 듀티율이 10% 이하인 경우
- 연료압력이 250bar 이상이고, 연료압력 조절밸브 조정 듀티율이 75% 이상인 경우
- 연료압력이 250bar 이하인 경우(700rpm 이상)
- 연료압력이 250bar 이상이고, 연료압력 조절밸브 조정 듀티율이 100% 이상인 경우

㉢ 고장이 발생할 수 있는 여러 가지 조건

- 내부 또는 외부에서 연료 누출
- 연료탱크 내의 연료가 결핍된 경우
- 연료 압력이 낮은 경우
- 고압 연료펌프의 효율성이 너무 낮은 경우
- 인젝터에서 연료 누출이 과다한 경우
- 인젝터에서 연료 분사량이 너무 많은 경우

⑥ 연료분사 제어

연료분사 제어는 점화, 주 분사 및 사후분사로 구성된다. 사후분사는 배기가스 규제에 따라 실시 여부가 결정되며, 연료분사 제어에서 분사시간 및 분사량은 각종 센서(기관 회전속도/연료압력 센서 등)의 입력에 의해 계산된다.

⑦ 배기가스 재 순환(EGR) 제어

배기가스 재 순환(EGR) 제어는 배기가스 중 질소산화물을 줄이기 위해 연소가 끝난 배기가스를 흡입행정에서 다시 공급하는 것이며, 배기가스 재 순환의 설정 값은 기관 회전속도, 연료분사량, 흡입공기 온도, 냉각수 온도 및 대기 압력과 함수관계에 있다.

크루즈 루프 제어(closed loop control)를 할 경우에는 흡입되는 공기량을 통해 EGR 가스의 피드백 제어(feed back control)를 하며, 오픈루프 제어(open loop control)의 경우에는 EGR 밸브의 ON/OFF 비율을 계산하여 제어한다.

⑧ 스로틀 플랩 제어(throttle flap control)

흡입공기 통로에 플랩을 설치하여 실린더 내로 들어가는 공기의 통로를 좁게 하여 공기의 양을 감소시키는 장치이다. 이것은 기관의 작동을 정지시킬 때 사용되며, 스로틀 플랩 솔레노이드 밸브의 듀티(duty) 제어를 통해 흡입공기 통로를 좁게 한다. 이 제어는 오픈루프로 제어를 하며, 제어하는 방법은 각종 센서의 신호를 통해 제어된다.

디젤기관의 고유특성인 연소과정에서 발생하는 기관 진동을 방지하기 위해 작동을 중지시킬 때 흡입계통으로 유입되는 공기를 차단하는 장치이다.

스로틀 플랩은 기관을 시동할 때에는 항시 밸브를 열림 상태로 하고 있다가 기관의 작동을 정지시킬 때에는 진공펌프에서 발생된 부압을 이용하여 솔레노이드밸브를 통해 액추에이터를 구동시켜 연소실의 흡입공기를 차단하여 기관의 관성력을 감쇄시키는 역할을 한다. 이것은 기관 회전속도와 연료 분사량에 따라 결정이 되며, 연료 분사량은 대기 압력과 냉각수 온도에 따라 보정된다.

⑨ VGT(variable geometry turbo charger)제어

VGT제어는 터보차저제어를 위한 것이며, 터보차저에 설치된 베인 제어 액추에이터(vane control actuator)를 구동한다. VGT제어는 기관 회전속도, 가속페달 위치센서, 대기압력, 부스터 압력, 냉각수 온도, 흡입공기 온도, 주행속도, 클러치 스위치 신호 등을 입력받아 운전상황을 판단한다.

ECU는 기관 회전속도 및 연료분사량에 따라 목표로 하는 부스터 압력 맵을 결정한다. 결정된 값을 이용하여 ECU는 VGT 솔레노이드밸브를 30Hz의 작동 주파수로 듀티 제어하면서 베인 제어 액추에이터를 구동하여 부스터 압력을 제어한다. 또 부스터 압력센서는 흡기다기관 압력을 계측하여 목표로 하는 부스터 압력을 피드백하기 위한 센서로서 정밀제어가 가능하다. 흡기다기관의 압력은 최대 2.3bar(절대압력)까지 높일 수 있다.

그리고 VGT 금지조건은 다음과 같다.

㉠ 기관 회전속도가 700rpm 이하일 때
㉡ 냉각수 온도가 약 0℃ 이하일 때
㉢ EGR 관련부분에 고장이 있을 때

㉣ 부스터 압력센서가 고장일 때

㉤ VGT 액추에이터가 고장일 때

㉥ 공기유량 센서가 고장일 때

㉦ 스로틀 플랩장치가 고장일 때

⑧ 가속페달 위치센서가 고장일 때

⑩ 예열장치 제어

예열장치(예열플러그)제어에는 예비예열(pre glow), 시동-준비예열(start ready glow), 시동예열(start glow), 사후예열(post glow), 중간예열(intermediate glow) 등의 단계별로 제어하도록 되어 있다.

예열장치 제어는 축전지 전압, 기관 회전속도 등의 신호에 의해 작동하며, 축전지 전압이 약 7.5V 이상 되어야 제어하도록 되어 있다. 따라서 축전지 전압이 낮으면 모든 예열제어는 정지된다.

㉠ 예비예열

예비예열은 기관 ECU에 전원이 공급되면 곧바로 작동하며, 예열플러그 지시등은 예비예열 단계에 있는 동안만 약 0.5초 점등된다.

예비예열은 냉각수온도와 축전지 전압에 의해 제어되며, 제어시간은 각각 달라지며, 예비예열 중지조건은 다음과 같다.

- 예비 예열시간을 초과한 경우
- 기관 회전속도가 45rpm 이상이고 0.5초 이상을 초과한 경우
- 수온센서에 결함이 있는 경우에는 예비 예열시간은 냉각수 온도 기본 값을 -25℃로 활용한다.

㉡ 시동-준비(start-ready) 예열

시동 - 준비 예열은 예비예열이 작동 후 작동을 하는데 이것은 예열 플러그 지시등이 커졌음에도 불구하고 운전자가 시동을 곧바로 걸지 않고 있다가 시동을 걸때 시동이 걸리지 않는 경우를 방지하기 위한 모드로 시동-준비 예열 상태에 도달했을 때 타이머가 15초간 작동하여 예열장치를 제어한다.

시동-준비 예열 중지 조건은 다음과 같다.

- 시동 - 준비 예열시간이 15초를 경과한 경우
- 기관 회전속도가 45rpm 이상이고 0.5초 이상을 초과한 경우

ⓒ 시동(start) 예열

시동 예열은 냉각수 온도가 60℃ 이하일 경우 매번 작동하며 기관 회전속도가 일정속도이상(크랭킹 회전)으로 회전되어야 작동되며 타이머가 15초간 작동하여 예열장치를 제어한다. 수온센서에 결함이 있을 경우에는 시동 예열 시간은 냉각수 온도 기본 값 -25℃를 활용한다. 시동 예열 중지 조건은 다음과 같다.

- 시동 예열시간이 15초를 경과한 경우
- 냉각수 온도가 60℃ 이상인 경우
- 기관 회전속도가 45rpm 이하인 경우

ⓡ 사후 예열

시동 예열 완료 후 시작되는 이 제어는 냉각수 온도에 따라 1회만 계산되어 예열 시간을 제어한다. 사후 예열 중지 조건은 다음과 같다.

- 연료 분사량이 75mm 이상인 경우
- 기관 회전속도가 3500rpm 이상인 경우
- 수온센서에 결함이 있는 경우에는 예비 예열 시간은 냉각수 온도 기본 값을 -25 ℃로 활용한다.

ⓜ 중간 예열

사후 예열 단계가 완료된 후 냉각수 온도가 -21℃ 이하인 경우, 연료 분사량이 10mm^3 이하인 경우, 기관 회전속도가 1000rpm 이하인 경우에는 반드시 실행되며, 3가지 조건 중 어느 것이라도 초과하면 중간 예열은 즉시 완료된다. 그리고 수온센서에 결함이 있는 경우에는 예비 예열 시간은 냉각수 온도 기본 값을 -25℃로 활용한다.

⑪ 보조히터 제어

보조 히터장치는 냉각수 또는 히터의 라디에이터 앞에서 공기를 가열하는 장치이며, 흡입공기 온도와 냉각수 온도에 따라 제어되며, 또 기관이 작동하는 상태에서만 작동한다.

보조 히터장치가 작동을 하면 공전상태에 영향을 주며 몇 가지 신호에 의해 작동하기도 하고, 정지되기도 한다.

ⓖ 보조히터의 작동조건(모두 만족하여야 함)

- 송풍기 모터 스위치를 ON으로 하였을 때
- 예열장치를 제어하지 않는 경우
- 보조히터 전원공급에 문제가 없는 경우

- 흡기온도 센서에 고장이 없는 경우
- 수온센서에 고장이 없는 경우
- 기관이 원활하게 작동하는 경우
- 기관 회전속도가 700rpm 이상인 경우
- 흡입공기 온도가 5℃ 이하이고, 냉각수 온도가 60℃ 이하인 경우
- 보조히터 전원공급이 정상인 경우

㉡ 보조히터 작동 금지조건

- 송풍기 모터를 OFF로 하였을 때
- 예열장치를 제어하는 경우
- 보조히터 릴레이가 불량인 경우
- 흡기온도 센서와 수온센서가 고장인 경우
- 기관을 시동 중일 때
- 기관 회전속도가 낮은 경우
- 축전지 전압이 낮은 경우
- 냉각수 온도가 높은 경우

⑫ 실린더 평형제어(cylinder balance control)

실린더 평형제어는 각 실린더의 연료 분사량 차이와 각 실린더 효율로부터 나오는 연료 분사장치에 의한 기관 회전속도 불안정을 제어하기 위한 기능이다. 이 기능은 기관 회전속도가 300rpm에서 1400rpm 범위에 있고, 연료 분사량이 $3.5mm^3$ 에서 $99mm^3$ 사이에 있을 때 크루즈 제어를 하며, 이 범위를 벗어나면 제어를 하지 않는다.

그리고 어떠한 셧오프(shut off)조건도 충족되지 않고 기관 회전속도가 1400rpm과 1500rpm사이 또는 실제 연료 분사량이 $99mm^3$와 $100mm^3$ 사이, $1.5mm^3$와 $3.5mm^3$ 사이에 있다면 실린더 평형제어는 오픈루프 제어를 한다.

2) ECU 입력요소

① 연료압력 센서

커먼레일(common rail) 내의 연료압력을 측정하여 ECU로 입력시키며, ECU는 이 신호를 받아 연료분사량, 분사시기를 조정하는 신호로 사용한다. 연료압력 센서 내부는 피에조 압전소자방식으로 되어있다. 연료압력 센서는 커먼레일에 부착된다.

연료압력 센서 설치위치

② 공기유량 센서(AFS) & 흡기온도 센서

공기유량 센서는 열막(hot film)방식을 사용하며, 가솔린 기관과는 달리 공기유량 센서의 주 기능은 EGR 피드백 제어이며, 또 다른 기능으로는 스모그 리미트 부스트 압력(smog limit boost pressure)제어용으로 사용된다.

흡기온도 센서는 부특성 서미스터 방식을 사용하며, 각종 제어(연료 분사량, 분사시기, 시동할 때 연료 분사량 제어 등)에 보정신호로 사용된다.

③ 가속페달 위치센서 1, 2

가속페달 위치센서는 전자제어 가솔린기관에서 사용하고 있는 스로틀 위치센서와 동일한 원리를 사용하고 있으며, 가속페달 위치센서 1(주 센서)에 의해 연료 분사량과 분사시기가 결정된다.

센서 2는 센서 1을 검사하는 센서로 차량의 급출발을 방지하기 위한 것이다.

④ 연료온도 센서

연료온도 센서는 수온센서와 동일한 부특성 서미스터이며, 연료온도에 따른 연료 분사량 보정 신호로 사용된다. 연료온도가 높아지면 ECU는 연료 분사량을 감소시킨다. 이 센서는 기관의 형식에 따라 사용하지 않는 경우도 있다.

⑤ 수온센서(WTS)

인젝터를 통해 실린더 내에 분사되는 연료의 상태가 난기 상태일 때는 연소가 잘 된다. 하지만 냉각된 상태에서는 연료를 무화상태로 분사하였다 하더라도 연료입자들이 서로 엉켜 알갱이가 커지므로 완전연소를 시킬 수가 없을 뿐만 아니라 냉간상태의 시동이 불가능해 진다.

따라서 냉간 시동에서는 연료 분사량을 증가시켜 원활한 시동이 될 수 있도록 기관의 냉각수 온도를 감지하여 냉각수 온도의 변화를 전압으로 변화시켜 ECU로 입력시키면 ECU는 이 신호에 따라 연료 분사량을 증감하는 보정신호로 사용되며, 열간 상태에서는 냉각 팬 제어에 필요한 신호로 사용된다.

⑥ 크랭크축 위치센서(CPS, CKP)

크랭크축 위치센서는 마그네틱 인덕티브 방식(magnetic inductive type)이며, 실린더블록 또는 변속기 하우징에 설치되어 크랭크축과 일체로 되어 있는 센서 휠(sensor wheel)의 돌기를 검출하여 크랭크축의 각도 및 피스톤의 위치, 기관 회전속도 등을 감지한다.

크랭크축과 연동되는 피스톤의 위치는 연료 분사시기를 결정하는데 중요한 역할을 한다. 센서 휠에는 총 60개의 돌기가 있으며, 이 중 2개의 돌기가 없으며, 이중 missing teeth 와 캠축 위치센서를 이용하여 1번 실린더를 찾도록 되어 있다. 센서가 고장이 발생하면 기관의 안전상의 이유로 가동을 정지시킨다.

⑦ TDC센서(캠축 위치센서, CMP)

TDC센서는 홀 센서방식(hall sensor type)이며, 캠축에 설치되어 캠축 1회전(크랭크축 2회전) 당 1개의 펄스신호를 발생시켜 ECU로 입력시킨다. ECU는 이 신호에 의해 1번 실린더 압축 상사점을 검출하게 되며, 연료분사의 순서를 결정한다.

기관이 시동된 후에는 크랭크축 위치센서에 의해 생성된 정보는 기관의 모든 실린더를 학습한다. 그리고 TDC센서가 차량을 구동하는 동안에 고장이 나도 기관은 구동된다.

TDC 센서의 작동원리는 다음과 같다.

캠축에는 1개의 돌기가 설치되어 있으며

- 시동스위치를 ON으로 하면 ECU로부터 공급된 5V의 전원은 단자 ㉠을 통하여 단자 ㉡로 접지 되고 공급전원 12V는 트랜지스터의 컬렉터에서 대기한다.
- 캠축이 회전하면서 캠축에 있는 돌기가 감응부분에 도달하면 감응부분에 자력이 형성되고 홀 소자에 전압이 발생한다.
- 홀 소자에서 발생된 전압에 의해 트랜지스터를 구동하게 되고 컬렉터에 있던 센서 전원은 이미터로 흐르게 되므로 이 신호를 ECU가 감지한다.

⑧ 부스터 압력 센서

이 센서는 VGT(variable geometry turbo charger)가 설치된 기관에 있는 센서이며, 실제 흡기 다기관의 압력(부스터 압력, 과급기 작동압력)을 계측하여 목표로 하는 부스터 압력으로 맞추도록 피드백 제어를 하기 위한 센서이다.

⑨ 그 밖의 입력요소

㉠ 클러치 스위치 신호

클러치 스위치는 접점형이며, 스위치 신호에 따라 매연을 감소시킬 때 필요한 변속기어 단수 인식과 충격감소 보정용으로도 사용된다.

㉡ 에어컨 스위치

에어컨이 작동할 때 기관 회전속도가 낮아지는 것을 방지하기 위해 연료 분사량 보정신호로 사용된다.

㉢ 송풍기 모터 스위치

전기적인 부하에 따른 기관 회전속도가 낮아지는 것을 방지하기 위해 연료 분사량 보정하는 신호로 사용된다.

㉣ 2중 브레이크 스위치

브레이크 신호는 가속페달 위치센서 고장여부 신호로 사용되는데 예를 들어 브레이크 신호 뒤에 가속페달 위치센서 신호가 낮게 들어오면 정상이나 가속페달 위치센서 신호가 높게 들어오면 가속페달 위치센서 고장이라고 판단한다.

3) ECU의 출력요소

① 인젝터(injector)

고압 연료펌프로부터 송출된 연료가 커먼레일을 통하여 인젝터로 공급되고 이 연료를 연소실에 직접 분사하는 부품이다.

② 연료압력 조절밸브

커먼레일 내의 연료압력을 조정하는 밸브이며 냉각수 온도, 축전지 전압 및 흡입공기 온도에 따라 보정을 한다.

또 연료온도가 높은 경우에는 연료온도를 제어하기 위해 압력을 특정 작동점 수준으로 낮추는 경우도 있다.

③ 배기가스 재 순환장치(EGR)

배기가스 재 순환장치는 배기가스의 일부를 흡기다기관으로 유입시키는 장치이다. 이것은 배기가스에 들어 있는 가스 중에는 산소의 함량이 부족하다. 이러한 배기가스와 신선한 공기가 유입되면 연소될 때 산소의 부족으로 인해 연소 온도상승을 억제할 수 있어 질소산화물 생성을 억제할 수 있다.

④ 보조 히터장치

커먼레일 연료분사장치 기관에는 3가지 보조 히터장치가 설치된다. 가열 플러그방식 히터, 열선을 이용하는 PTC(positive temperature coefficient)히터, 직접 경유를 연소시켜 냉각수를 가열하는 연소방식 히터 등이 있다. 3가지 방식 중 가열 플러그방식과 PTC 히터는 ECU에서 제어하지만 연소방식 히터는 독립적으로 제어되므로 여기서는 연소방식 히터에 대한 설명은 생략한다. 또 예열장치의 제어가 완료되어야만 보조 히터장치가 작동한다.

전기자동차(電氣自動車)

Ⅱ

Ⅱ

전기자동차(電氣自動車)

1 하이브리드 자동차(HEV : Hybrid Electric Vehicle)

01 하이브리드 자동차 기관의 특징

두 가지 이상의 구동계를 사용하도록 만들어진 자동차로 보통은 전기모터를 같이 쓰며, 전기자동차와는 달리 내연기관 기관을 함께 사용한다. 대개는 종래의 검증된 석유(가솔린, 디젤)를 사용하는 기관을 채용한다. 일반적으로 기관과 모터의 비율에 따라서 세 종류의 하이브리드로 구분된다. 보통은 연비를 높이기 위해 이러한 형태를 취한다. 그러나 기술적인 문제로 기계식 동력 계통을 사용하기 어려울 때 하이브리드 기관을 사용하기도 한다. 하이브리드 자동차로 불리기 위한 필수 조건은 배터리와 전기모터를 갖추고 있어야 한다는 것이며, 배터리와 전기모터만으로 구동되는 차는 순수한 전기차이지만, 거기에 기존 방식의 내연기관을 함께 갖추고 있기 때문에 순수하지 못한 전기차(하이브리드) 또는 순수하지 못한 내연기관 자동차(하이브리드)라 하여 하이브리드 자동차라 하는 것이다.

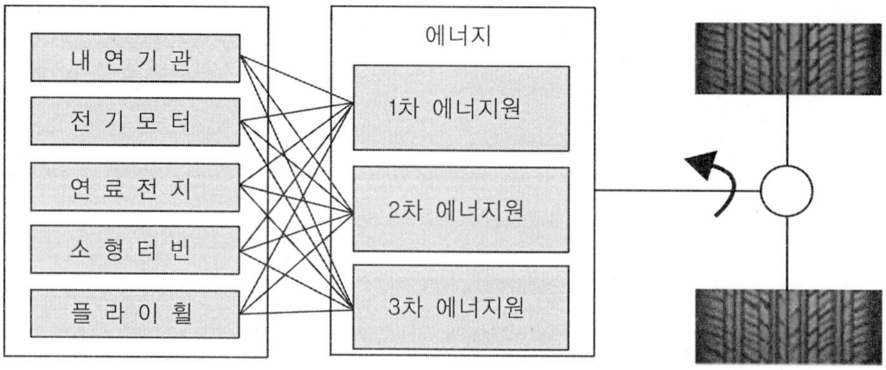

하이브리드 자동차에서 2개의 동력원

하이브리드 자동차 기관의 주요 특징을 내연기관 자동차와 비교하여 보면 다음과 같다.

① 하이브리드 시스템은 공회전할 때 자동적으로 정지하므로 공회전시의 손실 동력을 경감시킬 수 있어 에너지 손실을 감소시킬 수 있다.

② 자동차가 감속 또는 제동할 때 버려지는 동력 에너지를 회수하여 시동전동기 또는 모터의 동력으로 사용하기 때문에 에너지를 회수 및 재활용할 수 있다.

③ 가속시의 전동기의 동력으로 기관의 동력을 보조할 수 있으므로 모터에 의한 동력의 보조가 가능하다.

④ 내연기관의 기관 효율이 낮은 영역에서는 모터를 사용하고, 전동기의 효율이 낮은 영역에서는 내연기관의 기관을 사용하여 자동차의 효율을 최대화할 수 있다.

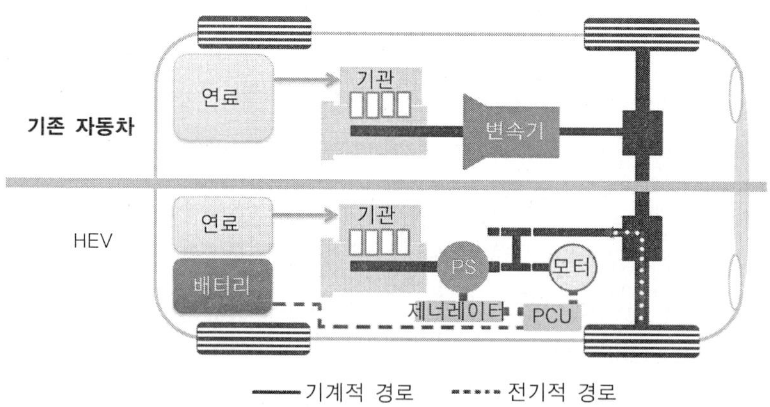

기존 내연기관 자동차와 하이브리드 자동차 비교

02 하이브리드 자동차의 종류

(1) 동력전달방식에 따른 구분

1) 풀 하이브리드(full Hybrid)

① 직렬 방식(series type)

기관과 인버터, 모터가 직렬로 이뤄진 시스템으로 기관에서 출력되는 기계적 에너지는 발전기를 통하여 전기적 에너지로 바뀌고 이 전기적 에너지가 배터리나 모터로 공급된다.

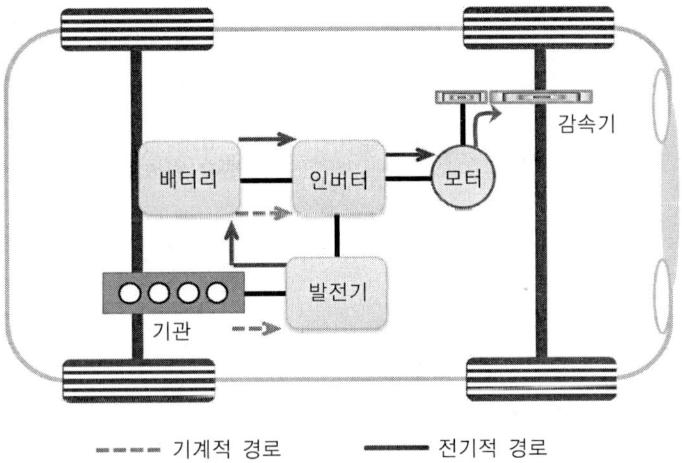

직렬방식 HEV

기관출력으로 기계적 에너지발생

↓

발전기에 전기적 에너지 생성

↓

전기적 에너지가 배터리나 모터로 공급

↓

차량은 항상 모터로 구동

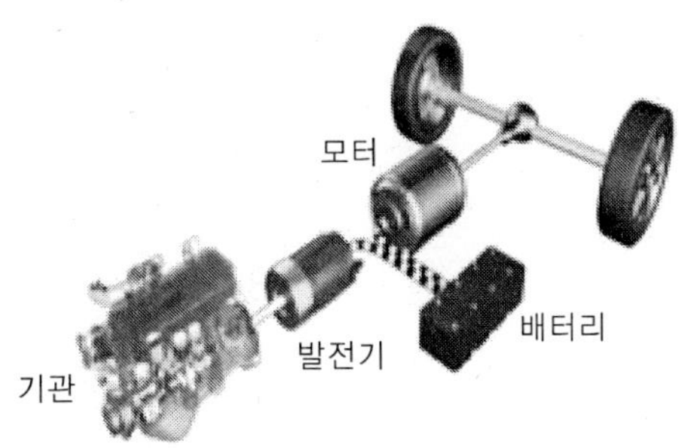

직렬방식의 동력전달

② 병렬방식(parallel type)

병렬방식은 배터리 전원으로도 차를 움직이게 할 수 있고 기관만으로도 차량을 구동시키는 기관과 모터가 각각 독립적으로 구동시키는 방식을 말한다.

일반적으로 기관과 변속기 사이에 모터를 넣는 구조다. 출발할 때나 저속에선 모터로 가속하고 일정 속도 이상이 되면 기관 클러치가 붙어 기관이 힘을 더한다. 기존 자동차와 파워트레인 레이아웃이 흡사하여 직병렬 하이브리드에 비해 구조가 단순하고 무게도 가벼우며 가격도 저렴하다는 장점이 있다.

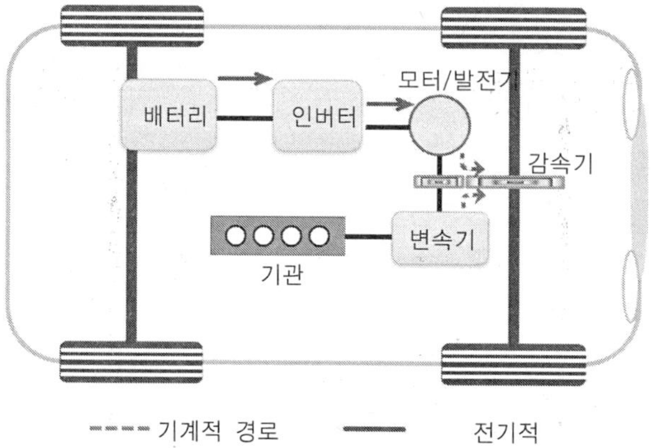

병렬방식 HEV

③ 직병렬방식(series-parallel type, 복합방식)

직렬형과 병렬형을 조합한 방식으로 상황에 따라 직렬형 방식과 병렬형 방식을 사용할 수 있을 뿐만 아니라 양쪽 모두 작동시킬 수 있다. 즉, 기관 단독 또는 모터 단독으로 구동되거나 기관과 모터가 동시에 구동되게 된다.

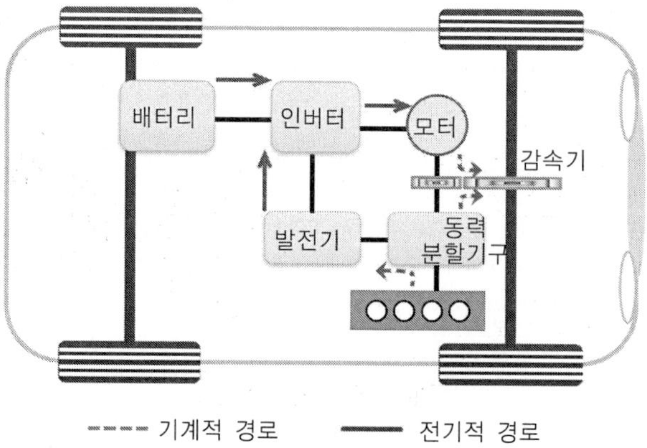

복합방식 HEV

2) 마일드 하이브리드(Mild Hybrid)

기관 동력이 기본이고 모터는 보조만 한다. 모터로만 구동이 불가능하다. 마일드 하이브리드 자동차와 기존 시스템의 큰 차이점은 배터리의 전원전압이다. 기존 시스템에서는 12V였던 전원 전압이 마일드 하이브리드 자동차의 경우 4배 높은 48V이다. 그러나 사용하는 전자 컨트롤 유닛의 전압은 변하지 않으므로 입출력 전압차가 커지게 된다.

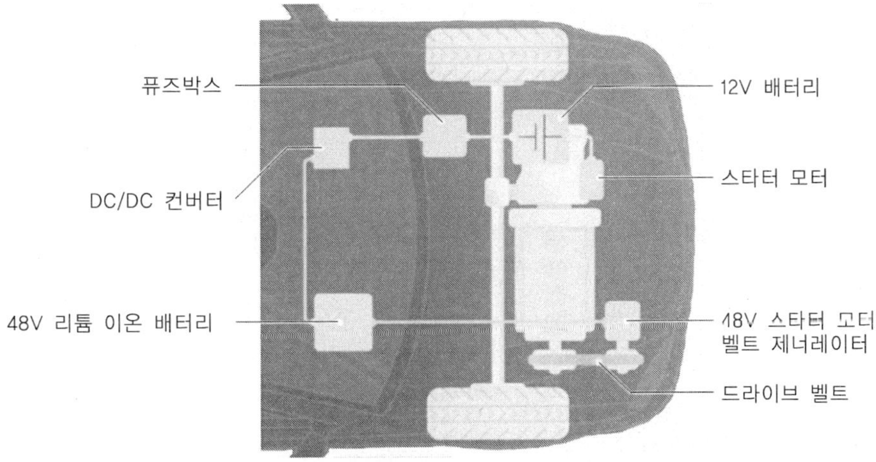

마일드 하이브리드

3) 플러그인 하이브리드(PHEV : plug-in hybrid electric vehicle)

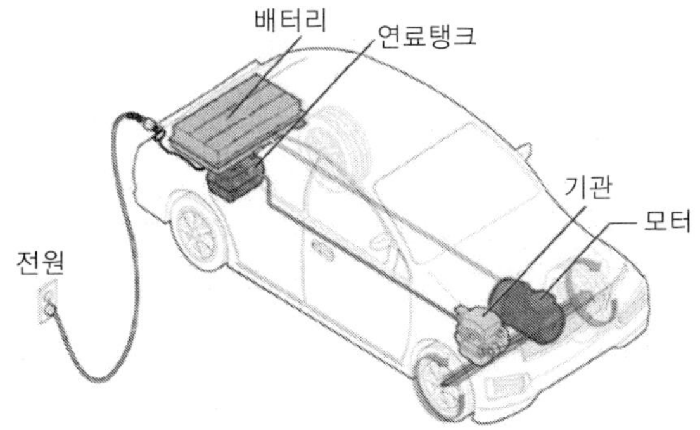

플러그인 하이브리드

전기자동차의 약점인 충전소 문제를 해결하기 위해 내놓은 전기자동차와 하이브리드의 혼합 형태로, 접근방식은 크게 둘로 나뉜다.

첫째는 기존 하이브리드 차량에 추가 배터리를 장착하거나 펌웨어를 트윅하여 EV 주행거리를 더 확보한 형태다. 쏘나타 PHEV, 프리우스 프라임이 속한다.

둘째는 전기차의 파워트레인에 항속거리 증가를 위한 발전용 기관을 단 형태다. 주행에 기관이 전혀 참여하지 않고, 기관은 발전용으로만 쓰인다.

보통 PHEV가 전자고, 후자는 EREV(Extended Range EV, 주행거리 연장 전기차)라고 한다. 대한민국에서는 둘 다 플러그인 하이브리드로 분류하고, 보조금 혜택도 동일하게 받는다.

(2) 모터 사용정도에 따른 구분

모터 사용 정도에 따른 HEV 분류

구분		특징	비고
HEV	Mico(Mild) HEV	• 공회전시 기관이 자동정지 • 모터는 출발 시 기관 재가동 위한 단순보조역할만 담당 • 소형차량에 적합한 방식	기관 + 모터(보조미비)
	Soft (Power assist) HEV	• 기존기관에 모터로 보조 • 전기 주행모드가 없다 • Micro(Mild) HEV방식보다는 모터의 보조역할이 더 크다 • 기관과 변속기 사이에 모터가 삽입 • 모터가 기관의 동력 보조 역할을 수행 • 전기모터 단독으로 차를 움직일 수 있지만 모터는 단지 추진의 보조역할을 한다. • 시동이나 가속순간에만 모터가 기관을 보조 • 정속 주행 시는 일반 자동차와 동일하게 기관으로만 구동하는 타입 • 대부분의 병렬형 방식이 Soft 타입	기관(주) + 모터(보조)
	Hard(full) HEV	• 전기모터가 출발과 가속 시에만 역할을 하는 게 아니라 주행에 주된 역할 • 전기 주행모드가 있다.(단거리 운행 시 사용) • 직렬형과 혼합형이 이 방식에 속함	모터(주) + 기관(보조)

1) micro(mild)방식

micro방식은 공회전시에 시동이 자동으로 꺼지고 액셀러레이터를 밟아 출발하게 되면 시동이 켜지는 idle stop & go system을 장착한 차량으로 제약조건이 많은 소형차량에 적합한 방식이다. 이 방식에서 모터는 보조역할만 하는 단순한 시스템이다.

2) soft(power assist)방식

micro방식보다는 모터의 보조역할이 더 크며, 대부분의 병렬형방식이 이에 해당한다. 모터 단독으로도 차를 움직일 수 있지만 모터는 단지 추진의 보조역할을 하게 된다.

전기적인 비중이 적어 가격이 저렴한 장점이 있지만, 순수 전기모드의 구현이 불가능하므로 연비개선 및 배기가스 저감에서는 상대적으로 불리하게 된다. 이 방식은 시동이나 가속 순간에만 모터가 기관을 보조하고 정속 주행 시에는 일반 자동차와 동일하게 기관으로만 구동하게 된다.

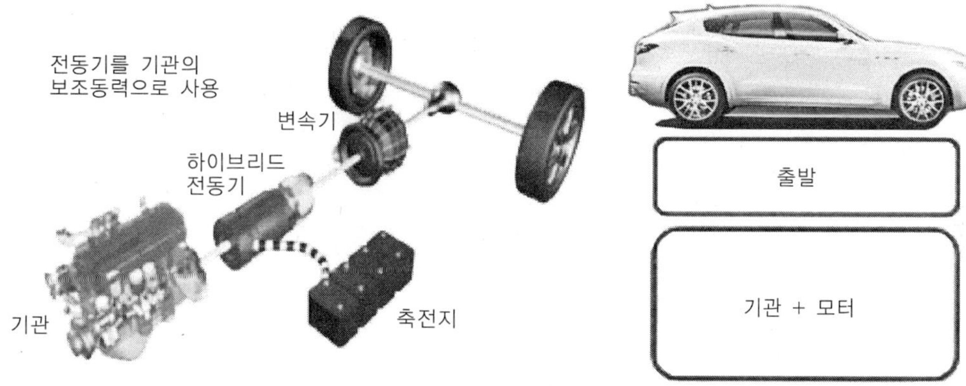

소프트방식의 동력전달

3) hard(full)방식

이 방식은 모터가 출발과 가속 시에만 역할을 하는 것이 아니라 일반 주행에서 주로 사용된다. 직렬형과 혼합형이 이 방식에 속한다. 기관과 모터를 효율적으로 사용하기 때문에 연비개선 및 배기가스 저감 측면에서는 매우 유리하지만 이 방식을 실현하기 위해서는 기술과 비용측면에서 불리하다.

모터로만 주행하기 위해 대용량 모터와 배터리 그리고 복잡한 시스템을 구현할 제어기가 필요하기 때문에 Soft방식에 비하여 전용부품이 1.5~2배 이상 고가인 단점이 있지만, 회생제동 효율이 우수하고 연비가 좋은 장점을 가지고 있다.

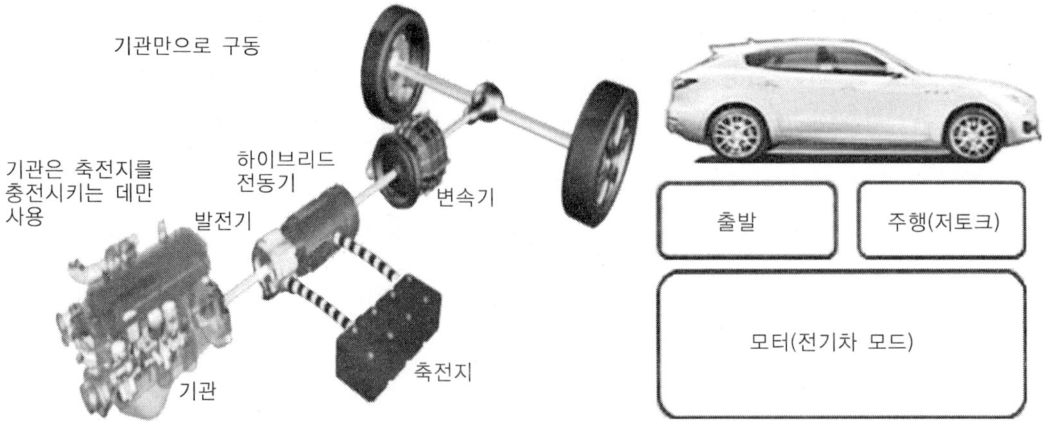

하드방식의 동력전달

03 하이브리드 자동차 배터리 시스템

(1) 고전압 배터리

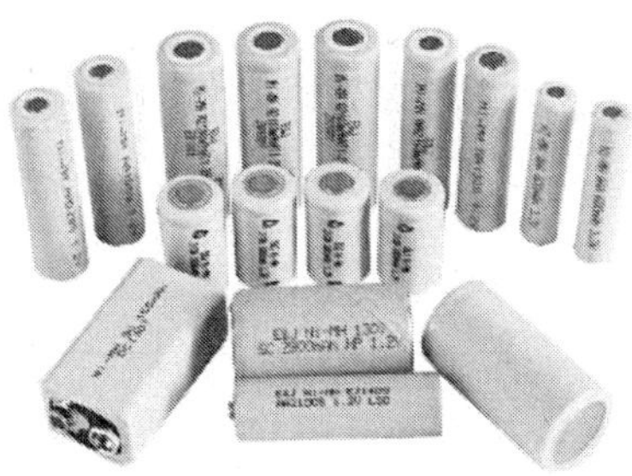

(a) 니켈-수소전지

(b) 리튬 폴리머전지

하이브리드 자동차 고전압 배터리 종류

고전압 배터리는 하이브리드 자동차에 모터 작동을 위한 전기 에너지를 공급하는 기능을 한다. Ni-MH(니켈-수소)전지는 양극 활물질로 니켈, 음극 활물질로 수소 흡장 합금, 전해질로 알카리 수용액을 사용한 전지이고, Li-PB(리튬 폴리머)전지는 음극에 탄소, 양극에 $LiCoO_2$, $LiNiO_2$, $LiMn_2O_4$ 등 금속 산화물, 전해질로 Polymer(고분자)를 사용한다. Li-PB(리튬 폴리머)전지는 리튬이온 폴리머전지라고도 하며, 화학 안정성이 높고 에너지 효율이 좋은 고체 또는 젤 상태의 고분자를 전해질로 사용한 리튬 이차 전지로 전지가 파손되어도 발화하거나 폭발할 위험이 거의 없고, 리튬 이온 폴리머 배터리는 기존의 니켈 수소 배터리에 비해 무게가 30% 가볍고, 부피가 40% 적어 효율성이 뛰어나고 차량 내부 공간 활용성도 높아 요즘 주로 사용한다.

고전압 배터리는 내부를 보면 크게 배터리 팩 부분이 보이며, 그리고 그 옆 부분에는 고전압 배터리를 제어하는 BMS가 위치하고 있으며, 그 주변으로 고전압 릴레이 어셈블리, 안전 플러그, 냉각팬, 냉각 덕트 등의 전장부품이 결합되어 있다.

1) 고전압 배터리시스템의 구성

고전압 배터리시스템은 고출력, 고 에너지, 고 내구성을 가지고 있는 배터리와 배터리상태 예측, 입·출력 에너지 제한, 냉각 및 안전제어 그리고 에너지 잔존 용량계산 등을 총괄 제어하는 배터리 제어기를 포함하고 있다.

그 외에도 배터리 보호를 위한 트레이 부분과 배터리의 최적 동작환경 조성을 위한 냉각시스템, 전원공급 및 안전 제어를 위한 각종 릴레이와 퓨즈, 안전 플러그 및 센서 등으로 구성되어 있다.

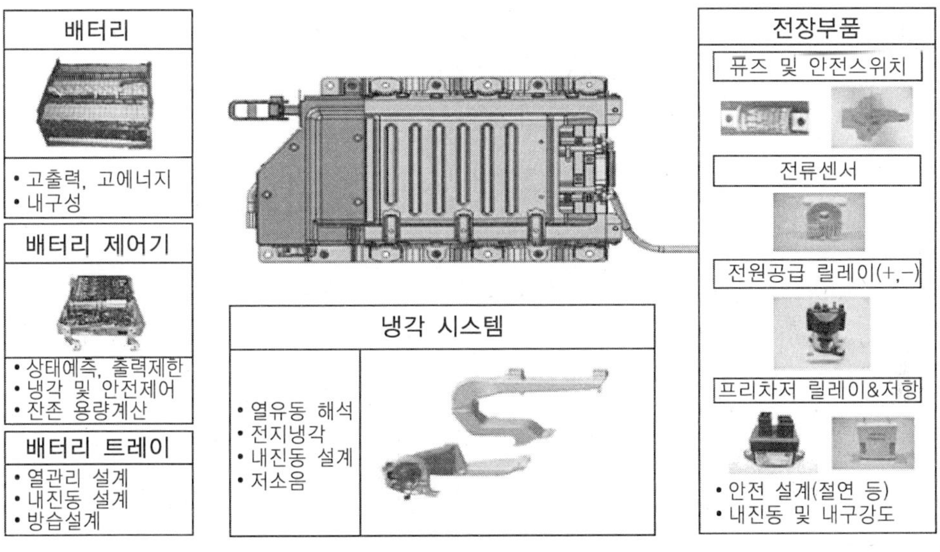

고전압 배터리시스템의 구성

2) 고전압 배터리시스템 구성부품의 기능

고전압 배터리는 트렁크 룸 내부에 모터 제어기, 냉각시스템과 함께 장착되어 있다.

① 배터리 팩(pack) 어셈블리

DC 정격의 리튬이온 폴리머(파우치 타입) 배터리 셀의 전압은 3.75V, 용량은 5.5Ah이다. 8개의 셀로 구성되어 1개의 모듈을 구성하고, DC 30V의 배터리 모듈을 직렬로 연결되는 구조로 9개의 CMA(Cell Module Assembly)가 270V의 1개의 팩을 구성(고전압 배터리)한다.

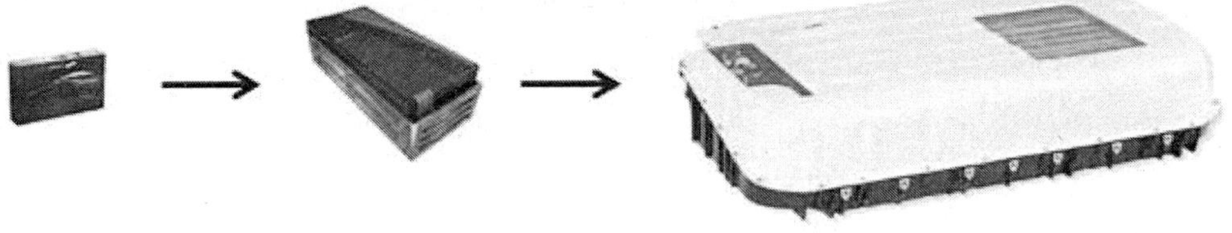

(a) 셀　　(b) 모듈　　(c) 팩

배터리 팩(pack) 어셈블리

배터리 팩(pack)에 장착된 외기온도센서는 부특성 더미스터(NTC) 소자를 사용하며, 배터리 주변 온도를 감지하여 BMS ECU(배터리 제어 유닛)로 입력시킨다. 배터리 내부온도를 감지하기 위한 모듈온도센서가 장착되는데, 총 4개의 센서가 일정 간격을 두고 모듈에 삽입되어 있다.

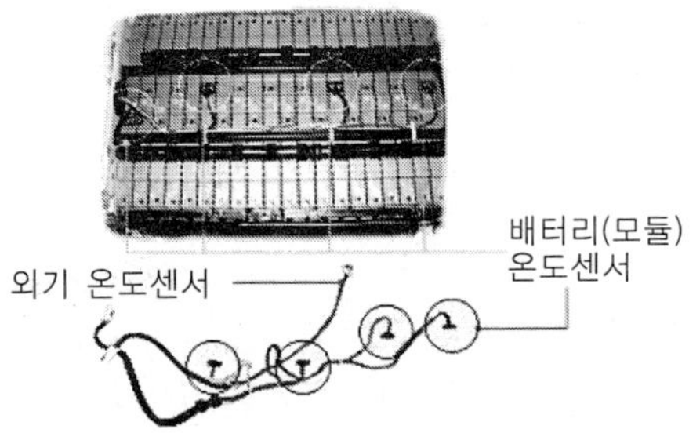

외기온도센서 및 배터리 온도센서

② PRA(Power Relay Assembly, 파워 릴레이 어셈블리)

PRA 내부에는 메인(+), (-)릴레이, 프리차지 저항과 릴레이가 있다. 또한 PRA 온도센서, 고전압과 저전압 전류센서 및 솔라루프 시스템의 고전압 충전관련 퓨즈가 있다.

㉠ 메인 릴레이(+, -)

고전압 배터리에서 공급되는 전원을 인버터(고전압 장치)에 공급 또는 차단하고 (+)릴레이에서 출력된 전원은 (-)릴레이를 통해 고전압 배터리로 접지된다.

㉡ 프리차저(pre-charger) 릴레이 & 레지스터(저항)

이그니션 ON시 MCU는 고전압 배터리 전원을 인버터로 공급하기 위해 메인릴레이 (+)와 (-)릴레이를 작동시키게 되는데, 프리차저 릴레이는 메인릴레이 (+)와 병렬회로가 구성되어 있다. MCU는 메인릴레이 (+)를 작동시키기 이전에 프리차저 릴레이를 먼저 동작시켜 고전압 배터리 (+)전원을 인버터측으로 인가하게 하는데, 프리차저 릴레이가 작동되면 저항을 통해 고전압이 인버터측으로 공급되기 때문에 순간적인 돌입 전류에 의한 인버터

손상을 방지할 수 있다. MCU는 프리차저 릴레이 작동 직후 완만한 전압상승이 완료되면 메인 릴레이(+)를 작동시켜 정상적인 고전압의 전원공급을 완료하고, 즉시 프리차저 릴레이를 OFF시킨다. 따라서 이그니션 ON시 릴레이 작동순서는 메인 릴레이(-), 프리차저 릴레이, 메인 릴레이(+) 순이 된다.

ⓒ 전류센서

홀 효과를 이용해 전류 양을 검출하며, 고전압 배터리 (-)케이블 측에 설치되어 있다.

전류센서

ⓔ 세이프티 플러그

고전압 배터리는 고전압장치이기 때문에 취급시 안전에 유의해야 한다. 세이프티 플러그는 고전압 배터리 전원을 임의로 차단시킬 수 있는 전원 분리장치로 과전류 방지용 퓨즈를 포함하고 있다.

고전압 전기 동력시스템과 관련된 부품 탈·부착이나 정비점검 시 세이프티 플러그를 탈거하면 고전압을 차단시킬 수 있으므로 이점 유의하여 작업을 해야 하고, 기관 시동상태 또는 이그니션 ON상태에서는 세이프티 플러그를 탈거하지 말아야 한다.

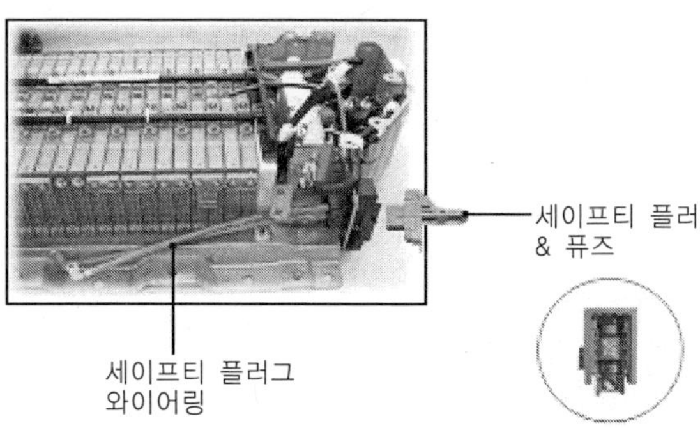

세이프티 플러그

3) 고전압 배터리 제어시스템

하이브리드 자동차에서 고전압 배터리는 차량내의 타 제어시스템(HCU : 하이브리드 컨트롤 유닛, MCU : 모터 컨트롤 유닛) 제어기와의 CAN통신을 통하여 다음과 같은 항목들을 제어한다.

BMS ECU

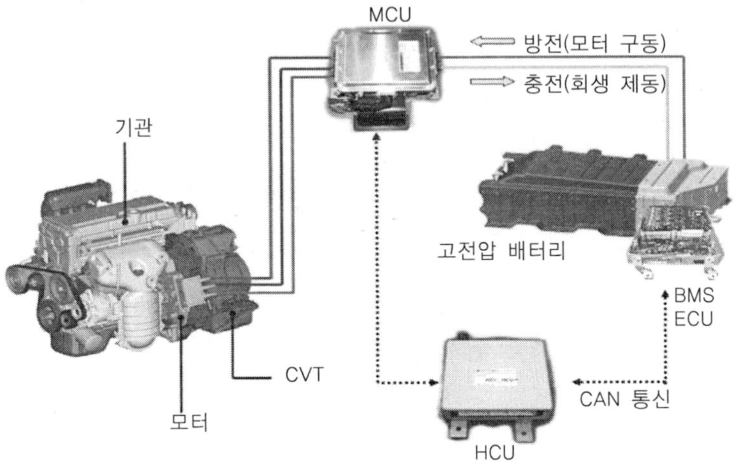

고전압 배터리 에너지 입·출력 개요

① 에너지 입·출력제어

고전압 배터리시스템에 이상이 있을 경우 방전 전류량 제어를 통해 가용 에너지 입·출력 파워를 제한한다.

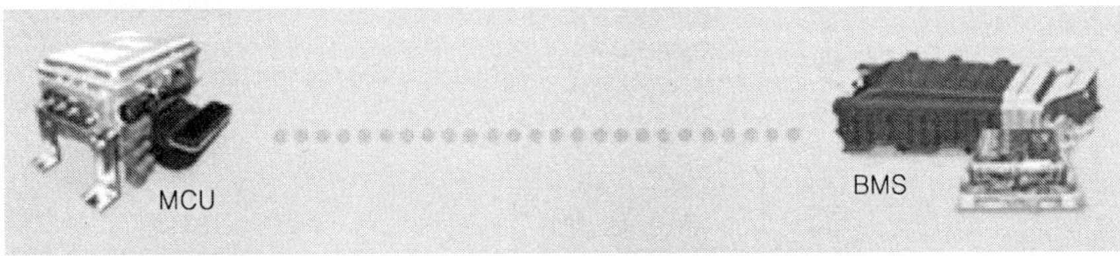

에너지 입·출력제어

② 안전제어

에너지 입·출력과정에서 발생되는 수소가스에 의한 폭발방지를 위한 제어와 배터리 성능 또는 손상에 영향을 줄 수 있는 항목들을 모니터링 하여 안전사고를 방지한다(BMS ECU).

안전제어

③ 배터리 최적 동작환경 조성

배터리 외부온도 상승과 화학적 열 발생을 제한하기 위해 냉각시스템을 제어하여 최적의 동작환경을 조성한다.

배터리 최적 동작환경 조성

④ 고전압 배터리시스템의 제어특성

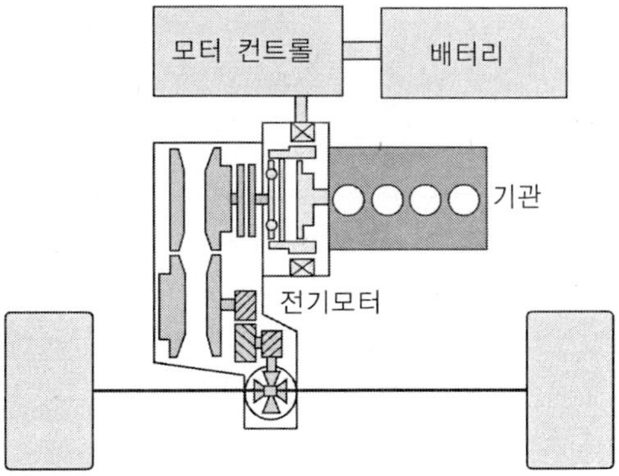

차량에서 고전압 배터리 동작모드의 정의

㉠ 방전모드(discharge, 모드 1)

모터 구동을 위해 고전압 배터리가 전기 에너지를 방출하는 동작모드이며, 모터 동작 요구 토크에 따라 방전 전류량은 달라진다.

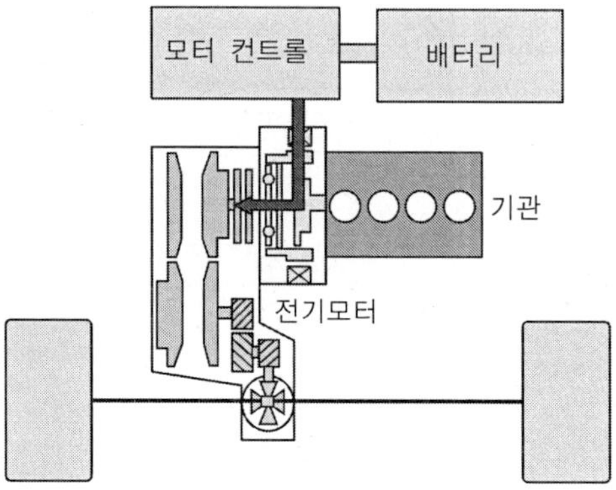

방전모드

㉡ 정지모드(No power, 모드 2)

고전압 배터리의 전기 에너지 입·출력이 발생되지 않는 동작모드

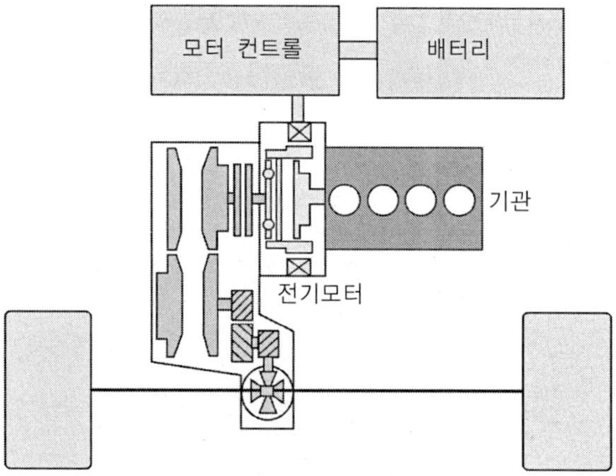

정지모드

ⓒ 충전, 회생 제동모드(generating, regenerating, 모드 3)

고전압 배터리가 소모한 전기 에너지를 회수·충전하는 동작모드로, 충전(generating)모드와 재생(regenerating)모드로 구분된다.

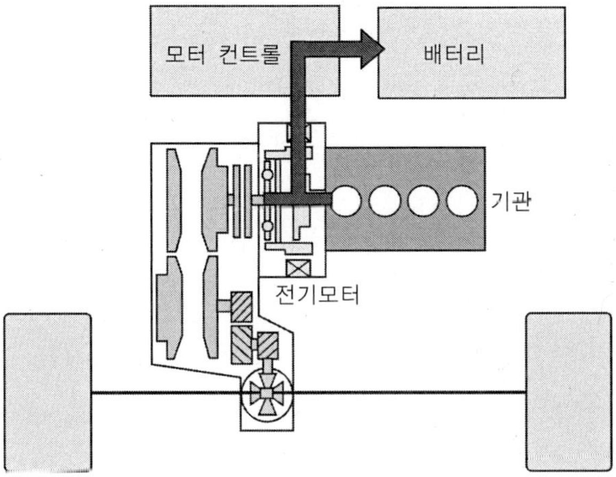

충전·재생 제동모드

충전모드는 공회전 또는 정속주행과 같이 일반적인 주행상태에서 고전압 배터리의 SOC(state of charge : 충전상태)가 낮을 경우 모터에서 발생된 전기 에너지를 고전압 배터리로 충전시키는 동작모드이며, 회수할 전기량은 HCU(하이브리드 컨트롤 유닛)가 결정하여 MCU(모터 컨트롤 유닛)로 CAN 통신 라인을 통해 명령을 주고, MCU는 모터를 충전모드로 제어하여 회수된 전기 에너지를 DC로 변환시켜 고전압 배터리로 보내준다. 재생모드는 주행 중 감속 또는 브레이크에 의한 제동발생 시점에서 모터를 충전모드로 제어하여 전기 에너지를 회수하는 동작모드를 말하며, 충전모드와 동일한 제어과정을 가진다.

4) 고전압 배터리시스템의 취급시 유의사항

고전압 배터리

- 고전압으로 작동되는 장치이므로 시동 키 2단(ON) 또는 기관 시동상태에서는 관련 부품을 만지거나 탈·부착하지 않는다.
- 고전압 배터리에 연결된 DC 파워케이블(+, -)은 감전의 우려가 있으므로 안전조치를 취하지 않은 상태에서 손으로 만지거나 임의로 탈·부착하지 않는다.
- 고전압 배터리는 트렁크 룸 내부에 장착되므로 과다한 화물적재 또는 충격이 가해지지 않도록 유의한다(부품손상, 배터리 냉각 및 환기불량 초래).
- 고전압 배터리시스템 관련 부품의 정비·점검 및 수리작업은 직영 서비스센터로 의뢰한다.

(a) 커넥터 탈·부착 주의 (b) 감전주의 (c) 과적금지

고전압 배터리시스템의 취급시 유의사항

① 고전압 배터리 또는 차량화재 발생시

㉠ 차량의 시동키를 OFF하여 전기 동력시스템 작동을 차단시킨다(고전압 배터리 전기 에너지 입·출력이 금지 됨).

㉡ 고전압 배터리 부위의 집적적인 화재가 아니거나 화재 초기상태라면 트렁크를 열고 신속히 세이프티 플러그를 탈거한다(화재진행 중이라면 접근금지).

㉢ 실내 또는 밀폐된 공간에서 화재가 발생되었을 경우 수소가스의 원활한 방출을 위해 신속히 환기시킨 후 대피한다.

㉣ 화재진압을 위해서는 액체물질을 사용하지 말고 분말소화기 또는 모래를 이용한다.

㉤ 배터리에서 분출된 가스나 액체성분이 피부 또는 눈에 침투되었을 경우 붕산 액, 소금물 또는 흐르는 물로 환부를 신속하게 세척한 후 의사의 진료를 받는다.

② 고전압 배터리 또는 차량 장기 방치시

㉠ 차량의 시동키를 OFF하여 전기 동력시스템 작동을 차단시킨다(고전압 배터리 전기 에너지 입·출력이 금지 됨).

㉡ 고전압 배터리의 SOC(충전상태)가 30% 이하일 경우(계기판의 SOC 게이지가 적색구간 이하) 2개월 이상 차량 장기방치 시 고전압 배터리의 재사용이 불가할 수 있으므로 주의한다.

㉢ 고전압 배터리의 SOC(충전상태)가 정상(약 60%)일 경우라도 6개월 이상 장기 방치시 고전압 배터리의 재사용이 불가할 수 있으므로 주의한다.

(2) BMS(Battery Management System)

BMS ECU(battery management system ECU)는 고전압 배터리 제어를 위한 컴퓨터이며, 배터리 에너지 입·출력 제어와 배터리 성능유지를 위한 전류, 전압, 온도, 사용시간 등 각종 정보를 모니터링하고, 종합적으로 연산된 배터리 에너지 상태정보를 HCU 또는 MCU로 송신하는 역할을 한다.

BMS 주요기능

구분	기능
SOC 추정	• 배터리의 전압, 온도를 측정하여 배터리의 SOC를 계산하고 차량제어기에 전송하여 적정 SOC 영역관리 • SOC : 배터리의 사용 가능한 에너지(배터리 정격용량 대비 방전 가능한 전류량의 백분율)
파워 제한	• 배터리 보호를 위해 상황 별 입/출력 에너지 제한 값을 산출하여 차량제어기로 정보 제공 • 배터리 가용파워 예측, 배터리 과충(방)전 방지, 내구 확보, 배터리 충(방)전 에너지 극대화
진단	• 배터리 시스템 고장 진단, 데이터 모니터링, 소프트웨어 Rewrite • Fail-Safe Level을 분류하여 출력 제한치를 규정 • 차량 측 제어 이상 및 전지 열화에 의한 배터리의 안전사고를 방지하기 위해 릴레이를 제어
셀 밸런싱	• 배터리 충/방전 과정에서 전압 편차가 생긴 셀을 동일한 전압으로 매칭 • 배터리 내구 수명증대, 사용 가능 에너지 용량 증대, 배터리의 에너지 효율 증대
냉각 제어	• 최적의 배터리 동작 온도를 유지하기 위한 냉각팬을 이용하여 배터리 온도 유지 증대
고전압 릴레이 제어	• 고전압을 사용하는 구성 품에 전원공급 및 차단 • 고전압 계 고장으로 인한 안전사고 방지

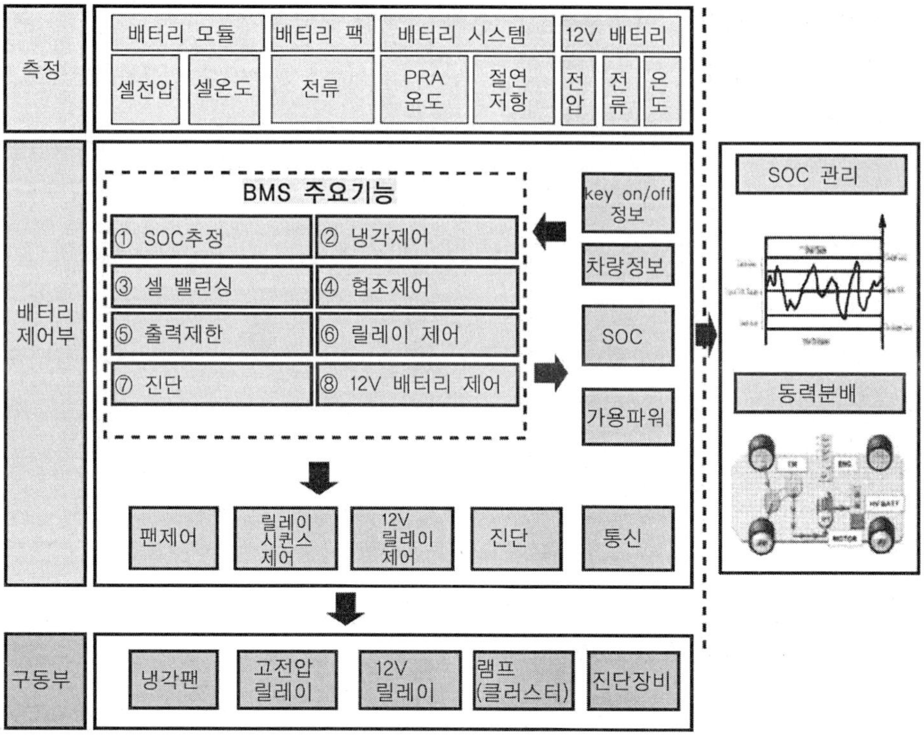

BMS 주요기능

1) 과충전 방지 스위치(OPD : Overvoltage Protection Device)

① 배터리 셀의 전압이 4.65V(±0.05V) 이상으로 과충전될 경우, BMS 내 OPD 소자가 작동하여 릴레이 제어회로의 전원을 차단하게 된다.

② OPD가 작동되면 고전압 릴레이(MAIN+RELAY, MAIN-RELAY)를 제어하는 회로에 전원이 차단되어 고전압 시스템에 전원 공급이 차단되게 된다.

③ OPD회로 동작을 해체는 IG KEY OFF후 IG KEY ON을 하면 OPD 동작이 해제된다.

2) 셀 밸런싱

리튬이온 폴리머 배터리는 과전압이 생길 경우 셀 성능이 급격히 저하되는 특성이 있다. 또한 총 72개의 셀을 모아서 고전압 배터리를 구성하고 있기 때문에 각 셀들이 지니고 있는 잔류 전하량이 다르게 되면 충전 전압 또한 편차가 생겨 일부 셀이 다른 셀보다 먼저 최대 전압에 이르는 현상이 발생하기도 한다. 이로 인해 셀의 균형이 깨지고 셀 충전 및 용량 불일치로 인해 주행거리에 대한 신뢰도가 낮아지게 된다. 이러한 현상을 막기 위해 BMS에서는 셀 밸런싱 기능을 수행하는데, BMS내부에 72개의 밸런싱 릴레이를 두어 해당 셀과 연결된 저항을 이용해 에너지를 열로 소산시키는 방법을 이용한다(패시브 방식이라고 함). 총 72개의 셀 가운데 가장 낮은 셀 전압에 맞추어 다른 셀의 방전을 유도함으로써 셀의 균형을 맞추게 된다. 셀간 전압 차가 일정 수준 이내가 되도록 제어하며, 1V이상이 되면 DTC가 출력되고 서비스 경고등의 점등된다.

(3) SOC(충전상태)에 따른 배터리 제어특성

하이브리드 자동차는 모터를 이용해 기관의 동력을 보조하는 시스템이기 때문에 전기 동력시스템이 정상적으로 동작하기 위해서는 전기 에너지 공급원인 고전압 배터리가 최적의 효율을 낼 수 있도록 SOC(state of charge, 충전상태)를 유지할 필요성이 있다.

충전상태에 따른 제어내용

고전압 배터리 충전영역	제어내용
고 충전영역	방전 지향, 충전금지
동작 충전영역 : ~70%	방전 지향, 충전허용
최적 충전영역 : 55~65%	충·방전 제어
동작 충전영역 : 20%~	충전 지향, 방전허용
저 충전영역	충전 지향, 방전금지

하이브리드 컨트롤 유닛은 고전압 배터리의 SOC를 지속적으로 모니터링하고, SOC에 따라 각 주행모드에서 충전 및 방전을 제어한다.

1) SOC상태에 따른 전략 제어

하이브리드 컨트롤 유닛(HCU)은 고전압 배터리가 최적의 효율을 낼 수 있는 영역인 55%~65%의 SOC를 유지하도록 제어한다. 아래 표는 고전압 배터리의 SOC에 따라 HCU가 모터 시동, 모터를 이용한 동력보조, 회생제동, 부분부하 및 아이들 충전 등을 어떻게 제어하는지를 보여주고 있다

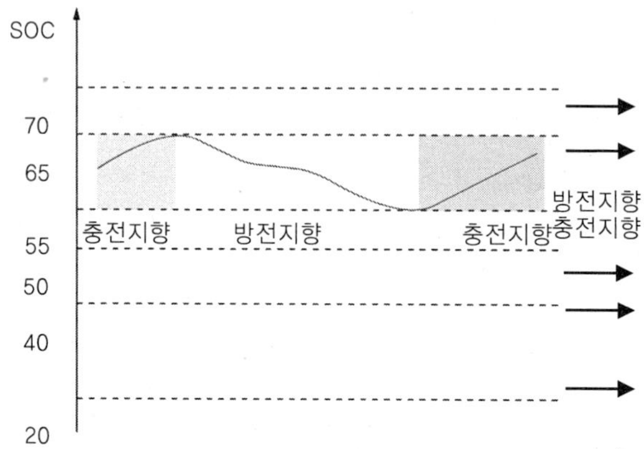

모터시동 (아이들 정지)	모터 보조	부압 제어	회생 제동	부분 부하 충전	아이들 충전
○	○	○	×	×	×
○	○	○	저감	×	×
○	○ 저감	○	○	× 저감	×
○	저감	○	○	증대	× ○
○	발진 시만	○	○		○
×	×	×	○		○

SOC(충전상태)상태에 따른 전략제어

2) SOC게이지

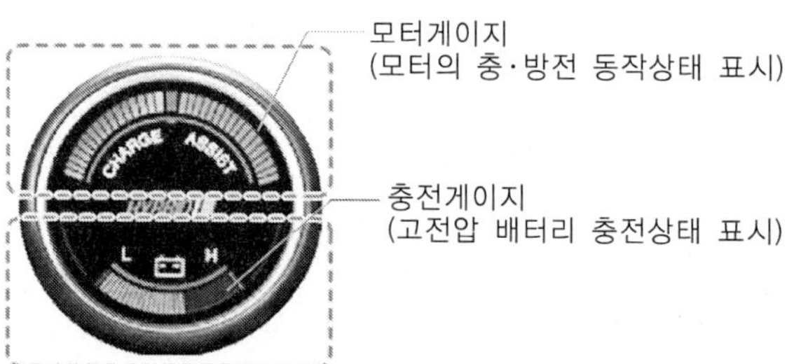

SOC(충전상태)게이지

SOC게이지와 모터 게이지는 모두 LCD를 이용한 디스플레이방식이며, 계기판과 HCU간의 CAN통신을 이용해 작동이 이루어진다.

게이지 수	SOC (%)	게이지 수	SOC (%)
28	≥77	13	56
27	75	12	55
26	73	11	54
25	71	10	53
24	69	9	52
23	67	8	51
22	65	7	50
21	64	6	47.5
20	63	5	45
19	62	4	42.5
18	61	3	40
17	60	2	37.5
16	59	1	35
15	58	0	〈 35
14	57		

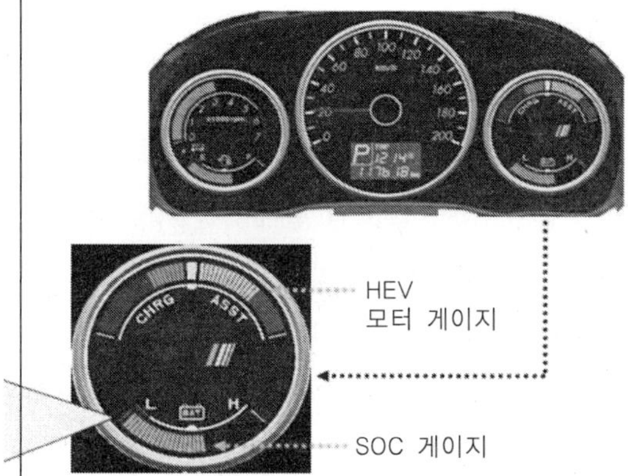

SOC(충전상태)게이지 구성 및 표시단위

HCU는 모터의 충·방전상태 및 고전압 배터리 SOC정보를 CAN통신 라인을 이용해 계기판 측으로 송신하고, 계기판에 내장된 마이크로컴퓨터는 그 정보들을 수신하여 게이지 작동을 직접적으로 제어한다.

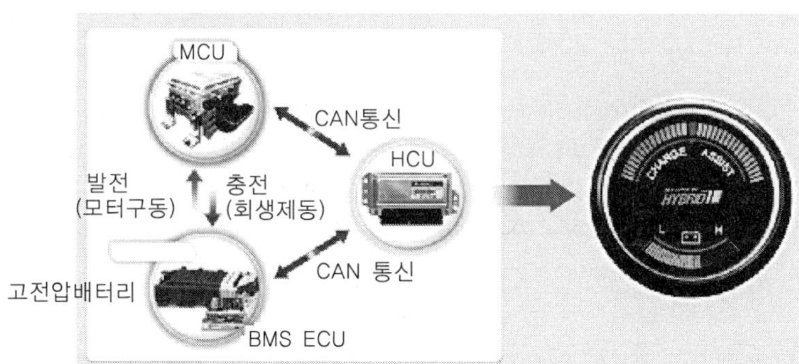

SOC게이지 제어

(4) 온도에 따른 배터리 제어특성

고전압 배터리가 최적의 효율을 내기 위해서는 온도관리가 매우 중요하다. 고전압 배터리와 MCU(motor control unit)는 하나의 냉각팬에 의해 동시 냉각이 이루어지는 통합 냉각방식이 적용되었는데, 냉각팬이 작동되면 리어 패키지 트림을 통해 차 실내의 공기가 에어 덕트로 흡입되고, 흡입된 실내공기가 고전압 배터리와 MCU측으로 유입되어 냉각된 다음 배출 덕트를 통해 차량 외부로 배출되도록 유로가 설계되어 있다.

고전압 배터리 냉각 팬은 BMS 단독으로 제어한다. HCU에서 Ready 신호를 수신한 후 배터리 온도가 상승할 경우 블로워 릴레이를 구동하고, PWM 신호를 통해 팬 속도를 제어한다. 또한 Feed Back 라인을 통해 팬의 상태를 판단하여 고장진단을 수행한다. 고전압 배터리는 팬 제어를 통해 평균 30℃이하를 유지하며, 배터리 온도가 32℃를 초과하면 동작을 시작한다.

도장 작업 시 70℃에서 약 30분(80℃에서 약 20분) 방치 가능하며, 장기간 노출 시 배터리의 퇴화가 진행 될 수 있으므로 주의해야 한다. 블로워 모터의 각 단자의 역할은 다음과 같다.

구분	기능
H-CAN	• 팬이 구동되지 않을 경우 모터 불량인지, 외부 커넥터(전원, 접지 등) 접촉 불량인지 판단하기 위해 적용(고장진단 목적) • 속도제어(PWM)라인과 동일한 모터 속도 신호 출력(둘 중 하나가 정상일 경우 팬 정상 동작됨)
속도제어	• BMS에서 블로워 모터로 팬 속도 신호 전송 • 팬 속도 제어(5V/PWM 신호 출력하여 듀티(-) 제어) • 1단(500RPM, 20% Duty)~9단(3850RPM, 90% Duty) 총 9단계 속도 제어
Feed Back	• 블로워 모터에서 BMS로 팬 속도 Feed Back • 팬 속도 Feed Back(5V ㎐로 출력) • 1단(15㎐)~9단(130㎐) 총 9단계 속도 Feed Back

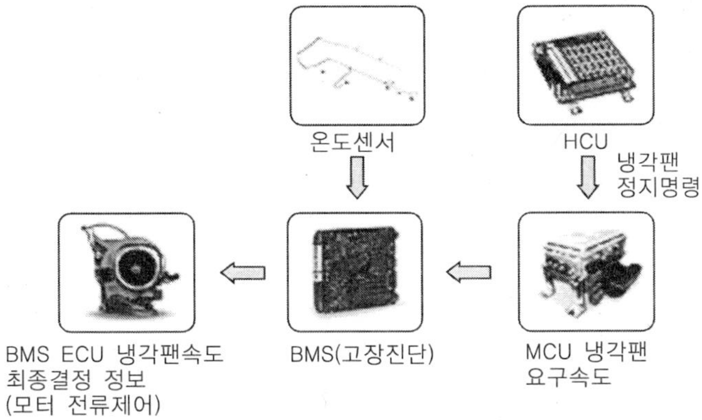

고전압 배터리 냉각 팬 제어 흐름도

(5) 12V 저전압 배터리

하이브리드자동차의 경우 고전압 배터리를 이용하여 동력에 사용하고 있으므로 일반 전기장치의 경우는 보조 배터리를 통해서 전원을 공급 받는다. LIPB는 고전압/저전압 배터리 통합 제어를 BMS에서 하고 방전시 12V 재접속 스위치 작동이 필요하다.

구분	일반 납산 배터리	AGM 배터리	리튬 배터리(LIPB)
적용이유	일반 차량용	빈번한 크랭킹에 배터리 내구성 향상	고전압 배터리와 동일한 내구성, 중량감소 및 연비 향상
특이사항	-	ISG 차량에만 적용	12V 릴레이 및 스위치 추가

1) 12V LIPB(Lithium Ion Polymer Battery) 효과

① 중량 저감 및 연비 개선

② 내구성 증가 : 고전압 배터리와 동일 수명

③ 과방전 방지 기능 추가 : 저전압 시 릴레이 오픈시켜 불필요한 견인/긴급 출동 방지, 배터리 방전시 배터리 점프 대신 12V 재접촉 스위치를 통해 차량 시동이 가능하다.

2) 저전압 배터리 특징

고전압 배터리 PRA는 12V 래치 릴레이가 포함되어 있으며, 12V 배터리 모듈 상부에 위치한다. 고전압 릴레이와 마찬가지로 12V 릴레이가 적용되어, BMS(배터리 제어 시스템)가 과방전을 감지하면 12V 릴레이를 끊어준다. 릴레이를 다시 붙이기 위해서는 베젤 스위치에 위치한 12V 재접촉 스위치를 눌러 작동시킨다.

BMS는 과거 고전압 배터리만 제어했던 반면, BMS가 고전압 배터리와 저전압 배터리를 통합 제어한다.

기존 12V 납산 배터리는 IBS(Intelligent Battery Sensor)로부터 전압/전류/온도 정보가 기관 ECU로 송신된다. 반면 신차종 HEV에서는 12V 배터리 전류 센서와 온도 센서 신호가 BMS로 송신된다. 냉각팬은 고전압과 저전압 배터리를 통합 냉각시킨다.

3) 12V 배터리 제어 절차

① BMS는 IG ON/ACC마다 wake up되어 배터리 셀 전압/전류를 체크하고, 12V 래치 릴레이 상태를 점검한다.

② 12V 리튬 배터리 과방전(SOC 10% 이하(온도 -20도 이상일 경우), 20% 이하(온도 -20도 미만일 경우))시, BMS는 12V 릴레이 off신호를 제어한다.

③ 이 상태에서 운전자가 12V 재접속 스위치를 누르면, BMS는 wake up된다.

④ wake up된 BMS는 12V 릴레이를 ON 시킨다.

⑤ 12V 릴레이 ON 이후 30초 내에 시동을 걸지 않으면 릴레이가 OFF된다.

⑥ 12V 릴레이 ON 이후 시동을 걸면 LDC(Low voltage DC-DC Converter, 저전압 직류 변환장치)를 통한 12V 배터리 충전이 이루어진다.

⑦ 외부 전원으로 점프를 할 때, 래치 릴레이 작동 전압(7~7.5V)이 안되면, BMS가 On 제어를 하려고 해도 래치 릴레이는 작동하지 않는다(최소 작동 전압이 우선순위임).

4) BMS Wake-up 조건

① 리셋 스위치 작동 시 : 배터리 과방전 시 사용자가 스위치를 작동할 경우

② 시동 후 Off 후 30분 마다 : 작동되면 5초 동안 전압, 전류, 온도(셀 및 전체) 모니터링

③ ACC On시

④ 과전압(14.6V 이상)시 : 리튬 배터리 특성 상 과전압으로 충전 시, 과열로 인해 수명이 줄어든다.(예 : 15V 점프 후 시동 시 12V 래치 릴레이는 Off 되지만 시동은 걸리며, 정상 주행 시 12V 래치 릴레이는 다시 On된다.)

5) 래치 릴레이 Off 조건

래치 릴레이는 출고 시부터 항상 ON상태를 일반적으로 유지한다. 아래와 같은 조건 발생 시 Off상태로 변환한다. Off상태로 되는 조건은 크게 3가지로 나눌 수 있다.

① 기본적으로 12V 배터리SOC가 10%이하(온도 -20도 이상) 또는 SOC 20% 이하(온도 -20도 미만)일 경우(전압값은 변동이 있어 12.8V는 참고용으로만 활용) 및 배터리 전압과 상호 보완하는 목적으로 주행 전(IG-Off/IG-On) 10V 이하, 주행 중 7.5V 이하(단, 모듈 전압 기준임)일 때는 래치 릴레이 Off 상태가 된다.

② 셀 진단하여 셀 기준으로 과전압(4.2V초과) 일 때, 과온(70℃ 초과)일 경우 Off 상태로 전환한다. 셀 진단하여 과전압 또는 과온일 경우 차속을 20km/h로 낮춘 뒤, 재확인 후 끊는다.

③ 시동 전에 12V 배터리 과전압(14.8V 초과 시) 시 Off 상태로 전환한다.

- 래치 릴레이가 Off가 되면 BMS가 30분마다 wake-up 하는 로직은 차단된다.
- BMS는 래치 릴레이 Off시 유일하게 암전류를 소모하는 제어기이다.(BMS만 유일하게 래치 릴레이 전단에 연결되어 있다.)

04 하이브리드 자동차의 주행모드

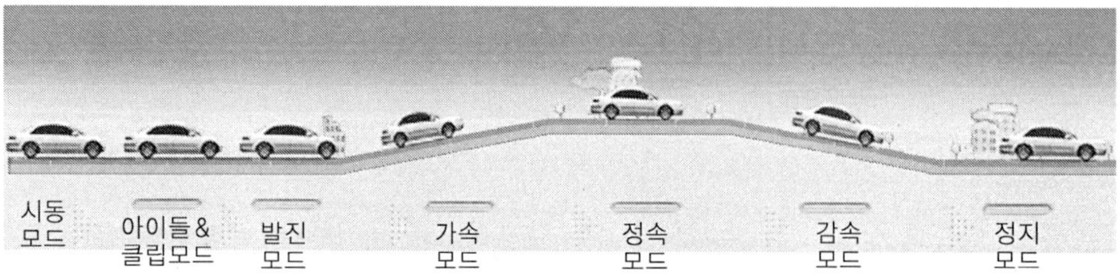

주행모드별 HCU의 작동

(1) 시동모드

시동모드에서 기관은 작동하지 않는다. 따라서 시동모드란 변속신호에 따라 바로 발진을 하기 위한 모터의 발진 준비 상태를 말한다.

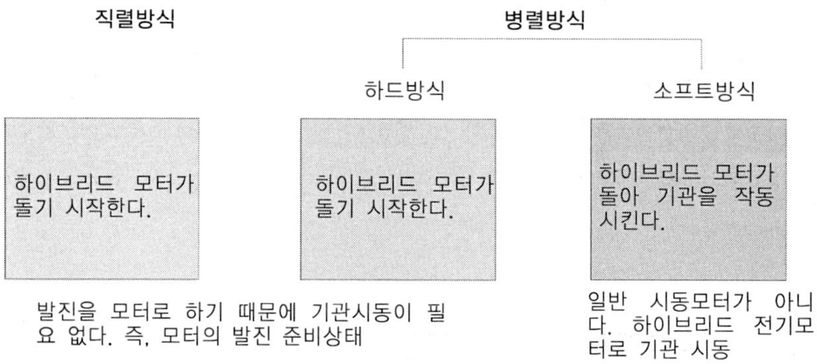

시동모드

(2) 아이들과 클립모드

아이들 모드와 클립모드는 공회전하는 걸 말하는 건데, 차가 출발하기 전이나 멈춘 후 기관만 돌고 있는 상태에서 기어를 넣었을 때 액셀러레이터를 밟지 않아도 차가 조금씩 움직이는 상태를 말한다. 클립모드란 자동차가 도로 주행시 연비가 최상의 조건에서 운행하는 상태를 말한다.

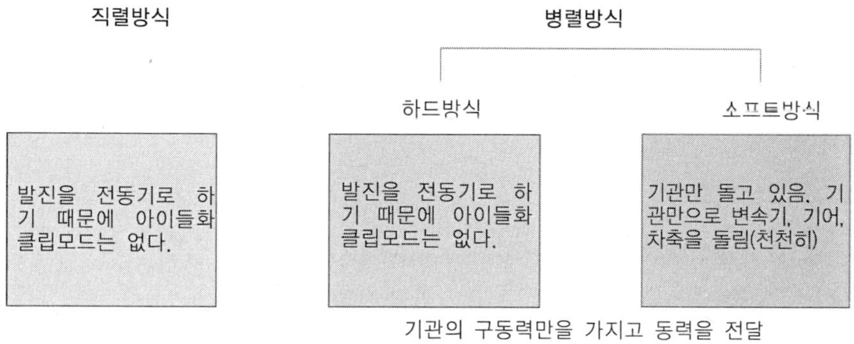

아이들과 클립모드

(3) 발진모드

발진모드란 한 마디로 차를 출발시키는 것이다. 액셀러레이터를 밟으면 자동차가 정지 상태에 있거나 클립 상태에 있는 차를 앞으로 나아가게 되는 발진 하는 것으로 하이브리드 자동차의 방식에 따라 HCU에서 모터와 기관을 제어하는 방식이 틀리다.

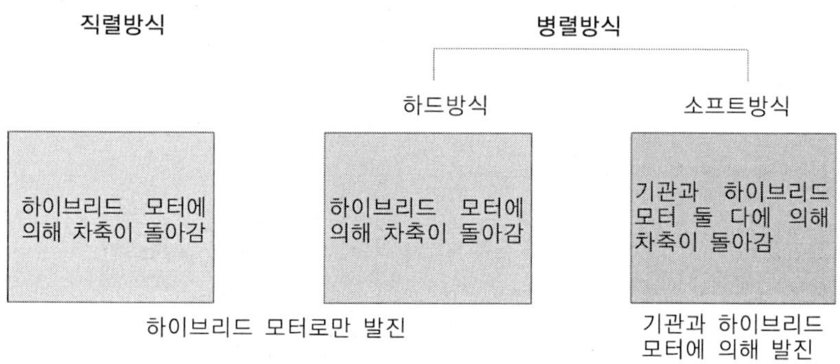

발진모드

(4) 가속모드

가속모드는 주행모드 중 힘이 가장 많이 들어가는 모드이다. 따라서 HCU는 MCU, ECU와 서로의 상태에 대한 정보를 가장 많이 주고받으며 제어를 하게 되는데 가속모드는 구동력을 증가시켜 자동차의 속도가 올라가는 단계로서 기관에 의해서도, 하이브리드 모터에 의해서도 가속이 될 수가 있다.

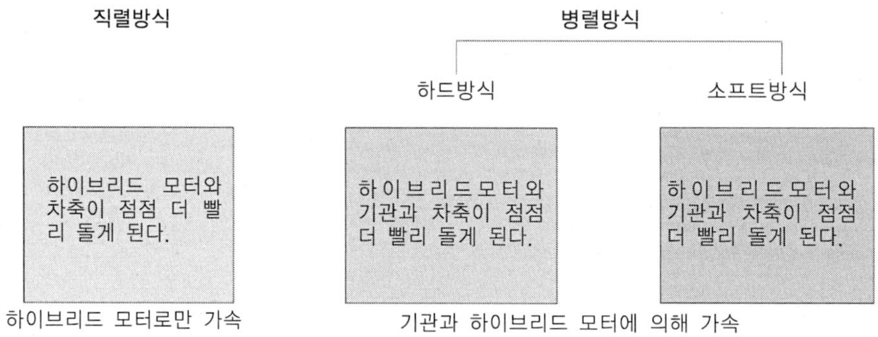

가속모드

(5) 정속모드

자동차가 속도를 올리며 주행을 하다 원하는 정도의 속도가 되면 일정한 속도의 정속으로 주행을 하게 되며 이때도 직렬방식은 모터로만 정속주행을 하고 병렬방식의 하드방식과 소프트방식은 기관동력으로만 주행을 실시하도록 HCU가 기관과 모터를 컨트롤 한다.

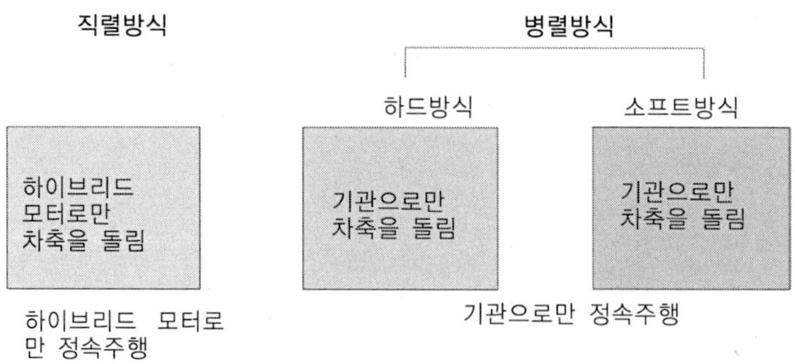

증속모드

(6) 감속모드

감속 시에는 차를 움직이는데 구동력이 쓰이지 않고 오히려 바퀴의 회전에 제동을 걸어야 한다. 때문에 바퀴에서 발생되는 회전 동력을 전기 에너지로 전환하여 배터리로 충전(회생에너지)을 하게 되다.

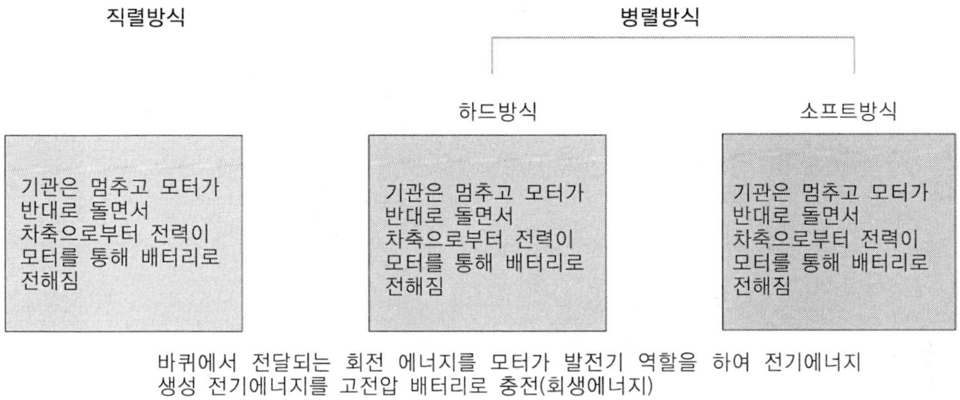

감속모드

(7) 정지모드

하이브리드 자동차에서 정지모드는 일반 자동차와는 달리 감속상태에서 이미 기관이 모두 꺼진 상태이므로 아이들 모드 없이 곧바로 정지된다.

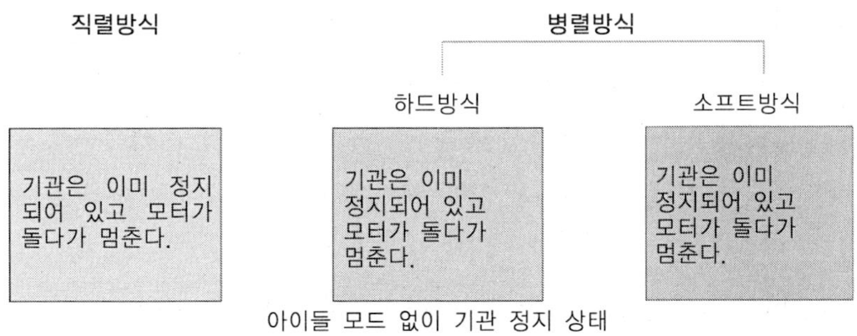

정지모드

05 하이브리드 자동차의 구성

하이브리드 자동차에서 모터는 주 동력원인 기관과 무단변속기(CVT)사이에 장착되어, 기관시동 및 발진·가속시 기관의 동력을 보조하는 역할과 차량 감속 또는 제동시 고전압 배터리의 충전을 위한 발전기의 역할을 수행하게 된다.

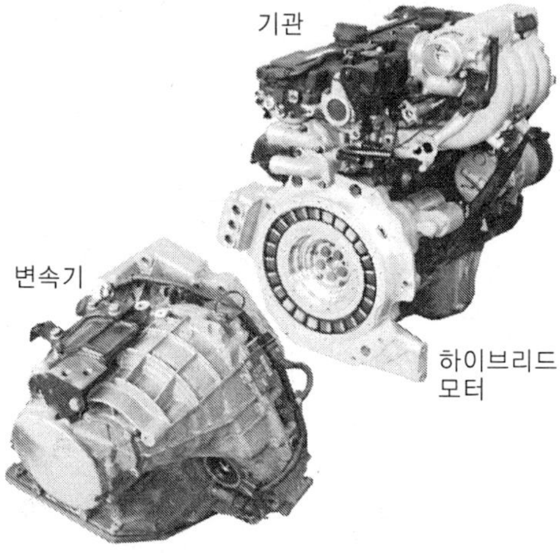

하이브리드 자동차의 구성

하이브리드 자동차의 파워트레인의 모터 고정자는 기관과 무단변속기 하우징에 체결되고 실제 구동력을 발생시키는 모터 회전자 즉, 로터는 기관 크랭크축에 직접 체결된다.

하이브리드자동차의 전체적인 구성을 살펴보면 첫 번째로 차량 앞쪽에 있는 기관부분을 들 수 있는데 이 부분은 기관과 자동변속기 또는 CVT의 결합으로 이루어져 있고 일반 차량과는 다르게 그 사이에 구동을 위한 하이브리드 모터가 들어가 있다.

다음으로 하이브리드 고전압 배터리부분을 들 수 있는데 고전압 배터리부분을 보면 고전압 배터리 외에도 배터리를 식혀 주는 쿨링시스템과 하이브리드 모터를 제어하는 모터 컨트롤 유닛이 장착되어 있다.

모터 컨트롤 유닛이 이쪽에 있는 이유는 모터 컨트롤 유닛에서는 열이 많이 발생하기 때문에 쿨링시스템이 있는 이곳에 같이 장착이 된 것이다. 또한 저연비 고효율 자동차를 실현하기위해 전기 모터방식의 파워스티어링의 적용과 차량 밀림방지시스템이 추가적으로 적용된다.

하이브리드 고전압 배터리부분

(1) 모터

하이브리드 구동 모터는 하이브리드 차량의 핵심 동력원으로 전기차(EV) 모드에서 기관의 도움 없이 차량을 움직이고 일반 주행 시에는 기관의 출력을 보조하며, 감속 시 발생하는 전기 에너지를 배터리에 충전시키는 역할을 한다.

고정자(스테이터)에 감겨진 권선 코일에 모터 컨트롤 유닛(MCU)에서 3상 교류 전원을 흘려주어 회전자계가 형성되면 회전자(로터)에 형성된 자계와 전기적 상호 작용으로 회전 토크가 발생하여 모터가 회전하게 된다. 예를 들면 자석은 같은 극성일 경우에는 밀어내는 성질이 있지만 다른 극성일 경우에는 당기는 성질이 있다. 그림에서 U상의 전원이 인가된 권선 코일 내측이 S극일 때 비스듬히 마주보고 있는 회전자는 N극이므로 회전자를 잡아당길 것이다. 이때 V상에 전원을 인가하면 마주보고 있는 로터의 극성이 S극이므로 서로 밀어내면서 회전하게 된다.

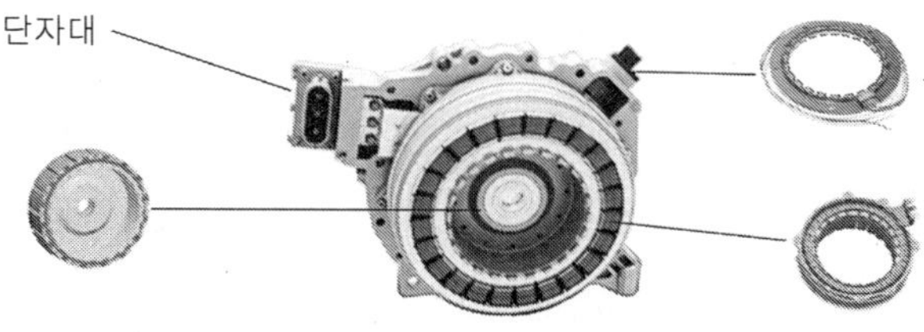

HEV 모터

1) 모터의 구조

AC(교류)전압으로 동작하는 고출력 영구 자석형 동기 모터(PMSM)로 모터 하우징과 스테이터, 스파이더, 로터 등으로 구성되어 있으며 스테이터는 코일이 감겨져 있고 모터의 고정자 기능을 하고 로터에는 영구자석이 내장되어 있어 모터 고정자에 형성된 회전 자계에 의해 발생된 회전 토크를 변속기 입력 축으로 전달하는 회전자 기능을 하고 기관 시동(이그니션 키 & 아이들 스탑 해제시 재시동) 제어와 발진 및 가속 시 기관의 동력을 보조하는 기능을 한다.

① 모터의 분해도

㉠ 리어 플레이트

기관블록과 모터 하우징사이에 장착되어 있으며, 모터 회전자(로터)의 위치 및 속도정보를 검출하기 위한 레졸버(resolver)센서가 장착된다.

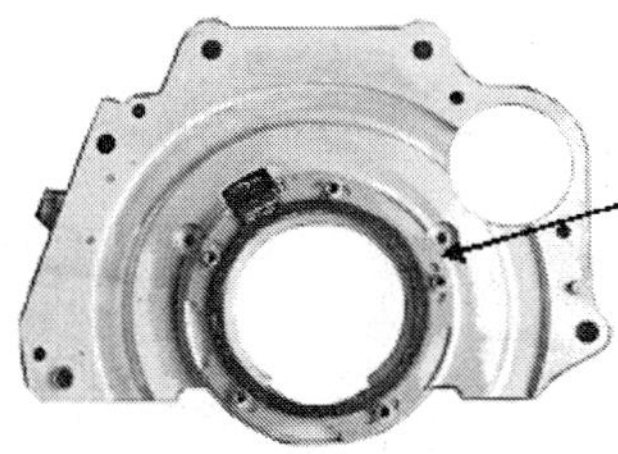

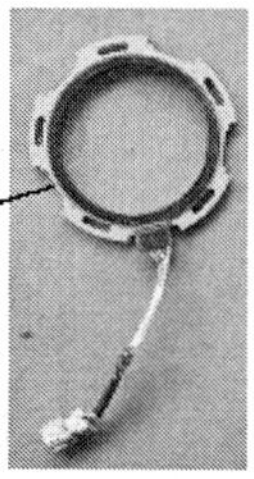

(a) 리어 플레이트 (b) 레졸버

리어 플레이트

㉡ 모터 하우징

기관과 무단변속기사이에 장착되며, 모터 고정자와 회전자 등 모터 구동 관련 부품들이 내장되어 있다.

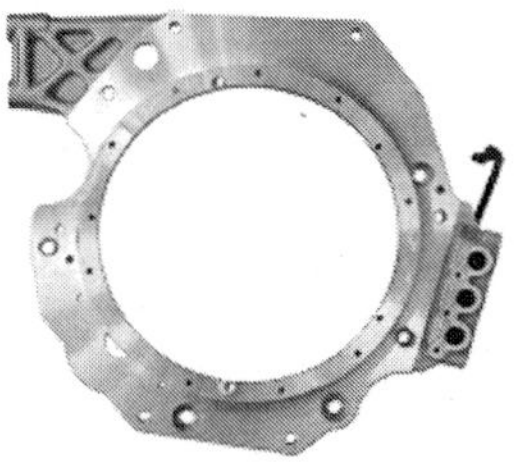

(a) 기관 쪽에서 본 면 (b) CVT쪽에서 본 면

모터 하우징

ⓒ 회전자 어셈블리

영구자석이 내장된 로터이며, 모터 고정자에 형성된 회전 자계에 의해 발생된 회전 토크를 변속기 입력 축으로 전달한다.

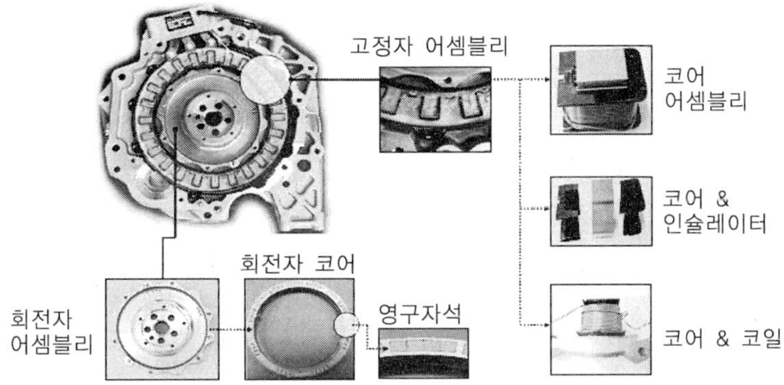

모터 세부구조(기관 측에서 보았을 때)

• 댐퍼 플레이트 : 모터 회전자(로터)와 무단변속기(CVT)사이에 장착되며, 변속기 입력 축이 연결되는 스플라인 기어가 가공되어 있다. 기관 또는 모터 회전에 따른 동력을 변속기 입력축에 전달하는 역할을 한다.

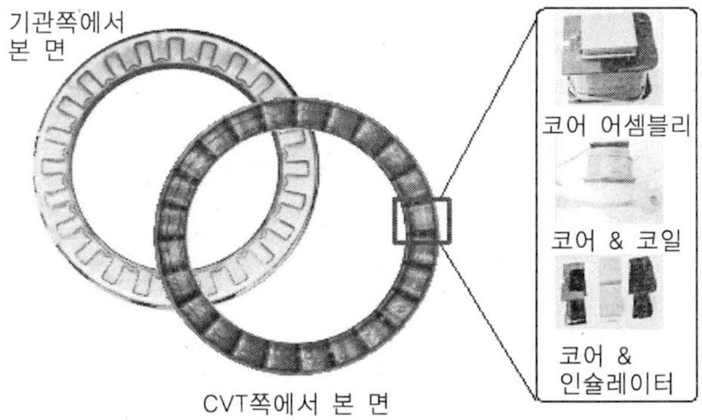

댐퍼 플레이트 **스테이터**

• 스테이터 : 모터 고정자에 3상(U, V, W)에 전류를 공급하기 위한 계자코일이 감겨있으며, 각 상에 인가되는 전류에 의해 회전자계를 발생시킨다.
• 스파이더 : 모터 회전자이며, 로터가 내부에 삽입되어 있다.

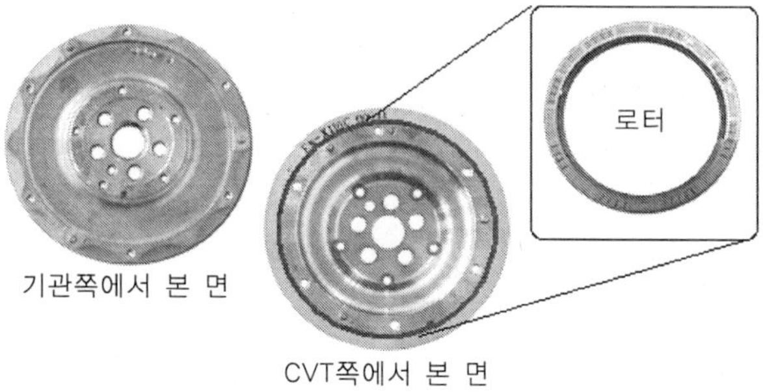

스파이더

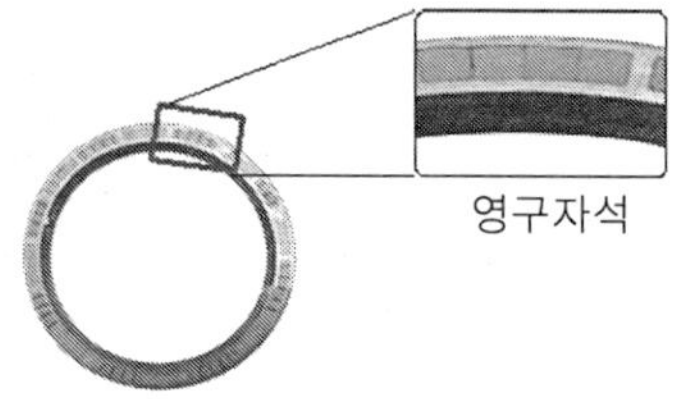

로터

• 로터 : 모터 회전자이며, 영구자석이 내부에 삽입되어 있다.

② 모터 장착도

모터 고정자는 하우징과 일체로 기관블록에 장착되고, 회전자는 크랭크축에 직접 체결된다. 3상(U, V, W) 파워케이블이 모터 컨트롤 유닛(MCU)에서 모터 하우징에 가공된 체결 부까지 연결되어 있다.

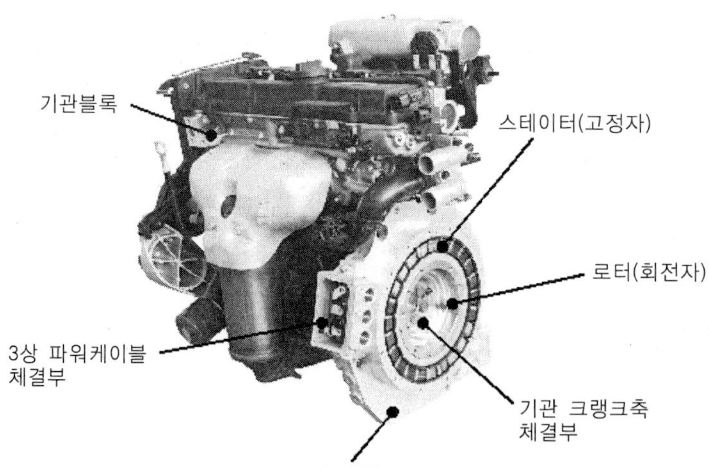

모터 장착도

2) 레졸버(resolver) 보정

① 레졸버 보정의 개요

레졸버(resolver) 보정은 모터(리어 플레이트)에 장착되어 있는 레졸버의 정확한 상(phase)의 위치 검출을 통해 MCU는 정확한 토크를 지령하여야 하는데 일반적으로 레졸버는 정확한 위치로 모터와 조립되어 보정이 필요 없도록 해야 하지만 차량의 파워트레인과 조립되는 하이브리드차량의 경우에는 하드웨어적으로 로터와 레졸버 상의 위치가 맞도록 조립하는 것이 어렵다(기계적인 조립 공차 발생).

따라서 정확한 상의 위치 값과 레졸버 출력 값이 같아지도록 자동적으로 보정해주는 방법이 제공되어야 한다.

② 레졸버(Resolver)의 구조

① 모터와 유사한 구조이다(여러 개의 극수로 제작).

② 고정자(스테이터) : 1상의 여자 권선과 2상의 검출 권선(상호 90° 위상 차)이 감겨 있다.

③ 회전자(rotor) : 회전각에 따라 철심 형상이 변화하여 쇄교 자속량이 변동하게 한다(가변 릴럭턴스).

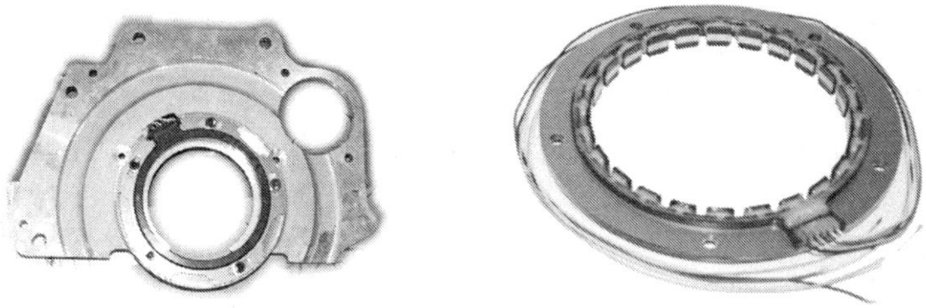

레졸버 위치센서

3) 모터 취급시 유의사항

① 고전압으로 작동되는 장치이므로, 시동 키 2단(ON) 또는 기관 시동 상태에서는 절대 만지지 않는다(키 OFF 후 약 5분 이상 경과해야만 안전 함).

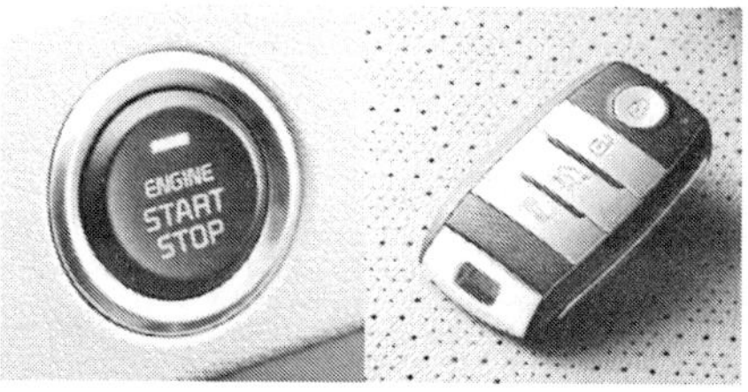

시동 키

② 모터에 연결된 고전압 파워 케이블(AC 3상)은 감전의 우려가 있으므로 손으로 부품을 만지거나 커버 또는 전기케이블을 임의로 탈착하지 않는다.

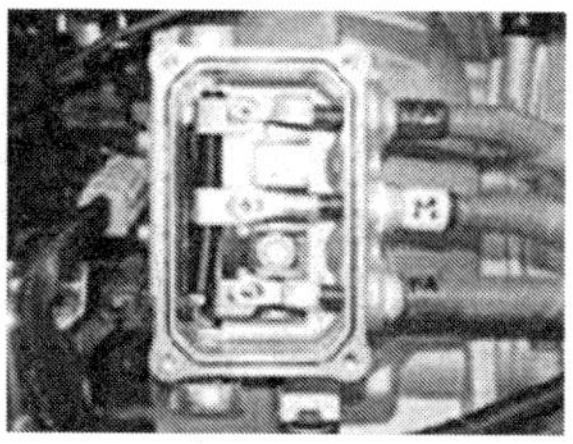
AC 3상 케이블

하이브리드 자동차 기관 룸

③ AC 3상 케이블의 각 상간(U, V, W) 연결이 잘못되면 부품의 손상 또는 사용자나 작업자의 안전에 심각한 위협을 초래할 수 있으므로 주의한다.
④ 기관 룸 내부 고압 세차금지(고전압 누전에 의한 감전 또는 부품손상 우려)
⑤ 관련 부품 정비 점검 및 수리작업은 반드시 직영 서비스센터로 의뢰한다.

(2) 제어기의 구성

하이브리드 자동차는 내연기관 + 고출력 전기모터와 무단변속기에 의해 동력을 발생 구동을 하는 구조로 되어 있으므로 이에 따른 각종제어기가 구성되어 있는데 일반적으로 기관제어기와 변속기 제어기는 일반자동차에도 구성이 되는 부품이며 여기에 구동모터 즉 하이브리드 모터를 제어하는 모터 컨트롤 유닛과 배터리의 충·방전을 제어하는 배터리 컨트롤 유닛 또 자동차의 각종 전기장치의 구동은 일반 자동차에서 사용하는 12V의 배터리(보조 배터리)를 사용하므로 이 배터리의 충전을 관장하는 보조배터리 충전 컨트롤 유닛이 구성되며 이러한 각종 제어기를 전체적으로 관장하는 하이브리드 컨트롤 유닛으로 구성되어 있다.

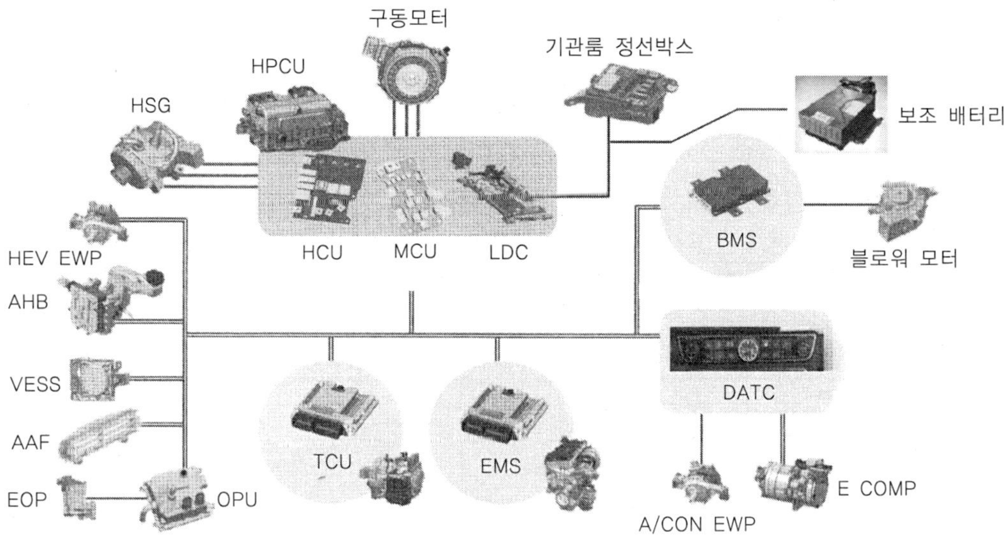

HEV 전체 통합제어 구성

1) 기관 컨트롤 유닛(ECU : engine control unit)

기관을 제어하는 ECU(engine control unit)는 일반 차량에도 있는 것으로, 기관 동작하거나 연료 분사량과 점화시기를 조절하게 된다.

기관 컨트롤 유닛

2) 변속기 컨트롤 유닛(TCU : transmission control unit)

TCU(transmission control unit)는 변속기를 제어한다.

변속기 컨트롤 유닛

3) HPCU(Hybrid Power Control Unit, 전력변환시스템)

HPCU는 HCU, MCU, LDC(DC-DC 컨버터), 고전압 정션 블록, HEV 냉각장치가 하나로 구성된 제어기들의 Ass'y이다. 이중 HCU는 모든 HEV 제어기의 중앙 제어 역할을 수행하며, 차량의 주행(고전압 제어) 및 경고, 12V 배터리 충전과 같은 전반적인 제어를 수행한다.

① LDC(Low Voltage DC-DC Converter)

LDC는 고전압 배터리 전력을 차량의 기본 전장 부하에 공급할 수 있도록 고전압을 저전압(12V)으로 전환시켜주는 모듈이다.

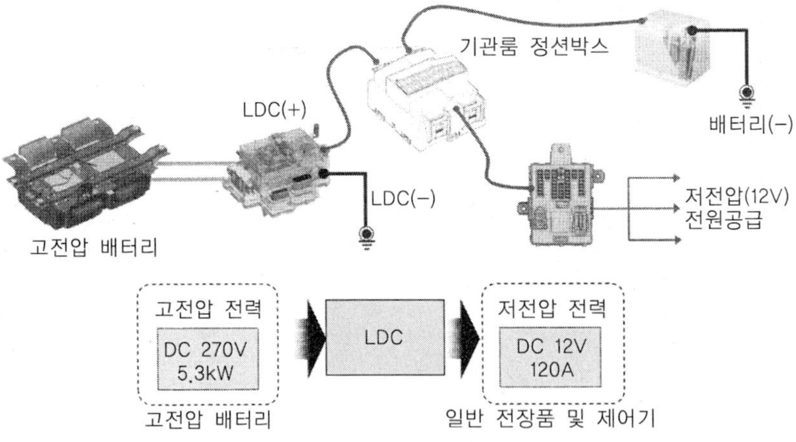

LDC 역할

4) MCU(Motor Control Unit, 모터 컨트롤 유닛)

모터 컨트롤 유닛은 하이브리드 모터 제어를 위한 컨트롤 유닛이다. 모터 컨트롤 유닛은 HCU(hybrid control unit)의 토크 구동명령에 따라 모터로 공급되는 전류량을 제어하여 각 주행 특성에 맞게 모터와 HSG(Hybrid Starter Generater)의 토크를 제어하고 회전 속도와 온도를 HCU로 피드백 한다.

또한 MCU는 고전압 배터리의 DC(직류) 전원을 AC(교류) 전원으로 변환시키는 인버터의 기능과 배터리 충전을 위해 모터에서 발생된 AC전원을 DC로 변환시키는 컨버터의 기능도 동시에 수행한다. 고전압 시스템의 냉각을 위해 P-CAN을 이용하여 전동식 워터펌프(EWP)를 제어한다.

① 모터 컨트롤 유닛의 개요

MCU는 고전압 배터리로부터 DC전기를 공급받아 3상의 AC전기를 발생시키고, HCU의 모터 구동 토크 명령에 의해 AC 3상전류를 제어하여 모터의 회전속도 및 토크를 제어하는 장치이다.

고전압 배터리와는 2상 파워케이블이 연결되어 DC전기를 공급받도록 되어 있고, 모터와는 AC 3상 파워케이블에 의해 연결되어 3상전류를 출력하게 된다.

② MCU의 내부구성

㉠ 제어보드

제어보드는 CPU, 메모리, 입·출력 인터페이스회로, 전원 공급장치 및 차량의 타 제이모듈(HCU, BMS, 기관 ECU, TCU 등)과 정보 송·수신을 위한 CAN통신회로를 가지고 있으며, 12V 보조 배터리 전원을 이용한다.

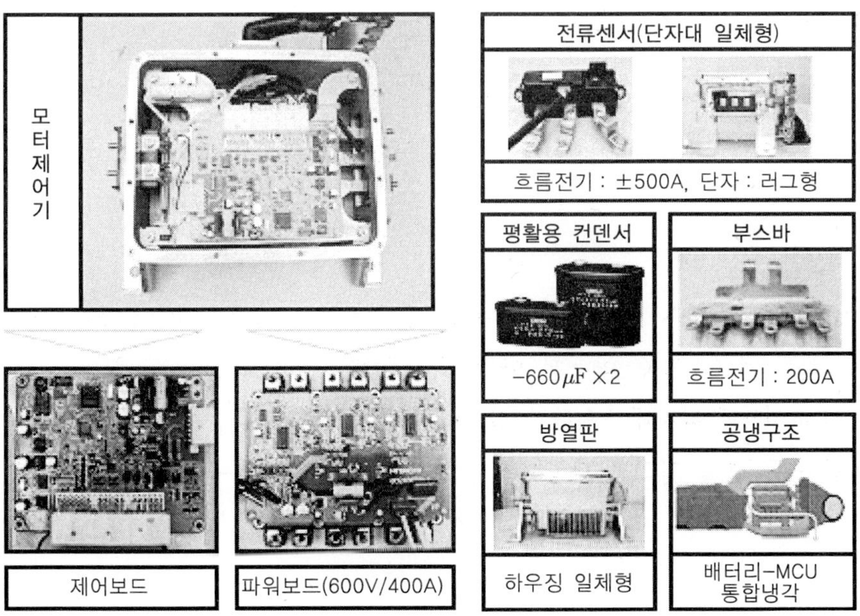

MCU의 내부구성

㉡ 파워보드

전기적인 스위칭을 통하여 전력의 흐름을 제어하는 MCU의 핵심부품이며, 600V, 400A 정격의 산업용 전력소자를 이용해 고전압 배터리의 DC를 AC로 변환시켜 모터 각 상의 전류를 출력하는 인버터(inverter)와 U, V, W 각 상의 전류량을 검출하는 전류센서, DC 평활 및 소자보호를 위한 콘덴서 등이 파워 모듈 부를 구성하고 있으며, 파워 모듈(인버터)은 전력용 반도체 소자 및 6개의 다이오드로 구성되어 있고, 소자 보호를 위한 전류 검출 회로와 온도 검출 회로를 포함한다. IGBT(Insulated Gate Bipolar Transistor, 절연 게이트 양극성 트랜지스터) 구동을 위한 각종 구동회로, 산업용 전력소자 고장진단회로, 아날로그 전류제어회로 PWM발생기 등이 인버터 구동제어 부를 구성하고 있다.

- 인버터(inverter) : DC전원을 가변 주파수(㎐) 및 가변전압의 AC전원으로 변환시키는 장치를 말하며, 그 반대의 개념으로 AC를 DC로 변환시키는 장치를 통상적으로 컨버터(converter)라고 한다.
- 인버터의 가변 전압 발생원리
  - 반도체 스위치의 ON/OFF시간의 폭을 조절하여 평균 전압의 크기를 조절한다.
  - (+), (-)전원에 연결된 2개의 스위치를 선택하여 극성을 결정한다.
  - 이 방식을 펄스 폭 변조방식(PWM : pulse width modulation)이라고 한다.
- 인버터의 가변 주파수 AC 발생원리 : 반도체 스위치의 ON/OFF 시간을 조절한다.

③ MCU 냉각시스템

MCU는 고전압 전류를 제어하는 부품이기 때문에 모터 제어 중 다량의 열이 발생된다. 트렁크룸 내부에 설치된 냉각장치는 쿨링팬, 흡입 및 배출 덕트로 구성되어 있고, 차량 실내 공기를 흡입해 고전압 배터리와 MCU를 냉각시키고 배출 덕트를 통해 차량 외부로 방출시키는 시스템으로 되어 있다.

④ MCU 취급시 유의사항

㉠ 고전압으로 작동되는 장치이므로 시동 키 2단(ON) 또는 기관 시동상태에서는 절대 만지지 않는다(키 OFF 후 약 5분 이상 경과해야만 안전 함).

㉡ MCU에 연결된 파워케이블(DC 2상, AC 3상)은 감전의 우려가 있으므로 손으로 만지거나 전기케이블을 임의로 탈착하지 않는다.

㉢ AC 3상 케이블의 각 상간(U, V, W) 연결이 잘못되거나 DC 케이블의 (+), (-) 극성이 반대로 연결되면 부품(MCU 또는 배터리)이 손상되거나 사용자 또는 작업자의 안전에 심각한 위협을 초래할 수 있으므로 주의해야 한다.

㉣ MCU는 트렁크 룸 내부에 장착되므로, 과다한 화물적재 또는 충격이 가해지지 않도록 주의한다.

㉤ 관련 부품 정비점검 및 수리작업은 반드시 직영 서비스센터로 의뢰한다.

5) 하이브리드 컨트롤 유닛(HCU : hybrid control unit)

① HCU의 개요

하이브리드 컨트롤 유닛은 전체 하이브리드 동차시스템을 제어하므로 각 하부시스템 및 제어기의 상태를 파악하며 그 상태에 따라 가능한 최적의 제어를 수행하고 각 하부 제어기의 정보사용 가능 여부와 요구(명령) 수용 가능여부를 적절히 판단한다.

하이브리드 자동차에는 기관제어 유닛인 ECU와, 모터의 출력토크를 제어하는 모터제어 유닛인 MCU, 자동변속기 제어 유닛인 TCU, 보조 배터리 충전장치인 LDC 등이 각각의 해당 역할을 수행하고 있는데 하이브리드 컨트롤 유닛인 HCU는 하이브리드 자동차의 고유의 기능을 수행하기 위해 이러한 각각에 유닛들을 CAN통신으로 통합 제어하는 역할을 하며, 제어에 필요한 입·출력은 주로 CAN 통신으로 입력 받아 로직 판단 후 다시 통신을 통해 제어 명령을 전송한다. HCU가 제어하는 주요 기능은 다음과 같다.

② HCU 주요 입·출력

HCU는 주요 입·출력을 P-CAN 및 H-CAN으로 제어하며, 직접 배선으로 입력받는(Hard Wire)신호는 세 가지이다.

정지등 스위치 입력을 받아 제동 시 신속한 회생제동을 수행하고, CPS 신호를 받아 기관/EV 주행 시 부드러운 클러치 연결이 되도록 학습 및 제어한다. SMK로부터 받는 시동 신호는 Ready 상태로 진입하는 중요한 신호로 사용된다.

③ HCU 주요 기능

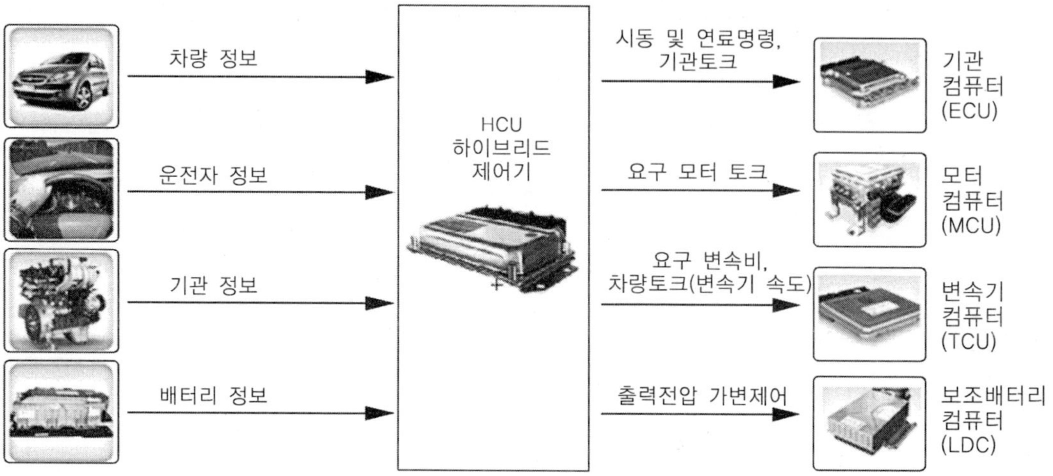

하이브리드 컨트롤 유닛(HCU) 기능

㉠ 시스템 On/Off제어

시스템 전반을 파악하여 이상이 없을 시 HEV Ready 상태로 차량 출발이 가능하도록 유지

㉡ 요구 토크 계산

운전자의 가속 및 감속 요구 토크를 계산한다.

㉢ 회생제동 제어

사용자의 브레이크 요구 신호와 고전압 배터리 SOC를 고려하여 실제 회생 제동량을 MCU로 송부한다.

㉣ EV/HEV 모드

차량 상태와 주행조건에 따라 여러 주행 모드로 수시로 전환되며 크게 3가지로 나눌 수 있다. 3가지 주행 모드는 전기 모터로만 주행하는 EV 모드, 기관에 의한 주행모드, 기관과 모터 두 동력원으로 주행하는 HEV모드이다. 기관에 의한 주행 시 HCU는 기관 시동 시점과 기관의 목표 운행 상태를 결정한다.

㉤ 고전압 배터리 SOC밸런스(Balance)

배터리 충·방전량을 최적의 SOC상태를 유지한다. SOC가 낮으면 구동 모터 동작을 제한하여 고전압 사용을 줄이고 모터에 의한 회생제동과 기관에 의한 충전 제어를 수행한다(공회전 및 가속 시 충전).

ⓑ 기관 컨트롤

기관이 최적화된 작동을 유지하도록 기관 부하에 따른 목표 속도와 토크를 결정하여 ECU를 제어한다.

ⓢ 기관 시동(On) 및 정지(Off) 제어

시스템 상태에 따라 기관 시동방법을 결정한다. 주로 HSG로 기관 시동을 걸지만, HSG가 고장일 경우 구동 모터 또는 타력 주행으로 시동을 걸기도 한다. 시동 및 기관 정지 시에는 HSG가 구동되어 기관 회전 속도를 구동 모터의 속도와 동기화 시켜 진동 및 충격이 발생되는 것을 방지한다.

ⓞ 기관 클러치 제어

기관 클러치의 동력전달, 슬립 제어를 결정하여 TCU로 전송한다. HCU는 목표 유압을 결정하고 TCU는 해당 솔레노이드를 전류 제어한다.

ⓩ 토크 분배

주행 상황에 따라 필요한 토크를 두 동력원에 효율적으로 분배한다(기관 및 구동 모터). 예를 들면, 모터의 효율이 높은 차량 출발 시나 저속 구간에서는 모터만으로 구동하고 기관의 효율이 높은 정속 및 중/고속 구간에서는 기관으로 구동한다. 급가속 또는 등판과 같이 높은 토크가 요구되는 구간에서는 기관과 모터를 동시에 구동시키며, 기관의 작동 효율을 우선하여 모터 동력을 보조한다.

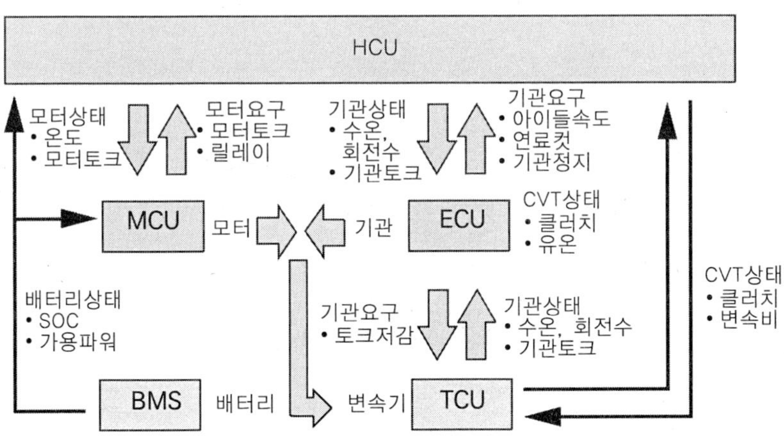

HCU 제어장치의 구성

㉫ 시스템 제한

고전압 배터리의 충·방전 한계치를 제어한다. 필요 시 모터의 출력 및 충전량을(모터, HSG)제한한다.

㉬ 보조 배터리(12V) 제어

LDC(Low vlotage DC-DC Converter)의 출력전압을 가변제어하며 차량에서 필요한 전원을 제공한다.

㉭ 페일 세이프(Fail Safe)

HEV 시스템에 문제가 있으면, HCU에서 고장을 진단하고 안전을 위해 적절한 조치 명령을 내린다.

④ HCU의 작동

㉠ 하이브리드 자동차 시동

하이브리드자동차는 가솔린자동차와는 다르게 보통 하이브리드 모터를 이용해서 시동을 건다. 하지만 하이브리드 모터 시동에 장애가 생기면 MCU에서는 즉각 이에 대한 정보를 HCU로 보내게 되고 HCU는 이에 대한 적절한 조치로 가솔린기관의 시동모터를 구동해서 시동을 걸 수 있게 ECU로 명령을 내리며 특별한 일이 없다면 보통은 하이브리드자동차의 모터로 시동을 걸게 된다.

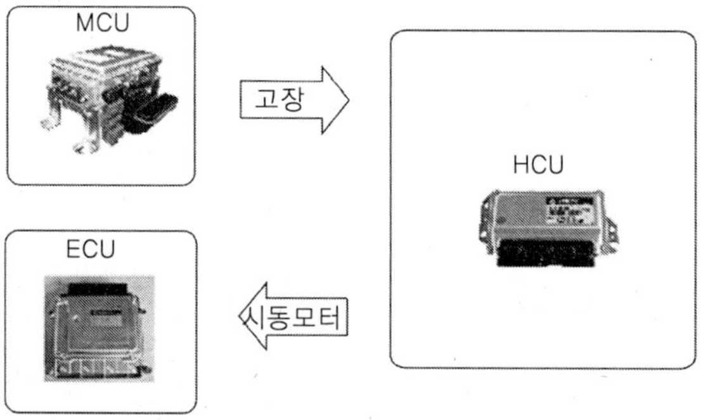

하이브리드자동차 시동

㉡ 아이들 스탑

아이들 스탑 진입조건 즉, D단 주행 후 브레이크 정차 시 이에 대한 정보가 HCU로 입력이 되면 HCU는 MCU와 ECU에게 기관과 모터의 작동 중지명령을 내리게 되고 이와 반대로 브레이크를 OFF시키거나 가속페달을 밟을 시에는 HCU에서 모터와 기관을 움직여 상황에 맞는 적절한 주행을 할 수 있게 HCU가 명령을 내리게 되다.

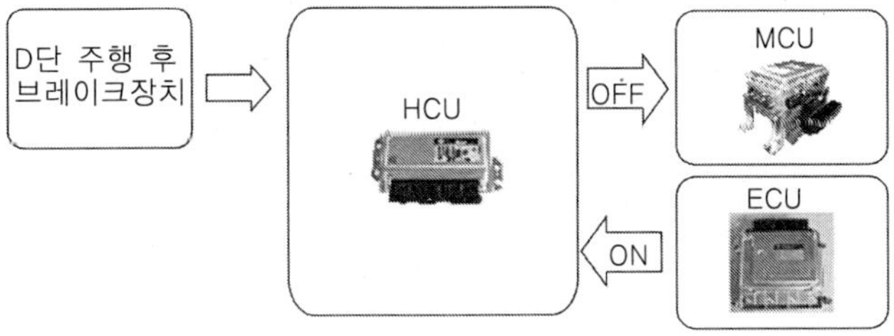

아이들 스탑

㉢ 브레이크 밀림장치

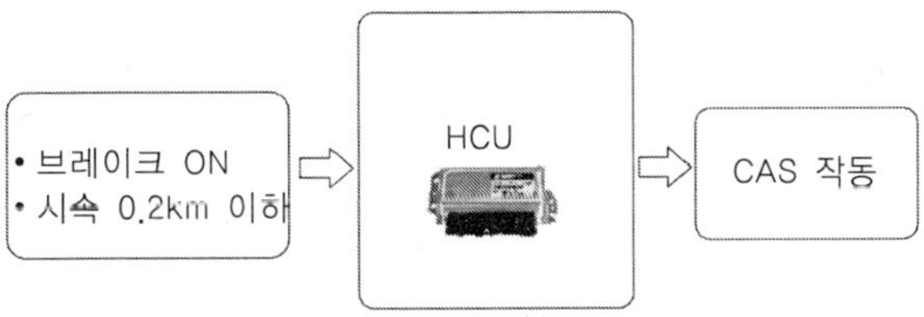

브레이크 밀림장치

경사로 밀림 방지장치는 일반 오토 가솔린자동차와는 달리 정차시 아이들 스탑 모드로 들어가는 특수성 때문에 언덕길에서 순식간에 차가 뒤로 밀리는 위험한 상황이 발생할 수 있는데 이러한 이유로 장착된 기능이 바로 CAS(creep aid system)로 하이브리드의 특성상 장착된 일종의 안정장치이다.

브레이크 밀림방지장치는 크게 브레이크스위치, 경사각 센서, HCU, ABS모듈 이 4가지 장치가 제어를 한다. 이 장치들은 브레이크를 작동시키고 차가 멈추기 시작하면서 시속 0.2km 이하로 속도를 줄이게 되면 일단 브레이크 밀림장치 진입에 들어간다.

이렇게 브레이크 밀림방지장치가 작동하는 순서를 보면 일단 언덕길에서 액셀러레이터를 밟기 위해 브레이크에서 발을 떼도 경사각센서에서 보내준 정보를 HCU에서 분석하고 ECU에게 전달해주는데 ECU는 ABS에게 신호를 줘서 차가 밀리지 않게 일정시간 밀림방지 밸브를 막아 브레이크 밀림을 방지한다.

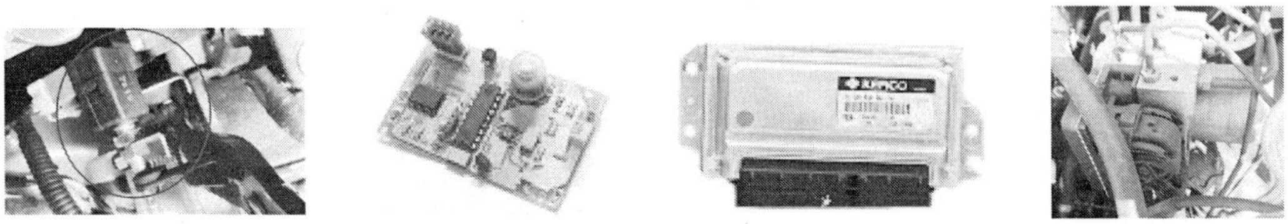

(a) 브레이크스위치 (b) 경사각센서 (c) HCU (d) ABS 모듈

브레이크 밀림장치의 구성

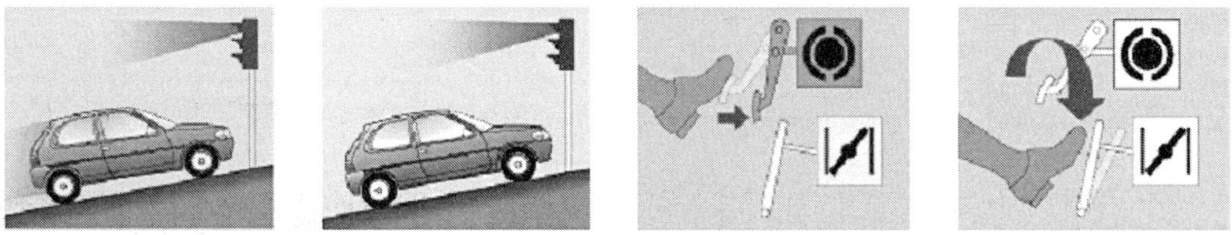

(a) (b) (c) (d)

브레이크 밀림장치의 작동

㉣ 하이브리드 모터 보조

하이브리드자동차의 특성상 작은 기관으로 인해 토크가 모자란 경우 ECU는 얼마 정도의 힘이 필요한지에 대한 정보를 HCU에게 보내게 된다.

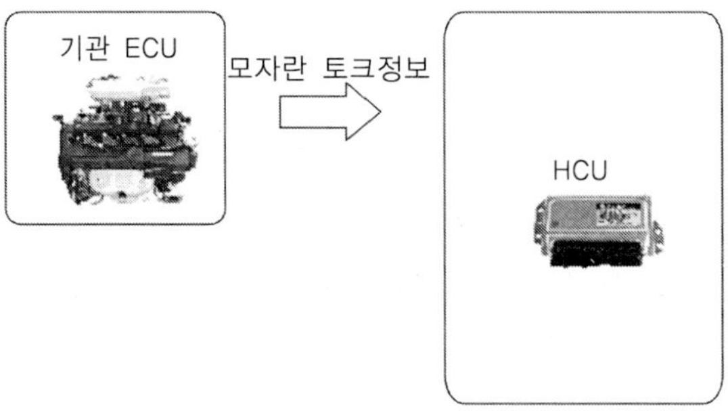

모터 보조

이때 HCU에서는 가속시 기관이 어느 정도의 토크가 모자란 가에 대한 분석을 한 뒤 이 정보를 바탕으로 MCU에게 모자란 토크를 보조할 수 있게 모터를 구동하라는 명령을 내린다.

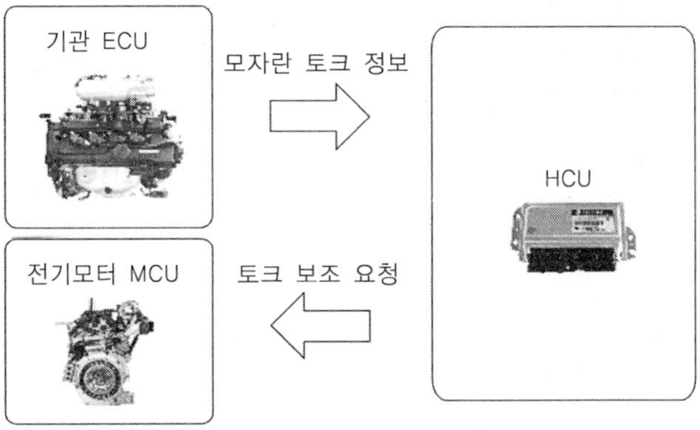

모터 보조작동

ⓜ 부압보조

부압보조는 HCU에서 브레이크스위치 신호와 부압센서 신호를 받아서 부압의 상태를 판단하고 정보를 분석한 뒤 MCU로 모자란 부압을 회복시킬 만큼 모터를 구동하라고 명령을 내리는 것을 말한다.

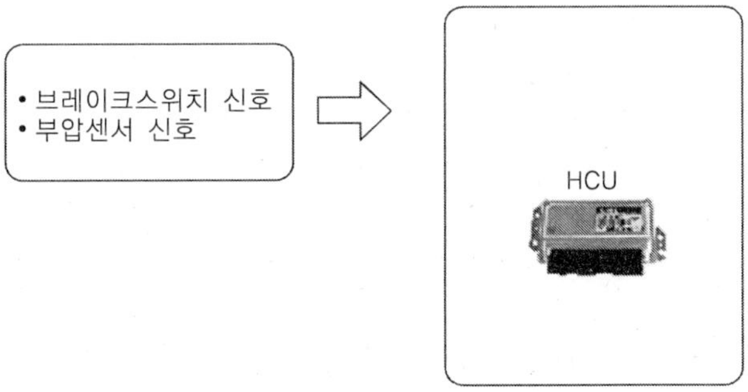

부압보조

기관과 브레이크 쪽의 부압이 낮으면 일단 모터를 구동하기 전 에어컨이 작동을 하고 있다면 HCU는 ECU로 에어컨작동을 금지하는 명령을 내리고 ETC모터를 구동해서 흡입공기를 막는데 이렇게 해도 브레이크 부스터 압력이 저하되면 모터의 보조를 통해 브레이크 부압을 생성한다.

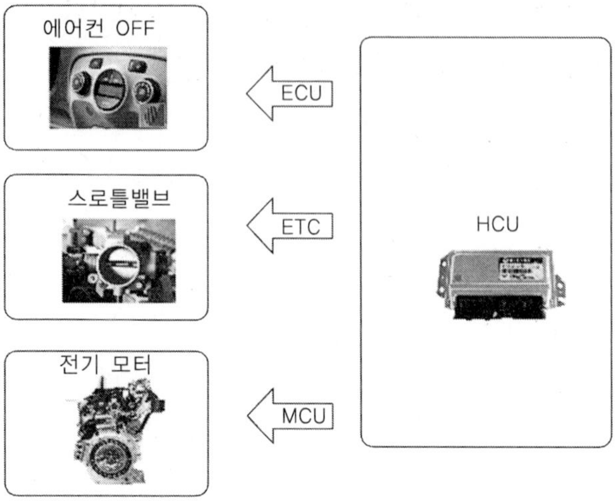

부압보조 작동

㉥ 하이브리드 모터 회생제동

하이브리드 모터 발전을 통해 전기 에너지를 저장하는 하이브리드 모터 회생제동 모드는 ABS의 차속 값에 대한 정보와 브레이크스위치를 통한 차량의 브레이크 작동유무, BMS에서의 배터리 충전량에 대한 정보를 HCU로 보내게 된다. 이러한 정보를 받은 HCU가 데이터를 분석하고 MCU로 모터 구동명령을 내려서 주행속도 감속시 모터를 발전시켜 고전압 배터리에 전기를 충전하는 것을 모터 회생제동이라고 한다.

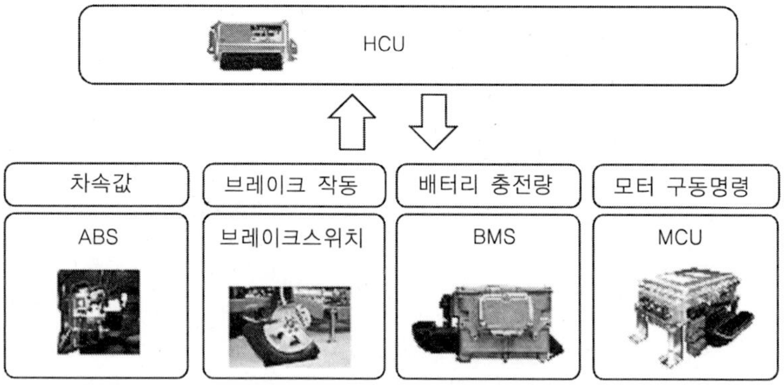

하이브리드 모터 회생제동

ⓢ CVT변속 제어

하이브리드 자동차에 사용되는 CVT는 일반 오토 변속기와는 달리 무단변속 장치를 채용하고 있는 변속기인데, 제어를 위한 정보는 차속 값, 기관 ECU에서의 가속페달 값, TCU의 유온, 변속비 등의 정보를 HCU와 서로 주고받아 주행 상태에 따른 최적 변속비를 제어할 수 있게 한다.

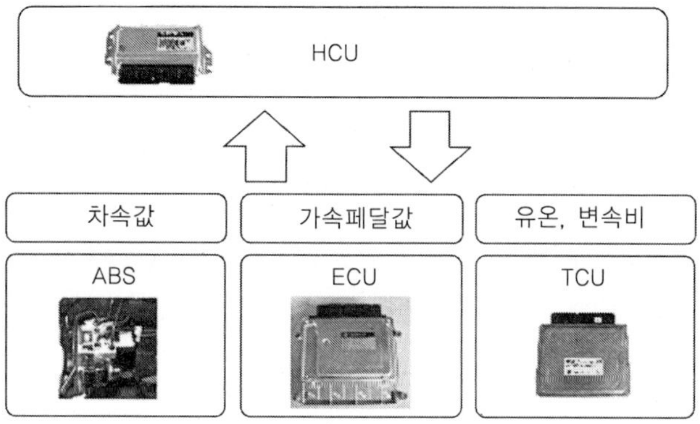

CVT 변속제어 작동

ⓞ 기관 연료제어

HCU는 하이브리드자동차의 기관 연료제어를 한다. 그 중 가솔린기관의 시동, 주행 또는 감속시의 연료 분사량을 조절한다. 이는 보통 가솔린기관에서는 ECU에서 이 모든 일을 하지만 하이브리드자동차는 가솔린기관의 상태를 체크 해가며 모터가 작동을 해야 하기 때문에 HCU에서도 ECU와 같이 기관을 제어할 필요가 있다.

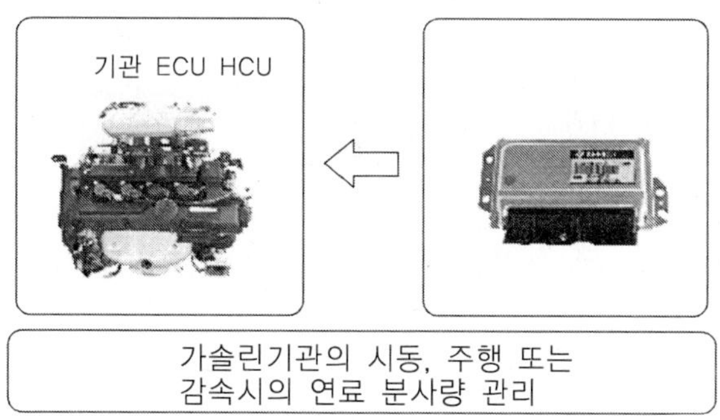

기관 연료제어

㉧ 배터리 관리

하이브리드자동차의 HCU는 SOC(배터리 충전상태) 리셋발생시 자체 보정 값을 산출해서 HCU가 제대로 조취를 취할 수 있도록 요청을 한다. SOC의 충전도가 기준치 이하로 떨어지거나 과충전 상태가 되는 등에 이유로 모터나 배터리 등에 손상이 갈수도 있다고 판단하면 HCU는 이에 대한 적절한 조치를 취하게 되는데 SOC 즉, 전지의 충전상태에 따라 각각 조치하는 방법이 틀리다. 그중 과충전, 과방전, 과전압을 사전에 방지해서 배터리를 보호하는 등의 일은 HCU가 배터리를 보호하는 대표적인 일이라 할 수 있다.

배터리는 BMS가 관리도 하지만 배터리의 상태에 따라 기관이나 모터를 어떻게 적절히 구동시키는지에 대한 밸런스 조절은 HCU가 한다. 배터리의 SOC 충전량이 65% 이상으로 과충전이 될 것 같으면 HCU는 토크에 제한을 두는 등의 조치를 취하고 반대로 SOC의 충전량이 18% 이하로 과방전이 예상되면 HCU는 MCU에게 아이들 스탑을 금지해서 배터리를 보호하게 된다.

하지만 HCU의 제어로도 어떻게 할 수 없는 경우가 있는데 그건 바로 하이브리드 자동차를 장기방치 할 경우이다.

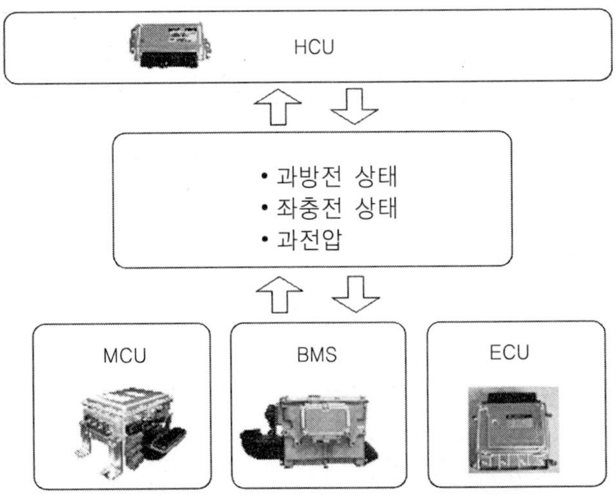

HCU의 배터리 관리

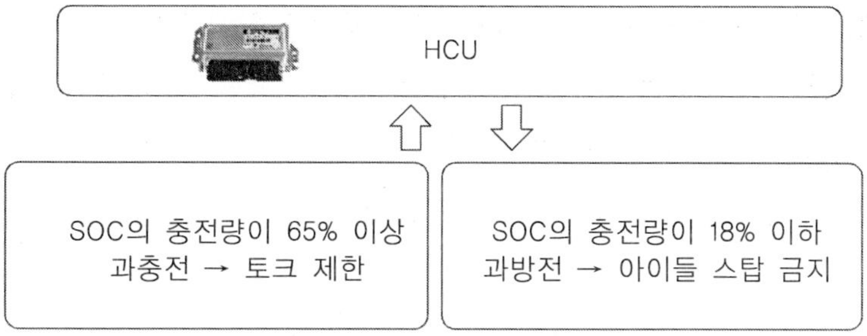

HCU의 배터리 충전상태 관리

- 전기 동력차단 : 고전압 배터리 전기 에너지 입·출력이 금시
- 고전압 배터리 SOC(배터리 충전상태)가 30% 이하일 경우 : 2개월 이상 차량 장기 방치 시 고전압 배터리의 재사용이 불가
- SOC(배터리 충전상태)가 60% 이상일 경우 : 6개월 이상 장기 방치 시 고전압 배터리의 재사용이 불가

06 주행모드별 계기판 작동

하이브리드자동차의 계기판에 charge, assist부분이 있는데 이 부분이 하이브리드 자동차의 특징을 잘 나타내 주고 있는 부분이다. 계기판에 charge, assist는 자동차의 주행모드에 따라서 다르게 나타난다.

하이브리드 자동차의 계기판

하이브리드 자동차의 주행모드는 시동, 발진, 가속, 정속, 감속, 정지의 형태로 기관에 모터의 동력을 같이 사용함으로써 각 주행모드 별로 기관과 모터의 작동이 차이가 나는데, 이러한 현상은 하이브리드 자동차의 차량 성능을 향상에 중요한 영향을 미친다고 할 수 있다.

그리고 하이브리드 자동차의 계기판의 경우 운전자에게 하이브리드 자동차의 현재 모드별 작동을 알려주고 있는데, 계기판의 change로 눈금 표시가 되면 불필요한 동력을 모터가 발전 제어하여 배터리를 충전하게 되고, 계기판에 assist로 눈금표시가 되면 모터가 기관을 도와 차량성능을 향상시킨다.

(1) 시동단계

시동단계에서 이그니션 키를 작동하게 되면 계기판이 점등이 되는데 이때는 하이브리드 모터만 돌기 시작한 상태이다.

시동단계

(2) 발진단계

발진단계에서는 변속기어를 P에서 D로 바꾸는 상태로 차량은 서서히 출발을 하게 된다. 이때 계기판에서는 속도계가 약간 올라가면서 assist 레벨이 조금 올라가는 것을 볼 수 있다. 이것은 모터를 돌리기 위해 배터리에 저장된 전기 에너지를 사용하기 시작했다. 그러나 이때도 기관의 RPM에는 아직 변화가 없는 것을 볼 수 있다.

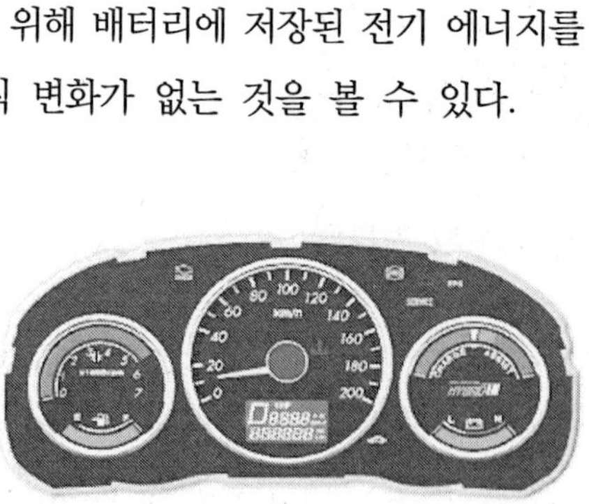

발진단계

(3) 가속단계

가속단계는 차가 점점 더 빨라지는 것이기 때문에 속도계와 assist 레벨이 계속해서 올라가는데, 이 때 기관의 RPM도 같이 올라가는 것을 볼 수가 있다. 이것은 가속을 시키기 위해서는 기관을 같이 구동시키기 때문이다.

- 모터와 기관이 같이 구동
- 모터와 기관은 각각 전기에너지와 연료를 소모
- assist 레벨 증가

가속단계

(4) 정속단계

정속단계에서는 차가 일정한 속도로 주행하게 되는데, 이때는 모터는 구동하지 않는 상태가 되고, 기관의 힘만으로 주행을 하게 된다. 따라서 assist 레벨은 0이 되며, 기관의 RPM만 어느 정도 올라가 있는 상태가 된다.

- 기관의 힘만으로 주행
- 모터는 구동하지 않으므로 assist 레벨은 0

정속단계

(5) 감속단계

감속단계는 하이브리드 자동차에서 매우 중요한 단계이다. 바로 감속을 할 때 속도계와 RPM도 줄어들지만, 그보다도 assist가 아닌 charge쪽으로 게이지 레벨이 올라간다. 이것은 차가 감속할 때 남는 구동력을 발전 에너지로 전환하여 배터리에 충전을 하는 것으로 하이브리드 자동차가 주행 중 계속해서 배터리를 충전하는 원리가 된다.

• 기관의 남는 구동력으로 배터리 충전
• charge 레벨증가

감속단계

(6) 정지단계

정지 단계에서는 모든 계기판이 0인 상태로 나타나게 된다. 기관은 현 단계에서 아이들 스탑 상태가 되어 있기 때문에 auto stop이라고 표시등이 나타나게 된다.

• 모든 게이지가 0
• auto stop 표시등

감속단계

(7) auto stop

하이브리드 자동차는 운행 중 정지하게 되면 연료소비 및 배출가스를 저감시키기 위해 자동으로 기관이 정지하게 되는데, 바로 이 기능을 오토 스탑 이라고 한다. 이 때 계기판에는 이렇게 "AUTO STOP"표시등이 점등이 된다. 자동차가 완전히 멈춰서 시동이 꺼진 상태가 아니라 잠시 정지해 있을 때인데 기관이 꺼지게 되고 이것은 하이브리드 자동차만의 특징으로 모터가 대신해서 구동력을 만들어 주기 때문에 가능하다.

그리고 이 오토 스탑 기능은 그 기능을 ON/OFF할 수도 있다. 이것은 하이브리드 자동차라고 해도 기관의 동력에 의해 작동되는 에어컨이나 히터 같은 것은 기관과 직접적으로 관계가 되어 있기 때문에 기관이 멈추면 사용할 수가 없게 되는 것 때문이다.

auto stop

auto stop ON/OFF스위치

07 HEV 냉각시스템

하이브리드 차량을 제어하는 핵심부품인 HPCU 내부에는 다량의 반도체 소자가 적용되어 있으며, 작동 시 열 발생을 피할 수 없다. 특히 고전압에 직접 연계되어 열 발생량이 기존 내연기관 차량의 전장부품 보다 더 높은 편이며 과열은 각 제어기의 효율을 떨어뜨리고 적절한 동작제어를 제한한다. 또한 반도체의 특성상 일정 온도 이상의 고온에서는 도체가 되어버릴 수 있어(전기적으로 항상 ON) 정상적인 작동이 불가능할 수 있다.

따라서 HPCU 관련 부품을 적절히 냉각시켜 주는 것이 매우 중요하며 이를 위해 기존 기관 냉각라인과는 별도로 EWP(electronic water pump) 즉, 전기식 워터펌프를 이용하는 수냉식 냉각라인이 설치되어 있다.

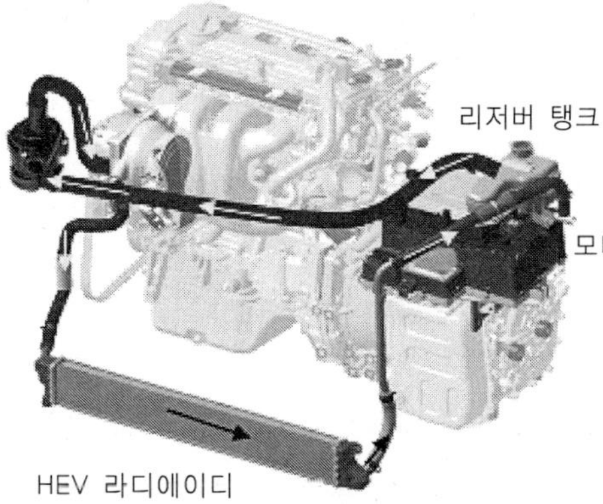

HEV 냉각시스템의 구조

08 하이브리드 자동차의 기관

(1) 하이브리드 자동차의 기관특징

하이브리드자동차에 기관부분은 일반 가솔린자동차와는 조금 차이가 있다. 하이브리드자동차의 특성상 일반 가솔린자동차에 비해 사이즈 즉 배기량이 적은 기관을 사용한다는 점이고 특히 연비를 증대시키는 동시에 배출가스 저감을 위해 많은 신기술을 기관 본체에 적용되어 있으며 대표적인 신기술 내용을 보면 압축행정 시 흡기밸브의 닫힘 시기를 지연하여 펌핑 손실을 최소화하고 연소 시 발생하는 에너지는 최대로 활용하는 아킨슨 사이클(atkinson cycle)을 적용한 기관을 사용하기도 하며 또 기관의 연소에 효과를 극대화하기 위해 가변흡기 제어장치 적용하였고 기관의 연소상태를 향상시켜 배출가스 저감과 기관 연비 향상시킨 전자 EGR밸브를 적용했으며 람다 센서는 광역산소 센서를 적용하였다. 또 운전자의 의도에 따라서 기관에 유입하는 공기량을 제어하도록 하는 전자제어식 스로틀 컨트롤밸브인 ETC(electronic throttle control valve)를 적용하였다.

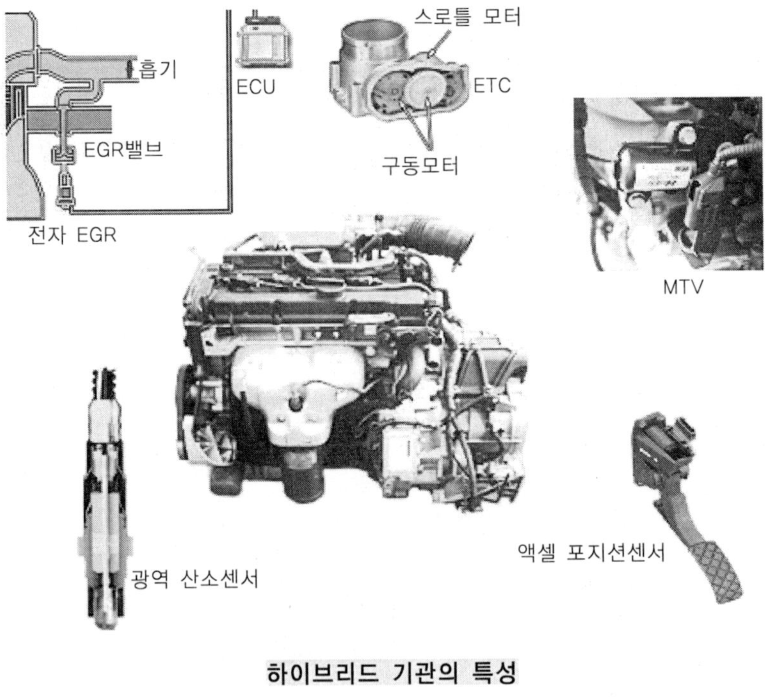

하이브리드 기관의 특성

그리고 하이브리드 자동차가 가솔린자동차와 다른 점은 가솔린자동차와 같이 시동모터로만 시동을 거는 것이 아니라 고장이 없을 경우 하이브리드 모터로 시동을 한다. 이는 시동모터보다 하이브리드 모터가 출력이 높으므로 시동성이 더욱 좋아 지기 때문이다.

일반 가솔린 차량들이 기름을 가장 많이 소모하는 경우 중에 하나가 바로 시동을 걸 때인데 시동모터보다 출력이 높은 하이브리드 모터를 이용해서 시동을 걸면 시동성이나 연비 또 배기가스문제를 동시에 해결할 수 있다.

(2) 아킨슨 사이클(atkinson cycle) 기관

도요타 프리우스의 전용기관은 13.0의 높은 압축비를 적용하였다. 그러나 아킨스 사이클(atkinson cycle)을 적용하였기 때문에 실제 유효 압축비는 높지 않다. 아킨슨 사이클은 압축행정과 팽창행정이 동일한 기존 사이클과는 달리 압축행정이 팽창행정에 비해 짧다. 압축행정 시 흡기밸브의 닫힘 시기를 지연하여 유효 압축행정을 짧게 하는 것이다.

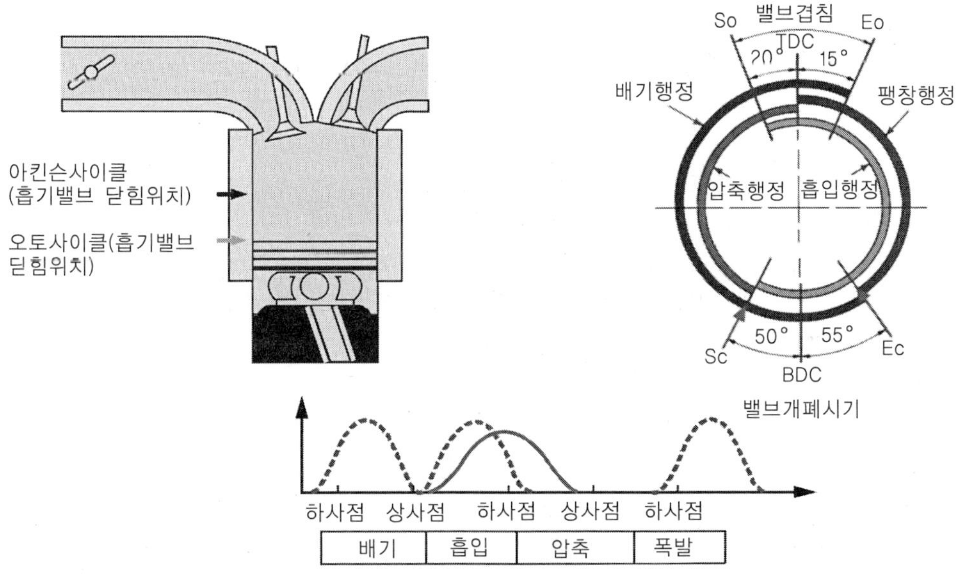

아킨슨 사이클

아킨슨 사이클의 장점은 압축행정 시 발생되는 펌핑 손실을 최소화하고 연소 시 발생하는 에너지는 최대로 활용하므로 연비가 향상된다는 것이다. 반면에 압축되는 연료-공기혼합기(fuel-air mixture)가 적어 기관 출력이 떨어지는 단점이 있어 일반 차량에는 사용되지 않고 있다.

그러나 하이브리드 차량의 경우에는 전기모터로 기관의 출력을 보조하기 때문에 이러한 단점이 문제되지 않으므로 연비향상을 위해 아킨슨 사이클 기관을 사용하는 것이다.

2 전기 자동차(EV : Electric Vehicle)

01 전기 자동차 개요

순수 전기자동차(EV : Electric vehicle)는 화석연료(가솔린·디젤 등)기관 없이 배터리를 통한 전기에너지만을 동력원으로 사용하는 전기자동차이다. 충전된 전기에너지만으로 구동돼, 이산화탄소 등 배출가스가 전혀 발생하지 않는다. 또한, 내연기관이 필요 없고 전기모터만 장착하면 되기 때문에 자동차 구조를 단순화할 수 있고 자동차 앞쪽의 기관룸이 없어도 되니 그 공간을 활용해 기존 상식과는 다른 다양한 디자인의 자동차가 등장하고 있다.

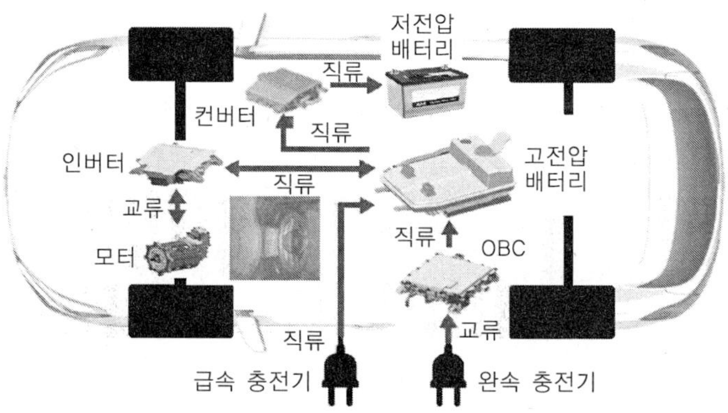

전기자동차의 전기 에너지 흐름

또, 기존 자동차와 다른 점이 하나 더 있는데, 바로 기관 소리가 나지 않는다는 것이다. 전기자동차를 처음 운전해보면 기관 소리가 없어서 시동이 걸렸는지, 차가 지나가고 있는지도 모르는 상황이 발생하기도 한다. 때문에 전기자동차 제조사들은 일부러 기관 소리가 나도록 효과음을 넣기도 한다.

EV는 배터리만으로 자동차를 구동하므로 배터리 성능이 가장 중요한 요소인데, 현재 기술력으로는 한 번 충전으로 최대 385~451km를 달릴 수 있는 수준이다. 2020년도에 삼성전자 종합기술원은 1회 충전으로 800km 이상 주행이 가능하고 리튬이온 전지보다 크기는 반으로 줄이고 1천회 이상 배터리 재충전이 가능한 차세대 전고체 전지(All-Solid-State Battery)를 개발 하였다.

전기자동차의 보급은 자동차산업 전반의 큰 변화를 이끌고 있다. 지금까지 내연기관 자동차는 기관을 생산하는 완성차 제조업체를 중심으로 변속기와 클러치 등을 공급하는 업체의 협력으로 만들어졌으며, 다소 복잡한 생산구조를 이루고 있다. 그러나 2차 전지와 모터로 구동하는 전기자동차는 기관 및 변속기가 필요 없어지는 등 구조가 간단해진다.

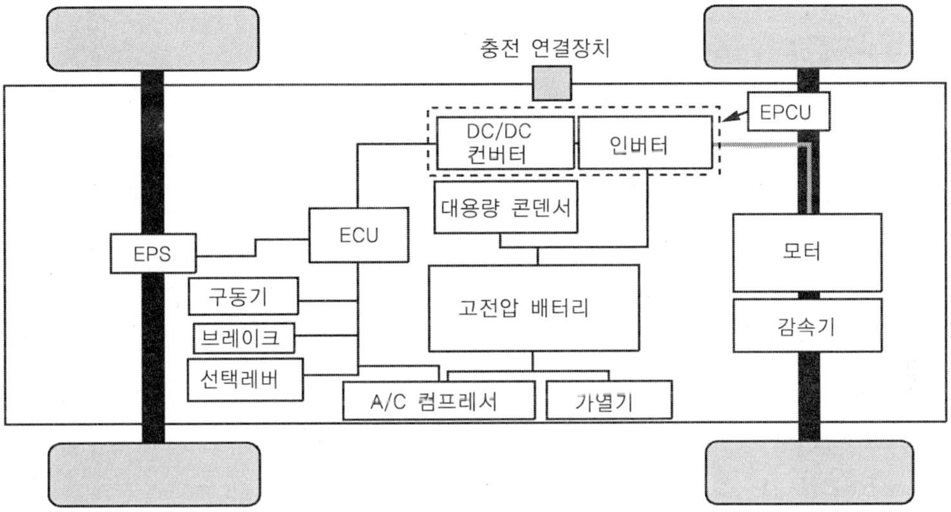

• EPS : electronic power steering
• EPCU : Electric Power Control Unit,
(인버터(MCU-Moter Control Unit)+LDC +VCU(Vehicle Control Unit))
• ECU : electronic control unit

전기자동차의 주요 부품구성도

자동차 구조만 단순해지는 게 아니다. 산업구조도 자동차 업체를 기준으로 하는 계열화에 의한 수직통합형에서 전지·전자 등을 중심으로 하는 수평통합적인 구조로 완만하게 변화할 것이다. 다시 말하자면 관련계열 이외의 기업도 참여할 수 있는 여지가 생기는 것이다.

가솔린자동차의 경우, 기존의 유압 기구였던 부품의 전동화가 진전돼 지금은 한 대에 100여개 이상의 모터가 탑재된다. 전기자동차의 경우 전자부품 사용이 증가해 모터의 탑재 수는 더욱 늘고 있다. 전기자동차화의 추세가 그야말로 탄력을 받고 있는 상황이다.

가솔린자동차의 구동력은 기관에서 나오지만 전기자동차는 모터에서 나온다. 가솔린자동차의 기관 회전수와 출력은 액셀레이터로 조절하지만 모터는 이 기능을 위해 컨트롤러로 조절한다.

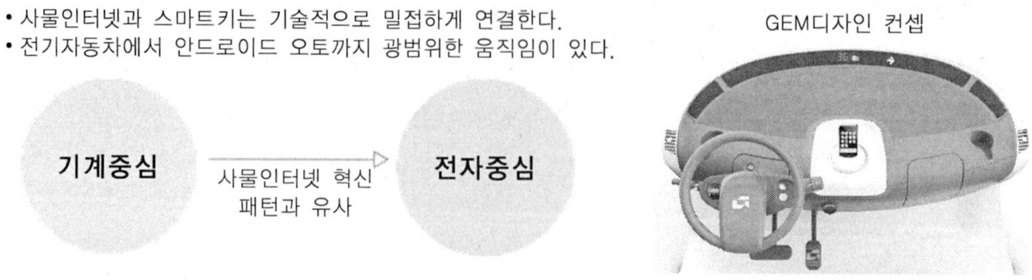

자동차산업의 변화

02 내연기관 파워트레인과 전기자동차 파워트레인 비교

① 자동차에서 파워트레인은 동력장치에서 생산한 동력을 바퀴에 전달하는 과정에서 필요한 시스템을 지칭한다.

② 전기자동차 파워트레인은 동력을 만드는 모터와 전기의 특성을 제어하는 파워일렉트로닉스, 그리고 전기에너지를 저장하는 전지팩으로 구성된다. 연료를 저장하고 배출하는 내연기관차의 연료탱크는 파워트레인에 포함되지 않지만, 전기자동차의 전지팩은 에너지의 저장 및 효율적 관리 역할까지 하므로 파워트레인 구성요소에 포함된다.

③ 전기자동차와 내연기관차 파워트레인의 가장 큰 차이는 동력을 만드는 방법에 있다. 내연기관차의 동력을 기관이 만든다면, 전기자동차의 동력은 모터가 만든다. 기관을 구동하려면 휘발유 등 연료가 필요하고, 모터를 돌리려면 전기가 필요하다. 동력을 전달하는 방식도 전기자동차와 내연기관차는 다르다. 전기자동차가 동력을 만들고 전달하는 방식은 내연기관차에 비해 간단한 편이다. 따라서 전기자동차 파워트레인은 내연기관차보다 구조적으로 훨씬 단순하고, 부품수도 최대 80%까지 줄어든다.

④ 내연기관차의 성능은 파워트레인 구성부품인 기관과 변속기의 개별 성능, 그리고 부품간 효율적 연계 수준에 달려있다. 전기자동차에서도 파워트레인의 성능은 중요한 경쟁요소다. 원가 측면에서도 파워트레인의 비중은 전기자동차 부품 중에서 가장 높다. 전기자동차 모델간 경쟁의 핵심이다.

03 전기자동차의 장·단점

(1) 장점

① 주행시 CO_2를 배출하지 않는다. 소형 전기 자동차가 충전 전기 제조시 주행 1km당 40g(소형 가솔린 차의 경우는 170g)의 CO_2를 발생한다.

② 부품수가 하이브리드 자동차는 물론, 내연기관 자동차 보다 적게(기관, 트랜스미션 등이 불필요) 시스템이 단순화 가능하므로, 고장 리스크 범위도 줄일 수 있고 고장이 적은 편이다. 전지 생산 비용이 줄어들면 플러그 인 하이브리드 자동차 보다 값이 쌀 가능성이 있다.

③ 전기차는 전기모터로만 구동할 경우 운행비용이 가장 저렴하고 값싼 심야 전기를 이용할 경우 비용을 더 낮출 수 있고 자택에서 충전 가능하다.

④ 주행 중 화석연료를 전혀 사용하지 않아 가장 친환경적이다.

⑤ 차량 소음이 적고, 진동이 적고, 차량 수명이 상대적으로 길다.

⑥ 사고 시 폭발의 위험성이 적다.

⑦ 다양한 에너지원을 이용할 수 있고, 에너지 효율이 높다.

⑧ 차량디자인 및 부품배치 자유도가 크다.

⑨ 전기자동차는 휘발유 자동차와는 다르게 운전 중에 기어를 바꿔줄 필요가 없어 운전조작이 간편하다.

⑩ 낼 수 있는 에너지 당 중량이, 석유 계 연료에 비해서 매우 크다.

(2) 단점

① 차량 총 중량 20ton 트럭일 경우, 현재 기술에서는 전지만으로도 5ton 정도 되고, 따라서 대형차에 맞지 않는다.

② 고가의 전지가 필요하다.

③ 자동차 수명보다 전지 수명이 짧다.

④ 장거리 주행을 위해서는 급속 충전 스탠드의 전국 규모로 충전해야한다.

⑤ 차량 가격이 비싸다.(그러나 기술 개발을 통해 배터리 생산단가를 절감하면 향후 가격 경쟁력에서 충분히 승산이 있다.)

⑥ 일반 가솔린 자동차에 비해 속도가 느리고, 배터리 1회 충전으로 주행할 수 있는 거리(항속거리)가 짧다.

⑦ 충전 시간이 오래 걸린다.
⑧ 사고 시 수리비가 많이 나온다.
⑨ 별도의 충전 시설을 위한 인프라 구축도 선행돼야 한다.
⑩ 겨울철에 주행거리의 편차가 심하다

04 전기자동차 전지의 특징

(1) 전지의 역할

전기자동차가 실질적인 성공을 거두려면 전지기술이 발전해야 한다. 안전, 충전 시간, 전력 전달, 극한 온도에서의 성능, 환경 친화성, 수명이 오늘날 전기자동차에 이용할 수 있는 충전식 전지기술의 문제이다.

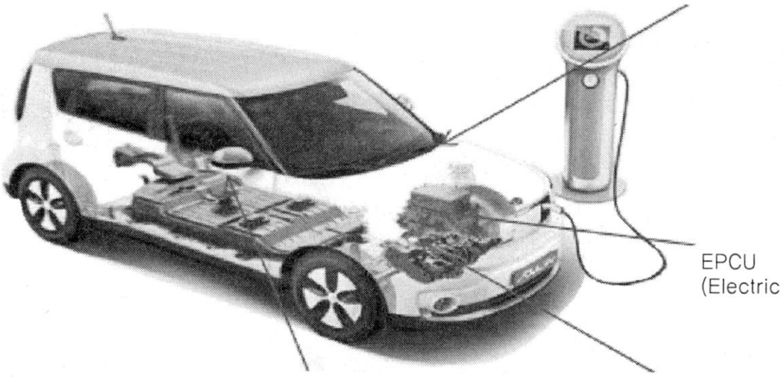

전기자동차의 구성 시스템

전기자동차는 리튬이온 전지, 리튬폴리머 이온전지를 제품에 채용하는 추세이다. 예를 들어, 도요타 자동차의 프리우스, 캠리, 하이랜더는 밀폐형 Ni-MH 전지 팩을 사용하여 전기모터에 전기를 공급하였으나 리튬이온 전지와 비교할 때 Ni-MH의 전력 수준이 낮고 자가방전율이 높다.

Li - ion 배터리

보관 수명이 3년에 불과한 Ni-MH는 EV에 적합하지 않다. 기존 리튬이온 전지는 특정한 높은 에너지를 제공하고 무게가 가볍다. 그러나 높은 가격, 극한 온도의 불용, 안전(리튬이온 전지의 가장 큰 장애 요인임)때문에 이 전지는 적합하지 않다.

도요타는 안전에 대한 염려 때문에 리튬이온 전지를 장착한 신형 장거리 주행 하이브리드의 출시를 연기한 경험이 있다. 기존 리튬이온 전지는 수명이 3~5년이고 충전 주기는 1,000사이클이다. 다른 문제는 적절한 전지 수명 범위를 보장할 수 있는 리튬이온 전지의 크기이다. 랩톱이나 휴대폰의 경우 사용하는 동안 전원연결이 가능하기에 매체를 통하여 선전한 작동 시간보다 짧아도 용인되지만 자동차에는 이러한 장치가 없다. 그러나 리튬이온 전지는 메모리현상이 없으므로 사용자가 임의대로, 주변 환경에 따라 수시로 충전하여 사용하여도 거의 수명에 영향을 미치지 않는다. 오히려 조금 쓰고 충전하고 조금 쓰고 또 충전하고 하면 Ni-계 전지와는 정반대로 수명이 길어지는 효과가 있다. 이러한 이유 때문에 리튬이온 전지가 Ni-계 전지보다 훨씬 비싼데도 수요가 늘어나고 사용자가 찾게 되는 것이다.

메모리 효과란 니켈로 만든 전지에서는 활물질로 사용된 NiOH에서 OH가 떨어졌다 붙었다 하면서 전하를 전달하는 현상이 바로 충전과 방전이라는 전기적 흐름으로 나타난다. 여기서 shallow charge-discharge를 반복을 하면, 즉 조금 사용하고 다시 충전하고, 조금 쓰고 또 충전하고 하면 NiOH는 고용체를 형성하게 되는데 이 고용체의 형성은 비가역적인 반응이므로 한번 고용체가 생성이 되면 다시는 되돌아가지 못하게 되어 남아있는 용량을 사용하지 못하게 된다. 이와 같이 전지가 마치 사용할 수 있는 용량의 한계를 기억하는 것과 같은 이러한 현상을 메모리 효과라고 한다. 따라서 Ni(니켈)을 포함하고 있는 전지는 완전충전(100% 충전)하였다가 완전 방전될 때까지 사용하는 것을 반복하는 것이 가장 좋은 사용방법이다.

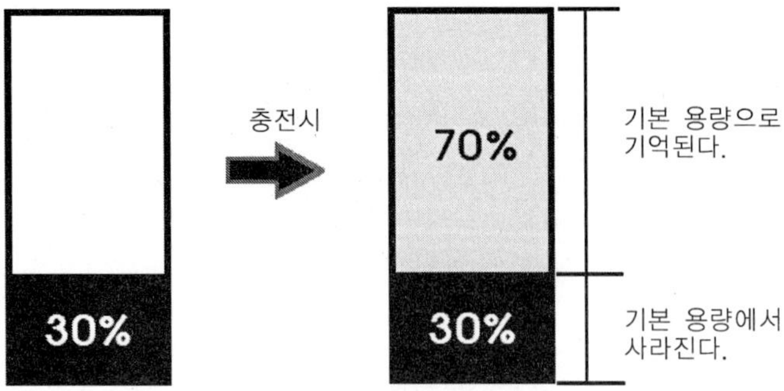

메모리 효과(memory effect)

(2) 전지가 갖춰야 할 조건

전지가 터무니없는 가격대를 형성하고 있다면 정부의 보조금이 나온다고 할지라도 쉽게 구할 수 없는 상황에 처하게 된다. 특히 전지는 수시로 교환해 주어야 하는 소모성 부품으로 가격이 비쌀 경우 그 부담감은 소비자들에게 무척 큰 짐으로 전락할 수밖에 없다. 따라서 전지가 갖춰야 할 조건은 다음과 같다.

첫째, 자동차 자체의 보조금은 물론 전지에 대한 보조금 또는 기술적 발전을 통한 생산성, 효율성 향상으로 전지 자체의 가격을 낮추는 것이 시급하다.

둘째, 안전성이다. 손안에 들어오는 작은 전지 폭발로 크고 작은 사건 사고가 발생하는 것을 볼 수 있었다. 그런데 그 보다 수십, 수백 배 큰 자동차 전지가 폭발하는 사고가 발생한다고 했을 때 그 피해는 엄청날 것으로 예상된다. 또한, 교통사고 발생 시 충격으로 인한 전지 폭발 등이 발생하지 않도록 하기 위해 단단한 내구성과 충격 흡수율을 높이기 위한 방안 등을 마련해야 한다.

셋째, 수명이다. 차량을 교체하는 시기가 각기 다르겠지만 5~10년 정도 사용한다고 봤을 때 그 전지수명 역시 이와 비슷하거나 그 이상의 수명을 지니고 있어야 한다. 이는 가격과도 밀접한 연관이 있다. 전지수명이 짧다고 하더라도 그 전지 교환비용이 적절한 가격에 책정된다면 사실 수명은 기준 이상만 유지해주면 된다.

넷째, 마지막으로 집적화이다. 무게나 부피 등을 줄일 수 있는 기술력이 필요하다. 전지가 크고 무거울 경우 결국 전지 효율대비 사용시간은 턱없이 줄어들 수밖에 없다. 따라서 집적화된 기술력을 바탕으로 작고 가벼운 하지만 반비례하여 파워, 수명은 긴 전지를 완성해야 한다.

기타, 그 외에도 전지 충전시간, 충전을 위한 인프라구축 등 갖춰져야 할 부분이 많다. 이러한 점들만 보더라도 전지와 관련한 문제가 해결되는 시점이 바로 전기자동차의 대중화로 이어지는 시점일 것이다.

기존 리튬이온 전지의 충전 시에 리튬원자(분해된 리튬이온)는 양극 안쪽에 쌓이고 방전 시 떨어진다. 리튬이온이 양극에 붙거나 떨어질 때 양극의 흑연판이 이동하고 변형되어 흑연판이 10% 이상 분리되고 리튬이온 크기를 수용한다.

방전 시에는 이러한 과정이 반대로 진행된다. 전지 전 수명에 걸쳐 이러한 반복적 이동 및 변형은 흑연판을 피로하게 하고 흑연구조의 균열을 일으킨다. 이러한 균열 때문에 입자 간 전기접촉이 상실되고 따라서 전지의 기능, 용량, 수명이 떨어진다.

흑연 대신에 나노 크기의 리튬 티타늄 산화물을 사용할 경우 리튬 티타늄 산화물은 "변형이 0"인 재료이다. 따라서 이 재료는 리튬이온이 입자로 들어가고 나올 때 모양이 변형되지 않는다. 리튬 티타늄 산화물 재료는 3차원 결정구조이다. 이 구조에는 크기가 원자와 거의 같아 리튬이온이 들어갈 수 있는 장소가 있다. 따라서 충전과 방전과정에서 응력이나 변형이 일어나지 않는다. 그러므로 흑연과 같은 재료를 파괴하는 입자피로가 없기 때문에 기존 리튬이온 전지보다 자주 이 전지를 충전하고 방전할 수 있다.

기존 리튬이온 전지는 수명이 다할 때까지 약 1,000번 충전할 수 있으며 리튬 티타늄 산화물 재료를 사용하는 전지는 2만 5,000번 이상 충전과 방전을 할 수 있다.

(3) 전지의 구성요소

전지에는 산화제인 양극 활물질과 환원제인 음극 활물질, 양극 활물질간에 있어 이온 전도에 의해 산화반응과 환원반응을 중개하는 전해액, 양극과 음극이 직접 접촉하는 것을 방지하는 격리판이 필요하다. 또한 이것들을 넣는 용기(전지캔), 전지를 안전하게 작동시키기 위한 안전밸브나 안전장치 등이 필요하다.

고성능 전지란 고전압, 고용량, 고출력, 긴 사이클 수명, 적은 자기방전, 적은 자기방전, 넓은 사용온도, 안전하고 높은 신뢰성, 쉬운 사용법, 낮은 가격 같은 조건을 갖추어야 한다.

이와 같은 것을 모두 만족시키는 이상적인 전지를 얻기는 어려우므로 가능한 이와 같은 조건을 만족시키는 용도에 따라 특징이 있는 전지가 제조되고 있다. 고성능 전지를 위해서는 그 구성요소가 우수한 특성을 나타내야 한다.

1) 양극, 음극 활물질

음극(Negative Electrode)은 전자와 양이온이 빠져나오는 전극이고, 양극(Positive Electrode)은 전자와 양이온이 들어가는 전극이다.

에너지 밀도가 큰 전지를 만들기 위해서는 기전력(EMF : electro motive force)이 크고 용량이 큰 활물질을 사용한다. 전지의 음극 활물질에는 아연이나 카드뮴, 납이 이용되어 왔지만 최근 개발되어 하이테크 전지로서 각광을 받고 있는 리튬 전지나 Ni－MH 전지는 리튬 또는 그것과 같은 정도의 환원력을 가진 리튬을 삽입한 탄소재료나 수소흡장 합금에 흡장시킨 수소가 음극 활물질로서 이용되고 있다.

리튬은 가장 환원력이 강한 재료이고 전기화학당량도 적어 음극재료로서는 가장 우수한 재료라고 할 수 있다. 리튬을 음극에 이용하는 전지는 리튬의 극히 강한 환원력을 이용하고 있기 때문에 이것과 조합시키는 재료는 상당히 다양성이 풍부하다. 따라서 리튬전지는 다양성이 대단히 크고 그 진보도 급속하다. 개발 중인 2차전지에서는 금속 나트륨이나 아연 등의 금속과 더불어 철이나 바나듐 등의 산화환원계가 검토되고 있다.

2차 전지의 양극에는 수용액계에서는 납, 니켈, 은 등과 같은 산화물이나 수산화물이 이용되고 있다. 또한 산화수은도 우수한 양극 활물질로서 소형전지에 이용되어 왔지만 환경 면에서 현재는 이용되고 있지 않다. 리튬 2차 전지에서는 비수용액이 이용되므로 망간이나 니켈, 코발트 등과 같은 산화물이 이용되고 있다. 그리고 또 바나듐 산화물이나 금속유화물 등도 검토되고 있다.

2차 전지는 몇 번이고 충방전을 반복할 수 있는 것이 요망된다. 이를 위해서는 충전하면 원래의 활물질 상태로 흔적을 남기지 않고 되돌릴 필요가 있다. 리튬이온 전지에는 음극에는 탄소재료가, 양극에는 코발트산 리튬 등이 이용되고 있다. 이 전지는 방전상태로 제조된 후, 양극에서 리튬이온을 빼고 음극의 탄소 내에 리튬을 삽입하는 충전과정이 있다. 이 전지의 충방전에서는 양극, 음극의 반응은 모두 리튬의 삽입 탈피라고 하는 토포케미컬(Topochemical) 반응이 된다. 토포케미컬 반응이 진행할 때 호스트 재료의 구조변화가 완전히 가역이면 사이클 수명이 긴 전지가 된다.

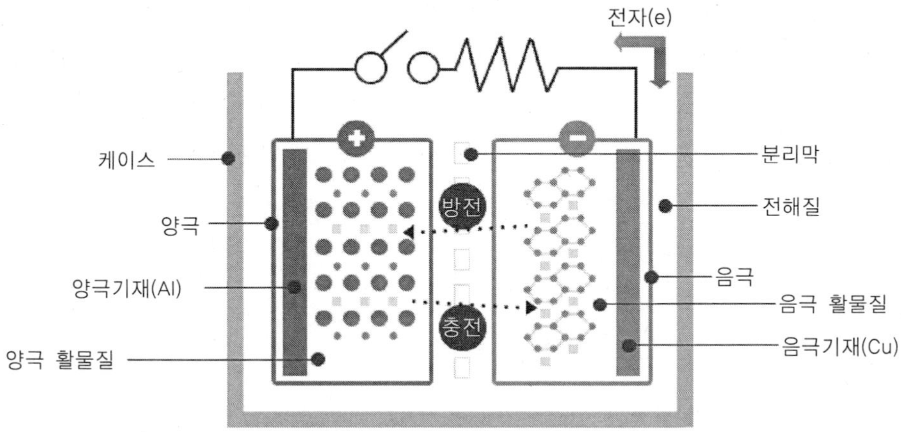

전지의 구성

리튬이온 전지에는 가역성이 높은 토포케미컬 반응을 하는 재료가 선택되고 있다. Ni-MH전지의 경우에도 충방전에 수소가 양극과 음극 간에서 왕래하는 반응이 진행한다. 최근에 개발된 리듐이온 선지와 Ni-MH전지가 함께 토포케미컬 반응을 이용하고 있는 것은 흥미 있는 일이다. 이것과 연축전지를 비교해 보자. 연축전지에서는 다음과 같이 반응이 진행한다.

$$PbO_2 + 2H_2SO_4 + Pb = PbSO_4 + 2H_2O + PbSO_4$$

이와 같이 음극 활물질 Pb와 양극 활물질 PbO_2 이외에 유산과 물이 반응에 관여한다. 엄밀하게 말하면 유산과 물도 활물질이며 이것들은 전해질 용액으로서 존재한다. 전지반응이 진행하면 그것들의 농도가 변화한다. 따라서 일정량 이상의 전해액이 필요해진다. 한편, 리튬전지나 Ni-MH전지에는 전해질의 양이 극히 적어도 되게 된다.

2) 전해액

전해액은 양극과 음극사이에서 이온이 자유롭게 이동할 수 있는 통로 역할을 한다. 이온 전도성 재료는 전지 내에서 전기화학 반응이 진행하는 장을 제공하는 한 쪽의 주역으로서 불가결한 구성요소이다. 그러나 전술한 연축전지의 경우와 같이 기전반응에 관여하는 물질이 공존하는 경우를 제외하고 원리적으로는 그 양은 적어도 된다. 이 이온 전도체는 유산수용액이나 알칼리수용액, 리튬전지에 사용되는 비수전해액 등과 같이 용액이 이용되는 일이 많지만 폴리머 전해질이나 무기고체 전해질, 이온 전도성 글라스 등도 검토되고 있다.

전해액은 이온 전도성이 높을 것이 요구 되는 것 외에 충전시라고 해도 양극이나 음극과 반응하지 않을 것, 전지 작동범위에서 산화환원을 받지 않을 것, 열적으로 안정될 것, 독성이 낮으며 환경 친화적일 것, 염가일 것 등이 요구된다. 전지의 활물질은 분말로 만들어져 전해액에 점결제나 도전조제를 혼합해서 합제하여 이것을 집전체에 도포, 전지의 전극이 된다. 이 합제전극이 효율적으로 기능하기 위해서는 합제내의 이온 전도성이 높아야 한다.

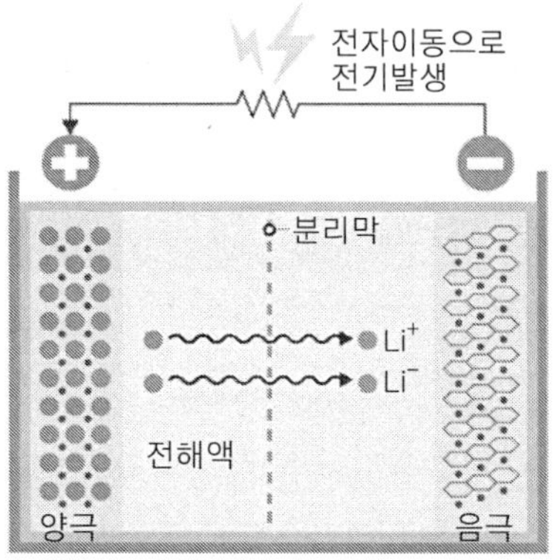

리튬이온 배터리의 작용원리

3) 격리판

이온의 이동은 자유롭다. 전지의 기전물질은 산화제와 환원제이다. 이것들이 직접 접촉되면 자기방전을 일으킬 뿐만이 아니라 반응이 급격히 진행되어 위험하다. 격리판은 양극과 음극사이에 있어 양자의 접촉을 방지하고 있다. 물론 격리판도 이온 전도성을 나타내지 않으면 안 된다. 따라서 다공성 재료를 이용하여 그 구멍 속에 전해액이 침투하여 이온 전도성을 발현시킨다. 높은 이온 전도성을 나타내는 동시에 양극과 음극의 접촉을 방지하도록 다공재료가 연구되고 있다. 그리고 산화제인 양극과 환원제인 음극에 직접 접촉되므로 화학적으로 안정되어야 하는 것이 중요하다.

2차 전지의 격리판 재료로서 현재 연축전지에는 글라스 매트 등이, 알칼리 2차 전지나 리튬 전지에는 폴리머의 부직포나 다공성막이 이용되고 있다.

최근의 전지에 있어서는 그 전압이 높고 에너지 밀도가 높기 때문에 폭주하면 위험하다. 예를 들면 리튬이온 전지는 이상반응이 일어나기 시작하여 전지온도가상승하면 다공막이 반응되고 구멍이 막혀 그 이상의 반응이 진행하지 않게 되어 있다. 이와 같이 하이테크 전지에는 격리판이 극히 중요한 재료로 되어 있다.

(4) 전기자동차 전지의 종류와 특성

1) 니켈 카드뮴 전지(Ni-Cd전지, nickel-cadmium battery)

대형의 Ni-Cd 전지는 2차 대전 중에 유럽에서 개발되었고 소형의 Ni-Cd 전지는 역시 유럽에서 1960년대 유럽에서 상용화되었다. $Ni(OH)_2$를 양극으로, Cd을 음극으로 사용하는 전지이며, 알카리 수용액을 전해질로 사용한다.

납축전지와 Ni-Cd 전지의 가장 큰 차별점은 전해질을 황산 대신 알카리 수용액을 사용한다는 점이다. 알카리 수용액은 황산과 같은 산성 수용액보다 전도성이 뛰어나다는 장점이 있다. 대형 Ni-Cd 전지는 철도, 차량용, 비행기 기관 시동용 등을 비롯하여 고 출력이 요구되는 다양한 산업 및 군사 용도로 널리 이용되고 있다. 방전 시에 일어나는 가스발생을 제어하는 기술이 개발되어 밀폐식으로 만들어진 것이 바로 소형 Ni-Cd 전지이다.

전지가 디지털기기의 키 컴포넌트의 하나로 주목받게 된지 10년 가까이 지났으며 그 동안에 니카드전지(원래 명칭은 니켈카드뮴전지)에서 니켈수소전지, 리튬이온 전지로 화제의 중심이 이동하고 있다. 이런 상황에서 니켈카드뮴전지는 기술적으로 오래 되어 환경에 좋지 않다는 이미지를 가지게 되었다. 노트북, 휴대전화의 전원인 리튬이온전지도 원래는 니켈카드뮴전지에서부터 시작되었다.

Ni-Cd 전지

① 니켈카드뮴전지의 원리와 구조

일반적으로 니켈카드뮴전지의 반응식은 다음과 같다. 양극은 니켈 산화물, 음극은 카드뮴화합물을 활성물질로서 전해액은 주로 수산화칼륨 수용액을 사용하고 있다.

원통형 니켈카드뮴전지의 내부는 얇은 시트 모양의 양·음극판을 나일론이나 폴리프로필렌을 소재로 한 부직포로 된 격리판을 통하여 말은 상태로, 강철제의 견고한 외장 캔에 수납되어 있다. 또, 과충전시에 양극에서 발생한 산소 가스는 음극에서 흡수되어 전지내부에서 소비하는 메커니즘으로 되어 있지만 규정 이상의 내부 가스압 상승에 대비하여 복귀식 가스 배출밸브를 설치하고 있다.

$$2Ni(OH)_2 + Cd(OH)_2 \leftrightarrow 2NiOOH + Cd + 2H_2O$$

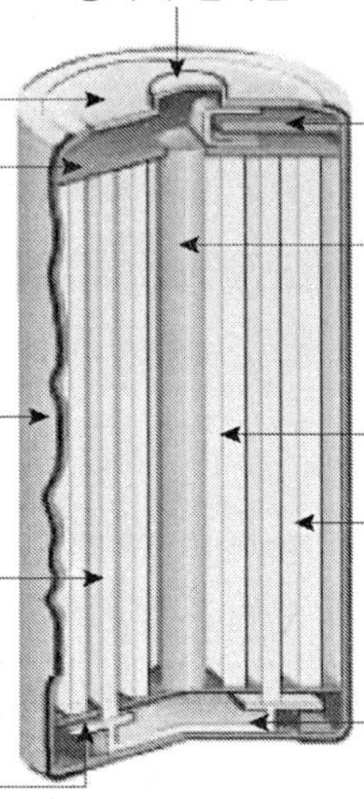

밀폐형 니켈카드뮴전지의 구조

② 충전특성

니켈카드뮴전지의 충전특성은 전지의 종류, 온도, 충전전류에 따라서 달라진다. 충전이 진행됨과 동시에 전지 전압은 상승하여 어느 정도 충전량에 도달하면 피크전압을 나타낸 후에 강하된다. 이 전압강하는 충전말기에 발생하는 산소가스가 음극에 흡수될 때의 산화열로 전지온도가 상승하기 때문에 발생한다.

충전기를 설계할 때 이 음극에 흡수되는 속도 이상으로 산소가스를 발생시키지 않아야 한다는 것이 중요한 포인트이다. 충전에는 다음과 같은 3종류가 있다.

㉠ 정전류충

트리클(Trickle)충전이라고 하며, 전지의 수명에 나쁜 영향을 미치지 않을 정도의 작은 전류에 의해 전지를 계속 충전상태 유지하는 방법

㉡ 보통충전

0.1C～0.2C[A]에서 150% 정도의 충전

㉢ 급속충전

1C～1.5C[A]에서 약 1시간의 충전이 가능. 만충전 제어가 필요

③ 방전특성

니켈카드뮴전지의 방전 동작전압은 방전전류에 의해서 다소 변화되지만 방전기간의 약 90%가 1.2V 전후를 유지한다. 또 건전지나 연축전지에 비해 방전중인 전압변화가 적어 안정된 방전전압을 나타낸다. 방전 종지전압은 기기의 설계상 1셀당 0.8～1.0V가 적합하다. 또한 내부저항이 작기 때문에 외부단락 시 대전류가 흐르기 때문에 위험하여 보호부품 등의 설치도 필요하다.

④ 메모리 효과란?

방전 종지전압이 높게 설정되어 있는 기기나 매회 얕은 방전 레벨에서 사이클을 반복했을 경우, 그 후의 완전방전에서 방전 도중에 0.04～0.08V의 전압강하가 일어나는 경우가 있다. 최근에는 기기측의 방전 종지전압 설정을 1.1V/셀 이하로 하는 등 저전압 구동 IC의 사용과 적당한 세트 전지수의 선정으로 거의 문제가 되지 않는다. Ni-Cd 전지의 전압은 1.2V 인데, Ni-Cd 전지에서는 전지를 다 사용하기 전에 충전하면 메모리효과(memory effect) 때문에 다음 충·방전 시에 용량이 줄어드는 현상이 발생한다.

메모리 효과의 단적인 예는 전기면도기처럼 매일 일정시간 사용하고 곧 바로 충전하는 기기에서의 이상 동작현상을 들 수 있다. 본인이 면도하고 난 후 충전 후에, 다른 사람이 면도하려고 하였는데 면도기가 작동하지 않는 것이다. 메모리라고 말할 수 있는 이 현상은 이 전지를 강제 방전함으로써 메모리를 지울 수 있다. 메모리 효과는 Cd(카드뮴) 금속 고유의 특성이다.

카드뮴 금속은 수정과 같은 결정구조를 이루고 있는데 방전이 일어나면서, 반응이 일어난 부분은 결정구조가 흐트러져 비정형 구조로 변한다. 비정형구조와 결정 구조사이의 경계는 충전과 방전을 거듭하면서 굵어지고, 이러한 경계가 메모리 효과의 원인이 된다.

⑤ 수명특성

니켈카드뮴 전지의 수명은 보통 사용조건에서는 500회 이상 반복해서 사용할 수 있지만 수명에 영향을 주는 주된 요인으로 충전전류, 온도, 방전 심도, 빈도, 과충전기간이 있다. 수명의 모드로는 전지부품의 열화나 활물질의 기능저하에 의한 용량저하를 들 수 있다. 다른 계통의 전지에 비해 보다 안전하게 오래 사용하기 위해서는 특히 온도와 충전전류를 고려하기 바란다.

(5) 카드뮴 전지의 특징

① 사용실적을 뒷받침하는 높은 신뢰성 : 35년 정도의 시장실적으로 신뢰성을 인정받는다.

② 장수명으로 경제성이 우수하다 : 1회의 방전용량은 기존의 건전지와 같지만, 일반적으로 500회 이상의 충·방전이 가능하여 경제적이다. 최근에는 충전의 제어기술이 발달하여 1000～2000회 이상 사용할 수도 있다.

③ 전지 자체가 견고하여 다소 무리한 조건에서도 오래 사용되므로 기기를 복잡한 회로로 할 필요가 없다. 또 다른 2차 전지에 비해 과충전, 과방전에 강한 설계로 되어 있다. 또한 전지 내부에 흡수되지 않았던 가스를 방출하는 복귀식 가스 배출밸브가 있어 안전성이 뛰어나다 전동공구에서의 30A까지 미치는 방전특성 및 10분 이내의 충전 등 다른 2차 전지에서는 어려운 사용조건을 가능케 하고 있다.

④ 폭넓은 기종과 건전지와의 호환성 : 다양한 용도에 대응할 수 있도록 여러 종류(타입, 사이즈)의 전지와 기기 스페이스에 맞춘 세트 전지가 있다. 또 건전지와 호환성이 있는 카드뮴전지와 충전기도 충실한 라인업을 골고루 갖추고 있다.

⑤ 우수한 신뢰성과 넓은 사용온도·습도범위 : 온도에 의한 성능의 변화가 적고 밀폐구조이기 때문에 습도에 의한 영향도 거의 없다. 방전은 보통 -20～+60 ℃를 허용한다. 특히 저온에서 1C[A]를 초과하는 고부하 방전이 가능한 2차 전지는 아직 적어 니켈카드뮴전지의 용도를 확대시켜 왔다. 비상 조명기기나 자동 화재경보기 등의 방재기기의 백업 전원으로 전부터 활용되고 있어, 신뢰성이 매우 높다.

⑥ 보수가 용이하고 견고 : 밀폐구조이기 때문에 보충 액이 필요 없이 충·방전 상태를 불문하고 보관할 수 있으므로 보수가 용이하다. 또 기기 내에 장착이 가능하며 취급이 간단하다. 구조는 견고하고 재질도 금속용기를 사용하고 있기 때문에 충격이나 진동에 대해서도 충분한 내구성을 지니고 있다.

충전시와 방전시의 전지반응

$$\text{(양극반응)}\ NiO(OH) + H_2O + e' \underset{\text{충전}}{\overset{\text{방전}}{\rightleftharpoons}} Ni(OH)_2 + OH^-$$

$$\text{(음극반응)}\ 1/2Cd + OH^- \underset{\text{충전}}{\overset{\text{방전}}{\rightleftharpoons}} 1/2Cd(OH)_2 + e'$$

$$\text{(전체반응)}\ NiO(OH) + 1/2Cd + H_2O \underset{\text{충전}}{\overset{\text{방전}}{\rightleftharpoons}} NiO(OH)_2 + 1/2Cd(OH)_2$$

1) 니켈수소 전지(Ni-MH)

① 니켈수소 전지의 특성

니켈-금속수소화물전지(Ni-MH전지, metal hydrogen battery)는 기존의 니켈카드뮴(Ni-Cd)전지에 카드뮴 음극을 수소저장 합금으로 대체한 전지이다. 최근 전자기기들의 소형·경량화 추세에 따라서 이들 전자기기의 전원으로 사용되는 전지에도 고에너지 밀도화, 소형 경량화, 장수명화

등이 강하게 요구되고 있으나, 기존의 니켈-카드뮴전지나 납축전지의 성능향상은 거의 한계에 도달해 있으며, 환경오염이 사회문제로 대두됨에 따라서 카드뮴과 같은 공해유발 물질의 사용이 규제되고 있다.

Ni-MH전지

특히 최근에는 이동통신기기, 노트북 컴퓨터, 캠코더 등 휴대용 전자기기에 리튬이온 이차전지가 보급됨으로써 소형 Ni-MH전지의 시장점유율이 감소하고 있는 실정이다. 전기자동차용과 하이브리드 자동차에 사용되는 중대형 용량의 전지는 자동차의 동력원으로 사용되는 특수성 때문에 고에너지밀도와 고파워밀도 같은 전지의 기본적인 성능뿐 아니라 전지의 수명 및 신뢰성과 특히 안전성에 관한 요소가 중요한 결정요인이 된다.

이러한 새로운 알칼리 2차 전지로서 Ni-MH전지가 제안된 것은 1970년경이지만 연구개발이 활발하게 진행된 것은 1980년대 중반부터이다. Ni-MH전지의 고성능화를 위한 음극용 수소저장 합금의 개발 결과 현재 상용화되어 있는 합금들은 주로 일본에서 소형전지로 상용화된 $LaNi_5$나 $MmNi_5$(Mm : misch metal, 희토류원소의 혼합물)를 기본으로 하는 AB5계합금과, 미국의 OBC(Ovonic Battery Company)사에 의하여 개발된 C14 또는 C15 Laves상을 주로 하는 AB2계 합금으로 나눌 수 있다.

소형 Ni-MH전지는 현재 AB5 Type의 전지가 상용화되고 있으며 AB5계보다 용량이 다소 큰 AB2계 전지는 홍콩의 GPI에서 최초로 상용화하였으나 대부분의 시장은 일본의 3사인 마쓰시타, 산요, 도시바에서 점유하고 있다. Ni-MH전지는 현재 소형전지의 경우 리튬이온전지에 시장을 잠식당하고 있는 실정이며 중대용량의 전지는 기술개발이 활발히 진행되고 있다. Ni-MH rechargeable battery의 특성은 다음과 같다.

㉠ 에너지의 용량이 크다(Ni-Cd 전지 또는 lead-acid 전지의 약 1.5~2배).

㉡ 독성물질(heavy metal)을 함유하고 있지 않다.

㉢ 충전, 방전속도가 빠르다.

㉣ 저온, 고충전 속도에서도 에너지 효율이 높다.

㉤ 충전, 방전시 전해질의 농도 변화가 없다.

㉥ 밀폐형 전지의 제조가 용이하다.

㉦ 원하는 특성에 따라 수소저장합금을 선택할 수 있다.

② Ni-MH전지의 구성과 반응

Ni-MH전지는 기존의 Ni-Cd전지에서 Cd극을 수소저장 합금으로 대체한 것으로서 음극에 수소저장합금(M), 양극에 수산화니켈($Ni(OH)_2/NiOOH$)이 사용되며, 분리막으로는 Ni-Cd전지와 같은 내알칼리성의 나일론 부직포, 폴리프로필렌 부직포 및 폴리아미드 부직포 등이 사용되고 있다.

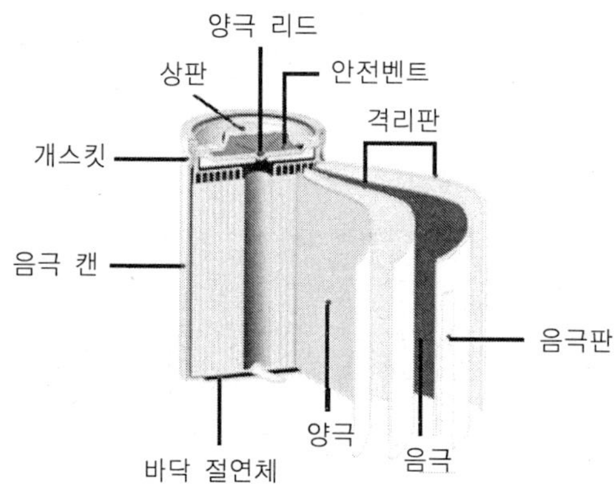

(a)

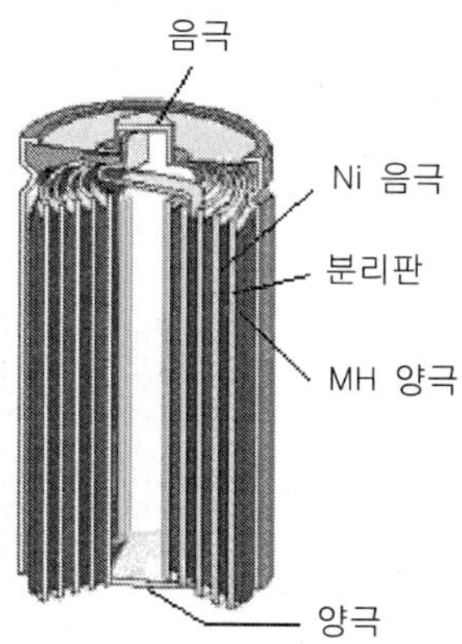

(b)

Ni-MH전지의 구조

또한 전해액은 이온전도성이 최대로 되는 5~8M KOH 수용액이 사용되고 있다. 충전시 음극에서는 물이 전기 분해되어 생기는 수소이온이 수소저장합금에 저장되는 환원반응이, 양극에서는 $Ni(OH)_2$가 NiOOH로 산화되는 반응이 일어난다. 방전시에는 역으로 음극에서는 수소화합물의 수소원자가 산화되어 물로 되고, 양극에서는 NiOOH가 $Ni(OH)_2$로 환원되는 반응이 일어난다. 니켈양극이 완전히 충전된 후에도 전류가 계속 흐르면, 즉 과충전이 되면, 양극에서는 산소가 발생된다.

- 양극 : $MH(s) + OH^-(aq) \rightarrow M + H_2O(l) + e^-$
- 음극 : $N_iOOH(s) + H_2O(l) + 2e^- \rightarrow N_i(OH)_2(s) + OH^-(aq)$
- 전체 : $MH(s) + N_iOOH(s) \rightarrow M + N_i(OH)_2(s)$

그러나 음극의 용량이 양극보다 크면, 발생된 산소가 음극표면으로 확산되어 산소재결합반응이 일어나게 된다. 음극에서는 산소를 소비시키기 위하여 수소가 감소하게 되어 동일한 전기량이 충전되므로 전체적으로는 변화가 없다. 역으로 과방전이 되면, 양극에서는 수소가 생성되고 이 수소는 음극에서 산화되므로 전체적으로 전지내압은 상승하지 않는다. 이와 같이 Ni-MH전지는 원리적으로는 과충전과 방전시 전지내압이 증가하지 않고, 전해액의 농도가 변하지 않는 신뢰성이 높은 전지이다. 그러나 실제적으로는 충전효율의 문제로 인하여 전지내압이 어느 정도 상승하게 된다.

Ni-MH전지의 장·단점 구분

장점	단점
① 전지전압이 1.2~1.3V로 Ni-Cd전지와 동일하여 호환성이 있다. ② 에너지밀도가 Ni-Cd전지의 1.5~2배이다. ③ 급속 충·방전이 가능하고 저온특성이 우수하다. ④ 밀폐화가 가능하여 과충전 및 과방전에 강하다. ⑤ 공해물질이 거의 없다. ⑥ 수지상(dendrite) 성장에 기인하는 단락이나 기억효과가 없다. ⑦ 수소이온 전도성의 고체전해질을 사용하면 고체형 전지로도 가능하다. ⑧ 충방전 싸이클 수명이 길다.	① Ni-Cd전지만큼 고율방전 특성이 좋지 못하다. ② 자기방전율이 크다. ③ 메모리효과(memory effect)가 약간 있다.

2) 리튬이온 전지(Lithium-ion battery, Li-ion battery)

① 전지의 특성

리튬이온 배터리는 리튬을 저장할 수 있는 물질을 양극과 음극의 재료로 사용하여 배터리가 충·방전을 하면서 리튬이온(Li+)이 양극과 음극사이를 이동함으로써 외부로 전기를 생성하는 방식의 배터리를 말한다. 리튬이온 전지를 다른 표현으로 "흔들의자(rocking chair)" 배터리라고도 불리우 는데 리튬 이온이 흔들의자와 유사하게 앞·뒤로 왔다 갔다 하는 현상에서 기인한다. 양극 재료는 일반적으로 층상 구조(Layered structure)의 금속산화물로 구성이 되어 있으며 대표적인 물질로는 $LiCoO_2$(LCO)가 있으며 터널구조의 물질로는 $LiMn_2O_4$가 많이 쓰인 다.

양극에서 발생하는 전자의 집전체로는 알루미늄이 통상적으로 쓰인다. 음극재로는 층상 구조의 흑연이 대표적으로 쓰이게 되며 이때의 집전체로는 구리가 쓰이고 있다. 리튬이온 배터리의 충·방전 거동에 있어서 리튬 이온은 위에서 언급한 원자와 원자사이의 층상구조 사이에 삽입 및 탈리하여 이동을 하게 된다. 최초의 상업적으로 상품화한 리튬이온 배터리는 1991년 Sony社에서 만든 것으로 현재 까지도 LCO가 양극재로 사용되고 있다.

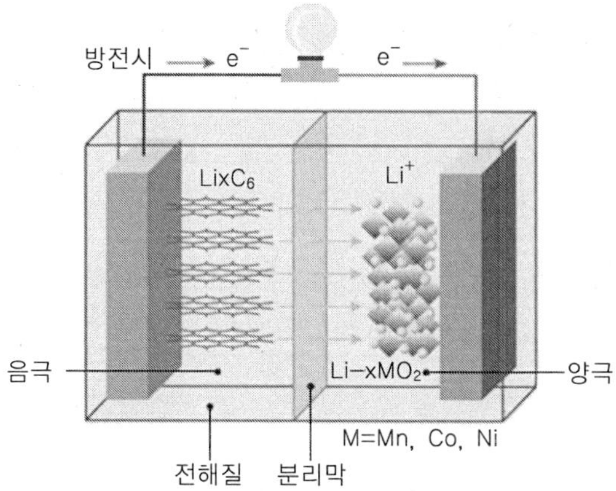

리튬이온 배터리의 양·음극 내부반응 및 개요도

LCO의 경우 좋은 전기적 성능과 함께 제작의 용이성, 높은 안전 특성이 높이 평가가 되었으며 최근의 연구에 의하여 여러 종류의 양극 재료들이 계속적으로 개발이 되고 있는 실정이다. 이 밖의 대표적인 재료로써는 $LiFePO_4$(LFP), $LiMn_2O_4$(spinel 구조), $Li(NiMnCo)O_2$(NMC), 그리고 $Li(NiCoAl)O_2$(NCA)가 있다.

각각의 양극재료들은 그 특성을 달리하여 저가, 고온 내구 특성, 수명 및 고용량, 그리고 고출력과 같은 각각의 장·단점을 보유하고 있다. 음극재료에 있어서 최초로 상용화된 재료는 코크스(coke, 석탄으로 만든 연료)이며 고용리튬황 전지랑 수명 및 고율 특성을 가진 흑연(graphite)을 음극재로 사용하기 시작하였다. 최근에 이르러 $Li_4/3Ti_5/4O_4$(LTO : spinel 구조)가 개발되기 시작하였으며 LTO의 경우 흑연에 비해 낮은 에너지 밀도를 가지고 있으나 높은 사이클 수명 및 좋은 온도에 따른 안정 특성에 있어 각광 을 받고 있다.

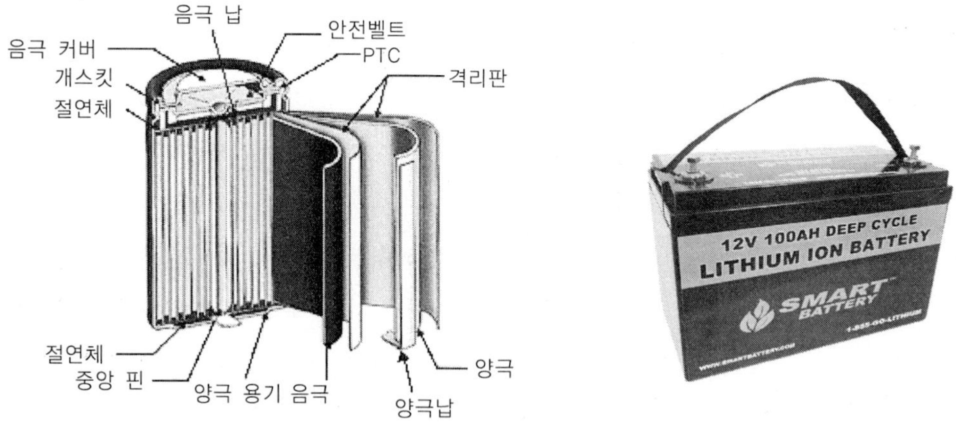

(a) 구조　　　　(b) 외형

리튬이온 전지의 구조

② 리튬이온 배터리의 장·단점

리튬이온 배터리의 가장 큰 장점은 높은 에너지 밀도에 있다. 비중량 에너지 밀도의 경우 ~240Wh/kg이며 부피 에너지 밀도는 640Wh/l로 높기 때문에 중량이나 부피에 민감한 전자제품(e.g. 핸드폰, 노트북, 친환경 차량)에 많은 관심을 받고 있다. 또한 리튬이온 배터리의 낮은 자가 방전율(2~8%/월), 높은 수명 사이클(1000 사이클 이상) 그리고 넓은 작동 온도 범위(충전시 0~45℃, 방전시 -40~65℃)는 많은 제품에 적용하기에 매력적인 특성을 보유하고 있다. 다양한 제품군에 의하여 배터리 제조사들은 이에 맞은 형상(e.g. 각형, 원통 형, 파우치형)을 제조하며 사이즈 또한 제품의 특성에 맞게 다양하게 개발 중에 있다.

리튬이온 배터리의 정격 전압은 2.5~4.3V로 Ni-cadmium(Ni-Cd) 배터리와 Nickelmetal hydride(NiMH)에 비하여 일반적으로 3배 높은 전압을 보유하고 있다. 이로 인하여 동일 전압을 요구하는 제품의 경우 적은 수의 배터리를 사용할 수 있는 장점이 있다. 또한 고율 특성을 가지고 있어서 연속적으로 30C-rate 방전이 가능하며 순간적으로 100C-rate로 도 방전이 가능한 장점이 있어 고출력 사양의 제품군에 적합하다. 리튬이온 배터리의 단점으로는 일반적으로 2V이하로 방전시에 열화가 진행이 되며 과충 전시(배터리 셀 전압 ~5V 이상) 액체 전해질의 화학적 분해 반응을 통하여 발열 반응 및 가스 발생의 원인이 된다. 이러한 특성으로 인하여 다른 타입의 이차전지와 달리 리튬이온 배터리의 경우 전기적 혹은 기계적 안전장치를 배터리 셀 내부에 구비하고 있다. C-rate는 전류의 크기를 나타내는 단위로써 5Ah 용량의 배터리 셀을 1시간동안 5A로 방 전시 1C라고 표현한다.

③ 리튬이온 전지의 충·방전작용

리튬이온 전지는 정극(양극, anode)으로 Lithium oxide계(예 : $LiCoO_2$)를 사용하고, 부극(음극, Cathode)으로 carbon계(예 : graphite)를 사용한다.

리튬이온전지 구성

양극재	양극활물질	$LiCoO_2$, $LiMn_2O_4$, Li(Ni CoyMnzO₂), $LiFePO_4$
	도전재	Corbon black, Graphite
	바인더	PVDF(NMP)
	집전체	Al foil
음극재	음극활물질	Graphite
	바인더	PVDF(NMP), SBR/CMC(pure H_2O)
	집전체	Cu foil
전해액	Li염	$LiPF_6$, $LiBF_4$
	Solvent	EC/PC, DEC, DMC, EMC(MEC)
	Additives	BP, CHB, VC, FEC
분리막	PP, PE	
케이스	캔	Steel can, Al can(alloy), Al sheet(pouch)
	캡어세이(각형)	Cap plate, 음극판, Gasket, Terminal plate, Insulator, (vent)
기타	Safety vent, Lead tab(Ni/Al), CID, Center pin, 테이프류	

방전시 리튬이온은 부극인 graphite 격자구조 속에 있는 리튬이온이 빠져나와 분리막을 거쳐 정극의 결정구조 속으로 이동해 들어간다. 충전시에는 산화물 정극에서 리튬이온이 빠져나와 분리막을 거쳐 탄소부극의 결정 속으로 이동하여 들어간다. 따라서 충방전시 리튬이온의 이동에 따라 결정구조는 크게 변한다.

전해질로 수용액대신 유기용매를 사용한다.

따라서 전지작동은 충·방전시 양쪽 전극의 전위차에 따라 전지 외부회로에서의 전자흐름과 전지내부에서의 이온흐름이 동시에 일어난다. 충전은 외부의 전기에너지를 전지내부의 전기화학반응을 통하여 화학에너지로 바꾸는 것이다. 외부에서 음극(탄소전극)으로 전자가 들어가면 전해염의 리튬이온은 전자를 받아 환원되어 음극에 붙게 된다. 이때, 양극에서는 전자가 외부회로로 흘러나가며 전극 활물질은 산화되고 리튬이온을 잃게 된다. 방전은 충전의 역반응으로 외부회로에 전기에너지를 공급한다.

$$LiCoO_2 + C \underset{\text{방전}}{\overset{\text{충전}}{\leftrightarrows}} Li_{1-x}CoCO_2 + LixC$$

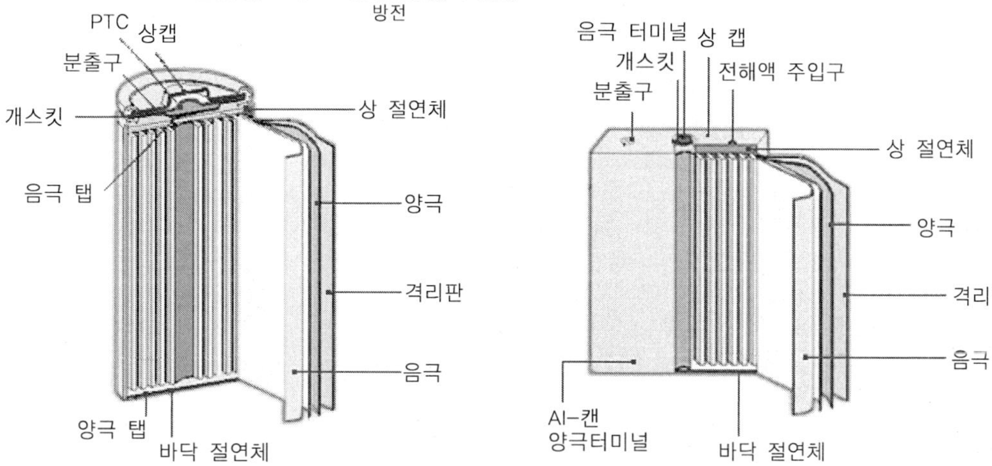

(a) 원통형 (b) 각형

리튬이온 각형, 원통형의 구조

3) 리튬폴리머 전지

리튬폴리머 전지는 현재 일본에서 상용화되어 있는 액체 전해질형 리튬이온 전지의 단점인 안전성 문제, 제조비용의 고가, 대형 전지제조의 어려움, 고용량화의 어려움 등의 문제를 해결할 수 있는 전지이다. 리튬폴리머전지인 경우는 리튬이온전지와 유사하나 리튬이온전지의 전해액을 고분자물질로 대체하여 안정성을 높인 것이 다르다. 또한 리튬폴리머전지는 음극으로 리튬금속을 사용하는 경우와 카본을 사용하는 경우가 있는데 카본음극을 사용하는 경우를 구별하여 리튬이온 폴리머전지로 표기하는 경우가 있으나, 대부분의 경우 편의상 리튬폴리머전지로 통용하고 있다.

전해질이 고체이기 때문에 전해질의 누수염려가 없어 안전성이 확보되고, 또한 용도에 따라 다양한 크기와 모양으로 전지팩을 제조할 수 있어 기존의 리튬이온 전지에서 원통형 및 각형전지로 전지팩을 제작할 경우 전지와 전지 사이에 전지용량과 무관한 쓸데없는 공간이 생기는 문제를 해결함으로써 에너지밀도가 높은 전지를 제조할 수 있다. 또한 자기방전율 문제, 환경오염문제, 메모리효과 문제가 거의 없는 차세대 전지라 할 수 있다. 특히 전지제조공정이 리튬이온 전지에 비하여 비교적 용이해 대량생산 및 대형전지 제조가 가능해 전지제조비용의 저렴화 및 전기자동차 전지로의 활용 가능성이 매우 높은 전지라 할 수 있다.

리튬폴리머 전지

그러나 리튬폴리머 전지가 기술적으로 실현 가능하게 하기 위해서는 아래와 같은 문제가 선결되어야 한다.

- 전기화학적으로 안정해야 한다(과충방전에 견디기 위해 넓은 전압범위에서 안정).
- 전기전도도가 높아야 한다(상온에서 1ms/cm 이상).
- 전극물질이나 전지내의 다른 조성들과 화학적, 전기화학 적 호환성이 요구된다.
- 열안정성이 우수하여야 한다.

리튬폴리머 전지는 리튬이온 전지와 동작원리는 같으나 전해액에 유기 용매와 겔상의 고분자를 사용하는 것으로 누액의 위험이 적고 안전성이 뛰어나며 필름 형태의 재료를 중첩시켜 구성하므로 형상의 자유도가 높아 다양한 모양이 가능한 특징이 있는 반면에 리튬이온 전지에 비해 체적 에너지 밀도가 떨어지며 제조공정이 비교적 복잡하여 아직까지 가격이 높다.

현재 휴대기기용(디지털 카메라 등)으로 사용되고 있는 폴리머 전지는 폴리에틸렌글리콜(Polyethylene glycol)이나 폴리에틸렌 플로라이드(Polyethylene fluoride)으로 구성된 폴리머에 전기분해액을 포함시켜 교질화(겔화)한 것으로, 본질적으로는 리튬이온 전지와 큰 차이가 없다. 하지만 전해질이 준고체 상태이기 때문에, 용액이 잘 새어나오지 않는다는 장점이 있다. 다른 방식의 2차전지에 비해 상당히 가볍고, 메모리 효과도 매우 적다. 모양도 비교적 자유롭게 만들 수 있기 때문에 이용이 증가하고 있다. 애플의 노트북인 맥북, 맥북프로에서 사용되기도 한다.

리튬폴리머 전지는 음극과 양극사이의 분리막이 리튬이온 전지에서의 전극의 분리역할 외에 이온전도의 매개체, 즉 전해질의 역할을 하는 전지이다.

① 리튬폴리머 전지 장·단점

㉠ 장점

- 리튬이온전지의 우수한 성능 유지
- 리튬이온 전지보다 가볍고, 얇게 만들 수 있다.
- 셀의 두께가 1mm 정도여서 가능해서 얇은 장치에 사용이 가능하다.

• 액체 전해질의 누액 누수 및 폭발 위험성이 없고 고체전해질이라 원하는 형태로 제작이 가능하다.
• 셀당 출력 전압이 3.7V(리튬이온과 동일)이다.
• 자체 방전율이 낮고(월 약 5%정도), 이로 인해 보관 수명이 길다.
• 친환경적이다(카드뮴이나 수은 같은 중금속 성분이 없다)

ⓛ 단점

• 얇은 외장재형태라 외부 충격에 약함(케이스가 보완을 해준다)
• 액체 전해질의 누수 및 폭발 위험은 없으나, 내부 역소가 발생해 불이 날수도 있고, 배터리팩이 부풀어 오른 경우는 건드리지 말고 바로 교체를 해야 한다.
• 저온에서 성능이 잘 안 나온다.

② 전기 화학적 원리

음극과 양극의 활물질(active material)이 리튬이온 전지와 유사하기 때문에 전기화학적 원리는 같다. 전지의 작동은 충·방전에 의해 리튬이온이 양극과 음극사이를 이동하며 사이에 끼움에 의해 이루어진다. 전지작동에 의한 전극의 변화는 없기 때문에 안정적인 충·방전이 가능하다.

4) 전 고체진지(All Solid State Battery)

전고체전지는 전해질이 고체인 전지다. 이로써 모든 소재가 고체가 된다. 2011년 동경공업대 Ryoji Kanno 교수가 상온에서 유기 액체 전해질과 동등한 수준의 높은 전도도($1.2 \times 10^{-2}(Scm^{-1})$)를 가진 LGPS($Li_{10}GeP_2S_{12}$) 계열 황화물 고체 전해질을 개발하면서 중대한 계기가 마련됐다.

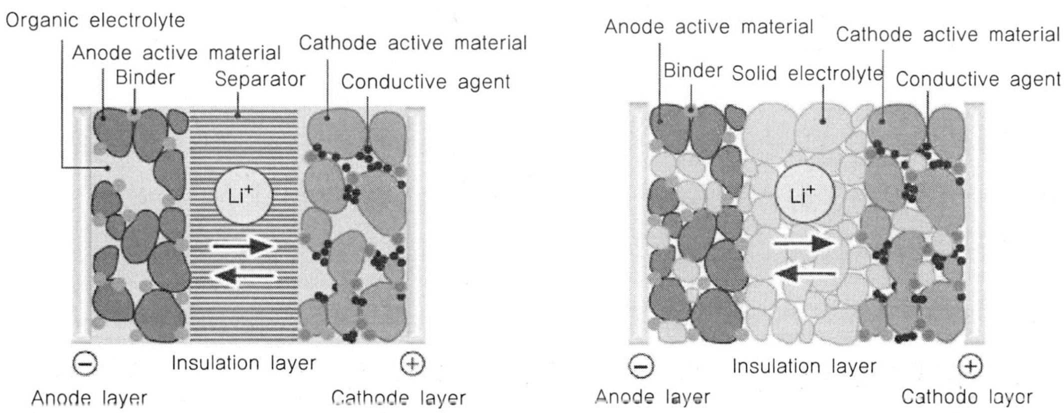

(a) 전통 리튬이온전지 (b) 전고체 리튬이온전지

전통 리튬이온전지와 전고체 리튬이온전지 개념도 비교

삼성전자 종합기술원이 전기차 배터리 크기 절반으로 줄일 수 있는 원천기술 "전고체전지(All-Solid-State Battery)"를 개발했다. 따라서 전기차는 전고체전지 기술을 통해 1회 충전에 800k 주행, 1000회 이상 배터리 재충전이 가능해졌다. 이 기술은 삼성전자 일본연구소(Samsung R&D Institute Japan)와 공동으로 연구한 결과이며, 세계적인 학술지 "네이처 에너지(Nature Energy)"에 게재됐다.

일반적으로 전고체전지에는 배터리 음극 소재로 "리튬금속(Li-metal)"이 사용되고 있다. 하지만, 리튬금속은 전고체전지의 수명과 안전성을 낮추는 "덴드라이트(Dendrite)"문제를 해결해야 하는 기술적 난제가 있다.

덴드라이트는 배터리를 충전할 때 양극에서 음극으로 이동하는 리튬이 음극 표면에 적체되며 나타나는 나뭇가지 모양의 결정체. 이 결정체가 배터리의 분리막을 훼손해 수명과 안전성이 낮아진다.

삼성전자는 덴드라이트 문제를 해결하기 위해 전고체전지 음극에 5마이크로미터(100만분의 1미터) 두께의 은-탄소 나노입자 복합층(Ag-C nanocomposite layer)을 적용한 "석출형 리튬음극 기술"을 세계 최초로 적용했다.

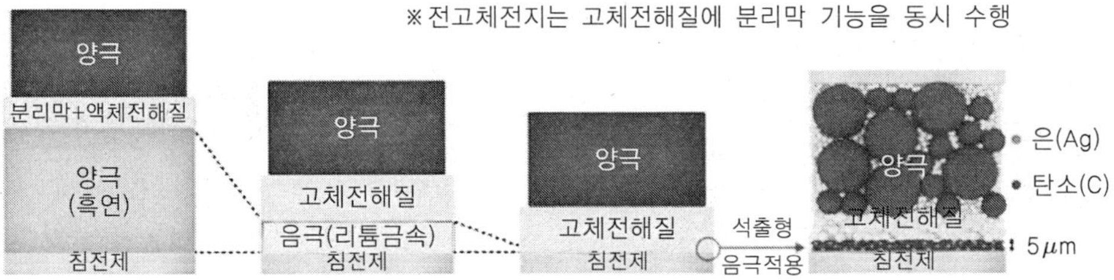

(a) 리튬이온전지 (b) 전고체전지 (음극에 리튬금속 적용) (c) 전고체전지 (삼성전자 개발) (d) 전고체전지 구조

삼성전자 종합기술원이 개발한 "전고체전지"기술

이 기술은 전고체전지의 안전성과 수명을 증가시키는 것은 물론 기존보다 배터리 음극 두께를 얇게 만들어 에너지밀도를 높일 수 있기 때문에 리튬이온전지 대비 크기를 절반 수준으로 줄일 수 있다는 특징이 있다.

① 전 고체전지 장점

첫째, 폭발 및 발화 특성이 없어 안전성이 우수하다. 고체 전해질은 온도 변화에 따른 증발이나 외부 충격에 따른 누액 위험이 없다. 부피 팽창(Swelling)이 발생하지 않고, 열과 압력 등 극한 외부 조건에서도 정상 작동할 수 있다.

둘째, 높은 에너지 밀도를 구현할 수 있다. 이는 적층 가능한 바이폴라(Bipolar) 구조의 장점이다. 그림에서 보듯이 유기 전해액을 고체 전해질로 대체하면 집전체 양면에 음극과 양극이 결합된 바이폴라 전극을 제조할 수 있다. 바이폴라 전극의 적용으로 단전지에서 10V 이상의 고전압이 발현할 수 있다. 예컨대 리튬이온전지에서 14.4V를 구현하려면 3.6V전지 4개를 배치해야 하는데, 전고체전지는 단전지로 가능하다. 단전지화의 효과로 분리막, 집전체, 셀외장재(파우치) 등이 감소해 셀 부피가 줄어들고, BMS를 최소화하기 때문에 부피당 에너지 밀도를 높일 수 있다. 또한 전고체전지의 안전성 장점으로 인해 배터리 팩에 냉각 및 안전 관련 부자재가 축소돼 팩의 에너지밀도가 향상된다. 고전압, 고용량 신규 양·음극 소재 적용이 용이하다. 상용 유기 전해액에서는 채택하기 어려운 4.5V 이상 양극재를 적용할 수도 있다. 리튬메탈 음극재를 적용해 전고체 리튬메탈전지로 진화하면 400Wh/kg 이상, 1,200Wh/L 이상의 에너지 밀도를 구현할 수 있다.

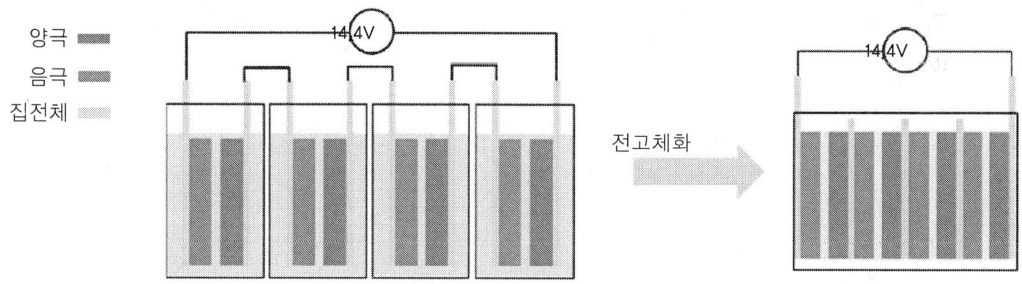

전고체전지 바이폴라 전극

셋째, 고출력이 가능하다. 액체 전해질과 달리 리튬이온이 용매와 분리되는 탈용매 반응이 불필요하다. 충·방전 반응이 곧 고체 내 리튬이온의 확산 반응으로 반영돼 높은 출력이 기대된다.

넷째, 사용 온도가 넓다. 기존 유기 전해액에 비해 넓은 온도 영역에서 안정적인 성능을 확보할 수 있다. 특히 저온에서 높은 이온전도도가 기대된다. 전기차 사용자의 가장 큰 애로사항이 겨울철에 배터리 성능이 저하돼 주행거리가 줄어드는 것이다. Tesla Model X를 충전 50% 상태에서 추운 밤에 세워두면 다음날 아침 충전율이 30%로 내려간다. 전고체전지 시대가 오면 저온 환경의 불안 요인이 해소될 것이다.

다섯째, 전지 구조가 단순하다. 분리막이 필요 없다. 제조 공정상에서 슬러지 상태의 고체 전해질을 양극활 물질에 코팅한다. 액체 전해질의 주액 공정 없이 연속 공정을 통해 다양한 형태의 다층 구조 셀을 구현할 수 있다.

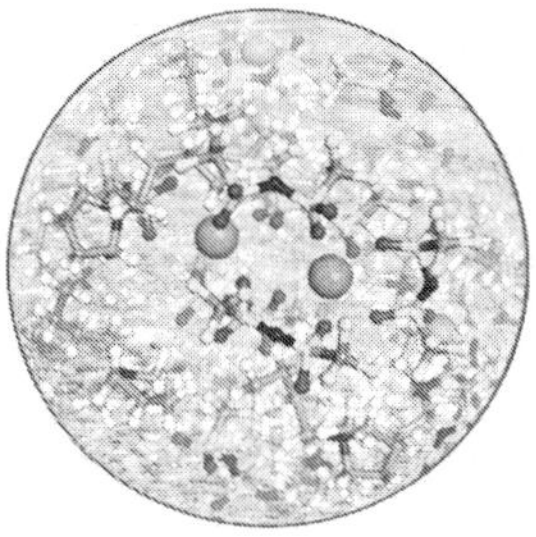

(a) 액체 전해질

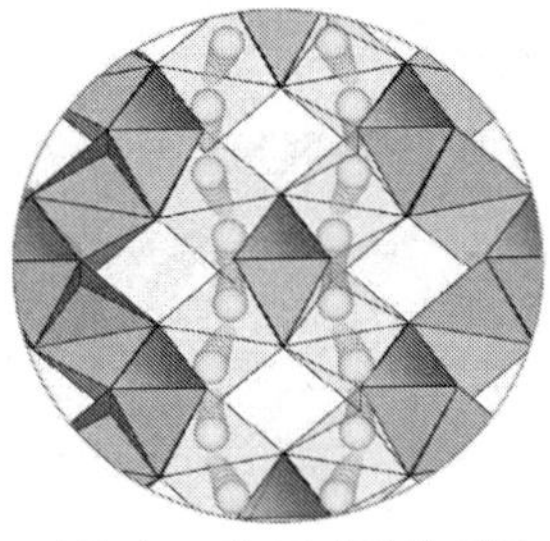

(b) 고체 전해질

액체 전해질과 고체 전해질 비교

05 전기자동차 전지의 충전

전기자동차의 동력원인 전지는 내연기관자동차의 연료에 해당된다. 전지의 성능은 전기자동차의 성능과 직접적인 관계가 있으면 전기자동차의 성능을 향상시키기 위해서는 당연히 전지의 성능이 우수해야 한다. 전기자동차용 전지의 요구조건은 다음과 같다.

① 에너지밀도(Wh/kg, Wh/ℓ)가 커야 한다.

② 출력밀도(W/kg, W/ℓ)가 커야 한다.
(여기서, W : 전력량, h : 방전시간, kg : 전지 무게, ℓ : 전지 부피).

③ 수명이 길고 가벼워야 한다.

④ 충전시간이 짧고 취급이 용이하며 위험성이 없어야 한다.

⑤ 값이 싸고 충방전시 전력손실이 적어야 한다.

(1) 전기자동차의 충전 방법

전기차를 충전하는 방법은 크게 AC(교류) 충전과 DC(직류) 충전으로 나눌 수 있다. 전기차에 탑재되는 배터리는 고전압 DC 배터리로 실제 배터리에 충전되는 전류는 직류이어야 한다. 그러나 보통 국가 전력망은 장거리 전송이 유리한 교류 전류를 사용하는데 이 교류 전류를 직류 전류로 바꾸어야만 배터리를 충전할 수 있게 된다.

전기차 구동원리 및 충전방식

주행 모드	출발/가속	감속	완속충전	급속충전
	모터	회생 제동	배터리충전 (6시간)	배터리충전 (25분)

작동 원리	배터리에 저장된 전기 에너지를 이용하여 구동모터에서 구동력을 발생	감속시에 발생하는 운동에너지를 버리지 않고 구동모터를 발전기로 시용하여 배터리를 재충전	220V의 전압을 이용하여 배터리 충전(0~100%). 충전까지 완속충진	외부에 별도로 설치된 급속 충전기를 이용하여 충전(0~80%). 충전까지 급속충전

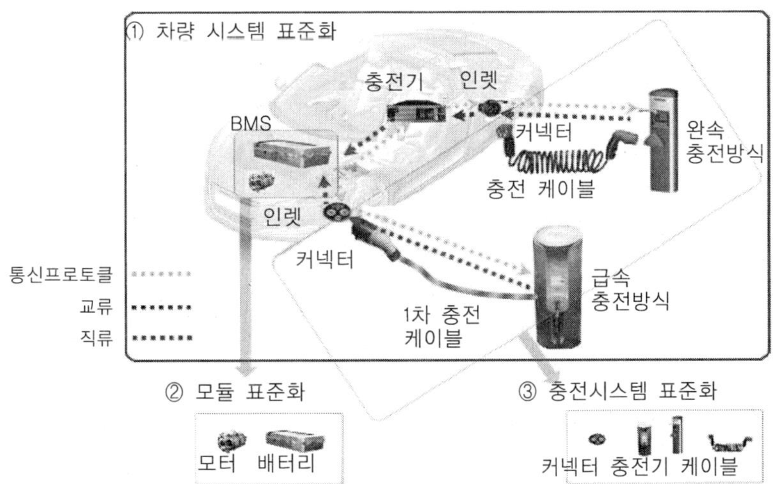

전기자동차의 충전방법

AC 충전이라는 것은 차량이 AC 전류를 입력받아 배터리 충전에 필요한 고전압 DC 전류를 직접 만들어서 충전하는 방식을 얘기한다. 이를 위해서 차량에는 OBC(On-Board Charger)라고 하는 전류 변환 장치가 탑재된다. 다만 고용량의 OBC를 만들기 위해서는 해당 부품의 사이즈나 가격이 증가하는 문제가 있어 보통 3~7kW 수준의 충전 용량을 갖춘 OBC가 차량에 탑재된다.

따라서 7kW OBC로 60kW 배터리를 0%에서부터 100%까지 충전하기 위해서는 60/7 = 8.57로 8~9시간 정도의 충전 시간이 소요된다.

DC 충전은 충전기 쪽에서 전력망으로부터 공급받은 380V 3상 교류 전류를 직접 직류로 변환하고 차량 쪽은 충전에 필요한 전압과 전류량을 충전기 쪽에 요청하여 고전압 DC 전류를 입력받는 방식이다. 차량에 내장된 OBC는 용량에 한계가 있지만 충전기의 경우 50~150kW까지 차량 1대당 충전 용량을 증가시킬 수 있다.

따라서 보통 급속 충전은 DC 충전으로 진행되기 때문에 보통 DC 충전기를 급속 충전기라고 얘기한다.

(2) 충전 접속형식에 의한 분류

충전 접속형식에 의한 분류

구분	특징
인덕티브 충전방식 (Inductive Charging)	변압기 원리를 응용한 전자유도에 의해 에너지를 전달하는 방법으로 미국의 GM과 일본의 닛산 및 토요다 등이 채택하고 있다.
컨덕티브 충전방식 (Conductive Charging)	일반적인 전기접속방법에 따라 단자간 접촉으로 에너지를 전달하는 방법으로 미국의 포드와 일본의 혼다 등이 채택하고 있다.

전기자동차의 충전방법은 여러 방법으로 분류된다. 우선, 단자 접촉에 의해 전원 측에서 EV측으로 전류를 직접 유입하는 컨덕티브 방식과 변압기와 같이 전자유도에 의해 전기 에너지를 전달하는 인덕티브 방식이 있다.

인덕티브방식은 지금처럼 콘센트에 플러그를 꽂는 대신 전자기 유도방식을 사용한 비접촉 충전방식이다. 충전기 쪽에 붙은 코일에 교류전류가 흐르면 자동차 쪽에 붙은 코일에서 전류가 생성되는 원리를 응용한 것이다.

충전기에 해당하는 코일을 지정된 주차장 바닥에 깔아두면, 바닥에 코일을 붙인 자동차가 그 위에 주차하는 방식이다. 이는 과거 비접촉식 충전처럼 코일을 사용한 전자기 유도 원리를 똑같이 응용하되, 기술혁신을 통해 보다 먼 거리에서 두 코일 간 충전이 가능해지는 것이 관건이다. 과거 헤드라이트사이에 집어넣는 방식일 때 자동차와 충전 플라스틱판과의 거리가 5cm 내외였다면, 무선충전일 때는 코일간 거리가 주차장 바닥에서 자동차 밑판에 이를 정도로 늘어나야 하기 때문이다.

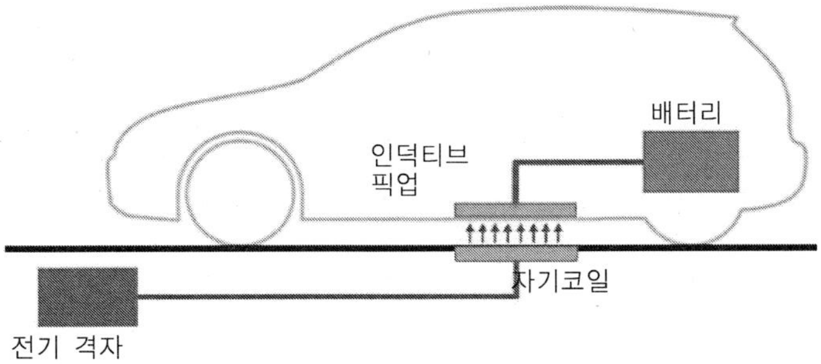

인덕티브 충전방식

(3) 충전시간에 의한 분류

전기차 충전 3가지 방식

구분	차데모	DC 콤보	AC 3상
커넥터 형상			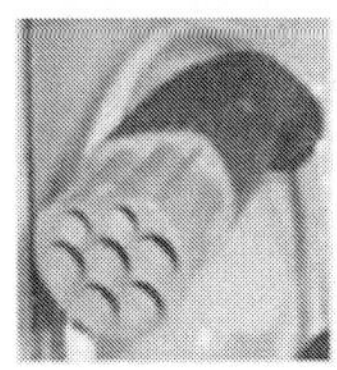
개발 시기 및 주체	10년 도쿄 전력	11년 10월 GM등 독일, 미국의 7개 기업	12년 12월 르노
특징	• 완속·급속 소켓이 구분 • 전파 간섭의 우려가 적음	• 충전구가 하나로 효율적(완속·급속이 위아래로 위치) • 비상급속 충전이 가능(15분 소요)	• 배터리와 전력망을 전기 교란으로부터 보호하는 기술(갈바닉) 적용
단점	• 충전기 부피가 큼 • 충전시간 다소 김 (80% 충전하는데 30분 소요)	• 급속충전시간에 비해 완속 충전 시간이 김	• 충전기 출력을 20kW 이상 올리기 어려움 • 충전기 설치비용 높음

① 급속충전

큰 전력으로 단시간에 충전하는 방식으로 30분에 약 80% 정도까지 충전한다. 단, 급속충전의 경우 만 충전은 불가능하다.

② 보통충전

야간에 교류 220V를 사용하여 적은 전력으로 만 충전시키는 방법으로 전기자동차의 기본이 되는 충전방식이다. 심야전력제도를 이용하면 경제적으로 충전할 수 있다.

③ 균등충전

전지의 충전상태를 초기조건으로 되돌리기 위해 정기적으로 충전하는 방식이다.

2017년 말부터 국내 규격도 DC 콤보1 로 통일되어서, 최근 대부분의 차종이 DC 콤보 방식이다.(볼트 EV, 코나 일레트릭, 아이오닉 일렉트릭, 니로 EV, 쏘울 EV 등)

충전구 및 커넥터 종류

구분	종류			통일
전기자동차 충전구 (Inlet)	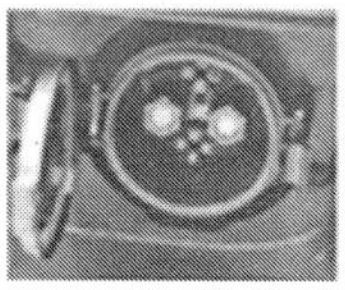	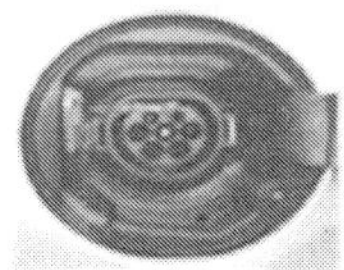		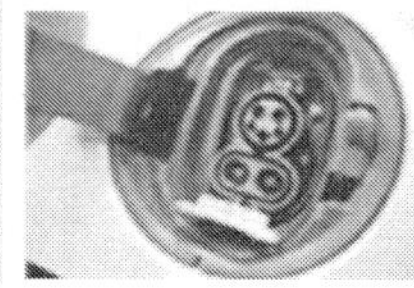
	차데모	AC 3상	콤보 1	콤보 1
급속충전기 커넥터 (Connector)		커넥터(Connector) 		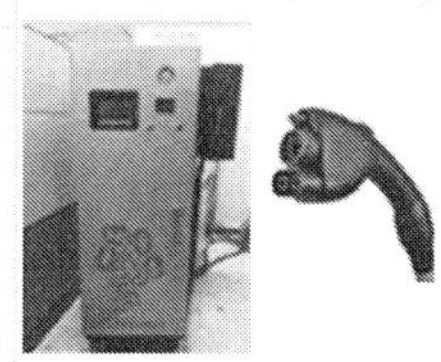
	멀티형 충전기	차데모+AC 3상+콤보 1		콤보 1

(4) 충전인프라

첫째, 전기자동차의 핵심 충전인프라는 배터리관리시스템(BMS : Battery Management System)을 꼽을 수 있다. 이 시스템은 배터리 충전시, 안전한 충전이 가능하도록 배터리 상태를 지속적으로 모니터링한 정보를 충전기 및 외부 충전 스탠드와 주고 받음으로써 안정적인 충전 동작이 수행되도록 하는 시스템을 가리킨다. 배터리 관리 시스템은 배터리의 전압, 온도, 전류를 실시간으로 측정한 데이터를 기반으로 배터리 충전잔량(SOC, State of Charge)을 산출하며, 차량에 탑재된 배터리의 특성이 고려된 충전제어 알고리즘을 보유하고 있어 충전기에 해당 정보를 전송하여야 한다. 충전인프라와 연계시에는 전기자동차가 안전하게 충전될 수 있는 상황인지를 차량 내부 네트워크에서 정보공유를 통해 판단하고, 이를 통신 인터페이스 장치를 통해 외부 충전스탠드 및 중앙관리 시스템에 전송함으로써 안전한 충전동작이 수행되도록 해야 한다.

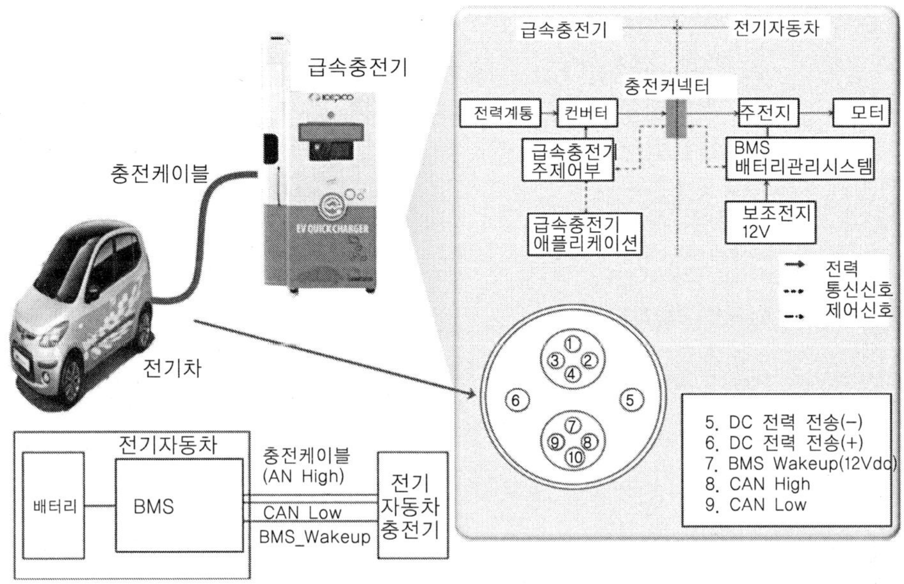

전기자동차의 핵심 충전인프라

둘째, 충전 인터페이스 장치 역시 전기차 사용에 필수적인 충전인프라에 해당한다. 충전 인터페이스는 전기차와 충전시스템 간의 정보교환을 위한 인터페이스 장치와 충전 전기에너지를 공급하기 위해 차량과 외부 설비 혹은 장치와 연결하는 커넥터, 포트 등의 부품과 전선 등을 지칭하는 것으로 충전시스템 구성에 필수적인 장치이다. 충전방식에 따라 구성 및 형상이 다소 달라질 수 있다.

충전 인터페이스 장치는 상용 교류 전력계통으로부터 친환경 자동차에 전기에너지를 전달하기 위한 충전시스템 핵심부품 중 하나이다. 차량에 장착되어 외부 전력 공급선과의 연결이 가능하도록 하는 포트와 커넥터, 전선 등의 전력 인터페이스 장치는 물론 차량과 외부 충전시스템과의 정보교환을 위한 통신 인터페이스 장치도 포함한다.

셋째, 충전 스탠드는 친환경 자동차와 상용 교류 전력계통을 연계하기 위한 충전인프라의 주요 구성요소로 충전 인터페이스 장치 및 충전 모니터링 장치 등이 설치되는 시설물에 해당한다. 계통 연계 및 전력공급 제어, 충전 정보 표시, 사용자 조작 스위치 내포 등의 기능을 하며, 비탑재형 충전기 및 급속 충전기 등이 내부에 설치되기도 한다. 충전 스탠드는 상용 교류 전력계통과 충전 인터페이스 장치를 연결하고, 사용자 조작 스위치 및 충전 모니터링 정보표시 장치 등이 포함되어 있어야 한다. 충전시스템을 사용하기 위한 사용자가 충전 스탠드에 장착된 충전 인터페이스 장치를 차량과 연결하고 충전 시작을 가능하도록 하는 스위치를 조작하게 되면, 차량이 정지 상태에 있는지 충전시스템 동작에 안전성은 확보되었는지 등을 점검하고 이상이 없을 시에는 충전 스탠드 내에 인입된 상용 교류 전력계통과 충전 인터페이스 장치가 연계되도록 제어하는 이 밖에도, 차량에 공급되는 순시 전력량, 누적 전력량, 충전 상태, 충전 시간 등을 측정하고 사용자에게 표시할 수 있도록 정보를 제공하며, 정상적인 충전 시작 및 정지 동작제어, 위험상황 인지 및 보호동작, 단락보호 등의 기능을 수행하는 충전 모니터링 장치가 있고, 충전 시스템을 이용하기 위해 연결된 차량의 고유정보를 식별하기 위한 차량식별 장치가 있다. 이러한 모든 충전인프라는 중앙관리시스템에서 직간접적으로 제어하며, 전력계통 관리자와의 연계를 통해 정보 교환 및 충전량 제어기능을 수행한다.

06 전기자동차의 주요부품

(1) 모터

전기 자동차의 파워트레인에 사용되는 모터는 EV 구동력을 실현하는 중요한 부품이다. 승용차의 주행용으로 사용되는 모터의 경우, 출력은 10~60kW 정도가 일반적이다. 동기모터(synchronous motor)의 종류는 다음과 같다.

1) 영구자석 동기 전동기(PMSM : permanent magnet synchronous motor)

영구자석식 동기모터는 회전자에 스스로 자기장을 생성할 수 있는 영구자석이나 전자석이 존재하며, 이들이 상호작용하여 발생하는 자기 배열 토크를 사용할 수 있다. 로터 주위에 배치된 고정자(스테이터)에 3상 교류전류를 통과 시키면 모터 내에 회전자계가 발생한다. 로터의 회전위치를 레졸버가 검출하여 속도에 맞게 자계를 제어하면 로터에 설치된 영구자석이 회전자계에 흘러들어 회전 토크가 발생한다.

영구자석 동기 전동기 구조

2) 동기 릴럭턴스 전동기(SynRM : synchronous reluctance motor)

돌극비를 극단적으로 키워 릴럭턴스(인덕턴스, 자기저항) 토크만을 이용하는 전동기이다.

3) 인덕션 모터(유도 전동기, induction motor)

교류 전원의 종류에 따라 크게 단상 유도전동기, 3상유도 전동기, 3상권선형 유도 전동기 등이 있으며 일반적으로 3상 교류를 이용한다.

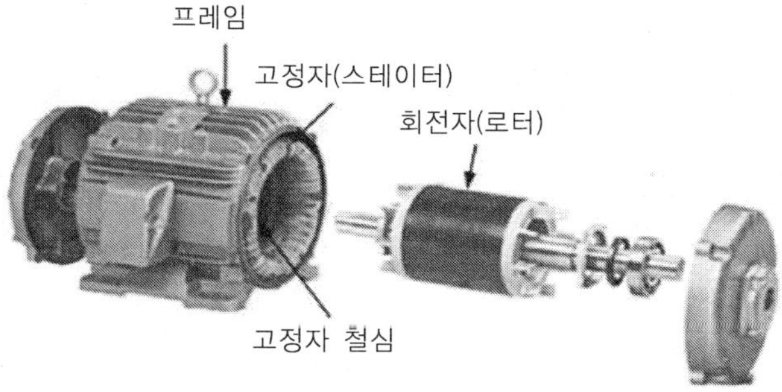

인덕션 모터

(2) 인버터(Inverter), 컨버터(Converter)

인버터는 직류전력을 교류전력으로 변환하는 장치, 즉 역변환장치이다. 전지에서 얻은 직류전압을 조정하는 장치로 컨버터(converter, 변환기)라고 부른다.

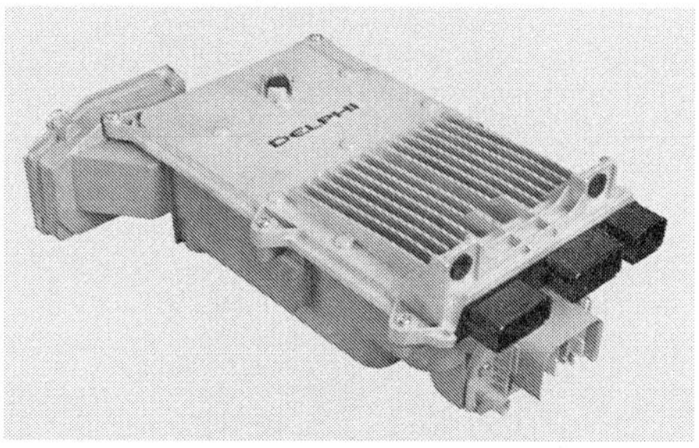

전기자동차 인버터

(3) 모터제어기(MCU : Motor Control Unit)

액셀페달 조작량 및 속도를 검출해서 의도한 구동토크변화를 가져올 수 있도록 차속이나 부하 등의 조건에 따라 모터의 토크 및 회전속도를 제어한다.

(4) 회생제동장치(Regenerative Braking System)

회생제동장치는 브레이크를 밟을 때 모터가 발전기의 역할을 하게 된다는 개념이다. 전기자동차의 에너지 소비를 줄여 주는 데 있어 매우 중요한 역할을 하는 것이 회생 브레이크다.

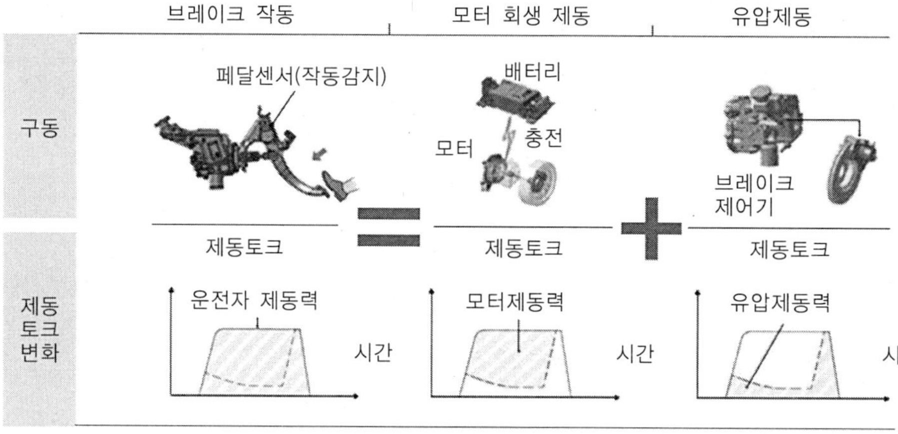

회생제동시스템의 작동

(5) 전지시스템(BMS : Battery Management System)

전지시스템(BMS)은 실시간으로 2차전지의 전류·전압·온도 등을 측정해 에너지의 충·방전 상태와 배터리 잔여량을 제어하는 것으로, 타 제어시스템과 통신하며 전지가 최적의 동작환경을 조성하도록 환경을 제어하는 2차 전지의 필수부품이다.

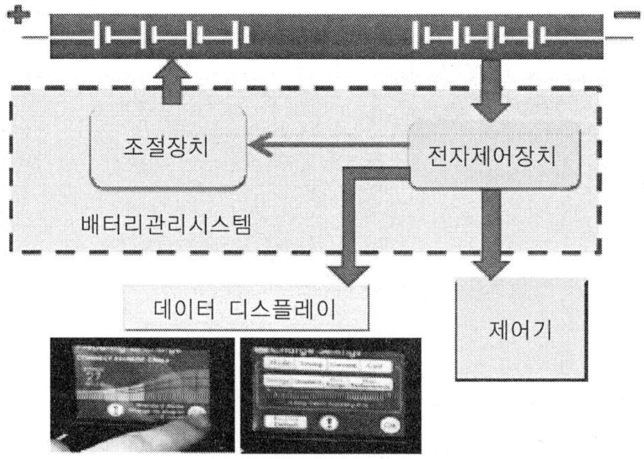

전지시스템의 구성도

(6) 전력제어 장치(EPCU : Electric Power Control Unit)

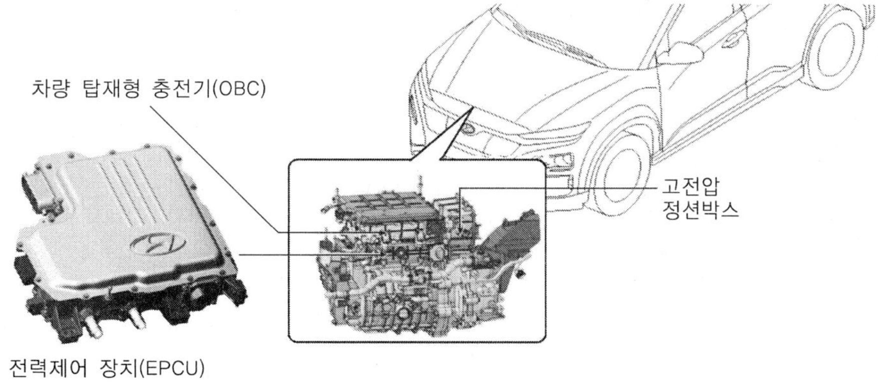

EV EPCU 및 모터 어셈블리

① 저전압 직류 변환장치(LDC : Low voltage DC-DC Converter)

LDC는 저전압 직류 변환 장치로서 전기차에는 알터네이터(alternator, 교류발전기)가 없다. 배터리의 고전압(DC 360V)이 LDC를 거쳐 저전압으로(DC 12V) 변환되면서 차량에서 사용되는 전자기기들(전조등, 와이퍼, 펌프, 제어보드 등)에 전력을 공급한다.

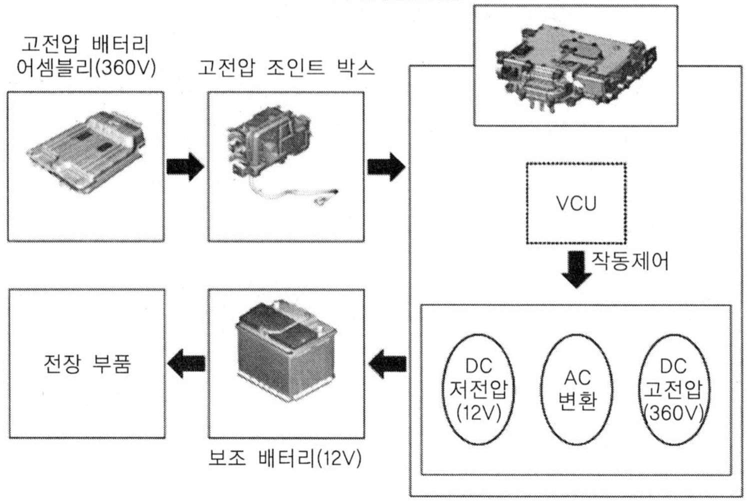

LDC(저전압 직류 변환 장치)

② 차량 제어 유닛(VCU : Vehicle Control Unit)

차량 제어를 하는 데 있어 모든 관여를 한다. 구동모터 제어, 회생제동 제어, 공조 부하제어, 전장 부하 전원 공급 제어, 클러스터 표시, DTE(Distance to Empty), 예약/원격 충전/공조, 아날로그/디지털신호 처리 및 진단 등 차량을 운행하는 데 있어 매우 중요한 일을 한다.

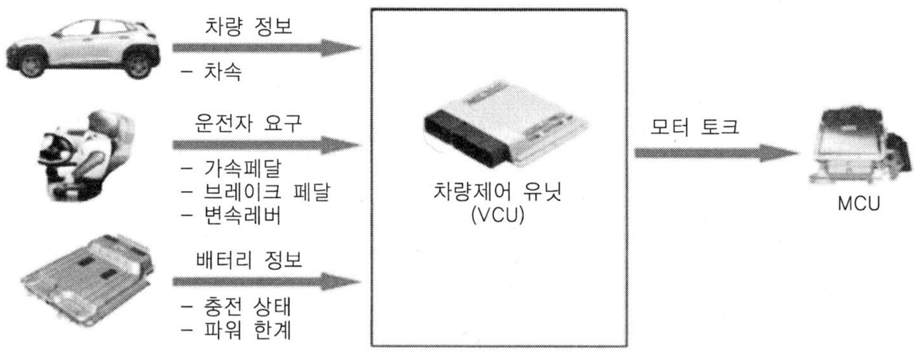

VCU(차량제어 유닛)의 개요

(7) 감속기

감속기는 모터의 회전을 바퀴에 효율적으로 전달하기 위해 탑재하는 장치이다. 모터의 회전수(RPM)를 필요한 수준으로 감속해 더 높은 회전력(토크)을 얻을 수 있도록 조정하는 역할을 한다.

(a) Offset Type A

(b) Offset Type B

(c) Inline Type

EV 감속기

(8) OBC(On Board Charger)

전기 자동차의 온보드 차저는 완속 충전 시 외부 교류 전원(AC)를 승압하고 직류전원(DC)으로 변환하여 전기 자동차 배터리를 충전 시키는 역할을 수행 하는 장치이다.

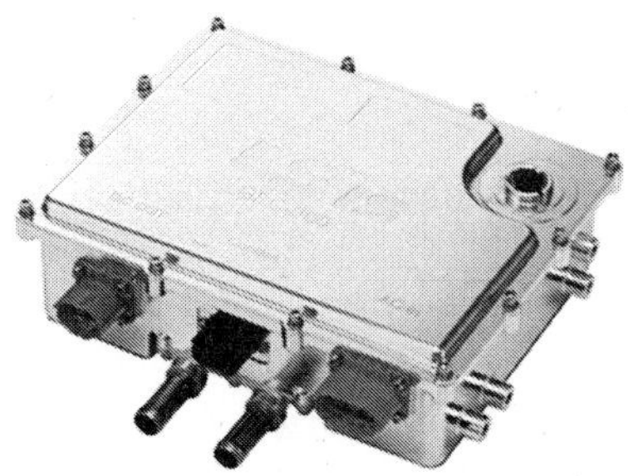

OBC

3 수소연료 전지자동차(FCEV : fuel cell electronic vehicle)

수소연료 전지자동차는 수소(H_2)와 산소(O)가 반응해 물(H_2O)을 생성하고, 생성하는 과정에서 발생되는 전기적인 에너지를 저장해 전원으로 사용하는 자동차를 말한다. 즉, 수소와 공기 중 산소를 반응시켜 발생되는 전기로 모터를 돌려 구동력을 얻는 친환경 자동차이다.

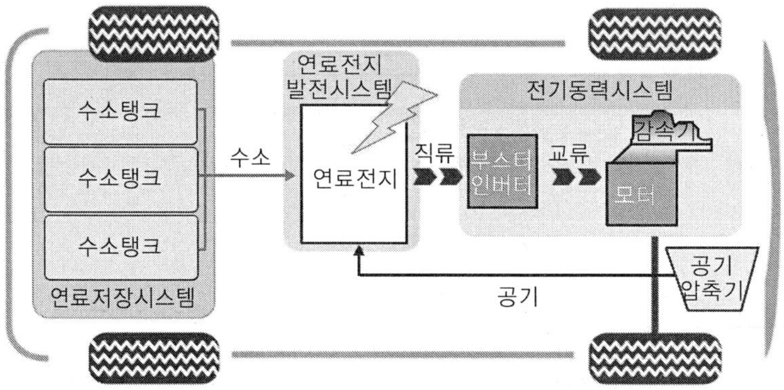

수소연료 전지자동차

01 연료전지의 개요

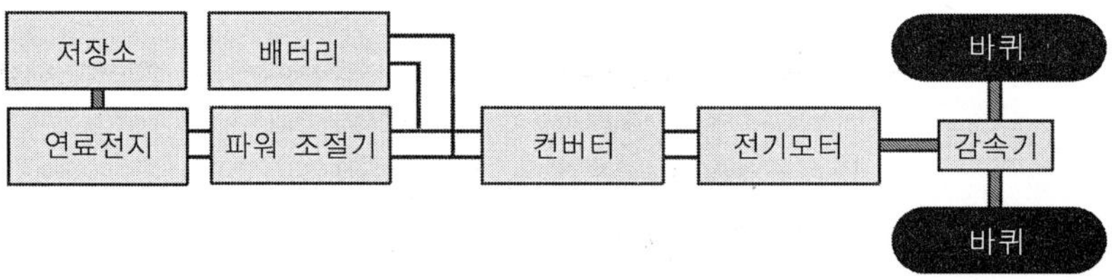

연료전지 전기자동차의 구조

(1) 전기의 발생원리

연료전지는 화학에너지에서 바로 전기에너지로 직접 변환된다. 천연가스나 메탄올 등의 연료에서 얻어낸 수소와 공기 중의 산소를 반응시키면 전기에너지를 직접 얻을 수 있다. 이러한 원리는 물을 전기분해하면 수소와 산소가 발생된다는 것을 역으로 이용한 것이다. 수소와 산소를 반응시키면 연소반응에 의해 열이 발생하면서 물이 되는데 이때 수소와 산소를 직접 반응시키는 대신 연료전지를 통해 전기화학반응이 일어나게 하면 물과 열 이외에도 전기를 발생시킬 수 있다.

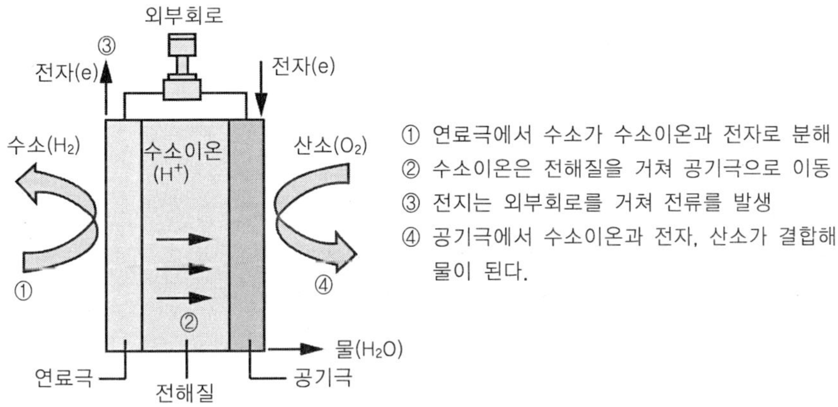

연료전지의 전기발생원리

연료전지는 공기극과 연료극의 전극, 두 극 사이에 위치하는 전해질로 구성되어 있다. 연료전지의 구성요소 중 전극은 전기화학반응을 진행시킬 수 있는 일종의 촉매 역할을 하고, 전해질은 생성된 이온을 상대 극으로 전달시켜주는 매개체 역할을 한다. 연료 극에는 수소, 공기 극에는 공기(또는 산소)가 공급되어 각 전극에서 전기화학반응이 진행된다. 이렇게 구성된 연료전지 한 쌍을 단전지(Single Cell)이라 하며 연료극과 공기극간의 전압은 약 1V 내외가 된다. 이러한 단전지를 직렬로 연결하면 원하는 만큼의 전압을 얻을 수 있다.

(2) 연료전지의 장·단점

1) 장점

① 발전효율이 40～60%이며, 열병합 발전시 80% 이상 가능
② 천연가스, 메탄올, 석탄가스 등 다양한 연료사용 가능
③ 환경공해 감소 : 배기가스 중 NOx, SOx 및 분진이 거의 없으며, CO_2 발생량에 있어서도 미분탄 화력발전에 비하여 20～40% 감소
④ 회전부위가 없어 소음이 없으며, 기존 화력발전과 같은 다량의 냉각수 불필요
⑤ 도심부근 설치 가능하여 송배전시의 설비 및 전력 손실적음
⑥ 부하변동에 따라 신속히 반응하며, 설치형태에 따라서 현지 설치용, 분산 배치형, 중앙 집중형 등의 다양한 용도 사용 가능

2) 단점

① 초기 설치비용이 고가

② 수소공급, 저장 등 인프라 구축 어려움

02 수소연료전지 자동차 구동원리

① 평지 주행시

차량에 부하가 적을 경우, 스택에서 생산된 전기로 모터를 구동한다.

② 등판 주행시

차량에 부하가 클 경우, 스택의 전기 생산량을 높여(수소 및 공기 공급 많아짐) 모터에 공급되는 전압을 높인다. 또한 스택에서 생산된 전기가 부족할 경우 고전압 배터리에 저장된 전기를 추가로 사용하여 모터를 구동한다.

③ 강판 주행시

차량에 부하가 없을 경우, 스택으로 공급되는 연료를 차단하여 스택을 차단하여 스택을 정지시킨다. 또한 회생제동으로 생산된 전기는 고전압 배터리를 충전하여 연비를 향상시킨다(회생제동으로 생산된 전기는 스택으로 가지 않고 고전압 배터리 충전에 사용된다).

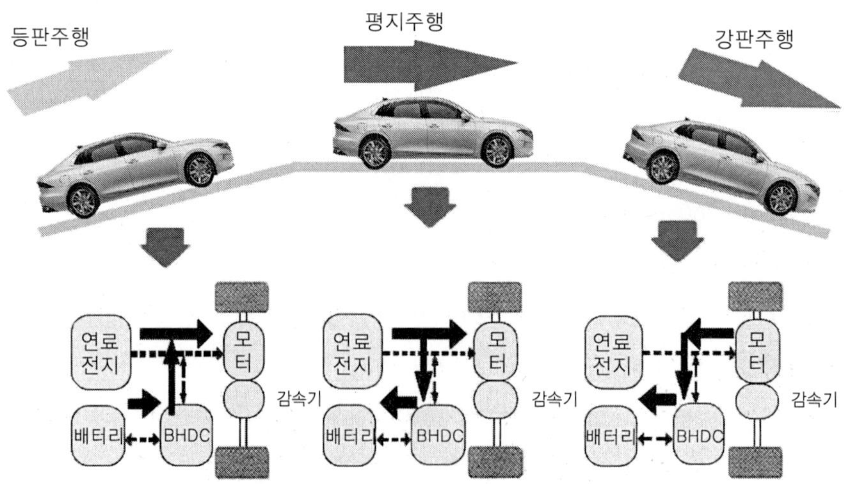

수소연료전지 자동차 주행특성

03 수소연료 전기차 시스템

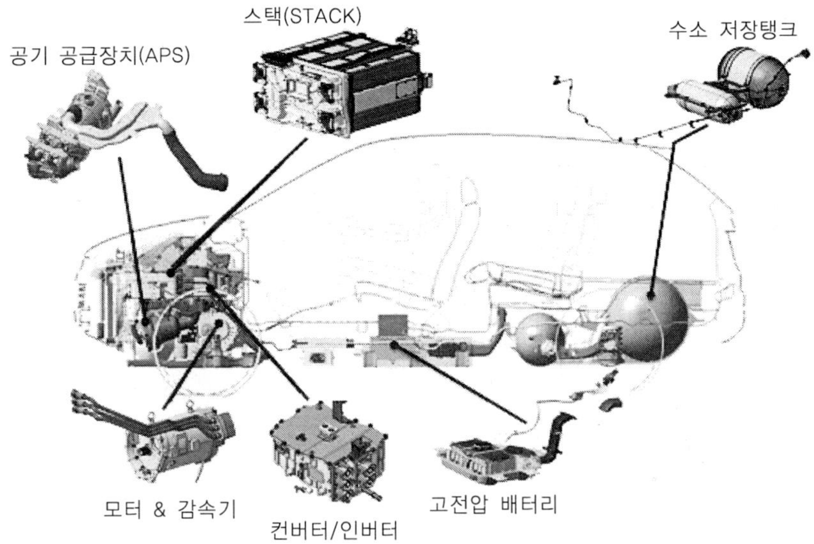

(a)

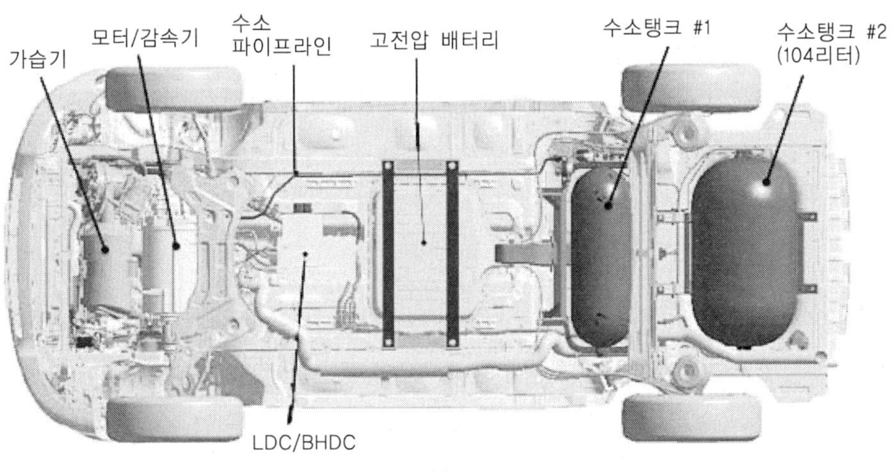

(b)

수소연료전지 자동차의 구성부품

(1) 연료전지 스택(Stack)

연료전지 스택의 구성요소는 막전극접합체, 기체확산층, 분리판, 개스킷 체결기구, 인클로저 등이 있다.

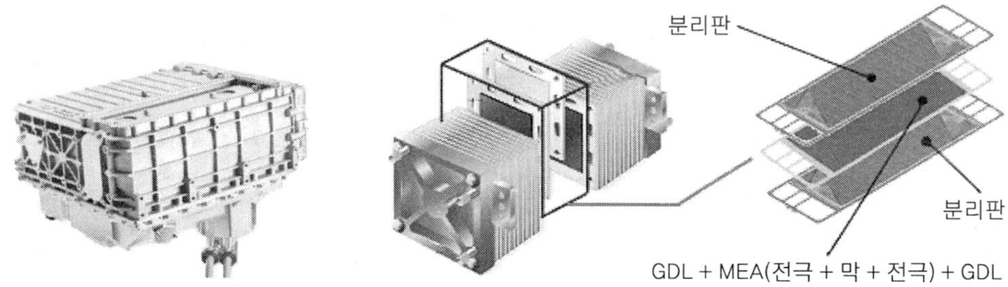

- GDL(gas diffusion layer) : 가스 확산층
- MEA(membrane electrode assembly) : 전극, 촉매, 고분자 전해질 막

(a) 스택모듈 (b) 스택 내부구성

연료전지 스택

Cell은 두 기체(수소와 산소)의 반응을 높이기 위해 적용된 소자와 냉각수 흐름과 각 부위의 기밀을 유지하기 위한 부분으로 구성된다. 각 Cell은 약 0.5~1V의 전압을 출력할 수 있기 때문에 약 440장의 Cell을 적층 구조로 조립하면 250~450V 전압의 연료전지 Cell을 완성한다. 스택은 운전 부하에 따라다르나 계산식에 의해 단순계산을 하면 약 5kg의 수소가 산소와 완전 결합을 한다면 약 45ℓ의 물이 생성된다.

1) 스택(stack)의 전기발생 원리

① 연료전지의 공기극에는 에어클리너를 거친 공기(산소)가 공급한다. 촉매에 의해 공기 중 산소만 반응하며, 2개의 산소원자로 분리한다.

② 분리된 산소원자들은 강한 음전하를 띠게 되어 수소이온(H^+)을 끌어당겨 전해질 막을 쉽게 통과하도록 보조한다.

③ 전해질 막을 통과한 2개의 수소이온과 이를 끌어들인 산소원자, 외부 회로로부터 전달된 2개의 수소전자는 결합하여 물 분자(H_2O)를 생성한다.

2) 막전극집합체(MEA : Membrane Electrode Assembly)

막전극집합체(MEA)는 연료극과 공기극 사이에 위치하는 전해질 막(Membrane)이 접합되어 있는 구조이다. 막전극집합체(MEA)는 수소의 전기화학적 반응을 통해 전기에너지를 생산하는 역할을 한다.

3) 가스확산층(GDL : Gas Diffusion Layer)

연료전지는 일반적으로 세퍼레이터(분리판), 가스확산층, 촉매층, 전해질막, 촉매층, 가스확산층, 세퍼레이터 순서대로 적층하여 구성된다. 가스확산층은 세퍼레이터로부터 공급되는 가스(수소, 산소)를 촉매로 확산하는 역할을 한다.

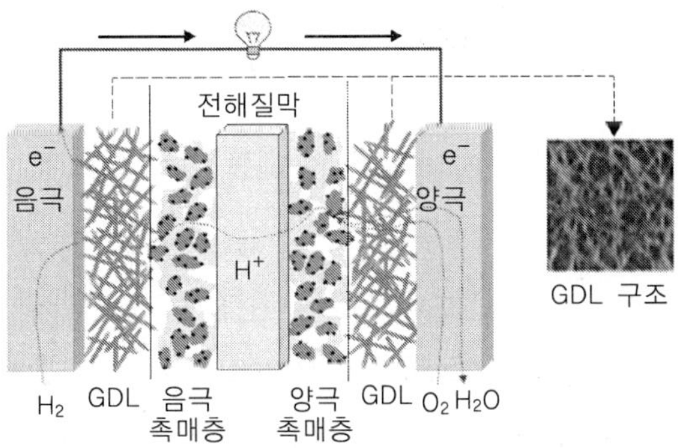

연료전지 가스확산층(GDL)

4) 분리판(Separator)

연료전지용 분리판은 MEA(막-전극접합체), GDL(기체확산층)과 함께 스택을 구성하는 핵심 부품으로서 수소, 산소, 냉각수를 각각 분리하여 MEA 전면에 균일하게 분배 및 공급하며, 전기화학 반응에 의해 생성된 전류를 수집(Anode) 및 전달(Cathode)하는 역할을 한다. 뿐만 아니라 다수의 셀 적층 시 MEA 및 GDL과 같이 강성이 없는 부품을 지지해주는 지지체 역할도 수행한다.

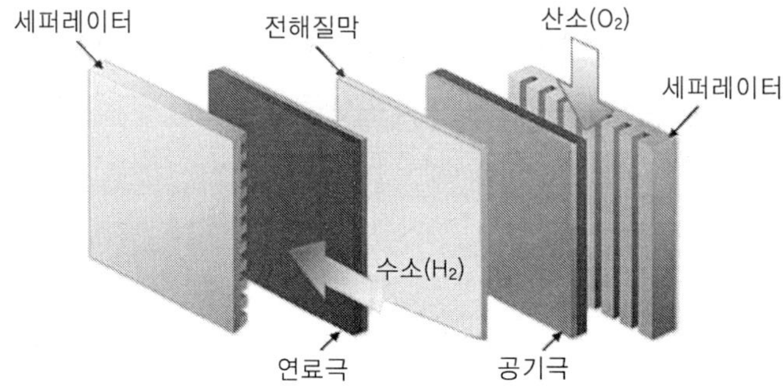

연료전지 스택 안 분리판 위치

5) 개스킷(Gasket)

개스킷은 가스 및 냉각수가 외부로 유출되거나, 서로 섞이는 것을 방지한다. 개스킷은 MEA와 분리판 사이를 밀봉하는 역할을 수행하며, 고무 개스킷 재료로는 탄화수소계 탄성체의 경우는, 에틸렌 프로필렌 디엔 모노머(EPDM), 에틸렌 프로필렌 고무(EPR), 이소프렌 고무(IR), 이소부틸렌-이소프렌 고무(IIR) 등의 고무가 많이 사용되고 있다.

(2) 연료전지 운전 장치

연료전지 운전 장치는 연료전지(Stack)에 연료(수소) 공급, 공기 공급, 냉각수를 공급하는 크게 3가지로 구분된다.

연료전지 운전 장치 구성

1) 에어공급 시스템(APS : Air Processing System)

수소연료전지 스택이 효율적으로 작동하기 위해서는 미세먼지가 제거된 청정한 공기가 필요하므로 수소차는 달리는 동안 주변 공기를 빨아들여 정화한 후 수소연료전지에 사용하고 다시 배기구로 깨끗한 공기를 내보내게 된다. 공기 중 먼지나 화학물질은 3단계 공기정화 시스템을 통해 정화된다.

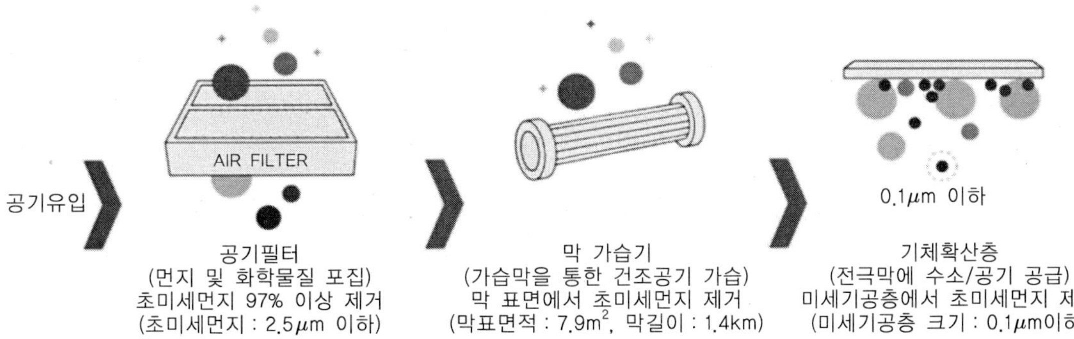

3단계 공기정화 시스템

공기공급시스템이란 전기화학반응을 위해 연료전지 양극에 산소를 공급하는 장치를 말한다. 공기공급시스템은 공기 중에 포함된 이물질을 여과하는 에어클리너와, 에어클리너 에서 여과된 공기를 압축하여 공급하는 공기 블로워 및 공기 블로워를 제어하는 컨트롤 박스를 포함하여 구성된다.

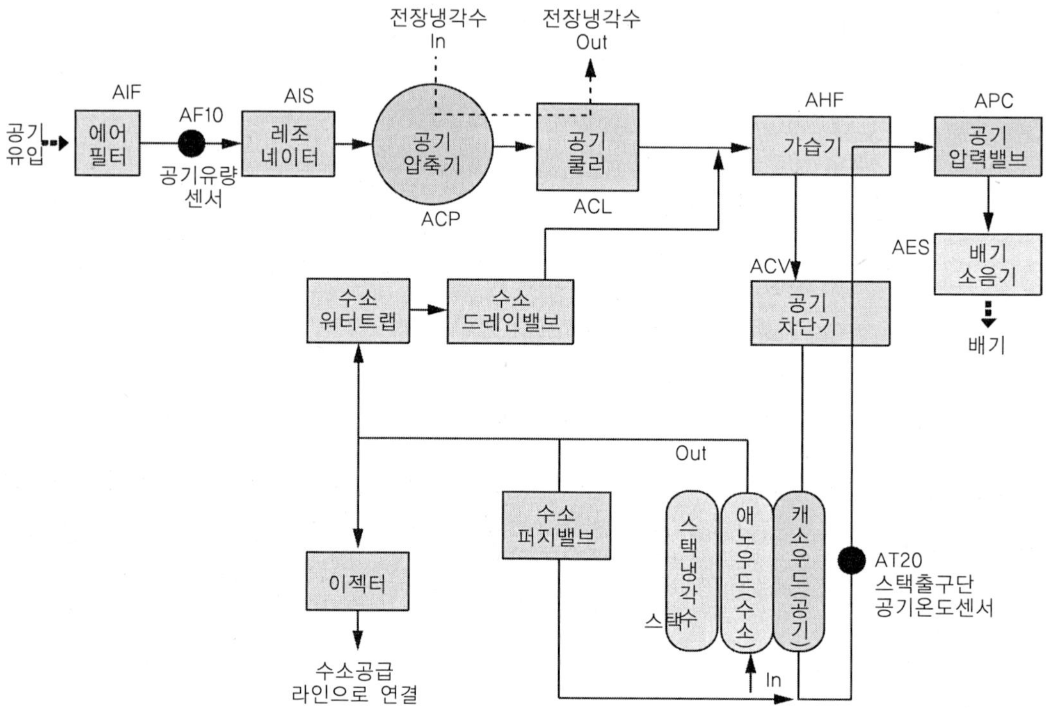

에어공급 시스템 흐름도

① 에어필터(air filter)

㉠ 파티클층 #1

입자상 물질을 포집하며 수준의 통기 저항과 높은 수준의 입자 포집 효율성을 지녀야 한다.

㉡ 카본층

다양한 화학물질, 아황산 및 부탄(탄소)을 포집한다.

㉢ 파티클층 #2

입자상 물질과 미세 입자를 포집한다. 그것은 폴리프로필렌(PP)성분의 고성능 정전 부직포로 만들어 진다.

ⓔ 커버층

입자층을 보호하기 위한 피막으로 필터의 후 공정 프로세스에서 물리적 형태를 유지한다.

② 공기유량센서 및 레조네이터

㉠ 공기유량센서

공기량 센서는 에어클리너 커버와 에어 인테이크 호스 사이에 위치하며 스택에 유입되는 흡입공기의 양을 측정하여 FCU로 입력한다. 흡입 공기 통로에 있는 가열 필름(hot film type)의 온도를 유지하기 위해 흐르는 전류값으로 공기량을 간접 측정한다.

㉡ 레조네이터

흡입공기의 소음감소 및 공기의 저장을 위해 적용되었으며 에어클리너 후단에 연결된다.

③ 공기 압축기(ACP : Air Compressor)

공기 블로어는 압축 장치 및 고속 모터로 구성되며 연료전지 스택에 공기를 공급한다. 모터 구동시 발생하는 열을 냉각하기 위해 전장 냉각 라인에 연결되어 있다. 공기압축기는 BPCU와 BLDC 3상 회로로 구성되어 있어 제어에 따라 최대 10만 RPM으로 회전한다. 회전을 통해 유입된 공기를 약 2bar까지 압축할 수 있다.

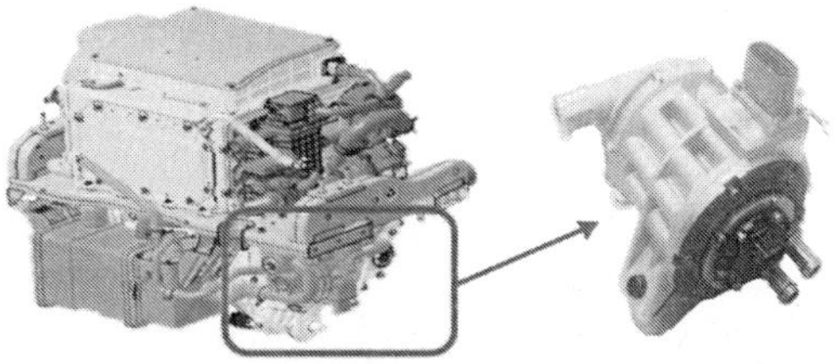

공기압축기

④ 공기 쿨러 및 가습기

㉠ 공기 쿨러

공기 압축기에 의해 압축된 공기는 약 130℃까지 온도가 상승하기 때문에 공기 밀도가 낮아진다. 상승된 공기를 약 85℃정도로 냉각시키는 역할을 공기 쿨러가 담당한다. 공기 쿨러는 효율적인 공기 냉각을 위해 공기 압축기와 가습기 사이에 적용되며 전장 냉각 라인에 연결되어 공기를 냉각시킨다.

㉡ 가습기

가습기는 공기 쿨러와 일체로 구성되어 스택으로 공급되는 공기에 수분을 공급한다. 가습기내의 중공 사막을 통해 스택으로 들어가는 흡입공기에 스택에서 배출된 수분을 전달하여 스택 내부 각 Cell에서 수소반응(H^+)이 잘 일어나도록 하는 촉매 역할을 한다. 혹한기에 막 가습기내에 수분이 빙결되는 경우가 있긴 하지만 수분의 양이 적기 때문에 막 가습기 작동에는 문제가 되지 않는다.

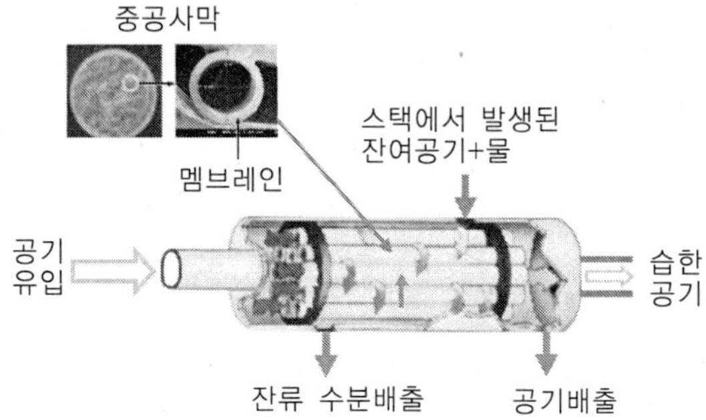

가습기

⑤ 공기 차단기(ACV : Air Cut-Off Valve)

가습기에서 공급된 공기를 스택으로 공급한다. 또한 스택에서 사용된 공기를 가습기로 배출시키는 통로 역할을 한다.

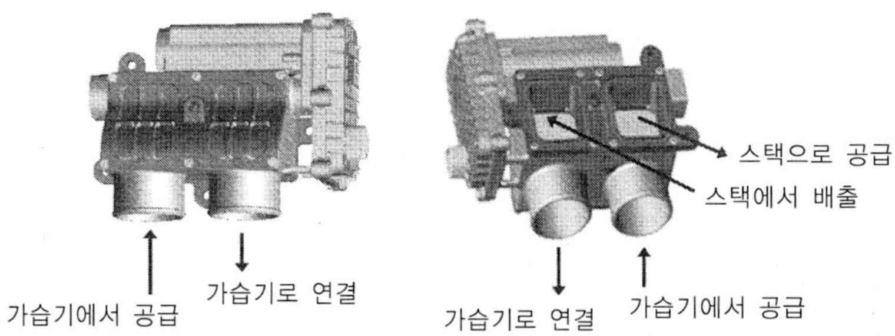

공기 차단기

⑥ 공기압력 밸브(APC : Air Pressure Control Valve)

스택에서 배출되는 공기가 저항 없이 배기로 배출되면 공기 압축기에서 공급하는 압력 때문에 공기가 스택에 머물며 수소와 반응할 수 있는 시간이 줄어든다. 따라서 공기압력 밸브를 두어 부하에 따라 열림량을 조절하여 스택내부 공기단에 걸리는 배압을 형성한다.

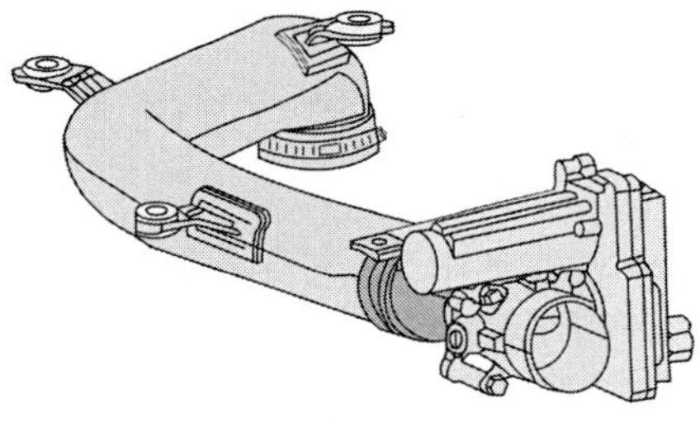

공기압력 밸브

2) 수소공급 시스템(FPS : Fuel Processing System)

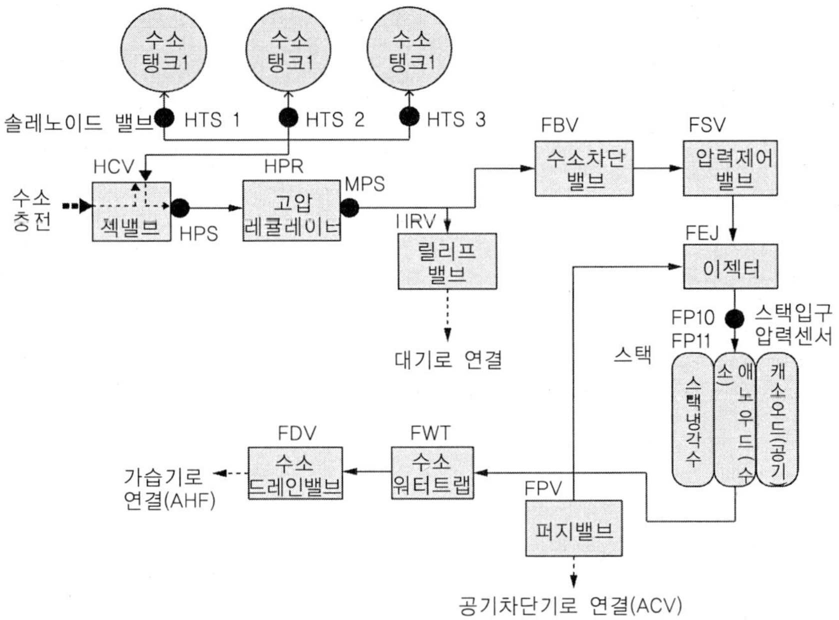

수소 공급 시스템 흐름

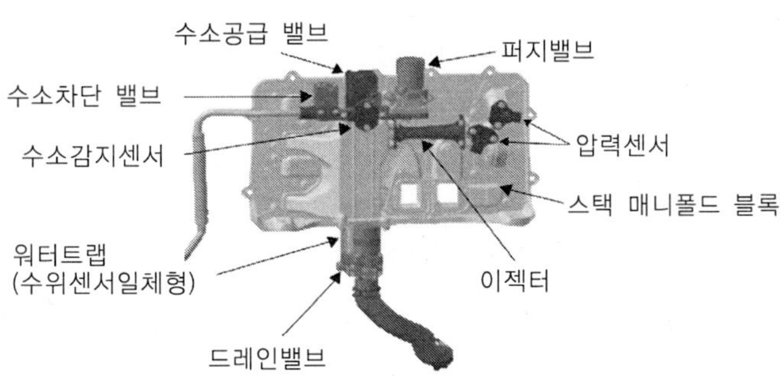

수소공급 시스템

① 수소연료 흐름 순서

㉠ 3개의 수소 탱크는 솔레노이드 밸브(온도센서 일체)와 체크 밸브를 통해 고압 레귤레이터까지 대기한다.

㉡ 약 700bar의 연료 압력은 레귤레이터를 지나면서 17bar로 감압되어 수소 차단밸브로 공급된다.

㉢ Ready시 차단밸브가 열리면 연료는 압력제어 밸브를 통해 2차 감압 후 이젝터로 공급된다. 이젝터에서는 공급된 연료를 벤츄리 효과를 이용해 스택에 공급하고, 스택에서 배출되는 연료를 재순환 시킨다.

㉣ 스택에서 배출된 연료는 퍼지밸브와 이젝터, 수소 워터 트랩으로 흘러간다.

㉤ 이젝터로 유입된 연료 일부는 재순환 되며, 수소 순도가 떨어지면 퍼지 밸브를 구동하여 대기로 배출한다.

㉥ 수소 워터 트랩은 스택 수소층에서 발생된 생성수를(물) 모았다가 드레인 밸브를 통해 외부로 배출한다.

② 수소 저장탱크

부피가 큰 수소를 압축하여 저장한다. 수소전기차 연료 탱크는 고강도 플라스틱 재질의 탱크를 탄소섬유 실로 감아 만든 초경량 복합소재 연료탱크로 만들어진다.

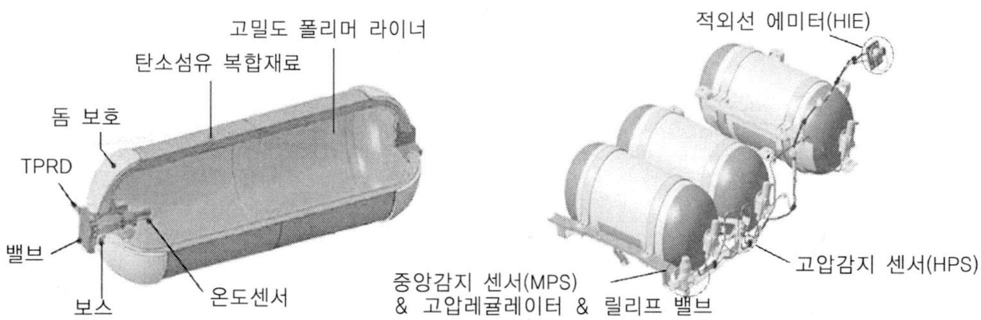

수소연료탱크 구성

③ 고압감지 센서(HPS : High Pressure Sensor)

충전된 수소의 이상 고압을 감지하여 HMU(Hydrogen Storage System Management Unit)로 전송한다.

④ 중압감지 센서(MPS : Mid Pressure Sensor) & 고압 레귤레이터 & 릴리프 밸브

체크밸브 블록에서 합쳐진 3개의 고압라인을 감압시키는 고압 레귤레이터와 이를 감지하는 중압 감지센서 그리고 감압한 연료가 약 22bar이상일 경우 중압을 대기로 방출 시키는 안전장치인 릴리프 밸브가 하나의 블록으로 구성된다.

⑤ 수소탱크 밸브(HTS : Hydrogen Tank Solenoid)

수소탱크 밸브는 탱크 각 각에 하나씩 적용되며 HMU가 제어한다(총 3개 적용). 밸브에는 탱크 내부에 저장된 수소를 공급라인으로 연결하는 솔레노이드 밸브, 수소를 수동으로 차단할 수 있는 매뉴얼 차단밸브, 탱크 내부 온도를 감지하는 온도센서가 일체로 구성된다.

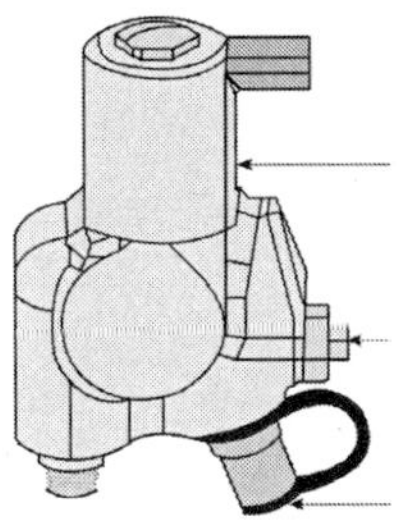

수소탱크 밸브

⑥ 수소차단 밸브(FBV : Fuel Block Valve)

수소차단 밸브는 고압 어큐물레이터에 의해서 감압된 17bar의 수소를 스택으로 공급한다. 밸브에 전류가 공급되면 전기장에 의해서 플런저가 위쪽으로 움직이게 된다. 이때 수소가 통과를 한다. 전류의 흐름을 차단하면 스프링에 의해서 플런저는 다시 내려오면서 수소공급은 차단된다. FCU의 신호에 의해 구동된다.

⑦ 수소압력제어 밸브(FSV : Fuel Supply Valve)

연료차단 밸브에서 공급된 17bar의 연료를 스택에서 전력을 생산하는데 필요한 만큼 압력을 조절하는 밸브이다. 일반적인 운전 조전일 경우 17bar로 입력받은 연료를 1~2bar로 감압하여 스택에 공급한다. FCU의 신호에 의해 구동된다.

⑧ 수소퍼지 밸브(FPV : Fuel Line Purge Valve)

스택 내부의 수소 순도를 높이기 위해 사용된다. 스택으로 공급된 수소는 산소와 화학반응 후 버려지는 것이 아니라 이젝터를 통해 재순환되어 남아있는 수소의 화학반응을 유도한다. 이때 재순환 과정에서 수소의 순도는 점점 낮아진다. 스택에서 일정량의 수소를 소비할 때, 퍼지 밸브는 수소의 순도를 높이기 위해 열려 수소를 배출한다. 즉, FCU는 항상 일정 수준 이상으로 수소의 순도를 유지하기 위해 퍼지 밸브를 개방하고 새로운 수소를 공급한다. 퍼지 밸브는 약 0.3초간 동작하여 스택 내 잔여 수소를 배출한다.

⑨ 수소입구 상단 압력센서/하단 압력센서

스택으로 공급되는 연료 압력을 감지하는 센서이다. 측정된 압력은 FCU로 입력한다.

⑩ 생성수 배출

㉠ 워터 트랩(FWT)

스택 내부 수소 확산 영역에서 물을 저장한다.

㉡ 생성 수 레벨 센서

워터 트랩의 저장된 수분의 양을 감지한다.

㉢ 드레인 밸브(FDV)

드레인 밸브는 FCU의 구동에 의해 워터 트랩에 저장된 물을 공기 공급라인의 가습기로 보낸다.

⑪ 적외선 에미터(HIE : Hydrogen IR Emitter)

HMU는 수소저장 탱크의 압력 및 온도를 실시간으로 감지한다.

⑫ 연료도어 스위치

㉠ 신호 전송

HMU가 연료 도어 상태를 감지하여 FCU로 전송한다.

㉡ 연료 도어가 열리면

안전을 위해 연료 도어가 열린 상태에서는 Ready가 되지 않는다.

㉢ Ready 상태에서 연료도어 동작

Ready 상태에서는 연료도어가 열리지 않는다.

(3) 전력 변환 시스템 흐름

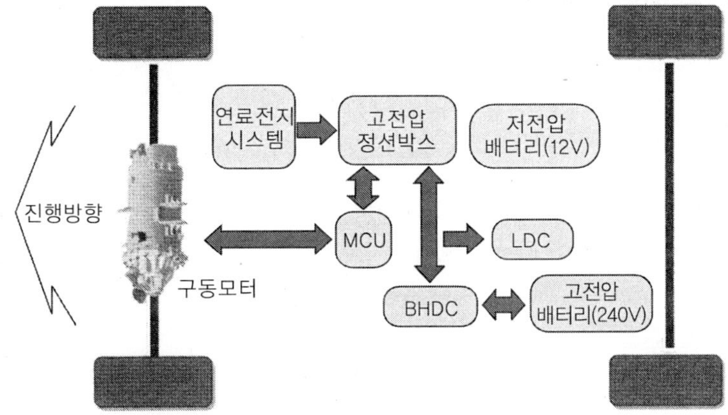

구성품별 전력 흐름

고전압 및 신호의 흐름을 대략적으로 파악해 보면 시동 신호가 SMK(Smart Key System)를 통해 FCU로 입력이 되면, FCU는 PRA(Power Relay Assembly)를 작동시켜 고전압배터리를 작동시킨다. 고전압 배터리에서 나온 에너지를 BHDC로 들어가고, BHDC는 승압과정을 거쳐 고전압 정션박스로 보내게 된다. 고전압 정션박스를 통해 MCU로 에너지가 전달되고, MCU는 직류 전원을 3상 교류전원으로 바꿔 구동모터에 전달하여 차량은 주행하게 된다. 이와 동시에, 고전압은 LDC로도 입력되어 12V배터리를 충전한다.

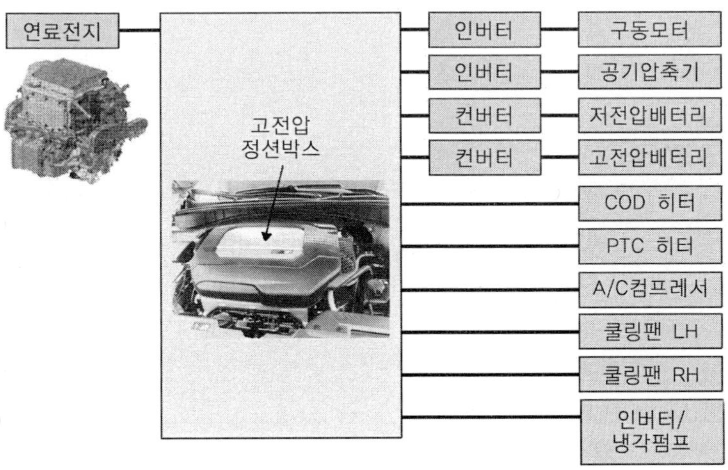

전원 구성도

① 고전압 정션박스(HV J/BOX)

고전압 회로 분배(450V), 릴레이 퓨즈

② 인버터(MCU)

차량 구동모터 제어, 구동/회생 토크 제어

③ 컨버터(LDC : Low Voltage DC-DC Convertor)

차량의 12V 전원 공급, 보조배터리 충전

④ 구동모터

구동 토크 발생(최대 395Nm), 감속기/MCU 일체형

⑤ 컨버터(BHDC : Bi-Directional High Voltage DC-DC Converter) 양방향

고전압 배터리 전력제어, 시동시 고전압 공급, 고전압 배터리 충·방전, 입력전압 160~275.2V, 출력전압 250~450V

⑥ 연료전지에서 발생된 전원을 적합하게 분배하여 차량의 각 고전압 부품들에 동작 전원을 공급

전자파 차폐 플라스틱 커버 적용, 하우징 일체형 방열 핀 구조 적용, 고전압 커넥터의 인터락 적용

(4) 배터리 시스템

1) 고전압 배터리

FE 수소전기차에 장착되는 240V 고전압 배터리는 보조 전원이며 차량 가속시 BHDC로 전기 에너지를 공급하여, BHDC에서 승압된 고전압(450V)이 인버터에 공급되며, 인버터는 DC 고전압을 3상 교류로 전환하여 구동모터를 제어한다.

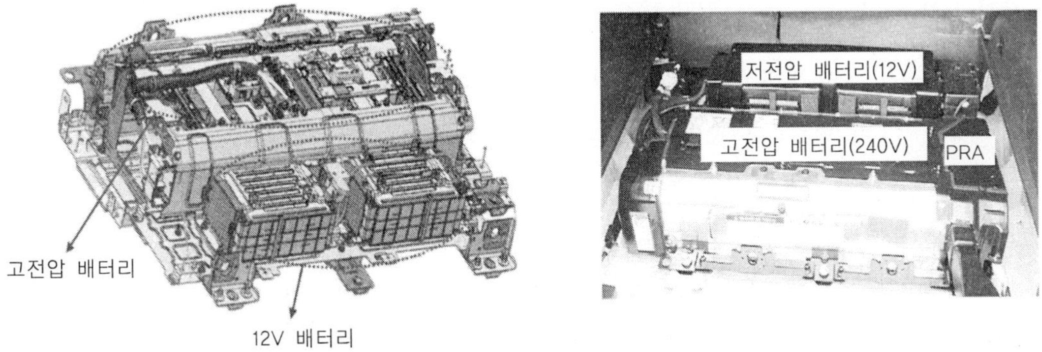

고전압 배터리 및 저전압 배터리

① 스택의 전기부하 보조(ex. 차량 가속 시 전기에너지 공급)

② 초기 차량 운전 시동

③ 고전압 배터리를 통한 모터 구동 시 전기 에너지 흐름

고전압 배터리 → PRA → BHDC → 고전압 정션박스 → MCU(인버터), 교류 → 모터

안전 플러그(세이프티 플러그)는 고전압 배터리 또는 고전압 관련 부품 취급 시에는 작업자의 감전사고를 예방하기 위해 반드시 안전 플러그를 탈거하여 고전압 배터리 연결 회로를 차단시키고 작업에 임해야 한다. 또한 안전 플러그 제거 후라도 인버터 내부의 커패시터(콘덴서)에 충전되어 있는 고전압을 방전시키기 위해 5~10분가량 대기해야 한다.

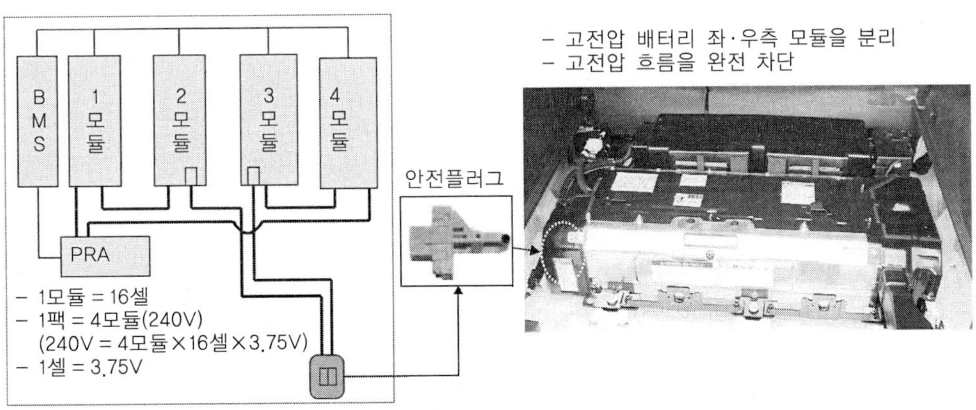

안전 플러그

2) 저전압 배터리

① 12V 리튬이온 폴리머 배터리가 적용 되었으며, 고전압 배터리 옆에 위치한다.

② PRA와 동일한 역할을 하는 저전압(12V) 차단 릴레이가 적용되어, BMS는 과방전을 감지할 경우 릴레이를 Off시켜 전원을 차단한다. 재접속 스위치를 누를 경우 릴레이가 동작하여 다시 전원이 공급된다.

③ 재접속 스위치를 눌러 전원을 공급한 후 Ready 상태에서 30분 이상 보조 배터리를 충전시켜야 한다.(스위치 작동 후 일정시간 시동을 걸지 않으면 과방전 방지를 위해 12V 릴레이가 다시 Off된다.)

④ 기존 친환경 차량에 적용된 BMS는 고전압 배터리만 제어했던 반면, BMS가 고전압 배터리와 저전압 배터리를 통합 제어하며 저전압 배터리 전류 센서와 온도 센서 신호가 BMS로 송신된다.

⑤ 냉각팬은 고전압과 저전압 배터리를 통합 냉각시킨다.